《汶川县生物多样性调查与评估》编委会

编印统筹： 汶川县林业和草原局、四川大学生命科学学院、
德阳市国科双碳研究院

编委会主任： 杨东升

副 主 任： 庞 蓉　王 鑫　车小琼

主　　编： 窦 亮

副 主 编： 毛康珊　王东磊

编　　委： (按姓氏拼音为序)

陈樟培　方 辉　何 望　胡敏超　胡 尧
江杨洋　李 斌　马 文　陶 敏　韦理嘉
王 磊　王丽华　杨 彬　姚 佳　朱 锆

汶川县
生物多样性调查与评估

汶川县林业和草原局
四川大学生命科学学院 / 组织编写

窦亮 / 主编

岷江金丝梅　池鹭　白鹭
大火草　淡纹玄灰蝶
厚朴　卵圆双壁藻　雪豹

图书在版编目（CIP）数据

汶川县生物多样性调查与评估 / 窦亮主编. -- 成都：四川大学出版社, 2024.11. -- （生物多样性研究丛书）. ISBN 978-7-5690-7339-3

Ⅰ．Q16

中国国家版本馆 CIP 数据核字第 2024BQ2978 号

书　　名：	汶川县生物多样性调查与评估
	Wenchuan Xian Shengwu Duoyangxing Diaocha yu Pinggu
主　　编：	窦　亮
丛 书 名：	生物多样性研究丛书
丛书策划：	蒋　玙
选题策划：	蒋　玙
责任编辑：	蒋　玙
责任校对：	龚娇梅
装帧设计：	墨创文化
责任印制：	李金兰
出版发行：	四川大学出版社有限责任公司
地　　址：	成都市一环路南一段 24 号（610065）
电　　话：	（028）85408311（发行部）、85400276（总编室）
电子邮箱：	scupress@vip.163.com
网　　址：	https://press.scu.edu.cn
审 图 号：	川 S【2024】00131 号
印前制作：	四川胜翔数码印务设计有限公司
印刷装订：	成都金阳印务有限责任公司
成品尺寸：	210 mm×285 mm
印　　张：	19.25
插　　页：	4
字　　数：	607 千字
版　　次：	2024 年 11 月 第 1 版
印　　次：	2024 年 11 月 第 1 次印刷
定　　价：	108.00 元

本社图书如有印装质量问题，请联系发行部调换

版权所有 ◆ 侵权必究

扫码获取数字资源

四川大学出版社
微信公众号

目 录

绪 言 ………………………………………………………………………………………（ 1 ）

第1章 县域概况 ……………………………………………………………………（ 7 ）
1.1 自然地理概况 …………………………………………………………………（ 7 ）
1.2 社会经济概况 …………………………………………………………………（ 8 ）

第2章 前期调查综述 ………………………………………………………………（ 11 ）
2.1 县域自然保护地现状 …………………………………………………………（ 11 ）
2.2 县域生物多样性现状分析 ……………………………………………………（ 12 ）
2.3 县域生物多样性相关传统知识 ………………………………………………（ 15 ）

第3章 调查方案 ……………………………………………………………………（ 16 ）
3.1 抽样网格的设置 ………………………………………………………………（ 16 ）
3.2 高等植物 ………………………………………………………………………（ 17 ）
3.3 植被 ……………………………………………………………………………（ 18 ）
3.4 陆生哺乳动物 …………………………………………………………………（ 19 ）
3.5 鸟类 ……………………………………………………………………………（ 20 ）
3.6 两栖类和爬行类 ………………………………………………………………（ 20 ）
3.7 昆虫 ……………………………………………………………………………（ 21 ）
3.8 大型真菌 ………………………………………………………………………（ 21 ）
3.9 鱼类 ……………………………………………………………………………（ 22 ）
3.10 浮游生物 ……………………………………………………………………（ 22 ）
3.11 大型底栖无脊椎动物 ………………………………………………………（ 24 ）
3.12 周丛藻类 ……………………………………………………………………（ 24 ）
3.13 县域生物多样性相关传统知识 ……………………………………………（ 25 ）

第4章 调查结果与分析 ……………………………………………………………（ 27 ）
4.1 高等植物 ………………………………………………………………………（ 27 ）
4.2 植被 ……………………………………………………………………………（ 62 ）
4.3 陆生哺乳类 ……………………………………………………………………（ 72 ）
4.4 鸟类 ……………………………………………………………………………（ 80 ）
4.5 两栖类和爬行类 ………………………………………………………………（ 90 ）
4.6 昆虫 ……………………………………………………………………………（ 94 ）
4.7 大型真菌 ………………………………………………………………………（ 98 ）
4.8 鱼类 ……………………………………………………………………………（104）

4.9　浮游生物 ··· (115)
　　4.10　大型底栖无脊椎动物 ·· (122)
　　4.11　周丛藻类 ··· (126)
　　4.12　县域生物多样性相关传统知识 ··· (132)

第5章　威胁因素分析与保护建议 ··· (137)
　　5.1　生物多样性威胁因素分析 ·· (137)
　　5.2　保护空缺分析 ··· (142)
　　5.3　保护建议 ··· (142)

附录一　物种名录 ·· (147)
　　1. 汶川县高等植物名录 ·· (147)
　　2. 汶川县陆生哺乳动物名录 ··· (234)
　　3. 汶川县鸟类名录 ·· (237)
　　4. 汶川县两栖类名录 ··· (248)
　　5. 汶川县爬行类名录 ··· (248)
　　6. 汶川县昆虫名录（不含蝶类） ·· (249)
　　7. 汶川县蝶类名录 ·· (254)
　　8. 汶川县大型真菌名录 ·· (260)
　　9. 汶川县鱼类名录 ·· (269)
　　10. 汶川县浮游植物名录 ·· (271)
　　11. 汶川县浮游动物名录 ·· (274)
　　12. 大型底栖无脊椎动物名录 ··· (275)
　　13. 汶川县周丛藻类名录 ·· (275)
　　14. 生物多样性相关传统知识名录 ··· (279)

附录二　物种红色名录 ·· (291)
　　1. 高等植物红色名录 ··· (291)
　　2. 哺乳动物红色名录 ··· (297)
　　3. 鸟类红色名录 ··· (299)
　　4. 两栖类红色名录 ·· (300)
　　5. 爬行类红色名录 ·· (301)
　　6. 大型真菌红色名录 ··· (301)
　　7. 鱼类红色名录 ··· (302)

附录三　外来入侵物种名录 ·· (303)

绪 言

加强生物多样性调查监测和科学研究，强化生物多样性保护监管，加大宣传力度，促进全社会共同参与生物多样性保护，是汶川县实现生态价值转化的途径之一，也是汶川县积极争创生态文明建设示范区的基础工作，具有重要的现实意义。2022年7月—2023年10月，项目组在汶川县开展了生物多样性调查工作，结果汇总如下。

1. 总体概况

根据野外调查结果并参考相关历史资料，汶川县共记录到高等植物256科1100属3215种，约占全省高等植物总物种数的28.63%，全国的9.00%。其中，苔藓植物314种，蕨类植物183种，裸子植物51种，被子植物有2667种。

复杂的地形地貌、特殊的气候条件、繁茂的森林植被，庇护着众多的野生动物。本次调查记录的野生脊椎动物有33目112科611种，其中陆生脊椎动物571种，约占四川省陆生脊椎动物总物种数的47.23%、全国的16.82%，包括陆生哺乳类126种、鸟类400种、两栖类21种、爬行类24种、鱼类40种。本次调查还记录到昆虫（不含蝶类）170种，蝶类211种；大型真菌305种（已鉴定出266种）；浮游植物89种；大型底栖无脊椎动物17种（属）；周丛藻类84种；具有相关传统文化、农业遗传、医药、地理标志产品的传统知识的动植物共109种。

这些物种中，国家一级保护野生植物有2种，分别为红豆杉 Taxus wallichiana var. chinensis 和珙桐 Davidia involucrata；国家二级保护植物有连香树 Cercidiphyllum japonicum、水青树 Tetracentron sinense 等51种；国家一级保护野生动物有大熊猫 Ailuropoda melanoleuca、川金丝猴 Rhinopithecus roxellana、斑尾榛鸡 Tetrastes sewerzowi、川陕哲罗鲑 Hucho bleekeri 等24种；国家二级保护野生动物有猕猴 Macaca mulatta、血雉 Ithaginis cruentus、山溪鲵 Batrachuperus pinchonii、横纹玉斑蛇 Euprepiophis perlacea、金裳凤蝶 Troides aeacus 等96种。

本次野外调查发现大型真菌新种3种，其中，地锤菌属新种1种，亚齿菌属新种1种，裸脚菇属新种1种。此外还调查到四川特有种高山蛇眼蝶和十目舜眼蝶，前者目前仅在汶川—理县区域有分布记录，后者目前仅在川西地区有分布记录。

2. 高等植物

根据野外调查结果并参考相关历史资料，汶川县共有陆生高等植物256科1100属3215种。其中苔藓植物有60科157属314种，蕨类植物有34科67属183种，裸子植物有9科21属51种，被子植物有153科855属2667种。

依据《国家重点保护野生植物名录》（2021年），汶川县有国家一级保护野生植物2种，分别为红豆杉 Taxus wallichiana var. chinensis 和珙桐 Davidia involucrata；国家二级保护植物51种，包括云南红景天 Rhodiola yunnanensis、红花绿绒蒿 Meconopsis punicea、西藏杓兰 Cypripedium tibeticum、七叶一枝花 Paris polyphylla、中华猕猴桃 Actinidia chinensis、软枣猕猴桃 Actinidia arguta、绿花杓兰 Cypripedium henryi、润楠 Machilus nanmu、楠木 Phoebe zhennan 等。

依据《中国生物多样性红色名录——高等植物卷（2020）》，本次调查汶川县具有中国特有物种种类121科392属1117种。

根据《中国生物多样性红色名录——高等植物卷（2020）》，统计出汶川县有109种受威胁物种（极危、濒危和易危），其中被列为极危（CR）的有4种，为巴朗杜鹃 Rhododendron balangense、卧龙玉凤花 Habenaria wolongensis、中华盆距兰 Gastrochilus sinensis、紫花杜鹃 Rhododendron amesiae；濒危（EN）的有44种；易危（VU）的有61种；近危（NT）的有105种；无危（LC）的有2361种；数据缺乏（DD）和未评价（NE）的有73种。

3. 植被

根据《中国植被》的分类原则，汶川县的自然植被共划分为5个植被型组，16个植被型，25个植被亚型。

汶川县总体的植被覆盖状况良好，植被类型丰富，植被覆盖度高的区域主要分布在汶川县南部三江镇、水磨镇、卧龙镇，北部的龙溪乡，岷江支流烧汤河、正河两侧山坡，海拔高度为700~5000m。

汶川县植被常绿阔叶林组成中，山毛榉科较为耐寒的青冈、石栎等，樟科中樟属的川桂、油樟等较多，且常绿阔叶林分布的上限仅为海拔1600m左右。在常绿阔叶与落叶阔叶混交林中，常绿树种以石栎、青冈占优势，阔叶树种以珙桐、水青树等为主。在海拔1300~2200m的河谷至谷坡300m范围内，植被以胡枝子、黄荆为主，形成干旱河谷灌丛，并有较多的黄栌分布。在海拔1600~2000（2200）m的阴坡及沟谷为以常绿樟科与山毛榉科植物和落叶栎类、槭树等构成的常绿阔叶和落叶阔叶混交林。海拔2000（2200）~3600m为亚高山针叶林，下部阴坡及半阴坡有铁杉林、云杉林，并有多种槭树、桦木渗入。海拔3600~3800m有高山灌丛草甸。

4. 陆生哺乳类

根据野外实地调查数据，并结合红外相机监测资料、历史调查资料和相关文献资料，按照《四川兽类志》（刘少英等，2023）的分类体系，汶川县已知有哺乳类7目26科126种。其中调查发现52种（包括红外相机监测），资料记录74种。

根据《国家重点保护野生动物名录》（2021年），统计出县域内有国家重点保护动物哺乳类33种。其中国家一级保护野生动物哺乳类有13种，分别为大熊猫 Ailuropoda melanoleuca、川金丝猴 Rhinopithecus roxellana、豺 Cuon alpinus、大灵猫 Viverra zibetha、小灵猫 Viverricula indica、金猫 Catopuma temmincki、豹 Panthera pardus、雪豹 Panthera uncia、林麝 Moschus berezovskii、马麝 Moschus chrysogaster、白唇鹿 Przewalskium albirostris、扭角羚 Budorcas taxicolor 和西藏马鹿 Cervus wallichii；国家二级保护野生动物哺乳类有20种，包括猕猴 Macaca mulatta、藏酋猴 Macaca thibetana、狼 Canis lupus、赤狐 Vulpes vulpes、藏狐 Vulpes ferrilata、貉 Nyctereutes procyonoides、黑熊 Ursus thibetanus、中华小熊猫 Ailurus fulgens、黄喉貂 Martes flavigula 等。

汶川县域内有中国特有兽类32种，包括长吻鼩鼹 Uropsilus gracilis、峨眉鼩鼹 Uropsilus andersoni、少齿鼩鼹 Uropsilus soricipes、陕西鼩鼱 Sorex sinalis、云南鼩鼱 Sorex excelsus、纹背鼩鼱 Sorex cylindricauda、川鼩 Blarinella quadraticauda 等。

根据《中国生物多样性红色名录——脊椎动物卷（2020）》，县域内受威胁[包括极危（CR）物种、濒危（EN）物种、易危（VU）物种]的哺乳类多达27种，其中极危物种有3种，濒危物种有10种，易危物种有14种。

5. 鸟类

根据野外实地调查数据，并结合红外相机监测资料、历史调查资料和相关文献资料，按照《中国鸟类分类与分布名录（第四版）》的分类体系，汶川县已知有鸟类18目65科400种。

根据2021年发布的《国家重点保护野生动物名录》，统计出县域内有国家重点保护野生动物鸟类76种。其中国家一级保护野生动物鸟类有11种，分别为斑尾榛鸡 *Tetrastes sewerzowi*、红喉雉鹑 *Tetraophasis obscurus*、绿尾虹雉 *Lophophorus lhuysii*、黑鹳 *Ciconia nigra*、胡兀鹫 *Gypaetus barbatus*、秃鹫 *Aegypius monachus*、乌雕 *Clanga clanga*、草原雕 *Aquila nipalensis*、金雕 *Aquila chrysaetos*、四川林鸮 *Strix davidi* 和猎隼 *Falco cherrug*；国家二级保护野生动物鸟类有65种，包括藏雪鸡 *Tetraogallus tibetanus*、血雉 *Ithaginis cruentus*、红腹角雉 *Tragopan temminckii*、勺鸡 *Pucrasia macrolopha*、白马鸡 *Crossoptilon crossoptilon*、红腹锦鸡 *Chrysolophus pictus*、白腹锦鸡 *Chrysolophus amherstiae*、鸳鸯 *Aix galericulata*、黑颈䴙䴘 *Podiceps nigricollis*、赤颈䴙䴘 *Podiceps grisegena*、小鸦鹃 *Centropus bengalensis*、灰鹤 *Grus grus* 等。

县域内有中国特有鸟类22种，包括斑尾榛鸡 *Tetrastes sewerzowi*、红喉雉鹑 *Tetraophasis obscurus*、灰胸竹鸡 *Bambusicola thoracicus* 等。

根据《中国生物多样性红色名录——脊椎动物卷（2020）》，县域内受威胁［包括极危（CR）物种、濒危（EN）物种与易危（VU）物种］的鸟类达16种，其中濒危物种有6种，易危物种有10种。此外，近危物种有42种。

6. 两栖类和爬行类

（1）两栖类。

根据野外调查结果并结合历史资料，按照《四川省两栖爬行动物分布名录》（蔡波等，2018）中的分类系统，汶川县已知有两栖类2目6科12属21种。

根据《国家重点保护野生动物名录》（2021年），统计出县域内有国家二级保护动物两栖类4种，分别为山溪鲵 *Batrachuperus pinchonii*、西藏山溪鲵 *Batrachuperus tibetanusi*、金顶齿突蟾 *Scutiger chintingensis* 和洪佛树蛙 *Rhacophorus hungfuensis*。

县域内有中国特有两栖类11种，为大齿蟾 *Oreolalax major*、宝兴齿蟾 *Oreolalax popei*、无蹼齿蟾 *Oreolalax schmidti*、坪角蟾 *Megophrys shapingensis*、昭觉林蛙 *Rana chaochiaoensis*、峨眉林蛙 *Rana omeimontis*、理县湍蛙 *Amolops lifanensis* 等。

根据《中国生物多样性红色名录——脊椎动物卷（2020年）》，县域内受威胁［濒危（EN）物种和易危（VU）物种］的两栖类有7种，占物种总数的33.33%，其中濒危物种有2种，易危物种有5种。此外，还有近危（NT）物种2种，无危（LC）物种12种。

（2）爬行类。

根据野外调查结果并结合历史调查资料，按照《四川省两栖爬行动物分布名录》（蔡波等，2018）中的分类系统，汶川县已知有爬行类1目7科20属24种。

根据《国家重点保护野生动物名录》（2021年），统计出县域内有国家二级保护动物爬行类1种，为横纹玉斑蛇 *Euprepiophis perlacea*。中国特有爬行类6种，分别为汶川攀蜥 *Japalura zhaoermii*、康定滑蜥 *Scincella potanini*、汶川滑蜥 *Scincella wangyuezhaoi*、美姑脊蛇 *Achalinus meiguensis*、横纹玉斑蛇 *Euprepiophis perlacea* 和高原蝮 *Gloydius strauchi*。汶川滑蜥为2023年新发表物种，目前仅见于四川省汶川县与理县，汶川县为该新种模式产地。

根据《中国生物多样性红色名录——脊椎动物卷（2020年）》，县域内受威胁［包括濒危（EN）物种和易危（VU）物种］的爬行类有4种，占物种总数的16.67%，其中濒危物种有1种，易危物种有3种，此外，还有近危（NT）物种2种，无危（LC）物种16种，数据缺乏（DD）物种2种。

7. 昆虫

本次野外调查共采集昆虫标本200多号，经鉴定为12目54科170种（不含蝶类），其中鳞翅目 16 科 95 种，占总数的 55.88%；半翅目 8 科 23 种，占总数的 13.53%；鞘翅目 11 科 19 种，占总数的 11.18%；直翅目 6 科 10 种，占总数的 5.88%；双翅目 4 科 10 种，占 5.88%；其余目种数均少于 5 种。

共采集蝶类标本 2300 多号，经鉴定为 5 科 103 属 211 种。本次野外调查在汶川县调查到国家二级保护动物金裳凤蝶 Troides aeacus 和三尾褐凤蝶 Bhutanitis thaidina。此外，还调查到四川特有种高山蛇眼蝶 Minois aurata、十目舜眼蝶 Loxerebia carola，前者目前仅在汶川—理县区域有分布记录，后者目前仅在川西地区有分布记录。

8. 大型真菌

本次调查共采集到大型真菌 305 种，已鉴定出 266 种，隶属于 2 门 5 纲 19 目 57 科 128 属，其中食菌 82 种，药用菌 64 种，毒菌 44 种。中国特有种 45 种。

本次调查发现地锤菌属新种 1 种，亚齿菌属新种 1 种，裸脚菇属新种 1 种。

根据《中国生物多样性红色名录——大型真菌卷》统计，汶川县未发现极危（CR）物种、濒危（EN）物种、易危（VU）物种，近危（NT）物种有 4 种，无危（LC）物种有 109 种，缺乏数据（DD）物种有 36 种，未被评估（NE）物种有 117 种。

9. 鱼类

根据野外调查并结合资料，汶川县内共有鱼类 40 种（本次调查共采集到渔获物 2 目 2 科 15 种），隶属 5 目 9 科 30 属。其中以鲤形目为主要类群，23 属 30 种，占总种数的 75.00%；鲇形目有 5 属 8 种，占总种数的 20.00%；鲑形目、合鳃鱼目和鲈形目各有 1 属 1 种，分别占总种属的 2.50%。

依据《国家重点保护野生动物名录》（2021 年），统计出县域内有国家一级保护动物鱼类 1 种，为川陕哲罗鲑 Hucho bleekeri（历史记录）；国家二级保护动物鱼类 3 种，为重口裂腹鱼 Schizothorax（Racoma）davidi、青石爬鮡 Euchiloglanis davidi 和厚唇裸重唇鱼 Gymondiptychus pachycheilus；四川省重点保护动物鱼类 1 种，为中华鮡 Pareuchiloglanis sinensis。长江上游特有鱼类 10 种，分别为黄石爬鮡 Euchiloglanis kishinouyei、青石爬鮡 Euchiloglanis davidi、中华鮡 Pareuchiloglanis sinensis、前臀鮡 Pareuchiloglanis anteanalis、齐口裂腹鱼 Schizothorax（Schizothorax）prenanti、西昌华吸鳅 Sinogastromyzon scichangensis、短体副鳅 Paracobitis potanini、戴氏山鳅 Oreias dabryi、半䱗 Hemiculterella sauvagei 和拟缘鮡 Liobagrus marginatoides，占调查河段鱼类总种数的 22.5%。

根据《中国生物多样性红色名录——脊椎动物》，县域内有 4 种珍稀濒危物种，其中极危（CR）物种有 1 种，濒危（EN）物种有 2 种，易危（VU）物种有 1 种。无近危（NT）物种和无危（LC）物种。

从物种组成上看，县域内鱼类主要以适应流水生活的齐口裂腹鱼、重口裂腹鱼和高原鳅等土著鱼类为主。随着电站建设库区的形成（静水面积增大），适应于静缓流水的鲢、鳙、鲫和鲤等非本地物种呈现增加趋势。依据评价标准，县域内主要水域鱼类水生生物完整性指数平均值为 $(56.67+93.33+0)\div 3=50$，评价等级为"较差"。

10. 浮游生物

本次野外调查共检出浮游植物 6 门 44 属 89 种，其中硅藻为主要类群，共 20 属 56 种；其次为绿藻 13 属 20 种，蓝藻 7 属 11 种；隐藻门、金藻、定鞭藻门种类较少，分别为 2 属 2 种、1 属 1 种和 1 属 1 种。2022 年 10 月密度均值为 3.77×10^5 ind/L，变化范围为 $1.02\times 10^5 \sim 1.53\times 10^6$ ind/L；生物量均值为 0.2258mg/L，变化范围为 0.0355～0.8618mg/L；以硅藻占主要优势，蓝藻仅在渔子溪和杂谷脑河中占据一定比例。浮游植物优势属主要是硅藻，包括脆杆藻、针杆藻、等片藻、曲壳藻、桥弯藻、异极藻等。浮游植物Shannon-Wiener多样性指数（H）、均匀度指数（J）、物种丰富度指数（D）均不高，变化范围分别为1.59～2.43、0.75～0.94、2.17～3.85，由于支流环境异质性较高、营养较丰富等，其浮游植物密度和生物量、生物多样性指数均高于岷江干流。2023年7月，浮游植物密度均值为$2.32×10^5$ ind/L，变化范围为$2.73×10^4$～$5.55×10^5$ ind/L；生物量均值为0.1313mg/L，变化范围为0.0319～0.8618mg/L；浮游植物优势属主要为曲壳藻；H、D、J变化范围分别为1.01～2.07、0.57～1.00、1.30～3.29。该季节干流的三种指数均高于支流，可能与前文丰水期紫坪铺的调蓄有关。总体来说，两次调查中浮游植物物种组成、现存量、多样性等特征与调查水域位于高山峡谷地带、温度低、水流速度快等环境特征相符。

本次野外调查检出浮游动物4类33种（属/目），其中轮虫最多为12种/属，其次以此为原生动物8种/属、枝角类7属、桡足类6属（目）。2022年10月浮游动物密度均值为0.112ind/L，变化范围为0～0.24ind/L。岷江干流与支流浮游动物总密度差异不大，但组成有明显差异：岷江中以枝角类数量较多，定量样品中缺少轮虫；支流中原生动物和轮虫所占比例较大。定量样品中优势属包括原生动物表壳虫，枝角类象鼻溞、尖额溞，桡足类真剑水蚤属，以及单趾轮虫、鞍甲轮虫等。2023年7月浮游动物现存量显著低于2022年10月，密度均值仅为0.02ind/L，变化范围为0～0.1ind/L，轮虫属数量略多。两次调查均发现浮游动物种类数与现存量均较少，与研究水域水流速度快、水温低、营养水平较低、浮游植物现存量不丰富有关。

11. 大型底栖无脊椎动物

本次野外调查共获得大型底栖动物17种（属），隶属于3门5纲9目14科；其中节肢动物门最多，2纲5目8种，占总数的47.05%；其次是软体动物，2纲3目7种，占总数的41.17%；环节动物最少，1纲1目2种，占总数的11.76%。

从物种组成来看，水生昆虫主要分布在支流和干流的流水河段，软体动物主要分布在电站形成的库区静水或缓流水河段。调查区域大型底栖动物的平均密度为29.6864ind/m^2，平均生物量为4.2792g/m^2，夏季（平均密度和生物量分别为43.8217ind/m^{2}和6.4501g/m^2）略高于秋季（平均密度和生物量分别为15.5412ind/m^{2}和2.0871g/m^2）；不同类群大型底栖动物密度大小依次为：节肢动物＞软体动物＞环节动物，生物量大小依次为：软体动物＞节肢动物＞环节动物。从空间分布来看，大型底栖动物种类数和密度均为支流高于干流，生物量为库区河段大于支流，这可能与库区以软体动物类群占优势有关。Shannon-Wiener多样性指数（H）、均匀度指数（J）和物种丰富度指数（D）计算结果分别介于0.66～1.83、0.36～0.79和0.67～1.01，呈现支流高于干流的趋势。

总体而言，汶川县内主要河流大型底栖动物生物多样性并不高，这与所处高海拔、低水温等环境特征相符。

12. 周丛藻类

本次野外调查共检出周丛藻类6门41属84种（含变种与未定种），与浮游植物组成情况类似，硅藻为主要类群，共18属52种；其次为蓝藻10属18种，绿藻10属11种；甲藻、隐藻与金藻种类较少，各检出1属1种。总体来说，研究水域周丛藻类种类数不甚丰富。2022年10月密度均值为$1.10×10^5$ ind/cm^2，变化范围为$4.63×10^3$～$3.53×10^5$ ind/cm^2；生物量均值为0.0589mg/cm^2，变化范围为0.0061～0.1801mg/cm^2；优势种属以硅藻为主，包括硅藻门脆杆藻、曲壳藻、舟形藻、小环藻及蓝藻门颤藻等；周丛藻类Shannon-Wiener多样性指数（H）、均匀度指数（J）、物种丰富度指数（D）变化范围分别为1.25～2.31、0.59～0.98、1.80～3.57。由于环境异质性的差异，支流的周丛藻类现存量与多样性指数均高于干流。总的来说，周丛藻类种类组成、现存量、优势属、多样性等特征与研究水域水流速度较快、混合均匀、泥沙含量较大、水温低等环境特征相符。

2023年7月周丛藻类密度显著下降,均值为 $2.18\times10^4 \text{ind/cm}^2$,变化范围为 $8.32\times10^2 \sim 9.55\times10^4 \text{ind/cm}^2$;生物量均值为 0.0107mg/cm^2,变化范围为 $0.0001\sim0.0607 \text{mg/cm}^2$;主要以硅藻门曲壳藻、舟形藻、卵形藻、异极藻、瑞氏藻等占优势;H、D、J 变化范围分别为 $0.95\sim1.95$、$0.48\sim1.00$、$1.24\sim2.87$。由于紫坪铺的调蓄稳定作用,干流多样性略高于支流。

13. 县域生物多样性相关传统知识调查与评估

本次野外调查共完成汶川县内9个乡镇共37个行政村的区域调查,通过实地走访调研发现并记录了汶川县内具有相关传统文化、农业遗传、医药、地理标志产品的传统知识的动植物共109种,拍摄相关生物基源及生境照片218张,实地调查工作情景照片若干。

根据野外调查结果并参考相关历史资料,汶川县内共发现传统技术相关知识17种,其中与藏羌文化相关的有13种,经济、文化、社会或生态价值较高的有6种;传统生物地理标志产品有3种;传统医药相关知识有42种;农业遗传相关资料有13种;生物多样性传统文化有4种;民间有关于生物多样性文化的传说故事目前找到有价值的有30种。

第 1 章 县域概况

1.1 自然地理概况

1.1.1 地理位置

汶川县位于四川省境中部，阿坝藏族羌族自治州境东南部，因汶水得名，汶川县位于四川盆地西北部边缘，东邻彭州市、都江堰市，南接崇州市、大邑县、芦山县，西接宝兴县与小金县，西北至东北分别与理县、茂县相连。地图坐标北纬 $30°45'\sim31°43'$ 与东经 $102°51'\sim103°44'$ 之间。全县东西宽 84km，南北长 105km，总面积 4084km²。

1.1.2 地形地貌

汶川县地处青藏高原向川西平原过渡地带，高山耸峙，峰峦叠嶂，河谷深邃悬崖壁立，北有岷山，南有龙门山，西有邛崃山诸山脉，有"峭峰插汉多阴谷"之称。地势西北高，东南低，山脉海拔多在 4000m 左右。县域内山脉最高峰四姑娘山海拔 6247.8m，河谷最低处漩口镇海拔 780m，最高点和最低点相差 5000m 以上。

1.1.3 地质

汶川县地跨我国西部地槽区和东部地台区向西部地槽区过渡的龙门山褶皱带。自中生代以来经历了多次构造变动，尤以三叠纪末的印支运动影响最大，使本区强烈褶皱隆起成陆，不仅奠定了北东向构造格局，而且产生了一系列北东向大断裂带，地层普遍发生了变质作用。自侏罗纪至第三纪，本区未再接受沉积，长期处于剥夷之中。第三纪末至第四纪初的喜山四幕新构造运动结束了本区相对稳定的状态，开始强烈快速隆起，地形发生重大变形，到晚更新世预时期的最后一次强烈新构造运动，最终形成了近于现今的地貌景观。本区大地构造属于龙门山褶断带的中南段，由一系列北东向的平行褶曲和断裂组成，构造带总体方向为北 $40°\sim50°$。褶曲均为紧密的倒转背斜、向斜。断裂带为北东向挤压性逆冲大断裂，这些断裂和褶曲基本上控制了该区域的地貌格局。

1.1.4 气候条件

汶川县东南向西北地势上升，呈比较完整的垂直状态，可分为 8 个不同的自然气候区，故有"十里不同天"之说。南湿（漩口、映秀地区）北旱（威州、绵虒地区）趋势明显，光、热、水分布不均，利于发展农业经营生产，为州内重要农区县之一。在 2000m 以下地区，年均气温 13.5℃（北部）～14.1℃（南部），无霜期 247～269 天，雨量 528.7～1332.2mm，日照 1693.9～1042.2h，适于各类动植物生长。

1.1.5 水系分布

地表水系为岷江。岷江发源于岷山南麓，松潘县北弓杠岭隆板棚，经松潘、茂县，从县境东北流入汶川。经威州、绵虒、映秀、漩口 4 个乡镇，纵贯县境东部，境内流长 88km，流域面积 1428.476km^2，河谷深切，水流湍急，河床平均坡降 8‰。最大流量 1890m^3/s，最枯流量 49.3m^3/s，年平均流量 168～268m^3/s。最大流速 6.9m/s，最小流速 1.44m/s。河面宽度一般为 80～100m。县境出口处多年平均流量 452m^3/s，径流量达 142 亿立方米。汛期主要为降水补给，枯季为融雪和地下水补给。

1.2 社会经济概况

1.2.1 行政区划与人口

截至 2023 年，汶川县辖威州镇、绵虒镇、映秀镇、卧龙镇、漩口镇、水磨镇、耿达镇、三江镇、灞州镇 9 个镇、75 个行政村、8 个社区。汶川县人民政府驻威州镇。

截至 2022 年末，全县户籍人口 84668 人，其中藏族 14721 人、羌族 36094 人、汉族 32720 人、回族 876 人，其他民族 257 人，占总人口比例分别为 17.4%、42.6%、38.6%、1.0% 和 0.3%，是藏、羌、回、汉等各民族交汇融合的地带。

1.2.2 经济概况

根据阿坝州地区生产总值统一核算初步结果，2022 年汶川县全县实现地区生产总值 854145 万元，按可比价格计算，比上年增长 1.6%。其中，第一产业增加值 134604 万元，增长 4.9%；第二产业增加值 371392 万元，增长 1.5%；第三产业增加值 348149 万元，增长 0.4%。三次产业对经济增长的贡献率分别为 49.4%、38.9%、11.7%，分别拉动经济增长 0.8%、0.6%、0.2%。三次产业结构为 15.7∶43.5∶40.8。

2022 年全年地方一般公共预算收入 48607 万元，比上年增长 8.2%。

2022 全年全社会固定资产投资同口径比上年增长 20%，按结构分（不含农户投资，下同），基础设施投资增长 9.7%；产业投资增长 45.4%；民生及社会事业投资下降 39.6%。

从构成看，建安工程投资比上年增长17.6%；设备工器具购置增长51.2%，其他费用下降52%。民间投资下降19.9%。从产业看，第一产业投资增长6.4%；第二产业投资下降11.5%，其中，工业投资下降11.6%；第三产业投资增长10.4%。三次产业投资比例为4.5∶5.8∶89.7。

汶川县全县固定资产投资在库项目90个，当年形成投资项目58个，其中，本年新入库20个，竣工项目9个，项目建成投产率10%。

1.2.3 教育事业

截至2022年末，汶川县共有各级各类学校34所，在校生人数25425人（不含非学历教育注册学生及电大开放教育学生），专任教师2202人。全县有幼儿园14所，专任教师241人，招生569人，在园幼儿2422人。全县有小学11所，专任教师692人，招生763人，在校生4920人；初中4所，专任教师155人，招生1126人，在校生3242人；特殊教育学校1所，专任教师45人，招生20人，在校生126人；高中2所，专任教师485人，招生948人，在校生2995人；全日制中等职业学校1所，专任教师90人，招生312人，在校生1157人。全县有普通高等院校1所，专任教师494人，在校生10563人，招生2792人，毕业3966人。

1.2.4 文化事业

截至2022年末，汶川县有专业艺术表演团体1个，文化馆1个，文化站9个，体育馆1个，体育健身场所485个，文物保护管理机构1个，博物馆（纪念馆）2个，建筑面积13433m²，参观人次50.48万人次，其中未成年人参观人次8.02万人次；公共图书馆1个，阅览室面积1800m²，阅览室座席数405个，图书馆总藏书量117千册，其中，本年新购藏量10千册。

1.2.5 医疗卫生

截至2022年末，汶川县共有卫生机构（含村卫生室）144个。其中，医院6个，乡镇卫生院9个，社区卫生服务机构3个，卫生人员进修校1个，疾病预防控制中心1个，妇幼保健机构1个，村卫生室108个，诊所15个。卫生机构拥有床位591张（开放床位数）。有卫生技术人员896人，其中，执业医师和执业助理医师289人，注册护士322人。有卫生防疫人员108人。5岁以下儿童死亡率1.54‰，婴儿死亡率1.54‰，孕产妇住院分娩率99.85%。

1.2.6 社会保障

截至2022年末，汶川县城镇新增就业790人，失业人员再就业88人，就业困难人员再就业13人。年末城镇登记失业率3.59%。年末，全县城镇职工基本养老保险参保人数40478人，参加城乡居民基本养老保险人数26218人，参加基本医疗保险的职工数24873人，参加城乡居民基本医疗保险的人数61538人，失业保险参保人数14320人。2022年纳入城市低保人员累计6274人次，农村低保人员累计18819人次。全县纳入城乡五保供养270人，其中集中供养人口177人，集中供养率65.6%。社会福利收养性单位1个，拥有床位300张。

1.2.7 交通运输

汶川县境内有都汶高速公路、国道213线、国道317线穿境而过。截至2022年末，汶川县行政区划面积内公路总里程达1021.673km，其中高速公路63.973km。旅客周转量19078万人公里，下降26.8%；货物周转量260603万吨公里，下降6.4%。

第 2 章　前期调查综述

汶川县牢固树立"绿水青山就是金山银山"理念，牢牢把握人与自然和谐共生的科学自然观，始终把生态文明建设作为"国之大者"，不断优化完善顶层设计，尊重自然、顺应自然、保护自然，全面启动绿化全川行动、岷江流域水生态综合治理，实行最严格的生态环境保护制度，全力打好大气、水、土壤污染防治"三大战役"，汶水羌山"有土皆绿、是水皆清、四季花香、处处鸟鸣"。岷江流域出境断面水质达标率、集中式饮用水水源地达标率达100%，实现了一江清水向东流。完成水源涵养林提升2000亩[①]、人工造林7.7万亩，水土流失面积由震后的3440km^2下降到1480km^2，森林覆盖率达56.85%。成功创建国家第六批"绿水青山就是金山银"实践创新基地、四川省首批"省级生态县""森林草原湿地生态屏障重点县"，获评"2022年四川县域生态旅游目的地"。汶川县全面推行林长制、河湖长制，管护能力全面提升，2022年被列为"大熊猫国家公园生态体验先行试验区"。如今的汶川，蓝天白云、碧水青山成为"新标配"。

2.1　县域自然保护地现状

汶川县境内有自然保护地6处，分别为大熊猫国家公园、四川卧龙国家级自然保护区、四川草坡省级自然保护区、草坡风景名胜区、三江风景名胜区和四川省巴布纳森林公园。

2021年10月14日，国务院以《国务院关于同意设立大熊猫国家公园的批复》（国函〔2021〕102号）正式同意设立大熊猫国家公园，四川省划入面积1.93万平方公里，占整个大熊猫国家公园面积的87.7%。国家公园是各类自然保护地中级别最高、管理强度最高的保护地。原自然保护地与大熊猫国家公园全部重合的，直接划入国家公园，成为国家公园的一部分，不再保留。汶川县直接划入大熊猫国家公园，不再保留的自然保护地有：四川卧龙国家级自然保护区（总面积的99.8%，203107hm^2[②]与大熊猫国家公园范围重叠，重叠部分归并入大熊猫国家公园管理，剩余部分不再保留）、四川草坡省级自然保护区（全域51629.3hm^2与大熊猫国家公园范围完全重叠，纳入大熊猫国家公园管理，不再保留）、草坡风景名胜区（全域53864hm^2与大熊猫国家公园范围完全重叠，归并大熊猫国家公园管理，不再保留）；部分划入大熊猫国家公园的有三江风景名胜区［与大熊猫国家公园范围有55.18%（10377hm^2）重叠，重叠部分纳入大熊猫国家公园管理，不再保留］；三江风景名胜区与大熊猫国家公园范围有44.82%（8429hm^2）未重叠部分，经科学评估、整合优化后，整合方案为撤销。四川省巴布纳森林公园与大熊猫国家公园完全不重叠，在整合优化方案中共申请调出涉及公园南部居民主要聚集区、生产生活区和北部牧区需要调出面积294.28hm^2，调整后剩余面积为639.64hm^2。

目前，自然保护地优化整合方案尚未获批。按照整合优化方案，汶川县境内有自然保护地

---

① 1亩≈666.67m^2。
② 1hm^2=10000m^2。

2个，分别为大熊猫国家公园（面积275098.14hm²）、四川省巴布纳森林公园（面积639.64hm²），占本县陆域国土面积的67.51%。另有四川大熊猫栖息地世界自然遗产面积304345hm²，占本县陆域国土面积的74.5%。自然保护地和四川大熊猫栖息地世界自然遗产扣除重叠面积后的面积为317251.79hm²，占本县陆域国土面积的77.68%。

2.2 县域生物多样性现状分析

截至2021年12月，汶川县尚未开展过县域生物多样性调查工作。已有的生物多样性保护和调查工作主要集中在原卧龙国家级自然保护区和原草坡省级自然保护区内，通过这些区域的调查和监测工作，基本掌握了汶川县部分生物多样性情况。

2.2.1 高等植物及植被

根据《四川卧龙国家级自然保护区综合科学考察报告》可知，保护区内有蕨类植物30科70属198种，裸子植物6科10属19种（不包含外来植物），被子植物123科613属1805种（不包含外来植物）。根据《国家重点保护野生植物名录（第一批）》（1999年），在这些高等植物中，国家重点保护野生植物有12科13属14种，其中国家一级保护野生植物有珙桐 *Davidia involucrata*、光叶珙桐 *Davidia involucrata* var. *vilmoriniana*、红豆杉 *Taxus wallichiana* var. *chinensis*、独叶草 *Kingdonia uniflora* 和玉龙蕨 *Polystichum glaciale* 5种；国家二级保护野生植物有红花绿绒蒿 *Meconopsis punicea*、连香树 *Cercidiphyllum japonicum*、水青树 *Tetracentron sinense*、香果树 *Emmcnopterys hcnryi* 等9种。需要说明的是，根据2021年发布的《国家重点保护野生植物名录》，玉龙蕨、四川红杉等已不再列入重点保护野生植物名录，光叶珙桐已合并入珙桐，独叶草保护等级已调整为国家二级。

根据文献可知，汶川县植被盖度整体较高，植被覆盖度大于80%的高植被覆盖区占汶川县总面积的66.2%，主要分布在汶川县东南部的三江镇、水磨镇，北部的灞州镇，岷江支流烧汤河、正河两侧高海拔山坡；植被盖度70%～80%的区域占汶川县总面积的13.3%，主要分布在映秀镇中低山地区和西部中高山地区；植被盖度40%～70%的区域占汶川县总面积的11.4%，主要分布在西南部山区和威州镇、灞州镇，岷江与其支流杂谷脑河两侧；植被盖度10%～40%的区域占汶川县总面积的4.94%，主要位于汶川县西部高山植被与冰川间的过渡带；植被盖度小于等于10%的区域占汶川县总面积的4.1%，主要位于汶川县西部耿达镇、卧龙镇高原雪山。植被盖度小于40%的无植被或少植被地区主要集中在4000m以上的高海拔地区，植被盖度40%～60%的主要分布在海拔1000～2000m、4000～5000m的地区；植被盖度60%～80%的在5000m以下各高程都有分布；植被盖度大于80%的高植被覆盖区域主要分布在海拔2000～4000m的地区。汶川县海拔2000～4000m的地区植被生长状况最好，以林地和高山草甸为主；海拔1000～2000m的地区植被生长状况因受到人类活动的影响，生长状况次之；海拔5000m以上的高海拔地区终年冰雪覆盖，无植被分布。

根据《四川卧龙国家级自然保护区综合科学考察报告》可知，卧龙植被分为5个植被型组、15个植被型、39个群系组、69个群系。

2.2.2 陆生脊椎动物

基于全县的哺乳类、鸟类、两栖和爬行类未开展系统的调查，已有的调查主要集中在原卧龙国家级自然保护区和原草坡省级自然保护区内。

根据《四川卧龙国家级自然保护区综合科学考察报告》（2018年）记录，保护区共有陆生脊椎动物506种，其中，兽类8目29科52属136种，鸟类16目57科167属333种，爬行类1目3科14属19种，两栖类2目5科11属18种。根据《四川草坡自然保护区综合科学考察报告》（2013年）记录，保护区共有脊椎动物408种，物种十分丰富，其中，兽类7目26科103种，鸟类15目55科279种，爬行类5科11属15种，两栖类5科8属11种。

2.2.3 昆虫

昆虫类群是生物多样性的重要组成部分。蝶类因其方便观察、捕捉及鉴定等特性，在生态研究中可作为一种良好材料。2016年，原环境保护部启动了全国蝶类多样性观测，开始建立全国蝶类观测网络，但目前对汶川地区蝶类尚未建立观测网络，蝶类资源尚无记录。

2.2.4 大型真菌

汶川县大型真菌资源调查方面研究资料较少。李懿与余列（2016）报道了汶川县境内分布的5种羊肚菌。李奇缘等（2020）报道了2014—2017年在卧龙国家级自然保护区调查到大型真菌478种，该调查只针对保护区内大型真菌的调查，而保护区外大型真菌物种多样性了解极少。另外，报道仅是依据形态学进行鉴定，其鉴定准确性有待考证；同时，基于已有名录发现，存在部分同物异名被作为多个物种的情况，也有一些名称已不存在或仅是一些欧美名称的误用。

2.2.5 水生生物

2.2.5.1 汶川县流域概况

岷江上游主要河段长约340km，占岷江干流全河段的43%，流域面积约22564km²，占岷江全流域面积的16.6%，流域内河网密度约0.172km/km²，平均径流系数0.77，岷江右岸河网密集，集水面积超过500km²。汶川县境内河流属于岷江上游水系，主要包括岷江干流和支流杂谷脑河、草坡河、渔子溪和寿溪河等主要河流。

1. 杂谷脑河

杂谷脑河，长江支流岷江的上游支流，发源于鹧鸪山的南麓，经阿坝藏族自治州的理县、汶川县，在汶川县威州镇汇入岷江。全长158km，流域面积4629km²。杂谷脑河支流众多，大部分属短小的沟谷，主要有米亚罗沟、孟董沟、三岔沟等。杂谷脑河多年平均流量9.9~122m³/s，最大流量677m³/s，最小流量23.6m³/s，年平均流量91.9~122m³/s，最大洪水流量929m³/s，最枯流量16.6m³/s。

2. 草坡河

草坡河，长江支流岷江上游支流，地处汶川县境中部，草坡乡境内。发源于理县海子塘背坡的草坡境，源头名曰正沟，上游称正河，经樟排村境称草坝河。流经沙排、克充、足湾、樟排四个村，与主要支流草坡沟汇合于两河口后称为草坡河，在绵虒镇下索桥汇入岷江，全长45.5km；其中源头至两河口长38km，以下至下索桥7.5km，集水面积约500km²。

3. 渔子溪

渔子溪，也称二河，岷江的上游支流，发源于邛崃山的巴朗山东坡，由西南流向东北。上游称巴朗河，过卧龙关名皮条河，过糖房名烧汤河，全长约50km；至耿达镇龙潭村磨子沟绕老鸦山转向东流，以下称二河。经卧龙镇、耿达镇、映秀镇在中滩堡注入岷江，全长89km，落差3239.6m，平均比降36.4‰，流域面积1742km^2。上游由耿达镇正河（长约45km）及其支沟与卧龙皮条河、巴朗河及其支沟大小共121条组成，在龙潭村磨子沟以下，河床比降为24.4‰。

4. 寿溪河

寿溪河，俗称寿江，长江支流岷江上游的主要支流。全长约65km。地处汶川县南部，上游为西河，源出汶川县和大邑县的交界处大塘山，因原经都江堰市（原灌县）老人村，称寿江。西河是寿溪河的上游和主流，从源头至三江口约40km，其主要支流正河（全长约33km）和黑石江（全长约13km）在三江口汇入，经白石镇、水磨镇，在漩口镇汇入岷江。从三江口到漩口镇长约25km。

2.2.5.6 水生生物多样性现状

1. 鱼类

岷江上游的鱼类调查起始很早，主要的有木村重（1934）、张孝威（1944），张春霖、刘成汉（1957）、四川大学生物系55级动物学班（1959）、曹文宣、伍献文（1962）、刘成汉（1964、1965）、周道琼（1985）等。1984年5月对灌县（现都江堰市）至汶川县姜射坝江段，1986年7—8月对渔子溪、溪河，1990年1月对灌县至威州镇（汶川县）江段，1996年8—9月对杂谷脑河和11月对漩口镇至姜射坝江段，1997年4—5月对汶川县漩口镇至茂县叠溪海子和松坪沟、黑水县的黑水河干支流、理县杂谷脑河干支流等进行了调查。先后鉴定岷江上游的鱼类有40种。

2000年前，邓其祥等老一辈鱼类学家对岷江上游的鱼类进行了调查，并对累计的鱼类名录进行整理，根据调查结果和有关资料整理得到鱼类24种。其中，麦穗鱼是带入种，红鲤是逃入海子中的养殖种，它们已在上游地区干支流的海子或静水区繁衍生存下来，麦穗鱼已在叠溪等海子中发展成优势种，其余22种是该流域的原产鱼类。

数据分析显示，目、科、属种等阶元的组成都较贫乏，是四川北部、西部山地江河鱼类区系组成的共同特征；鲤形目、鲤科、鳅科的种类多，又与四川、全国内陆淡水鱼类组成相似；鮡科、裂腹鱼亚科、高原鳅属种类多，又是四川西北和我国西南部江河鱼类组成的特征；川陕哲罗鲑、黄石爬鮡、粗唇高原鳅的模式产地是岷江上游。

记载的鳡、马口鱼是都江堰市的上游两岸静水区的，自1984年以来就没有被报道过。唇䱻、麦穗鱼等多种鱼类，曾多生活在都江堰市两岸静水区和上游干支流的下部，有些种类在二十世纪四十年代曾上到汶川县城江段，二十世纪五六十年代曾上到映秀湾江段，如似鱎、中华倒刺鲃、白甲鱼等，近十几年来已经没有，现在仅有红鲤1种，见于叠溪海子中（渔民捕到红鲤1尾，体重150g，年龄3.5龄），因水温低而生长缓慢，该种是从河南购来养殖逃入海子中繁衍生存下来的。流水急流水中下层类群有川陕哲罗鲑、重口裂腹鱼、齐口裂腹鱼、厚唇裸重唇鱼、松潘裸鲤5种。在岷江上游调查中见到齐口裂腹鱼、松潘裸鲤，其适应性较强；生活在流水、急流水底的洞缝隙中的红尾副鳅、短体副鳅、山鳅、5种高原鳅、鮡、白缘䱀、拟缘䱀共11种。鮡已很少上溯到汶川映秀镇江段；粗唇高原鳅在岷江仅见于茂县叠溪海子；䱀类也很少。另外，还有流水、急流水底吸着生活的类群，有犁头鳅、福建纹胸鮡、青石爬鮡、黄石爬鮡、中华鮡、前臀鮡6种，它们能沿跌水、瀑布、电站闸坝的侧流细水游到上面河道或水库中。

2006年，丁瑞华《岷江上游鱼类及保护问题》研究报道了岷江上游共有鱼类28种，分隶于4目8科16属。在岷江上游鱼类中鲤形目鱼类的种类较多，有17种，占鱼类总种数的60.71%；其次是鲇形目，有9种，占32.14%。这两个目的鱼类种类数占总种数的92.86%。

第 2 章　前期调查综述

2. 浮游生物、底栖动物、周丛藻类

目前，有关岷江上游汶川段浮游生物、底栖动物、周丛藻类方面调查研究很少，总体而言，岷江上游流域水利水电开发对河流浮游植物的群落结构有一定的影响，库区（映秀湾库区和紫坪铺库区等）河段浮游植物种类增加，但浮游植物种类仍以硅藻门种类为主。库区浮游植物数量有增加，增加幅度与水库调节能力、水体营养负荷及库区周边环境等因素有关。岷江上游流域水利水电开发导致水库形成后浮游动物群落结构由河流型转化为湖泊型，浮游动物的种类、密度和生物量都较原河流有较大幅度的提高，各类浮游动物种类、数量均明显增加，原生动物增加幅度大，轮虫较枝角类和桡足类增加幅度更大。岷江上游底栖动物种类仍以水生昆虫幼虫为主；干流部分库区河段由于水流减缓，有机物的沉积，底栖动物种类组成发生明显变化。

2.3　县域生物多样性相关传统知识

《生物多样性公约》（Convention on Biological Diversity，CBD）的传统知识（Traditional Knowledge，TK）主要指土著与地方社区体现传统生活方式而与生物多样性保护和可持续利用相关的知识、创新和做法，是一种适合于当地文化和环境的，并通过口述或文献而代代相传的知识。原环境保护部2014年生物多样性保护国家委员会审议通过的《生物多样性保护重大工程实施方案（2015—2020年）》，提出以县域为单元，开展全国陆地生物多样性保护优先区的生物多样性相关传统知识调查与评估。2014年发布《生物多样性相关传统知识分类、调查与编目技术规定（试行）》。2017年发布《县域生物多样性相关传统知识调查与评估技术规定》的相关内容，明确了传统知识的分类和调查指标，确保调查和评估工作的标准化、统一化和规范化。2010年9月15日，国务院常务会议审议通过《中国生物多样性保护战略与行动计划（2011—2030年）》，提出推动建立生物遗传资源相关传统知识的获取与惠益共享制度，公平、公正地分享其产生的经济效益的战略任务，并将开展生物多样性相关传统知识的调查编目与建立生物多样性相关传统知识保护、获取和惠益分享的制度及机制列为优先行动。

汶川县发布了部分关于生物多样性相关传统知识的政策文件、规划方案，如《汶川县非物质文化遗产保护名录》。卧龙管理局发布的《卧龙国家级自然保护区总体规划（2008—2020）》等，也简单阐述了县域生物多样性相关传统知识的保护和可持续利用。

目前，省内相关研究很少触及县域生物多样性传统知识。关于"汶川县县域生物多样性传统知识"还没有做过完整的相关调查和研究，也没有相关文献资料记载。因此，团队进展了以下工作：首先，请教羌学、藏学、民族医药学研究的专家教授，如藏学专家贡波扎西、多杰扎西教授，羌学方面的刘汉文、张忠福教授，民族医药方面的任朝琴、戴先芝副教授等，就"县域生物多样性传统知识"等问题进行了全方位的探讨和学习。其次，在汶川县图书馆、文化馆查阅了大量文史资料，了解当地的风土人情和文化历史，尤其是嘉绒藏区和羌族地区的藏族、羌族特色民族文化，深入挖掘当地民族文化中与生物多样性相关的传统文化内涵。再次，利用互联网新媒体资源，收集了许多当地生物相关的民间传说、神话故事等，作为文献资料的有力补充，为后期田野调查和实地访谈调研提供参考和借鉴。最后，在中国知网、维普咨询、万方数据等平台，以"生物多样性相关传统知识"为关键词进行检索，查阅相关文献资料，如刘春晖等（2023）研究了贵州省北部的黔北民族地区生物多样性相关传统知识，刘冬梅等（2021）研究了云南省普澜沧拉祜族自治县和四川省甘康定市生物多样性相关传统知识，向文倩等（2023）调查评估了木棉文化中生物多样性传统知识。

第3章 调查方案

3.1 抽样网格的设置

本次调查评估范围为汶川县县域范围。按照《关于发布县域生物多样性调查与评估技术规定的公告》，采用10km×10km的网格作为基本调查单元，每个网格代表一个调查单元。因此，按照相关要求将汶川县分割成100km²（10km×10km）的公里网格，并按照要求编号，具体操作如下：

（1）空间坐标系统。

大地基准采用"2000国家大地坐标系"，高程基准采用"国家高程基准"。

投影方式：全国采用Albers等面积割圆锥投影，其第1、第2标准纬线和中央经线分别为北纬27°、45°和东经105°；区域采用高斯克吕格投影。

（2）创建网格。

采用分辨率10km×10km，全国划分，共获得97109个网格。

（3）工作网格识别。

从全国陆域10km×10km网格中选取与汶川县域有共同区域的网格，若网格内县域面积≥25km²（即网格面积的25%），则该网格视为工作网格。汶川县共识别出48个工作网格。

（4）重点工作网格识别。

在县域生物多样性调查与评估工作中，生物多样性保护优先区域和国家级自然保护区是调查工作的重点区域。若工作网格中重点区域面积≥50km²（即网格面积的50%），则该网格视为重点网格。经矢量图层叠加后发现，汶川县48个工作网格全部位于生物多样性保护优先区域岷山—横断山北段，有37个网格涉及大熊猫国家公园范围。因此，将汶川县48个工作网格全部作为重点工作网格（图3.1-1）。

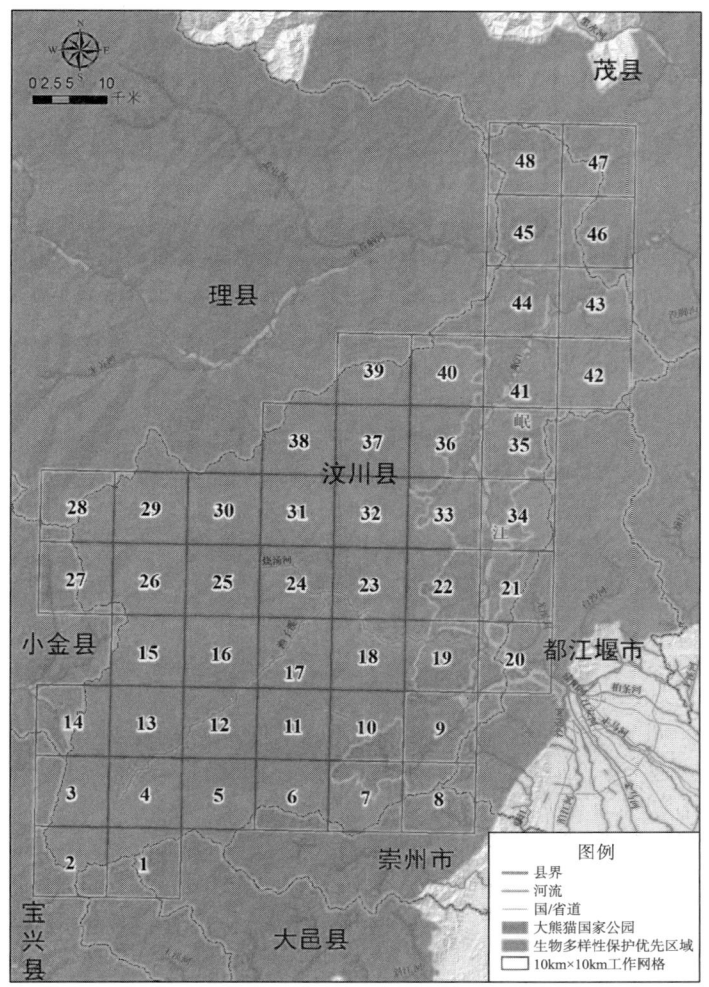

图 3.1-1　汶川县 10km×10km 网格分布

3.2　高等植物

1. 样线法

在植物生长丰富的典型地段布设调查线路，徒步行走开展调查。记录调查线路轨迹，采集植物标本，拍摄植物及其生境照片，记录植物种类、分布、生境等信息。当调查线路不能连续行走时，采取分段线路的方式。调查类群包括苔藓植物、蕨类植物、裸子植物和被子植物。

（1）布设原则。

全面性：调查线路覆盖调查区域内各种自然植被类型以及不同的海拔段、坡位、坡向；调查范围尽可能广，覆盖调查区域内尽可能多的调查网格。

代表性：调查线路布设在植物生长旺盛、物种组成丰富的典型地段。

可达性：调查线路根据调查区域实地情况、安全与保障条件合理规划。

（2）线路数量。

调查区域内主要自然植被类型中布设的调查线路数量不少于 5 条。对于调查区域内的典型植被类型，适当增加调查线路数量。植被类型按《中华人民共和国植被图（1∶1000000)》的植被分类方法划分到植被亚型。

（3）线路长度。

森林类型的调查线路每条长度不低于3km；灌丛类型的调查线路每条长度不低于2km；草地、湿地、荒漠类型的调查线路每条长度不低于1km。

2. 样方法

在目标物种分布点，用测绳或样方框围出一定面积的方形地块，其中，乔木样方面积为20m×20m，灌木样方面积为10m×10m，草本样方面积为1m×1m，高大草本样方面积为2m×2m。观察记录目标物种所在生境、植物群落等信息以及样方内目标物种的种群状况，并采集目标物种标本。

3.3 植被

植被调查主要采用样方法。

1. 森林植物群落

样方地点选择：选择样方时注意，群落内部的物种组成、群落结构和生境相对均匀；群落面积足够大，斑块面积达到1600m²，使样方四周能够有10~20m的缓冲区；除依赖于特定生境的群落外，一般选择平（台）地或缓坡上相对均一的坡面，避免坡顶、沟谷或复杂地形。

样方设置：样方面积一般400m²，可根据实际情况设置大小。样方形状为20m×20m的正方形，如实际情况不允许，也可设置为其他形状，但必须由4个10m×10m的小样方组成。

环境因子调查：除调查表外，还需拍摄群落照片，包括群落外貌、群落垂直结构、乔木层、灌木层、草本层等。

调查层次：调查层次包括乔木层、灌木层、草本层。

乔木层调查：包括林分状况、物种记录、胸径测定、树高测定等。乔木胸径测量参照《生物多样性观测技术导则 陆生维管植物》（HJ 79.1—2014）5.4.2.1.3的规定。

灌木层调查：选取样方对角的两个10m×10m小样方，对灌木层进行详细调查。逐株（丛）记录种名、高度、株数、基径等。基径测量方法参照《生物多样性观测技术导则 陆生维管植物》（HJ 79.1—2014）5.4.2.2.6的规定。在剩余的小样方中，搜寻在两个灌木小样方中未出现的灌木种，记录种名。

草本层调查：在样方四角和中心设置5个1m×1m的小样方，记录所有草本维管植物的种名、平均高度、盖度和多度等级。在其他区域仔细搜寻草本小样方中未出现的草本物种，记录种名。

2. 灌丛和草地群落

样方地点选择：样方地点选择原则参考森林植物群落调查。

样方设置：样方面积100m²，斑块面积达到900m²以上，周围留10m缓冲区，在样方四角和中心各设置1m×1m的小样方1个。

环境因子调查：调查包括经纬度、海拔、坡度、坡向等。群落概况记录包括群落类型、群落垂直结构、各层次高度、盖度和优势种以及干扰因素等。拍摄群落照片，包括群落外貌、群落垂直结构等。

样方调查：参考森林群落调查，记录所有维管植物的种名、平均高度、盖度和多度等级。对灌丛，调查整个样方（10m×10m）；对草地，调查5个1m×1m的小样方。在整个10m×10m样方内，仔细搜寻在5个1m×1m小样方中未出现的物种，记录种名。

3. 荒漠群落

参照灌丛和草地群落调查。由于荒漠植被稀疏且异质性大，调查面积大于灌丛和草地群落。

3.4 陆生哺乳动物

1. 样线法

大中型哺乳类主要采用样线法进行调查。

调查样线尽可能覆盖县域所有生境类型，并尽可能覆盖更多网格。

调查一般安排在晴朗、无风或风力不大（一般在3级以下）的天气条件下进行，步行速度一般为1~2km/h，开阔地域驱车10~30km/h。调查队员沿样线行进，记录动物实体、痕迹及其距离样线中线的垂直距离。为避免重复计数或漏记，只记录新鲜的活动痕迹（24h内）。记录实体时，只记录位于调查人员前方及两侧的个体，包括越过样线的个体。观察记录对象还包括样线预定宽度以外的实体或活动痕迹（粪便、卧迹、足迹链、尿迹等）。记录样线调查的行进航迹。

2. 样方法

小型哺乳动物的调查主要采用样方法。

随机抽取一定数量样方并统计其中调查对象的数量，抽取的样方涵盖样地内不同生境类型，样方之间间隔1km以上，并用GPS定位仪定位样方坐标。小型啮齿目动物采用铗日法调查样方内物种和个体数量，每种生境类型至少有100个铗日；小型食虫目动物采用围栏陷阱法调查样方内物种和个体数量，利用围栏将动物引入陷阱，增加动物掉落的概率。对调查到的动物进行拍照记录，便于物种鉴定。

铗日法：适用于小型啮齿目动物调查。在选定的样方中放置50~100个鼠铗，连续捕捉2~3日，然后进行整理统计，布铗形式保持一致（通常铗距5m、行距50m，线形或棋盘格式布设）。

围栏陷阱法：适用于小型食虫目动物调查。在选定的样方中根据地势制作"十"字形或"一"字形围栏，于围栏两侧埋设陷阱（陷阱通常选用直径20~40cm、深30~40cm的塑料桶），陷阱口与地面平行。

3. 网捕法

采用网捕法进行调查。对于洞穴型翼手目，采用网捕法调查物种和个体数量；对于树栖型翼手目，将雾网或蝙蝠竖琴网安放在林道等飞行活动通道捕获并计数（物种和个体数量）。

4. 红外相机自动拍摄法

适用于调查稀有或活动隐蔽的大中型哺乳动物。

放置红外相机前，通过预调查充分掌握拟调查哺乳动物的基本习性、活动区域和日常活动路线。尽量将相机放置在目标动物经常出没的通道上或其活动痕迹密集处。水源附近往往是动物活动频繁的区域，其他如盐井（天然或人工）、取食点（特殊食物资源，如坚果或浆果）、动物（尿液）标记处、求偶场、倒木、林间道路等也是动物经常活动的地点，应优先考虑。

相机架设位置一般距离地面0.3~1.0m，架设方向尽量避开阳光直射。相机镜头与地面大致平行，略向下倾，一般与动物活动路径夹角呈锐角。相机前不应有叶片大的植物，要求地面灌草较少，尤其在植物生长季节需要特别注意灌草的生长。可设置一些障碍，但注意预留动物活动的通道，保证动物通过相机前的时间最长。

在夏季每个放置点需至少连续工作60天，以完成一个调查周期。放置点之间间距1km以上。

在放置相机的同时，对每台相机进行编码，并用 GPS 定位仪记录位置。根据设备供电情况，定期巡视样点并更换电池，调试设备，下载数据。

3.5 鸟类

1. 样线法

调查样线尽可能覆盖县域所有生境类型，并尽可能覆盖更多网格。

样线行走速度为 1~2km/h，开阔生境速度约为 2km/h，茂密的生境速度约为 1km/h；调查时间一般为日出或日落前后 3h 左右。调查选择在天气良好的条件下进行，大风、中到大雨以及浓雾天气不宜进行调查；调查人员 2~3 人为一组，沿途注意观察前方和上下、两侧空间出现的鸟种，记录下目击或听到的鸟类种类、个体数（只数或群数）、生境类型、海拔和 GPS 位点，可能的情况下及时拍照和保留影像数据。用 GPS 全程记录航迹，对重要的种类发现地点进行适时定位，获取地理坐标。在非农区的野外调查过程中，对于发现的自然灾害、人为活动等主要干扰因素，需做相应记录。

2. 样点法

在崎岖山地或片段化生境，可采用样点法代替样线法进行调查，样点间距离不小于 200m。调查时间一般为日出或日落前后 3h 左右，具体按照鸟类活动高峰期确定，每个样点记录时间为 5~10min；一般在每个样点停留 5min 后再开始计数；调查在天气良好的条件下进行，大风、中到大雨以及浓雾天气不宜进行调查。

3. 直接计数法

对于大范围区域，水鸟调查在能见范围内，充分利用显著自然界限，将调查区域分为若干个统计观察样区，分别观察记录。记录方法主要有计数法和集团计数估算法（前者适用于数量较少、活动缓慢的鸟群，后者适用于群体数量大或觅食活动时移动较快的鸟群）；调查时间一般在黎明到日落均可，具体按照鸟类活动高峰期确定；调查选择在天气良好的条件下进行，大风、中到大雨以及浓雾天气不宜进行调查。

4. 红外相机自动拍摄法

鸟类红外相机自动拍摄法调查与陆生哺乳动物多样性调查同步进行。

3.6 两栖类和爬行类

样线法。样线主要布设在区域海拔较低的山间溪流、林间小路、水塘、林地等两栖类、爬行类的栖息生境或易发现的区域，样线长度 200~500m，样线的宽度根据视野情况而定，一般为 2~10m。调查时记录观察和采集到的物种、数量以及相关海拔、地理坐标、栖息地生境等信息，并拍摄照片，对于未能在野外调查时鉴定的物种，采集少量标本带回室内鉴定。在野外实地调查的同时，对调查地点社区居民进行访问调查，通过非诱导式问题设置并辅助图片识别来调查特征较鲜明的部分两栖类、爬行类动物。

根据两栖类、爬行类动物的生活习性，两栖类动物多样性监测时间设置为 19：00 至 24：00；爬行类动物多样性监测时间设置为日出后 2h 和日落前 2h，两栖类动物监测过程中发现的爬行类动物也要进行记录。

3.7 昆虫

基于全面性、代表性、可达性原则布设调查样线，并尽可能覆盖县域更多工作网格。每个网格每次调查样线 2~3 条，重点网格增加调查样线数量，每条调查样线长度为不小于 200m。

1. 网捕法

主要采用扫网法捕捉隐蔽在草丛和灌丛中的各种日行性昆虫。对飞翔着的昆虫迎面扫网或从后面追网；对静息的昆虫从后面或侧面扫网。

2. 震落法

主要用于采集有假死性的鞘翅目昆虫。将倒置的雨伞置于树木或灌木丛下，强烈震动树木或灌丛，将掉落雨伞内的昆虫快速收入毒瓶。

3. 搜寻法

主要根据昆虫的生境、寄主植物、危害症状、虫粪等线索来搜索采集在地面上、植物上、砖石下和枯枝落叶层中的昆虫。

4. 灯诱法

适用于调查趋光性强的昆虫。诱虫灯采用高压汞灯，功率 450W，保障诱虫灯有足够的亮度和射程，并悬挂白色幕布。

3.8 大型真菌

大型真菌生物多样性调查采取外业调查和室内工作相结合的方式。在外业调查中，基于生态系统类型、生物多样性分布、大型真菌资源普遍分布规律、地形地貌情况和交通可达性，确定调查区域，采用随机踏查法进行调查，获取相关数据信息，并进行详细记录，拍摄物种及生境的照片。回到室内后，整理调查记录、照片；鉴定物种；进行物种编目，编制完整的物种名录；进行调查结果分析，完成评估工作。

1. 标本采集

标本采样以完整性为基本原则，尽可能采集到不同发育时期的子实体，对每一份标本拍摄不同角度的生态照片，尽可能在一张照片中凸显所有主要特征，包括菌肉伤变色与否，并记录采集地信息（如经纬度）、生境信息（如植被、海拔等），以及宏观形态特征（如菌盖、菌柄的颜色和形状，是否有鳞片和伤变色等基本信息）。

在野外将新鲜子实体用锡箔纸包好或用信封装好带回驻地处理。

2. 标本处理

每天结束采集回到驻地后及时处理所有标本，记录重要的形态特征和生境信息。将采集到的标本部分子实体用干净卫生纸包裹置于变色硅胶中，作为活体自然温度下干燥，用于后续疑难标本分子鉴定。所有标本应及时进行烘干，烘烤温度控制在 40℃~45℃，烘干后标本随标本记录信息储存于密闭自封袋中保存，再将标本置于冰箱中在 -80℃下冷冻 10~15 天进行杀虫处理，最后录入相关信息，入库保存。对具有重要食药用价值的大型真菌进行菌种分离，按照不同营养类型的大型真菌准备相应的培养基。

3. 标本鉴定

依据大型真菌子实体的宏观和微观形态特征并参考其生境，对标本进行形态学鉴定，对于基于形态学特征难以鉴定的物种，利用 DNA Barcoding 方法进行分子生物学鉴定。大型真菌物种拉丁名称按照《国际藻类、真菌和植物命名法规》定名。

3.9 鱼类

1. 鱼类区系组成

采取资料搜集、访问调查相结合的方法。其中，资料主要来源于《四川鱼类志》（1994）、《岷江上游的鱼类》（邓其祥等，1997、2001）、《岷江上游鱼类及保护问题》（丁瑞华，2006）和 2017—2020 年四川省水产研究所在岷江流域开展的水生生物监测数据，结合现场调查数据进行分析、整理，编制出汶川县重点水域鱼类种类组成名录。

2. 鱼类资源与多样性

鱼类资源量的调查采取历史资料收集、捕捞渔获物统计和访问调查相结合的方法进行。向当地渔业主管部门和退捕前从事渔业捕捞的渔民调查了解渔业资源现状以及鱼类资源管理中存在的问题。对渔获物资料进行整理分析，得出主要捕捞对象及其在渔获物中所占比重，不同捕捞渔具、渔获物的长度和重量组成，以判断鱼类资源状况；依据物种多样性指数评估调查区域鱼类生物多样性组成情况。

3. 鱼类重要生境地（"三场"）

走访沿河居民和退捕前从事渔业捕捞的渔民，了解不同季节鱼类主要集中地和鱼类种群组成。本次实地调查参考 2017—2020 年四川省水产研究所在岷江流域开展的水生生物监测数据等资料，并结合 2022 年调查结果分析鱼类"三场"分布情况。

3.10 浮游生物

3.10.1 浮游植物

1. 定性样品的采集

用 25 号浮游生物网在样点表层水中以拖网法采集，拖网时间 5min，现场加入鲁哥试剂固定保存。每个样点采集 1 个定性样品。

2. 定量样品的采集

取表层水样 1L，装入样品瓶中，鲁哥试剂现场固定后，带回实验室用浮游生物沉淀器沉淀 48h 进行重力浓缩，浓缩至 30~50mL。每个样点采集 2 个定量平行样品。

3. 浮游植物物种鉴定

在显微镜下采用 10×10 倍或 10×40 倍进行观察，对所采到的浮游藻类植物进行物种鉴定，一般可鉴定到种，少数特点显著的藻类可以鉴定到变种，也有极少数标本因植体不完整或无繁殖器官，只能鉴定到属。鉴定时依据《中国淡水藻类——系统、分类及生态》（胡鸿均、魏印心，

2006)、《中国淡水藻类志（第 1~23 卷）》中国科学院中国孢子植物志编辑委员会，1988—2018)、《中国西藏硅藻》（朱蕙忠、陈嘉佑，2000）。

4. 浮游植物定量分析

使用 OLYMPUS CX21 显微镜。采用视野计数法，即在 0.1mL 计数框中以 400 倍的放大倍数对视野中出现的浮游植物进行计数。一般计数 100 视野，根据浮游植物密度适当调整视野数。生物量（湿重：mg/L）计算则采取细胞体积转换的方法。浮游植物密度的计算公式为：

$$N = \frac{C_s}{F_s \times F_n} \times \frac{V}{v} \times P_n$$

式中　C_s——计数框面积（mm²）；

F_s——每个视野的面积（mm²）；

F_n——每片计数过的视野数；

V——一升水样经沉淀浓缩后的体积（mL）；

v——计数框的体积（mL）；

P_n——每片通过计数实际数出的浮游植物的个体数。

3.10.2　浮游动物

1. 原生动物

（1）定性样品：用 25 号浮游生物网在样点表层水中以拖网法采集，拖网时间 5min，现场加入鲁哥试剂固定保存。每个样点采集 1 个定性样品。

（2）定量样品：取表层水样 1L，装入样品瓶中，鲁哥试剂现场固定后，带回实验室用浮游生物沉淀器沉淀 48h 进行重力浓缩，浓缩至 30~50mL。每个样点采集 2 个定量平行样品。

（3）定性、定量分析：原生动物定性调查样品，采用常规形态学方法进行物种鉴定，参考资料为《原生动物学》（沈蕴芬，1999）。定量样品观测时需用 0.1mL 浮游生物计数框进行全片计数观察，生物量（湿重：mg/L）计算则采取细胞体积转换的方法。原生动物密度的计算公式为：

$$N = \frac{V}{v} \times P_n$$

式中　V——一升水样经沉淀浓缩后的体积（mL）；

v——计数框的体积（mL），此处应为 0.1；

P_n——每片通过计数实际数出的原生动物的个体数。

2. 轮虫

（1）定性样品：用 25 号浮游生物网在样点表层水中以拖网法采集，拖网时间 5min，现场加入鲁哥试剂固定保存。每个样点采集 1 个定性样品。

（2）定量样品：取表层水样 1L，装入样品瓶中，鲁哥试剂现场固定后，带回实验室用浮游生物沉淀器沉淀 48h 进行重力浓缩，浓缩至 30~50mL。每个样点采集 2 个定量平行样品。

（3）定性、定量分析：原生动物定性调查样品，采用常规形态学方法进行物种鉴定，参考资料为《中国淡水轮虫志》（王家楫，1961）等。定量样品观测时需用 1mL 浮游生物计数框进行全片计数观察，生物量（湿重：mg/L）计算则采取细胞体积转换的方法。轮虫密度的计算公式为：

$$N = \frac{V}{v} \times P_n$$

式中　V——一升水样经沉淀浓缩后的体积（mL）；

v——计数框的体积（mL），此处应为 1；

P_n——每片通过计数实际数出的轮虫的个体数。

3. 浮游甲壳动物

（1）定性样品：用13号浮游生物网在样点表层水中以拖网法采集，拖网时间5min，现场加入甲醛试剂固定保存。每个样点采集1个定性样品。

（2）定量样品：取表层水样50L过25号浮游生物网，将浮游生物网中浮游微生物全部转移至广口瓶中，加甲醛试剂固定。每个样点采集2个定量平行样品。用5mL浮游生物计数框进行全样计数观察。

（3）定性、定量分析：浮游甲壳动物定性调查样品，采用常规形态学方法进行物种鉴定，参考资料为《中国动物志·节肢动物门 甲壳纲 淡水枝角类》和《中国动物志·节肢动物门 甲壳纲 淡水桡足类》。定量样品观测时需整瓶计数。计数方法如下：用5mL胶头滴管小心地吸取5mL定量样品注入5mL浮游生物计数框中，在显微镜下计数全片。浮游甲壳动物密度的计算公式为：

$$N = \frac{V_s \times n}{V \times V_a}$$

式中　N——每升水中浮游动物个体数（个/L）；

V——采样体积（L）；

V_s、V_a——沉淀体积（mL）、计数体积（mL）；

n——计数所获得的个体数。

以上计算结果为浮游甲壳动物的密度（个/L）。根据测得的个体体长，以及不同种类体长—体重回归方程式可计算个体生物量（湿重：mg/L）。

3.11　大型底栖无脊椎动物

野外样品的定量采集与分析：由于不同断面河床的底质有差异，底栖动物的定量采集采用两种方法：在泥沙底或沙泥底质的河床采用1/16m²改良式采泥器采集，以40目土壤筛水洗、挑选出大型底栖动物，小型种类连同泥沙一起装入标本瓶中；在石盘、卵石夹沙或硬底环境，用D型手抄网划定面积40cm×40cm，采用流水冲击法或逐一搬石，将标本收集起来。所采标本均装入带有少量清水的编号瓶中，用5‰~6‰甲醛液杀死固定。

在解剖镜下分出大类，统计数量。再用吸水纸吸干水分，逐一在0.0001g的电子天平上进行称重，换算为每个采样点1m²的重量，通过各点重量求每一断面的平均生物量（湿重：g/m²）。

底栖动物定性采集：每一断面沿着河道上、下江段，选择不同的水环境，用手抄网捞取或翻捡石块或水中固体物（不少于20网次），将获得的样品装入盛有少量清洁水的编号瓶中，加5‰~6‰的甲醛液杀死固定，带回室内进行鉴定、拍照。

3.12　周丛藻类

选取天然基质法，即从水体中的砾石、沙土、植物天然基质表面收集周丛藻类。在各断面随机选取石块等天然基质，每种基质上选取特定的表面积，用尼龙软毛刷将周丛藻类刷下，记录刷液总体积，将刷液充分混合摇匀后，转入标本瓶中，立即加鲁哥时试剂固定，带回实验室参照文献对藻类进行分类鉴定。内业分析与浮游植物相同。每个采样点采集3个平行样，采集到的样品合为1份，作为标本提交。

1. 物种鉴定

在显微镜下采用10×10倍或10×40倍进行观察，对所采到的周丛藻类植物进行物种鉴定，一般可鉴定到种，少数特点显著的藻类可以鉴定到变种，也有极少数标本因植体不完善或无繁殖器官，只能鉴定到属。鉴定时依据《中国淡水藻类——系统、分类及生态》（胡鸿均、魏印心，2006）、《中国淡水藻类志（第1~23卷）》（中国科学院中国孢子植物志编辑委员会，1988—2018）、《中国西藏硅藻》（朱蕙忠、陈嘉佑，2000）。

2. 定量分析

使用OLYMPUS CX21显微镜。采用视野计数法，即在0.1mL计数框中以400倍放大倍数计数视野中出现的藻类植物。一般计数100视野，根据藻类密度适当调整视野数。生物量（湿重：mg/cm^2）计算则采取细胞体积转换的方法。

周丛藻类密度的计算公式为：

$$N = \frac{C_s}{F_s \times F_n} \times \frac{V}{v} \times P_n \div S$$

式中　C_s——计数框面积（mm^2）；

F_s——每个视野的面积（mm^2）；

F_n——每片计数过的视野数；

V——藻液的体积（mL）；

v——计数框的体积（mL）；

P_n——每片通过计数实际数出的藻类的个体数；

S——采样面积（cm^2）。

3.13　县域生物多样性相关传统知识

调查汶川县域内的动物、植物、药材、传统文化、农业遗传技术等的基源、利用方式、生存环境、历史文化、经济价值、社会价值、生态价值、保护与管理现状、开发现状以及分布区域。重点找寻与藏羌文化密切相关的动植物和农业遗传技术。

以汶川县9个镇为单元，深入前期选定的代表性自然村，全面调查生物多样性相关传统知识的类别、生物基源、持有者、数量、分布、传统利用、特有性、知识产权、惠益分享、丧失或流失、威胁因子等内容。重点关注传统利用农业遗传资源的相关知识、传统利用药用生物遗传资源的相关知识、具有工业开发潜力的与生物遗传资源可持续利用相关的传统技术等。

1. 文献整理

对汶川县域内生物多样性相关传统知识的资料和文献进行查阅、收集、整理、归纳、分类。这些资料文献包括公开发表的论文、书籍、研究报告等，如县志、汶川县发展简史、植物志、动物志等，涵盖汶川县域生物多样性的社会、经济、文化等方面。了解汶川县域内的传统生物地理标志产品、农业遗传资料相关传统知识、传统技术、生物多样性相关传统文化、传统医药相关知识。

2. 走访调查

2023年5月至10月走访调查汶川县内的9个镇37个村。调查内容包括生物的医药价值、文化内涵、经济价值、生态价值、社会价值、生物基源、传统历史、开发保护现状等。收集汶川县域内传统生物地理标志产品、农业遗传资料相关传统知识、传统技术、生物多样性相关传统文化、传统医药相关知识的照片。采访村干部、林业局以及村中知识经验或实践经验丰富的村民。

（1）随机访谈法。

访谈对象是 37 个村的村干部，主要是了解汶川县域内的生物多样性基本信息以及开发利用程度比较大的物种、农业遗传技术，确定地方特色文化的范围，了解各个村的发展历史以及特色发展方向。

（2）关键人物访谈法。

采取开放式和半结构式的方式，主要对非遗传承人、村民中德高望重或有丰富实践经验的村民、熟练掌握某项技艺的村民进行访谈。记录、整理他们对汶川县域内传统生物地理标志产品、农业遗传资料相关传统知识、传统技术、生物多样性相关传统文化、传统医药以及其他传统文化、地方特色文化等的认知。在访谈过程中将物种实物照片记录下来，重点记录与地方特色、藏羌文化有关的物种照片。

3. 数据处理

利用 Excel 进行处理汇总和分析，整理出汶川县生物多样性的信息。将收集到的物种或技术，按照传统生物地理标志产品、农业遗传资料相关传统知识、传统技术、生物多样性相关传统文化、传统医药相关知识进行分类。对传统知识进行编号，并收集相应的照片，将之前收集到的与文化有关的传说、故事归纳到各个物种内。重点关注地方特色、藏羌文化以及各个物种的受威胁因素、开发保护现状等。

第4章 调查结果与分析

4.1 高等植物

4.1.1 物种组成

根据野外调查结果并参考相关历史资料，汶川县区域内共有陆生高等植物256科1100属3215种。其中苔藓植物有60科157属314种，蕨类植物有34科67属183种，裸子植物有9科20属51种，被子植物有153科855属2667种。

4.1.1.1 苔藓植物

根据野外调查结果并参考历史资料，参考《中国生物物种名录》，汶川县已知的苔藓植物有60科157属314种，分别占全国苔藓植物科数（121科）的49.59%，属数（576属）的27.26%，种数（3059种）的10.26%。已知的314种苔藓中，苔类有19科22属34种，藓类有41科135属280种（表4.1-1）。

表4.1-1 汶川县苔藓植物统计

类群	科数	比例	属数	比例	种数	比例
苔类	19	31.67%	22	14.01%	34	10.83%
藓类	41	68.33%	135	85.99%	280	89.17%
合计	60	100.00%	157	100.00%	314	100.00%

将苔藓植物中含5种以上的科定义为优势科，汶川县苔藓植物的优势科有16科（表4.1-2），这16个优势科共含95属228种，占区域苔藓植物总科数的26.67%、总属数的60.51%、总种数的72.61%。其中，又以青藓科、灰藓科和曲尾藓科为主要优势科。

将苔藓植物属内所含种数有3种及以上的属从大到小依次排序，结果见表4.1-3。由表可知，汶川县内苔藓植物以青藓属、匐灯藓属、绢藓属和白齿藓属为主要优势属，其中青藓属含24种，占区域苔藓植物总种数的7.64%。

表4.1-2 汶川县苔藓植物优势科的属、种统计（>5种）

序号	科名	属数	占总属数比例	种数	占总种数比例
1	青藓科	8	5.10%	40	12.74%
2	灰藓科	16	10.19%	24	7.64%
3	曲尾藓科	11	7.01%	20	6.37%

续表

序号	科名	属数	占总属数比例	种数	占总种数比例
4	紫萼藓科	6	3.82%	20	6.37%
5	丛藓科	12	7.64%	19	6.05%
6	提灯藓科	4	2.55%	19	6.05%
7	真藓科	5	3.18%	14	4.46%
8	木灵藓科	4	2.55%	10	3.18%
9	绢藓科	3	1.91%	10	3.18%
10	塔藓科	6	3.82%	8	2.55%
11	金发藓科	4	2.55%	8	2.55%
12	平藓科	5	3.18%	8	2.55%
13	白齿藓科	1	0.64%	8	2.55%
14	珠藓科	2	1.27%	7	2.23%
15	蔓藓科	5	3.18%	7	2.23%
16	隐蒴藓科	3	1.91%	6	1.91%
合计		95	60.51%	228	72.61%

表 4.1-3　汶川县苔藓植物优势属的种数统计（≥3 种）

序号	属名	种数	占总种数比例
1	青藓属	24	7.64%
2	匐灯藓属	9	2.87%
3	绢藓属	8	2.55%
4	白齿藓属	8	2.55%
5	真藓属	7	2.23%
6	美喙藓属	6	1.91%
7	紫萼藓属	6	1.91%
8	曲尾藓属	5	1.59%
9	小金发藓属	5	1.59%
10	珠藓属	5	1.59%
11	羽苔属	5	1.59%
12	提灯藓属	4	1.27%
13	显孔藓属	4	1.27%
14	长齿藓属	4	1.27%
15	粗枝藓属	4	1.27%
16	叉苔属	4	1.27%
17	棉藓属	4	1.27%
18	耳平藓属	3	0.96%

续表

序号	属名	种数	占总种数比例
19	毛口藓属	3	0.96%
20	连轴藓属	3	0.96%
21	大叶藓属	3	0.96%
22	疣灯藓属	3	0.96%
23	光萼苔属	3	0.96%
24	梳藓属	3	0.96%
25	平藓属	3	0.96%
26	毛灯藓属	3	0.96%
27	灰藓属	3	0.96%
28	燕尾藓属	3	0.96%
29	曲柄藓属	3	0.96%
30	对叶藓属	3	0.96%
31	对齿藓属	3	0.96%
32	木灵藓属	3	0.96%
33	砂藓属	3	0.96%
34	拟白发藓属	3	0.96%
	合计	163	51.91%

4.1.2.2 蕨类植物

根据野外调查结果并参考历史资料，参考《秦仁昌蕨类植物分类系统》，汶川县内蕨类植物现知有34科67属183种，占全国蕨类植物总科数的65.38%、总属数的47.52%、总种数的20.80%，占四川省（包括重庆市）蕨类植物总科数的53.97%、总属数的29.39%、总种数的7.04%（表4.1－4）。

表4.1－4 汶川县蕨类植物与四川省和全国的比较*

蕨类植物	汶川县	四川省	占四川省比例	全国	占全国比例
科	34	52	65.38%	63	53.97%
属	67	141	47.52%	228	29.39%
种	183	880	20.80%	2600	7.04%

注：四川省（含重庆）数据引自何海等（2005），全国数据引自臧得奎（1993）。

汶川县蕨类植物含10种及以上的科有4科，分别水龙骨科 Polypodiaceae、鳞毛蕨科 Dryopteridaceae、蹄盖蕨科 Athyriaceae、卷柏科 Selaginellaceae，这4科共有25属95种，占汶川县总属数的37.31%、总种数的51.91%；含6~10种的科有5科，分别为铁角蕨科 Aspleniaceae、中国蕨科 Sinopteridaceae、凤尾蕨科 Pteridaceae、裸子蕨科 Hemionitidaceae、木贼属 $Equisetum$，共有10属35种，占汶川县总属数的14.92%、总种数的19.12%；其余24科的单科属和种类均不超过5种，其中仅含1属1种的科有14科，占总科数的41.17%。

通过上述比较分析可知，汶川县蕨类植物的优势科为水龙骨科 Polypodiaceae、鳞毛蕨科

Dryopteridaceae、蹄盖蕨科 Athyriaceae、卷柏科 Selaginellaceae，优势属为耳蕨属 *Polystichum*、蹄盖蕨属 *Athyrium*、卷柏属 *Selaginella*，单种或少种的属比例很高。

4.1.2.3　裸子植物

根据野外调查结果并参考历史资料，参考《郑万钧裸子植物分类系统》，汶川县已知有裸子植物 9 科 21 属 51 种，占四川省裸子植物总科数的 100%、总属数的 75% 和总种数的 50.49%；占全国裸子植物总科数的 81.81%、总属数的 51.22%、总种数的 26.61%（表 4.1-5）。

表 4.1-5　汶川县裸子植物与四川省和全国的比较

裸子植物	汶川县	四川省	占四川省比例	全国	占全国比例
科	9	9	100%	11	81.81%
属	21	28	75%	41	51.22%
种	51	101	50.49%	236	26.61%

注：四川省（含重庆）数据引自李仁伟等（2002），全国数据参考《中国植物志》。

汶川县裸子植物以松科植物占绝对优势，有 6 属 24 种，占区域内裸子植物总属数的 28.57%、总种数的 48%，其中云杉属（*Picea*）6 种，冷杉属（*Abies*）2 种，铁杉属（*Tsuga*）2 种，落叶松属（*Larix*）7 种，松属（*Pinus*）6 种，雪松属（*Cedrus*）1 种；柏科次之，有 5 属 11 种；红豆杉科 2 属 3 种；罗汉松科 1 属 3 种；麻黄科、三尖杉科 1 属 2 种；苏铁科和银杏科均为 1 属 1 种。由此可知，松科和柏科是汶川县裸子植物的主要组成物种。

裸子植物的科、属、种数虽远比被子植物少，但森林覆盖面积大。在高海拔气候温凉至寒冷的地区，几乎都是裸子植物形成的单纯林或组成的混交林。

4.1.2.4　被子植物

根据野外调查结果并参考历史资料，参考《哈钦松植物分类系统》，汶川县已知有被子植物 153 科 855 属 2667 种（变种和亚种），分别占四川已知被子植物总科数的 72.17%、总属数的 57.27%、总种数的 26.80%；占全国已知被子植物总科数的 52.58%、总属数的 29.02%、总种数的 10.95%（表 4.1-6）。由此可见，汶川县被子植物物种非常丰富，在四川被子植物中占有重要地位。

表 4.1-6　汶川县被子植物与四川省和全国的比较

被子植物	汶川县	四川省	占四川省比例	全国	占全国比例
科	153	212	72.17%	291	52.58%
属	855	1493	57.27%	2946	29.02%
种	2667	9953	26.80%	24357	10.95%

注：四川省（含重庆）数据引自李仁伟等（2002），全国数据参考《中国植物志》。

按照每科所含物种数的绝对数量对汶川县 153 科被子植物进行排序，结果见表 4.1-7。汶川县种子植物只含 1 种的科有 29 科，占被子植物总科数的 18.95%；含 2~5 种的科有 42 科，占总科数的 27.45%；含 6~15 种的科有 39 科，占总科数的 25.49%；含 16~30 种的科有 22 科，占总科数的 14.37%；含 31~50 种的科有 9 科，占总科数的 5.88%；含 50 种以上的科有 12 科，占总科数的 7.84%。

第4章 调查结果与分析

表 4.1-7 汶川县被子植物科排序表

包含种数（科数）	科名
1种（29科）	姜科 Zingiberaceae、檀香科 Santalaceae、星叶草科 Circaeasteraceae、蒺藜科 Zygophyllaceae、昆栏树科 Trochodendroaceae、马桑科 Coriariaceae、悬铃木科 Platanaceae、楝科 Meliaceae、鼠刺科 Escalloniaceae、木麻黄科 Casuarinaceae、八角科 Illiciaceae、狸藻科 Lentibulariaceae、芭蕉科 Musaceae、五味子科 Schisandraceae、铁青树科 Olacaceae、岩梅科 Diapensiaceae、连香树科 Cercidiphyllaceae、落葵科 Basellaceae、石蒜科 Amaryllidaceae、透骨草科 Phrymataceae、百部科 Stemonaceae、金莲花科 Tropaeolaceae、棕榈科 Palmaceae（Palmae）、伯乐树科 Bretschneideraceae、蜡梅科 Calycanthaceae、泽泻科 Alismataceae、水青树科 Tetracentraceae、珙桐科 Nyssaceae、杜仲科 Eucommiaceae
2~5种（42科）	柿树科 Ebenaceae、防己科 Menispermaceae、远志科 Polygalaceae、胡颓子科 Elaeagnaceae、黄杨科 Buxaceae、榛科 Corylaceae、夹竹桃科 Apocynaceae、椴树科 Tiliaceae、马兜铃科 Aristolochiaceae、蛇菰科 Balanophoraceae、胡椒科 Piperaceae、紫葳科 Bignoniaceae、山矾科 Symplocaceae、大风子科 Flacourtiaceae、金粟兰科 Chloranthaceae、桑寄生科 Loranthaceae、酢浆草科 Oxalidaceae、安息香科 Styracaceae、商陆科 Phytolaccaceae、爵床科 Acanthaceae、野牡丹科 Melastomataceae、秋海棠科 Begoniaceae、无患子科 Sapindaceae、柽柳科 Tamaricaceae、省沽油科 Staphyleaceae、亚麻科 Linaceae、交让木科 Daphniphyllaceae、七叶树科 Hippocastanaceae、水晶兰科 Monotropaceae、白花丹科 Plumbaginaceae、紫茉莉科 Nyctaginaceae、八角枫科 Alangiaceae、含羞草科 Mimosaceae、半边莲科 Lobeliaceae、杜英科 Elaeocarpaceae、桃金娘科 Myrtaceae、鸭跖草科 Commelinaceae、三白草科 Saururaceae、苦木科 Simaroubaceae、大麻科 Cannabinaceae、杠柳科 Periplocaceae、马齿苋科 Portulacaceae
6~15种（39科）	柳叶菜科 Onagraceae、葡萄科 Vitaceae、马鞭草科 Verbenaceae、葫芦科 Cucurbitaceae、萝藦科 Asclepiadaceae、猕猴桃科 Actinidiaceae、桑科 Moraceae、桦木科 Betulaceae、鸢尾科 Iridaceae、菝葜科 Smilacaceae、堇菜科 Violaceae、藜科 Chenopodiaceae、漆树科 Anacardiaceae、旋花科 Convolvulaceae、天南星科 Araceae、榆科 Ulmaceae、马钱科 Loganiaceae、冬青科 Aquifoliaceae、锦葵科 Malvaceae、苦苣苔科 Gesneriaceae、延龄草科 Trilliaceae、木通科 Lardizabalaceae、薯蓣科 Dioscoreaceae、苏木科 Caesalpiniaceae、金丝桃科 Hypericaceae、瑞香科 Thymelaeaceae、苋科 Amaranthaceae、鹿蹄草科 Pyrolaceae、海桐花科 Pittosporaceae、罂粟科 Papaveraceae、千屈菜科 Lythraceae、清风藤科 Sabiaceae、败酱科 Valerianaceae、金缕梅科 Hamamelidaceae、胡桃科 Juglandaceae、旌节花科 Stachyuraceae、川续断科 Dipsacaceae、列当科 Orobanchaceae、紫金牛科 Myrsinaceae
16~30种（22科）	景天科 Crassulaceae、五加科 Araliaceae、石竹科 Caryophyllaceae、桔梗科 Campanulaceae、芸香科 Rutaceae、莎草科 Cyperaceae、卫矛科 Celastraceae、壳斗科 Fagaceae、紫草科 Boraginaceae、槭树科 Aceraceae、茜草科 Rubiaceae、紫堇科 Fumariaceae、山茱萸科 Cornaceae、茄科 Solanaceae、木兰科 Magnoliaceae、山茶科 Theaceae、木樨科 Oleaceae、大戟科 Euphorbiaceae、灯芯草科 Juncaceae、牻牛儿苗科 Geraniaceae、凤仙花科 Balsaminaceae、鼠李科 Rhamnaceae
31~50种（9科）	报春花科 Primulaceae、忍冬科 Caprifoliaceae、蓼科 Polygonaceae、杨柳科 Salicaceae、樟科 Lauraceae、十字花科 Cruciferae、荨麻科 Urticaceae、龙胆科 Gentianaceae、小檗科 Berberidaceae
50种以上（12科）	菊科 Compositae、蔷薇科 Rosaceae、禾本科 Poaceae、毛茛科 Ranumculaceae、兰科 Orchidaceae、百合科 Liliaceae、蝶形花科 Papilionaceae、伞形科 Umbelliferae、玄参科 Scrophulariaceae、唇形科 Labiatae、虎耳草科 Saxifragaceae、杜鹃花科 Ericaceae

根据每属所含物种数的绝对数量，对汶川县内的855属种子植物进行排序，结果见表4.1-8。

种子植物中含10种及以上的属有57属，占总属数的6.67%，分别为马先蒿属 *Pedicularis*、杜鹃属 *Rhododendron*、悬钩子属 *Rubus*、报春花属 *Primula*、柳属 *Salix*、蔷薇属 *Rosa*、风毛菊属 *Saussurea*、栒子属 *Cotoneaster*、小檗属 *Berberis*、忍冬属 *Lonicera*、槭属 *Acer*、蓼属 *Polygonum*、紫菀属 *Aster*、紫堇属 *Corydalis*、铁线莲属 *Clematis*、龙胆属 *Gentiana*、绣线菊属

Spiraea、花楸属 *Sorbus*、卫矛属 *Euonymus*、乌头属 *Aconitum*、景天属 *Sedum*、虎耳草属 *Saxifraga*、薹草属 *Carex*、栎属 *Quercus*、凤仙花属 *Impatiens*、荚蒾属 *Viburnum*、葱属 *Allium*、银莲花属 *Anemone*、委陵菜属 *Potentilla*、老鹳草属 *Geranium*、杓兰属 *Cypripedium*、杨属 *Populus*、唐松草属 *Thalictrum*、香青属 *Anaphalis*、毛茛属 *Ranunculus*、花椒属 *Zanthoxylum*、灯芯草属 *Juncus*、鸢尾属 *Iris*、橐吾属 *Ligularia*、珍珠菜属 *Lysimachia*、虾脊兰属 *Calanthe*、婆婆纳属 *Veronica*、冷水花属 *Pilea*、堇菜属 *Viola*、木姜子属 *Litsea*、黄耆属 *Astragalus*、翠雀属 *Delphinium*、蒿属 *Artemisia*、独活属 *Heracleum*、茶藨子属 *Ribes*、绣球属 *Hydrangea*、樱属 *Cerasus*、天名精属 *Carpesium*、猕猴桃属 *Actinidia*、柳叶菜属 *Epilobium*、冬青属 *Ilex*、菝葜属 *Smilax*；含5~9种的属共计85属，占总属数的9.94%；含2~4种的属共计275属，占总属数的32.16%；仅含1种的属（即单种属）有438属，占总属数的51.23%。

统计结果表明，汶川县内种子植物的属以单种属和少种属居多。

表 4.1-8　汶川县被子植物属统计

种类等级	属数	占总属数比例	种数	占总种数比例
10种及以上	57	6.67%	971	36.41%
5~9种	85	9.94%	543	20.36%
2~4种	275	32.16%	715	26.81%
1种	438	51.23%	438	16.42%
合计	855	100.00%	2667	100.00%

4.1.2 区系分析

根据吴征镒（1991）关于中国种子植物科的分布区类型划分的原则，以及中国植物志记录，在属级水平上，可以将汶川县种子植物（裸子植物和被子植物）171科分成25个类型（表4.1-9）。

表 4.1-9　汶川县种子植物科的分布区类型统计

类型	分布区类型	科数	比例
世界分布	1. 世界广布	40	24.69%
热带分布	2. 泛热带	38	23.46%
	2-1. 热带亚洲—大洋洲和热带美洲	1	0.62%
	2-2. 热带亚洲—热带非洲—热带美洲	3	1.85%
	2S. 以南半球为主的泛热带	5	3.09%
	3. 东亚（热带、亚热带）及热带南美间断	10	6.17%
	3i. 热带以外的中、南美	1	0.62%
	4. 旧世界热带	4	2.47%
	5. 热带亚洲至热带大洋洲	6	3.70%
	6d. 南非	1	0.62%
	7-3. 缅甸、泰国至华西南分布	1	0.62%
	7d. 全分布区东达新几内亚	1	0.62%

第 4 章 调查结果与分析

续表

类型	分布区类型	科数	比例
温带分布	8. 北温带	9	5.56%
	8-2. 北极—高山分布	1	0.62%
	8-4. 北温带和南温带间断分布	19	11.73%
	8-5. 欧亚和南美洲温带间断	2	1.23%
	8-6. 地中海、东亚、新西兰和墨西哥—智利间断分布	1	0.62%
	9. 东亚及北美间断	7	4.32%
	10. 旧世界温带	1	0.62%
	10-3. 欧亚和南非	1	0.62%
	13-2. 中亚东部至喜马拉雅和中国西南部	1	0.62%
	14. 东亚	3	1.85%
	14SH. 中国—喜马拉雅	1	0.62%
	14SJ. 中国—日本	2	1.23%
	15. 中国特有	3	1.85%
总计		162	100%

分布类型以热带分布为主，达到 71 种，占总科数的 43.83%。其中泛热带分布最多，达 47 科，占热带成分总科数的 66.19%。其次又以热带亚洲和热带美洲间断分布居多，含 11 科，占热带成分总科数的 15.49%。这说明汶川地区种子植物的起源及演化与热带的渊源关系，也反映出汶川在历史上曾经经历过漫长的炎热的热带型气候及世界热带区域成分的广泛交流。其次是温带分布，总计 51 科，占总科数的 31.48%，其中以北温带分布为优势，达到 32 科，占温带分布总科数的 62.74%，表明汶川种子植物区系与温带种子植物区系的密切联系。世界分布成分也比较丰富，汶川县被子植物世界分布达到 40 科，占总科数的 24.69%。

4.1.3 重点保护物种

依据 2021 年发布的《国家重点保护野生植物名录》，汶川县有国家一级保护野生植物 2 种，分别为珙桐 Davidia involucrata、红豆杉 Taxus wallichiana var. chinensis；国家二级保护野生植物 51 种。

表 4.1-10 汶川县重点保护野生植物

序号	中文名	拉丁名	保护植物等级
1	红豆杉	Taxus wallichiana var. chinensis	一级
2	珙桐	Davidia involucrata	一级
3	桧叶白发藓	Leucobryum juniperoideum	二级
4	锡金石杉	Huperzia herteriana	二级
5	云南红景天	Rhodiola yunnanensis	二级
6	红花绿绒蒿	Meconopsis punicea	二级
7	西藏杓兰	Cypripedium tibeticum	二级

续表

序号	中文名	拉丁名	保护植物等级
8	七叶一枝花	*Paris polyphylla*	二级
9	中华猕猴桃	*Actinidia chinensis*	二级
10	软枣猕猴桃	*Actinidia arguta*	二级
11	绿花杓兰	*Cypripedium henryi*	二级
12	润楠	*Machilus nanmu*	二级
13	楠木	*Phoebe zhennan*	二级
14	独叶草	*Kingdonia uniflora*	二级
15	香果树	*Emmenopterys henryi*	二级
16	连香树	*Cercidiphyllum japonicum*	二级
17	水青树	*Tetracentron sinense*	二级
18	油樟	*Camphora longepaniculatum*	二级
19	暗紫贝母	*Fritillaria unibracteata*	二级
20	甘肃贝母	*Fritillaria przewalskii*	二级
21	华西贝母	*Fritillaria sichuanica*	二级
22	巴山重楼	*Paris bashanensis*	二级
23	四叶重楼	*Paris quadrifolia*	二级
24	大花红景天	*Rhodiola crenulata*	二级
25	四裂红景天	*Rhodiola quadrifida*	二级
26	长鞭红景天	*Rhodiola fastigiata*	二级
27	水母雪兔子	*Saussurea medusa*	二级
28	桃儿七	*Sinopodophyllum hexandrum*	二级
29	独花兰	*Changnienia amoena*	二级
30	杜鹃兰	*Cremastra appendiculata*	二级
31	大理铠兰	*Corybas taliensis*	二级
32	巴朗山杓兰	*Cypripedium palangshanense*	二级
33	大花杓兰	*Cypripedium macranthos*	二级
34	对叶杓兰	*Cypripedium debile*	二级
35	黄花杓兰	*Cypripedium flavum*	二级
36	离萼杓兰	*Cypripedium plectrochilum*	二级
37	毛杓兰	*Cypripedium franchetii*	二级
38	四川杓兰	*Cypripedium sichuanense*	二级
39	紫点杓兰	*Cypripedium guttatum*	二级
40	褐花杓兰	*Cypripedium calcicola*	二级
41	斑叶杓兰	*Cypripedium margaritaceum*	二级
42	独蒜兰	*Pleione bulbocodioides*	二级

续表

序号	中文名	拉丁名	保护植物等级
43	蕙兰	*Cymbidium faberi*	二级
44	春兰	*Cymbidium goeringii*	二级
45	建兰	*Cymbidium ensifolium*	二级
46	白及	*Bletilla striata*	二级
47	手参	*Gymnadenia conopsea*	二级
48	西南手参	*Gymnadenia orchidis*	二级
49	小花杓兰	*Cypripedium micranthum*	二级
50	掌裂兰	*Dactylorhiza hatagirea*	二级
51	天麻	*Gastrodia elata*	二级
52	水仙花鸢尾	*Iris narcissiflora*	二级
53	假人参	*Panax pseudoginseng*	二级

4.1.3.1 国家重点保护苔藓植物

汶川县有国家二级保护苔藓植物1种，为桧叶白发藓。

桧叶白发藓 *Leucobryum juniperoideum*

分类地位：白发藓科 Leucobryaceae、白发藓属 *Leucobryum*。

保护级别：国家二级保护野生植物。

主要特征：体形中等或粗壮，色泽灰白或灰绿色，高 1~8cm，直立或倾立，疏松丛集或呈密垫状。叶有时稍呈一侧偏曲，卵披针形或狭卵披针形，背部有时具明显细胞前角突起；叶边全缘。中肋宽阔，占叶片的大部分，厚2层至多层细胞，中间具一列小型绿色细胞。叶细胞线形，具多数壁孔。雌雄异株，稀雌雄异苞同株。蒴柄纤细而呈紫红色。孢蒴卵状圆柱形，老时具8条明显的纵沟，台部腹面有瘤状突起。蒴盖圆锥形，具斜长喙。蒴齿16，具纵长纹及密疣。蒴帽兜形。

分布：多见于长江流域以南的地区。

该物种数据来源于"中国数字植物标本馆"，标本馆藏条码：PE 00656838，本次调查未见实体。

4.1.3.2 国家重点保护蕨类植物

汶川县有国家二级保护蕨类植物有1种，为锡金石杉。

锡金石杉 *Huperzia herteriana*

分类地位：石松科 Lycopodiaceae，石杉属 *Huperzia*。

保护级别：国家二级保护野生植物。

主要特征：多年生土生蕨类。茎直立或斜生，高 4~19cm，中部径 1.5~2.5mm，枝连叶宽 1~1.5cm，二至四回2叉分枝，枝上部有芽孢；叶螺旋状排列，密生，反折，倒披针形，向基部变窄，通直，长 5~9mm，宽约 1.2mm，基部楔形，下延，无柄，先端尖或渐尖，边缘平直，先端有啮蚀状小齿或全缘，两面光滑，有光泽，中脉不明显，薄革质；孢子叶与不育叶同形；孢子囊生于孢子叶的叶腋，两端露出，肾形，黄色。

分布：产于四川、贵州、云南、西藏。印度、锡金、不丹有分布。生于海拔 2000~3900m 的林下阴湿地、苔藓丛中。模式标本采自锡金。

该物种数据来源于"中国数字植物标本馆",标本馆藏条码:PE 00133995,本次调查未见到实体。

4.1.3.3 国家重点保护裸子植物

汶川县国家一级保护裸子植物有 1 种,为红豆杉。

红豆杉 Taxus wallichiana var. chinensis

分类地位:红豆杉科 Taxaceae,红豆杉属 Taxus。

保护级别:国家一级保护野生植物。

主要特征:乔木。树皮灰褐色、红褐色或暗褐色,裂成条片脱落;大枝开展,一年生枝绿色或淡黄绿色,秋季变成绿黄或淡红褐色,二、三年生枝黄褐、淡红褐或灰褐色;冬芽黄褐、淡褐或红褐色,有光泽,芽鳞三角状卵形,背部无脊或有纵脊,脱落或少数宿存于小枝的基部。叶排列成两列,条形,微弯或较直,长 1~3cm,多为 1.5~2.2cm,宽 2~4mm,多为 3mm,上部微渐窄,先端常微急尖,稀急尖或渐尖,上面深绿色,有光泽,下面淡黄绿色,有两条气孔带,中脉带上有密生均匀而微小的圆形角质乳头状突起点,常与气孔带同色,稀色较浅。雄球花淡黄色,雄蕊 8~14 枚,花药 4~8,多为 5~6。种子生于杯状红色肉质的假种皮中,间或生于近膜质盘状的种托(即未发育成肉质假种皮的珠托)之上,常呈卵圆形,上部渐窄,稀倒卵状,长 5~7mm,径 3.5~5mm,微扁或圆,上部常具二钝棱脊,稀上部三角状具三条钝脊,先端有突起的短钝尖头,种脐近圆形或宽椭圆形,稀三角状圆形。多散生于阴坡或半阴坡的湿润、肥沃的针阔混交林下。典型的阴性树种,常处于林冠下乔木第二、三层,散生,基本无纯林存在,也极少成团块分布。在山顶多石或瘠薄的土壤上多呈灌木状。

分布:为我国特有树种,产于甘肃南部、陕西南部、四川、云南东北部及东南部、贵州西部及东南部、湖北西部、湖南东北部、广西北部和安徽南部黄山。常生于海拔 1000~1200m 的高山上部。模式标本采自四川巫山。

本次调查中,在汶川县水磨镇、三江镇、映秀镇、绵虒镇等海拔 1600~2200m 地区有零星分布。

4.1.3.4 国家重点保护被子植物

汶川县国家一级保护被子植物有 1 种,为珙桐;国家二级保护被子植物有 49 种。

1. 珙桐 Davidia involucrata

分类地位:蓝果树科 Nyssaceae,珙桐属 Davidia。

保护级别:国家一级保护野生植物。

主要特征:落叶乔木。高达 25m,胸径 1m;树皮灰褐至深褐色,成不规则薄片剥落;叶互生,集生幼枝顶部,宽卵形或圆形,长 9~15cm,宽 7~12cm,先端骤尖,基部深心形至浅心形,具三角状粗齿,齿端锐尖,幼叶上面疏被长柔毛,下面密被淡黄或白色丝状粗毛,侧脉 8~9 对;叶柄长 4~5(~7)cm,幼时疏生柔毛;杂性同株;常由多数雄花与 1 枚雌花或两性花组成球形头状花序,径约 2cm,生于小枝近顶端叶腋,花序梗较长,基部具 2~3 枚大型白色花瓣状苞片,苞片长圆形或倒卵状长圆形,长 7~15(~20)cm,宽 3~5(~10)cm;雄花无花萼,无花瓣,雄蕊 1~7,长 6~8mm,花药紫色;雌花及两性花子房下位,6~10 室,每室具 1 枚下垂胚珠,花柱顶端具 6~10 分枝,柱头向外平展,子房上部具退化花被及雄蕊;核果单生,长圆形,长 3~4cm,径 1.5~2cm,紫绿色,具黄色斑点及纵沟纹,3~5 室,每室 1 种子;果柄圆柱状。

分布:产于湖北西部、湖南西部、四川及贵州和云南两省的北部。在四川西部的宝兴、天全、峨眉、马边、峨边等地极常见。生于海拔 1500~2200m 的润湿的常绿阔叶与落叶阔叶混交林中。模式标本采自四川宝兴。

本次野外调查在三江镇席草村上坪（东经 103.310281°，北纬 30.873561°）海拔 1600m 有自然珙桐林分布，干扰因素较小。

2. 云南红景天 *Rhodiola yunnanensis*

分类地位：景天科 Crassulaceae，红景天属 *Rhodiola*。

保护级别：国家二级保护野生植物。

主要特征：多年生草本。根茎粗，长，直径可达 2cm，不分枝或少分枝，先端被卵状三角形鳞片。花茎单生或少数着生，无毛，高可达 100cm，直立，圆。3 叶轮生，稀对生，卵状披针形、椭圆形、卵状长圆形至宽卵形，长 4~7（~9）cm，宽 2~4（~6）cm，先端钝，基部圆楔形，边缘多少有疏锯齿，稀近全缘，下面苍白绿色，无柄。聚伞圆锥花序，长 5~15cm，宽 2.5~8cm，多次三叉分枝；雌雄异株，稀两性花。雄花小，多，萼片 4，披针形，长 0.5mm；花瓣 4，黄绿色，匙形，长 1.5mm；雄蕊 8，较花瓣短；鳞片 4，楔状四方形，长 0.3mm；心皮 4，小。雌花萼片、花瓣各 4，绿色或紫色，线形，长 1.2mm，鳞片 4，近半圆形，长 0.5mm；心皮 4，卵形，叉开的，长 1.5mm，基部合生。蓇葖星芒状排列，长 3~3.2mm，基部 1mm 合生，喙长 1mm。花期 5—7 月，果期 7—8 月。

分布：产于西藏、云南、贵州、湖北西部、四川。生于海拔 2000~4000m 的山坡林下。模式标本采自四川飞越岭。

本次野外调查在卧龙镇巴朗山向阳坪（东经 102.917064°，北纬 30.891347°）海拔 3816m 有分布，受自然、人为因素干扰，人为干扰强度较大。

3. 红花绿绒蒿 *Meconopsis punicea*

分类地位：罂粟科 Papaveraceae，绿绒蒿属 *Meconopsis*。

保护级别：国家二级保护野生植物。

主要特征：多年生草本。高 30~75cm，基部盖以宿存的叶基，其上密被淡黄色或棕褐色、具许多短分枝的刚毛。须根纤维状。叶全部基生，莲座状，叶片倒披针形或狭倒卵形，长 3~18cm，宽 1~4cm，先端急尖，基部渐狭，下延入叶柄，边缘全缘，两面密被淡黄或棕褐色、具多短分枝的刚毛明显具数条纵脉；叶柄长 6~34cm，基部略扩大成鞘。花葶 1~6，从莲座叶丛中生出，通常具肋，被棕黄色、具分枝且反折的刚毛。花单生于基生花葶上，下垂；花芽卵形；萼片卵形，长 1.5~4cm，外面密被淡黄或棕褐色、具分枝的刚毛；花瓣 4，有时 6，椭圆形，长 3~10cm，宽 1.5~5cm，先端急尖或圆，深红色；花丝条形，长 1~3cm，宽 2~2.5mm，扁平，粉红色，花药长圆形，长 3~4mm，黄色；子房宽长圆形或卵形，长 1~3cm，密被淡黄色、具分枝的刚毛，花柱极短，柱头 4~6 圆裂。蒴果椭圆状长圆形，长 1.8~2.5cm，粗 1~1.3cm，无毛或密被淡黄色、具分枝的刚毛，4~6 瓣自顶端微裂。种子密具乳突。花果期 6—9 月。

分布：产于四川西北部、西藏东北部、青海东南部和甘肃西南部。生于海拔 2800~4300m 的山坡草地。模式标本采自四川西北部和西藏东北部的邻近地区。

本次野外调查在卧龙镇巴朗山向阳坪（东经 102.917079°，北纬 30.891313°）海拔 3828m 有分布，受自然、人为因素干扰，人为干扰强度较大。

4. 西藏杓兰 *Cypripedium tibeticum*

分类地位：兰科 Orchidaceae，杓兰属 *Cypripedium*。

保护级别：国家二级保护野生植物。

主要特征：植株高 15~35cm，具粗壮、较短的根状茎。茎直立，无毛或上部近节处被短柔毛，基部具数枚鞘，鞘上方通常具 3 枚叶，罕有 2 枚或 4 枚叶。叶片椭圆形、卵状椭圆形或宽椭圆形，长 8~16cm，宽 3~9cm，先端急尖、渐尖或钝，无毛或疏被微柔毛，边缘具细缘毛。花序顶生，具 1 花；花苞片叶状，椭圆形至卵状披针形，长 6~11cm，宽 2~5cm，先端急尖或渐尖；花梗和子房长 2~3cm，无毛或上部偶见短柔毛；花大，俯垂，紫、紫红或暗栗色，通常有淡绿黄色的斑纹，花瓣上的纹理尤其清晰，唇瓣的囊口周围有白色或浅色的圈；中萼片椭圆形或卵状椭圆形，长 3~6cm，宽 2.5~4cm，先端渐尖、急尖或具短尖头，背面无毛或偶见疏微柔毛，边缘多少具细缘毛；合萼片与中萼片相似，但略短而狭，先端 2 浅裂；花瓣披针形或长圆状披针形，长 3.5~6.5cm，宽 1.5~2.5cm，先端渐尖或急尖，内表面基部密生短柔毛，边缘疏生细缘毛；唇瓣深囊状，近球形至椭圆形，长 3.5~6cm，宽相近或略窄，外表面常皱缩，后期尤其明显，囊底有长毛；退化雄蕊卵状长圆形，长 1.5~2cm，宽 8~12mm，背面多少有龙骨状突起，基部近无柄。花期 5—8 月。

分布：产于甘肃南部、四川西部、贵州西部、云南西部和西藏东部至南部。生于海拔 2300~4200m 的透光林下、林缘、灌木坡地、草坡或乱石地上。不丹和锡金也有分布。本种后选模式标本产四川。

本次野外调查在卧龙镇巴朗山向阳坪（东经 102.929349°，北纬 30.885198°）海拔 3756m 有分布，受自然、人为因素干扰，人为干扰强度较大。

5. 七叶一枝花 *Paris polyphylla*

分类地位：藜芦科 Melanthiaceae，重楼属 *Paris*。

保护级别：国家二级保护野生植物。

主要特征：植株高 35~100cm，无毛；根状茎粗厚，直径达 1~2.5cm，外面棕褐色，密生多数环节和许多须根。茎通常带紫红色，直径（0.8）1~1.5cm，基部有灰白色干膜质的鞘 1~3 枚。叶（5）7~10 枚，矩圆形、椭圆形或倒卵状披针形，长 7~15cm，宽 2.5~5cm，先端短尖或渐尖，基部圆形或宽楔形；叶柄明显，长 2~6cm，带紫红色。花梗长 5~16（30）cm；外轮花被片绿色，（3）4~6 枚，狭卵状披针形，长（3）4.5~7cm；内轮花被片狭条形，通常比外轮长；雄蕊 8~12 枚，花药短，长 5~8mm，与花丝近等长或稍长，药隔突出部分长 0.5~1（2）mm；子房近球形，具棱，顶端具一盘状花柱基，花柱粗短，具（4~）5 分枝。蒴果紫色，直径 1.5~2.5cm，3~6 瓣裂开。种子多数，具鲜红色多浆汁的外种皮。花期 4—7 月，果期 8—11 月。

分布：产于西藏东南部、云南、四川和贵州。生于海拔 1800~3200m 的林下。不丹、锡金、尼泊尔和越南也有分布。

本次野外调查在卧龙镇郎家山（东经 103.299169°，北纬 31.123783°）海拔 1684m 的阔叶林内有分布，受自然、人为因素干扰，干扰强度弱。在水磨镇、三江镇、映秀镇还有该种变种宽叶重楼、窄叶重楼零星分布，干扰强度弱。

6. 中华猕猴桃 *Actinidia chinensis*

分类地位：猕猴桃科 Actinidiaceae，猕猴桃属 *Actinidia*。

保护级别：国家二级保护野生植物。

主要特征：花枝一般长 4~5cm，薄被灰白色茸毛，毛早落，容易秃净或较稠密地被粗糙绒毛；叶倒阔卵形，长 6~8cm，宽 7~8cm，顶端大多平截并中间凹入；叶柄被灰白色茸毛。花直径 2.5cm，子房被绒毛。果近球形，长 4~4.5cm，被柔软的茸毛。花期 4 月中旬—5 月中下旬，南部较早，北部较晚。

分布：产于陕西南部、湖北、湖南、河南、安徽、江苏、浙江、江西、福建、广东北部和广西北部等地。生于海拔 200~600m 低山区的山林中，一般多出现于高草灌丛、灌木林或次生疏林中，喜欢腐殖质丰富、排水良好的土壤；分布于较北地区者喜生于温暖湿润、背风向阳的环境。

本次野外调查在水磨镇、漩口镇、映秀镇海拔 900~1800m 的常绿阔叶林间有零星分布，受自然因素干扰，干扰强度小。

第4章 调查结果与分析

7. 软枣猕猴桃 *Actinidia arguta*

分类地位：猕猴桃科 Actinidiaceae，猕猴桃属 *Actinidia*。

保护级别：国家二级保护野生植物。

主要特征：叶膜质，较大，阔椭圆形，有时为阔倒卵形，长 8~12cm，宽 5~10cm，基部圆形，边缘锯齿不内弯；背面仅脉腋上有白色髯毛；叶脉很不发达。花药暗紫色。果成熟时绿黄色，圆球形至柱状长圆形，长 2~3cm，顶端有钝喙。

分布：产于黑龙江、吉林、辽宁、山东、山西、河北、河南、安徽、浙江、云南等地，主产东北地区。朝鲜和日本有分布。原变种为本属本种中分布较广、天然产量较大、经济意义较大、利用历史较长的一种。其果实主要用于生食、酿酒、加工蜜饯果脯等。外国引种本变种大多用作绿化观赏植物。

本次野外调查在水磨镇（东经 103.401861°，北纬 30.938667°）海拔 1026m 常绿阔叶林有分布，受自然因素干扰，干扰强度弱。

8. 绿花杓兰 *Cypripedium henryi*

分类地位：兰科 Orchidaceae，杓兰属 *Cypripedium*。

保护级别：国家二级保护野生植物。

主要特征：植株高 30~60cm，具较粗短的根状茎。茎直立，被短柔毛，基部具数枚鞘，鞘上方具 4~5 枚叶。叶片椭圆状至卵状披针形，长 10~18cm，宽 6~8cm，先端渐尖，无毛或在背面近基部被短柔毛。花序顶生，通常具 2~3 花；花苞片叶状，卵状披针形或披针形，长 4~10cm，宽 1~3cm，先端尾状渐尖，通常无毛，偶见背面脉上被疏柔毛；花梗和子房长 2.5~4cm，密被白色腺毛；花绿色至绿黄色；中萼片卵状披针形，长 3.5~4.5cm，宽 1~1.5cm，先端渐尖，背面脉上和近基部处稍有短柔毛；合萼片与中萼片相似，先端 2 浅裂；花瓣线状披针形，长 4~5cm，宽 5~7mm，先端渐尖，通常稍扭转，内表面基部和背面中脉上有短柔毛；唇瓣深囊状，椭圆形，长 2cm，宽 1.5cm，囊底有毛，囊外无毛；退化雄蕊椭圆形或卵状椭圆形，长 6~7mm，宽 3~4mm，基部具长 2~3mm 的柄，背面有龙骨状突起。蒴果近椭圆形或狭椭圆形，长达 3.5cm，宽约 1.2cm，被毛。花期 4—5 月，果期 7—9 月。

分布：产于山西南部（沁县）、甘肃南部（武都）、陕西南部（洋县）、湖北西部（巴东、宜昌）、四川、贵州和云南西北部。生于海拔 800~2800m 的疏林下、林缘、灌丛坡地上的湿润和腐殖质丰富之地。模式标本采自湖北。

本次野外调查在耿达镇（东经 103.298062°，北纬 31.121897°）海拔 1700m 周边山区的常绿阔叶林中有分布，受自然因素干扰，干扰强度弱。

9. 润楠 *Machilus nanmu*

分类地位：樟科 Lauraceae，润楠属 *Machilus*。

保护级别：国家二级保护野生植物。

主要特征：乔木。通常高 8~20m，可达 30m，胸径达 1.5m。芽鳞密被黄褐色短柔毛。小枝较细，直径约 3mm，近圆柱形或略显棱角，一年生枝密被黄褐色短柔毛，二年生枝变无毛或有疏柔毛。叶薄革质，倒卵状阔披针形或长圆状倒披针形，长 8~18cm，宽（2）3.5~6（10）cm，先端渐尖或短尖，基部楔形，不下延，上面无毛或沿中脉有毛，老时完全无毛，下面被黄褐色短柔毛，中脉粗壮，上面下陷，侧脉每边 6~8（10）条，弧形，在边缘网结并渐消失，横脉及小脉在下面连接成明显的网状；叶柄粗，长 1~2（2.4）cm，被毛。圆锥花序生于新枝下部，被黄色或灰白色柔毛，少为绢状毛，长 6~15cm，在最末端分枝；花小，长约 3mm，花梗与花近等长，被毛；花被片近相等，卵圆形，花后伸长，为近长圆形，两面被柔毛或绢状毛，外面毛被较密；第一、二轮花丝基部有毛，第三轮全被毛，基部的腺体具短柄；子房卵形，与花柱无毛，柱头不明显或略明显。果卵形，长约9mm，直径5~6mm，无毛；果梗略增粗；宿存花被片变硬，革质，多少松散，两面被毛。花期3—5月，果期8—10月。

分布：产于西藏东南部、云南南部至西南部。生于海拔900~1500m的山地阔叶林中，少见。

本次野外调查在水磨镇、漩口镇、三江镇、映秀镇、绵虒镇海拔927~1500m的常绿阔叶林内有零星分布，受自然、人为因素干扰，干扰强度弱。

10. 楠木 *Phoebe zhennan*

分类地位：樟科 Lauraceae，楠属 *Phoebe*。

保护级别：国家二级保护野生植物。

主要特征：大乔木。高达30余米，树干通直。芽鳞被灰黄色贴伏长毛。小枝通常较细，有棱或近于圆柱形，被灰黄色或灰褐色长柔毛或短柔毛。叶革质，椭圆形，少为披针形或倒披针形，长7~11（13）cm，宽2.5~4cm，先端渐尖，尖头直或呈镰状，基部楔形，最末端钝或尖，上面光亮无毛或沿中脉下半部有柔毛，下面密被短柔毛，脉上被长柔毛，中脉在上面下陷成沟，下面明显突起，侧脉每边8~13条，斜伸，上面不明显，下面明显，近边缘网结，并渐消失，横脉在下面略明显或不明显，小脉几乎看不见，不与横脉构成网格状或很少呈模糊的小网格状；叶柄细，长1~2.2cm，被毛。聚伞状圆锥花序十分开展，被毛，长（6）7.5~12cm，纤细，在中部以上分枝，最下部分枝通常长2.5~4cm，每伞形花序有花3~6朵，一般为5朵；花中等大，长3~4mm，花梗与花等长；花被片近等大，长3~3.5mm，宽2~2.5mm，外轮卵形，内轮卵状长圆形，先端钝，两面被灰黄色长或短柔毛，内面较密；第一、二轮花丝长约2mm，第三轮长2.3mm，均被毛，第三轮花丝基部的腺体无柄，退化雄蕊三角形，具柄，被毛；子房球形，无毛或上半部与花柱被疏柔毛，柱头盘状。果椭圆形，长1.1~1.4cm，直径6~7mm；果梗微增粗；宿存花被片卵形，革质、紧贴，两面被短柔毛或外面被微柔毛。花期4—5月，果期9—10月。

分布：产于湖北西部、贵州西北部及四川。野生或栽培，野生的多见于海拔1500m以下的阔叶林中。

本次野外调查在水磨镇、三江镇海拔900~1600m的常绿阔叶林中有零星分布，受自然、人为因素干扰，干扰强度弱。

11. 独叶草 *Kingdonia uniflora*

分类地位：星叶草科 Circaeasteraceae，独叶草属 *Kingdonia*。

保护级别：国家二级保护野生植物。

主要特征：多年生小草本。无毛，根状茎细长，自顶端芽中生出1叶和1条花葶；芽鳞约3个，膜质，卵形，长4~7mm。叶基生，有长柄，叶片心状圆形，宽3.5~7cm，五全裂，中、侧全裂片三浅裂，最下面的全裂片不等二深裂，顶部边缘有小牙齿，背面粉绿色，叶柄长5~11cm。花葶高7~12cm。花直径约8mm；萼片（4）5~6（7），淡绿色，卵形，长5~7.5mm，顶端渐尖；退化雄蕊长1.6~2.1mm；雄蕊长2~3mm，花药长约0.3mm；心皮长约1.4mm，花柱与子房近等长。瘦果扁，狭倒披针形，长1~1.3cm，宽约2.2mm，宿存花柱长3.5~4mm，向下反曲，种子狭椭圆球形，长约3mm。5—6月开花。

分布：分布于云南西北部（德钦）、四川西部、甘肃南部（舟曲）、陕西南部（太白山）。生于海拔2750~3900m的山地冷杉林或杜鹃灌丛下。模式标本采自云南德钦。

该物种在《四川省卧龙国家级自然保护区综合科学考察报告》中有记录，本次调查未见该物种。

12. 香果树 *Emmenopterys henryi*

分类地位：茜草科 Rubiaceae，香果树属 *Emmenopterys*。

保护级别：国家二级保护野生植物。

主要特征：落叶大乔木。高达30m，胸径达1m；树皮灰褐色，鳞片状；小枝有皮孔，粗壮，扩展。叶纸质或革质，阔椭圆形、阔卵形或卵状椭圆形，长6~30cm，宽3.5~14.5cm，顶端短尖或骤然渐尖，稀钝，基部短尖或阔楔形，全缘，上面无毛或疏被糙伏毛，下面较苍白，被柔毛或仅沿脉上被柔毛，或无毛而脉腋内常有簇毛；侧脉5~9对，在下面凸起；叶柄长2~8cm，无毛或有柔毛；托叶大，三角状卵形，早落。圆锥状聚伞花序顶生；花芳香，花梗长约4mm；萼管长约4mm，裂片近圆形，具缘毛，脱落，变态的叶状萼裂片白色、淡红色或淡黄色，纸质或革质，匙状卵形或广椭圆形，长1.5~8cm，宽1~6cm，有纵平行脉数条，有长1~3cm的柄；花冠漏斗形，白色或黄色，长2~3cm，被黄白色绒毛，裂片近圆形，长约7mm，宽约6mm；花丝被绒毛。蒴果长圆状卵形或近纺锤形，长3~5cm，径1~1.5cm，无毛或有短柔毛，有纵细棱；种子多数，小而有阔翅。花期6—8月，果期8—11月。

分布：产于陕西、甘肃、江苏、安徽、浙江、江西、福建、河南、湖北、湖南、广西、四川、贵州、云南东北部至中部。生于海拔430~1630m的山谷林中，喜湿润而肥沃的土壤。模式标本采自湖北巴东县。

该物种在《四川省卧龙国家级自然保护区综合科学考察报告》中有记录，本次调查未见该物种。

13. 连香树 *Cercidiphyllum japonicum*

分类地位：连香树科 Cercidiphyllaceae，连香树属 *Cercidiphyllum*。

保护级别：国家二级保护野生植物。

主要特征：落叶大乔木。高10~20m，少数达40m；树皮灰色或棕灰色；小枝无毛，短枝在长枝上对生；芽鳞片褐色。叶生短枝上的近圆形、宽卵形或心形，生长枝上的椭圆形或三角形，长4~7cm，宽3.5~6cm，先端圆钝或急尖，基部心形或截形，边缘有圆钝锯齿，先端具腺体，两面无毛，下面灰绿色带粉霜，掌状脉7条直达边缘；叶柄长1~2.5cm，无毛。雄花常4朵丛生，近无梗；苞片在花期红色，膜质，卵形；花丝长4~6mm，花药长3~4mm；雌花2~6（8）朵，丛生；花柱长1~1.5cm，上端为柱头面。蓇葖果2~4个，荚果状，长10~18mm，宽2~3mm，褐色或黑色，微弯曲，先端渐细，有宿存花柱；果梗长4~7mm；种子数个，扁平四角形，长2~2.5mm（不连翅长），褐色，先端有透明翅，长3~4mm。花期4月，果期8月。

分布：产于山西西南部、河南、陕西、甘肃、安徽、浙江、江西、湖北及四川。生于海拔650~2700m的山谷边缘或林中开阔地的杂木林中。日本有分布。

该物种在《四川省卧龙国家级自然保护区综合科学考察报告》中有记录，本次调查未见野生种。

14. 水青树 *Tetracentron sinense*

分类地位：昆栏树科 Trochodendraceae，水青树属 *Tetracentron*。

保护级别：国家二级保护野生植物。

主要特征：乔木。高可达30m，胸径达1.5m，全株无毛；树皮灰褐色或灰棕色而略带红色，片状脱落；长枝顶生，细长，幼时暗红褐色，短枝侧生，距状，基部有叠生环状的叶痕及芽鳞痕。叶片卵状心形，长7~15cm，宽4~11cm，顶端渐尖，基部心形，边缘具细锯齿，齿端具腺点，两面无毛，背面略被白霜，掌状脉5~7，近缘边形成不明显的网络；叶柄长2~3.5cm。花小，呈穗状花序，花序下垂，着生于短枝顶端，多花；花直径1~2mm，花被淡绿或黄绿色；雄蕊与花被片对生，长为花被2.5倍，花药卵珠形，纵裂；心皮沿腹缝线合生。果长圆形，长3~5mm，棕色，沿背缝线开裂；种子4~6，条形，长2~3mm。花期6—7月，果期9—10月。

分布：产于云南西北或东北部、甘肃、陕西、湖北、湖南、四川、贵州等地。生于海拔1700~3500m的沟谷林及溪边杂木林中。本种在尼泊尔、缅甸、越南也有分布。

该物种在《四川省卧龙国家级自然保护区综合科学考察报告》中有记录，本次调查未见该物种。

15. 油樟 *Camphora longepaniculata*

分类地位：樟科 Lauraceae，樟属 *Camphora*。

保护级别：国家二级保护野生植物。

主要特征：乔木。高达20m，胸径50cm；树皮灰色，光滑。枝条圆柱形，无毛，幼枝纤细，多少压扁，无毛。芽大，卵珠形，长达8mm，芽鳞密集，卵圆形，先端具小突尖，外面密被灰白色微柔毛。叶互生，卵形或椭圆形，长6~12cm，宽3.5~6.5cm，先端骤短渐尖至长渐尖，常呈镰形，基部楔形至近圆形，边缘软骨质，内卷，薄革质，上面深绿色，光亮，下面灰绿色，晦暗，两面无毛，羽状脉，侧脉每边4~5条，最下一对侧脉有时对生，呈离基三出脉状，中脉与侧脉两面凸起，侧脉均向叶缘处消失，侧脉脉腋在上面呈泡状隆起，下面有小腺窝，横脉两面多少明显，细脉网结状，两面在放大镜下呈小浅窝穴；叶柄长2~3.5cm，腹平背凸，淡绿色，稍带红色，无毛。圆锥花序腋生，纤细，长9~20cm，具分枝，分枝细弱，叉开，长达5cm，末端二歧状，每歧为3~7花的聚伞花序，序轴无毛，总梗细长，长3~10cm。花淡黄色，有香气，长2.5mm，开展时直径达4mm；花梗纤细，长2~3mm，无毛。花被筒倒锥形，长约1mm，花被裂片6，卵圆形，长约1.5mm，近等大，先端锐尖，外面无毛，内面密被白色丝状柔毛，具腺点。能育雄蕊9，花丝被白柔毛，第一、二轮雄蕊长约1.5mm，花丝无腺体，花药卵圆状长圆形，药室4，内向，第三轮雄蕊长1.8mm，花药长圆形，稍短于花丝，药室4，外向，花丝基部有一对具短柄的圆状肾形腺体。退化雄蕊3，位于最内轮，长约1mm，被白柔毛。子房卵珠形，长约1mm，无毛，花柱纤细，长1.5mm，柱头不明显。幼果球形，绿色，直径约8mm；果托长5mm，顶端盘状增大，宽达4mm。花期5—6月，果期7—9月。

分布：产于四川。生于海拔600~2000m的常绿阔叶林中。

该物种在《四川省卧龙国家级自然保护区综合科学考察报告》中有记录，本次调查未见野生种。

16. 暗紫贝母 *Fritillaria unibracteata*

分类地位：百合科 Liliaceae，贝母属 *Fritillaria*。

保护级别：国家二级保护野生植物。

主要特征：植株高达40cm；鳞茎具2枚鳞片，径6~8mm；茎生叶最下面2枚对生，稀互生，上面叶互生或兼对生，线形或线状披针形，长3.6~5.5cm，宽3~5mm，先端不卷曲；花单生，稀2~5朵，深紫色，内面黄绿色，无紫斑或顶端具"V"形紫红色带，或具较稀的紫红色斑点和斑块，花被片内面具密集紫红色斑纹；叶状苞片不与下面叶合生，先端不卷曲；花被片长2.5~2.7cm，外花被片近长圆形，宽6~9mm，内花被片倒卵状长圆形，宽1~1.3cm，蜜腺窝不明显突出，花被片有蜜腺处稍弯曲，蜜腺卵形或近圆形，长约2mm，深绿或深黄绿色；花丝具乳突或无；柱头裂片长1~2mm，有时几不裂；蒴果棱具窄翅。

分布：产于四川西北部（松潘县、若尔盖县、马尔康市、刷经寺镇、理县）和青海东南部（兴海县、河南县、果洛州、班玛县）。生于海拔3200~4500m的草地上。

该物种在《四川省卧龙国家级自然保护区综合科学考察报告》中有记录，本次调查未见该物种。

17. 甘肃贝母 *Fritillaria przewalskii*

分类地位：百合科 Liliaceae，贝母属 *Fritillaria*。

保护级别：国家二级保护野生植物。

主要特征：植株长 20~40cm。鳞茎由 2 枚鳞片组成，直径 6~13mm。通常最下面的 2 枚叶对生，上面的 2~3 枚叶散生，条形，长 3~7cm，宽 3~4mm，先端通常不卷曲。花通常单朵，少有 2 朵，浅黄色，有黑紫色斑点；叶状苞片 1 枚，先端稍卷曲或不卷曲；花被片长 2~3cm，内三片宽 6~7mm，蜜腺窝不太明显；雄蕊长约为花被片的一半；花药近基着，花丝具小乳突；柱头裂片通常很短，长不及 1mm，极个别的长达 2mm（宝兴标本）。蒴果长约 1.3cm，宽 1~1.2cm，棱上的翅很狭，宽约 1mm。花期 6—7 月，果期 8 月。

分布：产于甘肃南部（洮河流域）、青海东部和南部（湟中区、民和县、囊谦县、治多县）、四川西部（甘孜州、宝兴县、天全县）。生于海拔 2800~4400m 的灌丛中或草地上。本种为药材"川贝"主要来源之一。

该物种在《四川省卧龙国家级自然保护区综合科学考察报告》中有记录，本次调查未见该物种。

18. 华西贝母 *Fritillaria sichuanica*

分类地位：百合科 Liliaceae，贝母属 *Fritillaria*。

保护级别：国家二级保护野生植物。

主要特征：植株高达 50cm；鳞茎径 0.7~1.5cm；茎生叶 4~10，先端不卷曲，最下叶对生，稀互生，长 3~14cm，宽 2~8mm，余叶互生，兼有对生，稀轮生；叶状苞片通常 1 枚，极少为 3 枚；叶除最下面的 1~2 对为对生外，余下的多数为散生；植株和鳞茎常较大；花 1~2（3），钟形，黄绿色具紫斑点和方格斑，有时紫色或方格斑较多，花被片呈紫色具黄绿色斑点和方格斑；叶状苞片通常不与下面叶合生，稀与下面叶合生呈 2~3 枚轮生，先端不卷曲；花被片长 2.5~4cm，外花被片长圆状椭圆形或倒卵状椭圆形，宽 0.5~1.3cm，内花被片倒卵状长圆形 3~5（15）mm，先端卷曲或不卷曲；花单生，稀 2~3 朵，钟形或窄钟形，黄或黄绿色，具多少不一的紫色斑点及方格纹，有时紫色斑点或方格纹所占面积超过黄绿色面积，花被片呈紫色具黄绿色斑纹；叶状苞片与下部叶合生或不合生，先端卷曲或弯曲；蒴果具翅。

分布：产于四川康定一带。生于海拔 3500~4100m 的河边林下或草地上。该物种也是川贝来源之一。

该物种在《四川省卧龙国家级自然保护区综合科学考察报告》中有记录，本次调查未见该物种。

19. 巴山重楼 *Paris bashanensis*

分类地位：藜芦科 Melanthiaceae，重楼属 *Paris*。

保护级别：国家二级保护野生植物。

主要特征：多年生直立草本。高 25~45cm；根状茎细长，直径 4~8mm。叶 4 枚轮生，稀为 5 枚，矩圆状披针形或卵状椭圆形，长 4~9cm，宽 2~3.5cm，先端渐尖，基部楔形，具短柄或近无柄。花梗长 2~7cm；外轮花被片 4，狭披针形，长 1.5~3cm，宽 3~4mm，反折；内轮花被片线形，与外轮同数且近等长；雄蕊通常 8 枚，花药长 1~1.2cm，花丝短，长 3~4mm，药隔突出部分长 6~10mm；子房球形，花柱具 4~5 分枝，分枝细长。浆果状蒴果不开裂，紫色，具多数种子。花期 4 月。

分布：产于湖北（兴山县）和四川（长汶、宝兴县一带）。生于林下荫处。

该物种在《四川省卧龙国家级自然保护区综合科学考察报告》中有记录，本次调查未见该物种。

20. 四叶重楼 *Paris quadrifolia*

分类地位：藜芦科 Melanthiaceae，重楼属 *Paris*。

保护级别：国家二级保护野生植物。

主要特征：植株高 25~40cm；根状茎细长，匍匐状，直径达 5mm。叶通常四枚轮生，最多可达 8 枚，极少 3 枚，卵形或宽倒卵形，长 5~10cm，宽 3.5~5cm，先端短尖头，近无柄。内外轮花被片与叶同数，外轮花被片狭披针形，长 2~2.5cm，宽 5~8mm；先端渐尖头或锐尖头；内轮花被片线形，黄绿色，与外轮近等长；雄蕊 8 枚，花药与花丝近等长，长 3~4mm，药隔突出部分钻形，长 5~6mm；子房圆球形，紫红色，直径达 8mm，4（~5）室，胚珠多数；花柱具 4~5 分枝，分枝细长。浆果状蒴果不开裂，具多数种子。

分布：产于新疆北部。但至今未采到本种标本。本种广泛分布于欧洲和亚洲的温带地区。

该物种在《四川省卧龙国家级自然保护区综合科学考察报告》中有记录，本次调查未见该物种。

21. 大花红景天 *Rhodiola crenulata*

分类地位：景天科 Crassulaceae，红景天属 *Rhodiola*。

保护级别：国家二级保护野生植物。

主要特征：多年生草本。地上的根茎短，残存花枝茎少数，黑色，高 5~20cm。不育枝直立，高 5~17cm，先端密着叶，叶宽倒卵形，长 1~3cm。花茎多，直立或扇状排列，高 5~20cm，稻秆色至红色。叶有短的假柄，椭圆状长圆形至近圆形，长 1.2~3cm，宽 1~2.2cm，先端钝或有短尖，全缘或波状或有圆齿。花序伞房状，有多花，长 2cm，宽 2~3cm，有苞片；花大形，有长梗，雌雄异株；雄花萼片 5，狭三角形至披针形，长 2~2.5mm，钝；花瓣 5，红色，倒披针形，长 6~7.5mm，宽 1~1.5mm，有长爪，先端钝；雄蕊 10，与花瓣同长，对瓣的着生基部上 2.5mm；鳞片 5，近正方形至长方形，长 1~1.2mm，宽 0.5~0.8mm，先端有微缺；心皮 5，披针形，长 3~3.5mm，不育；雌花蓇葖 5，直立，长 8~10mm，花枝短，干后红色；种子倒卵形，长 1.5~2mm，两端有翅。花期 6—7 月，果期 7—8 月。

分布：产于西藏、云南西北部、四川西部。生于海拔 2800~5600m 的山坡草地、灌丛、石缝中。本种在尼泊尔、锡金、不丹也有分布。模式标本采自锡金。

该物种在《四川省卧龙国家级自然保护区综合科学考察报告》中有记录，本次调查未见该物种。

22. 四裂红景天 *Rhodiola quadrifida*

分类地位：景天科 Crassulaceae，红景天属 *Rhodiola*。

保护级别：国家二级保护野生植物。

主要特征：多年生草本。主根长达 18cm。根茎直径 1~3cm，分枝，黑褐色，先端被鳞片；老的枝茎宿存。花茎细，直径 0.5~1mm，高 3~10（15）cm，稻秆色，直立，叶密生。叶互生，无柄，线形，长 5~8（12）mm，宽 1mm，先端急尖，全缘。伞房花序花少数，宽 1.2~1.5cm，花梗与花同长或较短；萼片 4，线状披针形，长 3mm，宽 0.7mm，钝；花瓣 4，紫红色，长圆状倒卵形，长 4mm，宽 1mm，钝；雄蕊 8，与花瓣同长或稍长，花丝与花药黄色；鳞片 4，近长方形，长 1.5~1.8mm，宽 0.7mm。蓇葖 4，披针形，长 5mm，直立，有先端反折的短喙，成熟时暗红色；种子长圆形，褐色，有翅。花期 5—6 月，果期 7—8 月。

分布：产于西藏、四川、新疆、青海、甘肃。生于海拔 2900~5100m 的沟边、山坡石缝中。

第4章 调查结果与分析

本种在巴基斯坦、印度、尼泊尔、锡金、苏联、蒙古也有分布。模式标本采自苏联西伯利亚地区。

该物种在《四川省卧龙国家级自然保护区综合科学考察报告》中有记录，本次调查未见该物种。

23. 长鞭红景天 *Rhodiola fastigiata*

分类地位：景天科 Crassulaceae，红景天属 *Rhodiola*。

保护级别：国家二级保护野生植物。

主要特征：多年生草本。根茎长达 50cm 以上，不分枝或少分枝，每年伸出达 1.5cm，直径 1~1.5cm，老的花茎脱落，或有少数宿存，基部鳞片三角形。花茎 4~10，着生主轴顶端，长 8~20cm，粗 1.2~2mm，叶密生。叶互生，线状长圆形、线状披针形、椭圆形至倒披针形，长 8~12mm，宽 1~4mm，先端钝，基部无柄，全缘，或有微乳头状突起。花序伞房状，长 1cm，宽 2cm；雌雄异株；花密生；萼片 5，线形或长三角形，长 3mm，钝；花瓣 5，红色，长圆状披针形，长 5mm，宽 1.3mm，钝；雄蕊 10，长达 5mm，对瓣的着生基部上 1mm 处；鳞片 5，横长方形，长 0.5mm，宽 1mm，先端有微缺；心皮 5，披针形，直立，花柱长。蓇葖长 7~8mm，直立，先端稍向外弯。花期 6—8 月，果期 9 月。

分布：产于西藏、云南、四川。生于海拔 2500~5400m 的山坡石上。本种在克什米尔地区、尼泊尔、锡金和不丹也有分布。模式标本采自锡金。

该物种在《四川省卧龙国家级自然保护区综合科学考察报告》中有记录，本次调查未见该物种。

24. 水母雪兔子 *Saussurea medusa*

分类地位：菊科 Asteraceae，风毛菊属 *Saussurea*。

保护级别：国家二级保护野生植物。

主要特征：多年生多次结实草本。根状茎细长，有黑褐色残存的叶柄，有分枝，上部发出数个莲座状叶丛。茎直立，密被白色棉毛。叶密集，下部叶倒卵形、扇形、圆形或长圆形至菱形，连叶柄长达 10cm，宽 0.5~3cm，顶端钝或圆形，基部楔形渐狭成长达 2.5cm 而基部为紫色的叶柄，上半部边缘有 8~12 个粗齿；上部叶渐小，向下反折，卵形或卵状披针形，顶端急尖或渐尖；最上部叶线形或线状披针形，向下反折，边缘有细齿；全部叶两面同色或几乎同色，灰绿色，被稠密或稀疏白色长棉毛。头状花序多数，在茎端密集成半球形的总花序，无小花梗，苞叶线状披针形，两面被白色长棉毛。总苞狭圆柱状，直径 5~7mm；总苞片 3 层，外层长椭圆形，紫色，长 11mm，宽 2mm，顶端长渐尖，外面被白色或褐色棉毛，中层倒披针形，长 10mm，宽 4mm，顶端钝，内层披针形，长 11mm，宽 2mm，顶端钝。小花蓝紫色，长 10mm，细管部与檐部等长。瘦果纺锤形，浅褐色，长 8~9mm。冠毛白色，2 层，外层短，糙毛状，长 4mm；内层长，羽毛状，长 12mm。花果期 7—9 月。

分布：分布于甘肃、青海、四川、云南、西藏。生于海拔 3000~5600m 的多砾石山坡、高山流石滩。本种在克什米尔地区也有分布。模式标本采自甘肃。

该物种在《四川省卧龙国家级自然保护区综合科学考察报告》中有记录，本次调查未见该物种。

25. 桃儿七 *Sinopodophyllum hexandrum*

分类地位：小檗科 Berberidaceae，桃儿七属 *Sinopodophyllum*。

保护级别：国家二级保护野生植物。

主要特征：多年生草本。植株高 20~50cm。根状茎粗短，节状，多须根；茎直立，单生，具纵棱，无毛，基部被褐色大鳞片。叶 2 枚，薄纸质，非盾状，基部心形，3~5 深裂几乎达中部，裂片不裂或有时 2~3 小裂，裂片先端急尖或渐尖，上面无毛，背面被柔毛，边缘具粗锯齿；叶柄长 10~25cm，具纵棱，无毛。花大，单生，先叶开放，两性，整齐，粉红色；萼片 6，早萎；花瓣 6，倒卵形或倒卵状长圆形，长 2.5~3.5cm，宽 1.5~1.8cm，先端略呈波状；雄蕊 6，长约 1.5cm，花丝较花药稍短，花药线形，纵裂，先端圆钝，药隔不延伸；雌蕊 1，长约 1.2cm，子房椭圆形，1 室，侧膜胎座，含多数胚珠，花柱短，柱头头状。浆果卵圆形，长 4~7cm，直径 2.5~4cm，熟时橘红色；种子卵状三角形，红褐色，无肉质假种皮。花期 5—6 月，果期 7—9 月。

分布：产于云南、四川、西藏、甘肃、青海和陕西。生于海拔 2200~4300m 的林下、林缘湿地、灌丛或草丛中。国外分布与属相同。

该物种在《四川省卧龙国家级自然保护区综合科学考察报告》中有记录，本次调查未见该物种。

26. 独花兰 *Changnienia amoena*

分类地位：兰科 Orchidaceae，独花兰属 *Changnienia*。

保护级别：国家二级保护野生植物。

主要特征：假鳞茎近椭圆形或宽卵球形，长 1.5~2.5cm，宽 1~2cm，肉质，近淡黄白色，有 2 节，被膜质鞘。叶 1 枚，宽卵状椭圆形至宽椭圆形，长 6.5~11.5cm，宽 5~8.2cm，先端急尖或短渐尖，基部圆形或近楔形，背面紫红色；叶柄长 3.5~8cm。花葶长 10~17cm，紫色，具 2 枚鞘；鞘膜质，下部抱茎，长 3~4cm；花苞片小，凋落；花梗和子房长 7~9mm；花大，白色而带肉红或淡紫色晕，唇瓣有紫红色斑点；萼片长圆状披针形，长 2.7~3.3cm，宽 7~9mm，先端钝，有 5~7 脉；侧萼片稍斜歪；花瓣狭倒卵状披针形，略斜歪，长 2.5~3cm，宽 1.2~1.4cm，先端钝，具 7 脉；唇瓣略短于花瓣，3 裂，基部有距；侧裂片直立，斜卵状三角形，较大，宽 1~1.3cm；中裂片平展，宽倒卵状方形，先端和上部边缘具不规则波状缺刻；唇盘上在两枚侧裂片之间具 5 枚褶片状附属物；距角状，稍弯曲，长 2~2.3cm，基部宽 7~10mm，向末端渐狭，末端钝；蕊柱长 1.8~2.1cm，两侧有宽翅。花期 4 月。

分布：产于陕西南部、江苏、安徽、浙江、江西、湖北、湖南和四川。生于海拔 400~1100（1800）m 的疏林下腐殖质丰富处或沿山谷荫蔽处。模式标本采自江苏。

该物种在《四川省卧龙国家级自然保护区综合科学考察报告》中有记录，本次调查未见该物种。

27. 杜鹃兰 *Cremastra appendiculata*

分类地位：兰科 Orchidaceae，杜鹃兰属 *Cremastra*。

保护级别：国家二级保护野生植物。

主要特征：假鳞茎卵球形或近球形，长 1.5~3cm，直径 1~3cm，密接，有关节，外被撕裂成纤维状的残存鞘。叶通常 1 枚，生于假鳞茎顶端，狭椭圆形、近椭圆形或倒披针状狭椭圆形，长 18~34cm，宽 5~8cm，先端渐尖，基部收狭，近楔形；叶柄长 7~17cm，下半部常被残存鞘所包蔽。花葶从假鳞茎上部节上发出，近直立，长 27~70cm；总状花序长（5）10~25cm，具 5~22 朵花；花苞片披针形至卵状披针形，长（3）5~12mm；花梗和子房（3）5~9mm；花常偏花序一侧，多少下垂，不完全开放，有香气，狭钟形，淡紫褐色；萼片倒披针形，从中部向基部骤然收狭而成近狭线形，全长 2~3cm，上部宽 3.5~5mm，先端急尖或渐尖；侧萼片略斜歪；花瓣倒披针形或狭披针形，向基部收狭成狭线形，长 1.8~2.6cm，上部宽 3~3.5mm，先端渐尖；唇瓣与花瓣近等长，线形，上部 1/4 处 3 裂；侧裂片近线形，长 4~5mm，宽约 1mm；中裂片卵形至狭长圆形，长 6~8mm，宽 3~5mm，基部在两枚侧裂片之间具 1 枚肉质突起；肉质突起大小变化很大，上面有时有疣状小突起；蕊柱细长，长 1.8~2.5cm，顶端略扩大，腹面有时有很狭的翅。蒴果近椭圆形，下垂，长 2.5~3cm，宽 1~1.3cm。花期 5—6 月，果期 9—12 月。

分布：产于山西南部（介休市、夏县）、陕西南部、甘肃南部、江苏、安徽、浙江、江西（庐山市）、台湾、河南、湖北、湖南、广东北部（乳源县）、四川、贵州、云南西南部至东南部（凤庆县、西畴县）、西藏。生于海拔 500~2900m 的林下湿地或沟边湿地。本种在尼泊尔、不丹、锡金、印度、越南、泰国和日本也有分布。模式标本采自印度。

该物种在《四川省卧龙国家级自然保护区综合科学考察报告》中有记录，本次调查未见该物种。

28. 大理铠兰 *Corybas taliensis*

分类地位：兰科 Orchidaceae，铠兰属 *Corybas*。

保护级别：国家二级保护野生植物。

主要特征：块茎近球形，直径约 5cm。茎纤细，长 2.5~7.5cm。叶 1 枚，生于茎上端，心形至宽卵形，长 8.5~14mm，宽 8~10.5mm，先端短渐尖，基部无柄，抱茎，具浅色网状脉。花苞片线状披针形，略长于子房；花单朵，带紫色；中萼片直立，匙形，兜状，长 14mm，宽 7mm，先端近圆形并有细尖，具 5~7 条细脉；侧萼片与花瓣相似，狭线形或钻状，长 8.5mm，基部上方宽约 1.5mm，具 1 脉；唇瓣近倒卵圆形，长约 1cm，上部宽约 8mm，下部直立，上部外弯，中央有 1 条半圆形、稍肉质的褶片，基部有 1 个大的胼胝体；距 2 个，长约 3.5mm，角状；蕊柱长约 2.5mm。花期 9 月。

分布：产于四川西部（汶川县）和云南西部至西北部（大理市、碧江县）。生于海拔 2100~2500m 的林下。模式标本采自云南（大理市）。

该物种在《四川省卧龙国家级自然保护区综合科学考察报告》中有记录，本次调查未见该物种。

29. 巴朗山杓兰 *Cypripedium palangshanense*

分类地位：兰科 Orchidaceae，杓兰属 *Cypripedium*。

保护级别：国家二级保护野生植物。

主要特征：植株高 8~13cm，具细长而横走的根状茎。茎直立，无毛，大部分包藏于数枚鞘中，顶端具 2 枚叶。叶对生或近对生，平展；叶片近圆形或近宽椭圆形，长 4~6cm，宽 4~5cm，先端急尖或钝，草质，两面无毛，具 5~9 条主脉，无明显的网状支脉。花序顶生，近直立，具 1 花；花序柄纤细，被短柔毛；花苞片披针形，长 1.2~1.6cm，宽 3~4mm，先端急尖，无毛；花梗和子房长 4~8mm，密被短腺毛；花俯垂，血红或淡紫红色；中萼片披针形，长 1.4~1.8cm，宽 3~4mm，无毛或背面基部具短柔毛；合萼片卵状披针形，长 1.5~1.7cm，宽 5~6mm，先端 2 浅裂；花瓣斜披针形，长 1.2~1.6cm，宽 4~5mm，先端渐尖，背面基部略被毛；唇瓣囊状，近球形，长约 1cm，具较宽阔的近圆形囊口；退化雄蕊卵状披针形，长约 3mm。花期 6 月。

分布：产于四川西部至西南部（汶川县、木里县）。生于海拔 2200~2700m 的林下或灌丛中。模式标本采自汶川巴郎山。

该物种在《四川省卧龙国家级自然保护区综合科学考察报告》中有记录，本次调查未见该物种。

30. 大花杓兰 *Cypripedium macranthos*

分类地位：兰科 Orchidaceae，杓兰属 *Cypripedium*。

保护级别：国家二级保护野生植物。

主要特征：植株高 25~50cm，具粗短的根状茎。茎直立，稍被短柔毛或变无毛，基部具数枚鞘，鞘上方具 3~4 枚叶。叶片椭圆形或椭圆状卵形，长 10~15cm，宽 6~8cm，先端渐尖或近急尖，两面脉上略被短柔毛或变无毛，边缘有细缘毛。花序顶生，具1花，极罕具2花；花序柄被短柔毛或变无毛；花苞片叶状，通常椭圆形，较少椭圆状披针形，长7～9cm，宽4～6cm，先端短渐尖，两面脉上通常被微柔毛；花梗和子房长3～3.5cm，无毛；花大，紫色、红色或粉红色，通常有暗色脉纹，极罕为白色；中萼片宽卵状椭圆形或卵状椭圆形，长4～5cm，宽2.5～3cm，先端渐尖，无毛；合萼片卵形，长3～4cm，宽1.5～2cm，先端2浅裂；花瓣披针形，长4.5～6cm，宽1.5～2.5cm，先端渐尖，不扭转，内表面基部具长柔毛；唇瓣深囊状，近球形或椭圆形，长4.5～5.5cm；囊口较小，直径约1.5cm，囊底有毛；退化雄蕊卵状长圆形，长1～1.4cm，宽7～8mm，基部无柄，背面无龙骨状突起。蒴果狭椭圆形，长约4cm，无毛。花期6—7月，果期8—9月。

分布：产于黑龙江、吉林、辽宁、内蒙古、河北、山东和台湾。生于海拔400～2400m的林下、林缘或草坡上腐殖质丰富和排水良好处。本种在日本、朝鲜和俄罗斯也有分布。本种后选模式为 Gmelin 的 Flora Sibirica（1747）中的图。

该物种在《四川省卧龙国家级自然保护区综合科学考察报告》中有记录，本次调查未见该物种。

31. 对叶杓兰 Cypripedium debile

分类地位：兰科 Orchidaceae，杓兰属 Cypripedium。

保护级别：国家二级保护野生植物。

主要特征：植株高10～30cm，具较短的根状茎。茎直立，纤细，无毛，基部具2～3枚筒状鞘，顶端生2枚叶。叶对生或近对生，平展；叶片宽卵形、三角状卵形或近心形，长2.5～7cm，宽与长相近，先端急尖或短渐尖，基部近心形或宽楔形，草质，两面无毛，边缘略有细缘毛，具3～5条主脉及不太明显的网状支脉。花序顶生，下垂或俯垂，具1花；花序柄纤细，弯曲，无毛，长度变化较大，通常为2～5cm；花苞片线形，常呈镰刀状，长1.5～3cm，无毛；花梗和子房长8～14mm，无毛；花较小，常下弯而位于叶下方；萼片和花瓣淡绿或淡黄绿色，在基部有栗色斑，唇瓣白色并有栗色斑；中萼片狭卵状披针形，长1～2cm，宽5～7mm，先端渐尖，无毛；合萼片与中萼片相似，常略小，先端几乎不裂；花瓣披针形，长1～2cm，宽3～5mm，先端急尖，常稍围抱唇瓣；唇瓣深囊状，近椭圆形，长1～1.5cm，有较宽的囊口和宽阔的内折侧裂片，囊底有细毛；退化雄蕊近圆形至卵形，长1～2mm。蒴果狭椭圆形，长1～1.8cm，宽5～6mm。花期5—7月，果期8—9月。

分布：产于台湾北部（宜兰县）、甘肃南部（文县）、湖北西部（兴山县）和四川东北部至西部（汶川县、金川县、理县、茂县、米易县、宝兴县、石棉县、泸定县、康定市）。生于海拔1000～3400m的林下、沟边或草坡上。本种在日本也有分布。模式为根据日本植物所绘的图。

该物种在《四川省卧龙国家级自然保护区综合科学考察报告》中有记录，本次调查未见该物种。

32. 黄花杓兰 Cypripedium flavum

分类地位：兰科 Orchidaceae，杓兰属 Cypripedium。

保护级别：国家二级保护野生植物。

主要特征：植株通常高30～50cm，具粗短的根状茎。茎直立，密被短柔毛，尤其在上部近节处，基部具数枚鞘，鞘上方具3～6枚叶。叶较疏离；叶片椭圆形至椭圆状披针形，长10～16cm，宽4～8cm，先端急尖或渐尖，两面被短柔毛，边缘具细缘毛。花序顶生，通常具1花，罕有2花；花序柄被短柔毛；花苞片叶状、椭圆状披针形，长4～8cm，宽约2cm，被短柔毛；花梗和子房长2.5～4cm，密被褐色至锈色短毛；花黄色，有时有红色晕，唇瓣上偶见栗色斑点；中萼片椭圆形至宽椭圆形，长3～3.5cm，宽1.5～3cm，先端钝，背面中脉与基部疏被微柔毛，边缘具细缘毛；

合萼片宽椭圆形，长 2～3cm，宽 1.5～2.5cm，先端几乎不裂，具类似的微柔毛和细缘毛；花瓣长圆形至长圆状披针形，稍斜歪，长 2.5～3.5cm，宽 1～1.5cm，先端钝，并有不明显的齿，内表面基部具短柔毛，边缘有细缘毛；唇瓣深囊状，椭圆形，长 3～4.5cm，两侧和前沿均有较宽阔的内折边缘，囊底具长柔毛；退化雄蕊近圆形或宽椭圆形，长 6～7mm，宽 5mm，基部近无柄，稍具耳，下面略有龙骨状突起，上面有明显的网状脉纹。蒴果狭倒卵形，长 3.5～4.5cm，被毛。花果期 6—9 月。

分布：产于甘肃南部、湖北西部（房县）、四川、云南西北部和西藏东南部。生于海拔 1800～3450m 的林下、林缘、灌丛中或草地上多石湿润处。模式标本采于四川。

该物种在《四川省卧龙国家级自然保护区综合科学考察报告》中有记录，本次调查未见该物种。

33. 离萼杓兰 Cypripedium plectrochilum

分类地位：兰科 Orchidaceae，杓兰属 Cypripedium。

保护级别：国家二级保护野生植物。

主要特征：植株高 12～30cm，具粗壮、较短的根状茎。茎直立，被短柔毛，基部具数枚鞘，鞘上方通常具 3 枚叶，较少为 2 或 4 枚叶。叶片椭圆形至狭椭圆状披针形，长 4.5～6cm，宽 1～3.5cm，先端急尖或短渐尖，上面近无毛，背面脉上偶见微柔毛。花序顶生，具 1 花；花序柄纤细，被短柔毛；花苞片叶状，椭圆状披针形或披针形，长 2～3cm，宽 7～8mm，先端渐尖或急尖，边缘略有缘毛；花梗和子房长 1.5～2.5cm，密被短柔毛；花在属中为较小者；萼片栗褐或淡绿褐色，花瓣淡红褐或栗褐色并有白色边缘，唇瓣白色而有粉红色晕；中萼片卵状披针形，长 1.6～1.8cm，宽 7～8mm，先端急尖，内外基部稍被毛，边缘具细缘毛；侧萼片完全离生，线状披针形，长 1.6～1.8cm，宽仅 2mm，先端渐尖或急尖，基部与边缘也具与中萼片相似的毛；花瓣线形，长 1.6～2.1cm，宽 1～2mm，内表面基部具短柔毛；唇瓣深囊状，倒圆锥形，略斜歪，长 1.6～2.4cm，宽约 1cm，末端钝，囊口周围具短柔毛，囊底也有毛；退化雄蕊宽倒卵形或方形的倒卵形，长 5～6mm，基部具很短的柄，背面有龙骨状突起。蒴果狭椭圆形，长约 2cm，宽 5～6mm，有棱，棱上被短柔毛。花期 4—6 月，果期 7 月。

分布：产于湖北西部（巴东县）、四川西部、云南中部至西北部、西藏东南部。生于海拔 2000～3600m 的林下、林缘、灌丛中或草坡上多石处。本种在缅甸也有分布。模式标本采自四川。

该物种在《四川省卧龙国家级自然保护区综合科学考察报告》中有记录，本次调查未见该物种。

34. 毛杓兰 Cypripedium franchetii

分类地位：兰科 Orchidaceae，杓兰属 Cypripedium。

保护级别：国家二级保护野生植物。

主要特征：植株高 20～35cm，具粗壮、较短的根状茎。茎直立，密被长柔毛，尤其上部为甚，基部具数枚鞘，鞘上方有 3～5 枚叶。叶片椭圆形或卵状椭圆形，长 10～16cm，宽 4～6.5cm，先端急尖或短渐尖，两面脉上疏被短柔毛，边缘具细缘毛。花序顶生，具 1 花；花序柄密被长柔毛；花苞片叶状，椭圆形或椭圆状披针形，长 6～8（12）cm，宽 2～3.5cm，先端渐尖或短渐尖，两面脉上具疏毛，边缘具细缘毛；花梗和子房长 4～4.5cm，密被长柔毛；花淡紫红至粉红色，有深色脉纹；中萼片椭圆状卵形或卵形，长 4～5.5cm，宽 2.5～3cm，先端渐尖或短渐尖，背面脉上疏被短柔毛，边缘具细缘毛；合萼片椭圆状披针形，长 3.5～4cm，宽 1.5～2.5cm，先端 2 浅裂，背面脉上被短柔毛，边缘具细缘毛；花瓣披针形，长 5～6cm，宽 1～1.5cm，先端渐尖，内表面基部被长柔毛；唇瓣深囊状，椭圆形或近球形，长 4～5.5cm，宽 3～4cm；退化雄蕊卵状箭头形至卵形，长

1~1.5cm，宽 7~9mm，基部具短耳和很短的柄，背面略有龙骨状突起。花期 5—7 月。

分布：产于甘肃南部、山西南部（介休市、沁源县、垣曲县）、陕西南部、河南西部（西峡县）、湖北西部（兴山县）和四川东北部至西北部（汶川县、理县、松潘县、若尔盖县、黑水县）。生于海拔 1500~3700m 的疏林下或灌木林中湿润、腐殖质丰富和排水良好处，也见于湿润草坡上。模式标本采自湖北。

该物种在《四川省卧龙国家级自然保护区综合科学考察报告》中有记录，本次调查未见该物种。

35. 四川杓兰 Cypripedium sichuanense

分类地位：兰科 Orchidaceae，杓兰属 Cypripedium。

保护级别：国家二级保护野生植物。

主要特征：地生草本。植株具粗壮的根状茎；顶端具一近对生的叶。叶片宽椭圆形，绿色，具暗红色斑点。花序顶生 1 朵花；花黄至黄绿色，萼片有红褐色斑点，花瓣和唇瓣有红褐色斑点和条纹，退化雄蕊暗红褐色；中萼片卵状披针形，具缘毛，花瓣披针形，包住唇瓣，唇瓣囊状。

分布：产于四川。

该物种在《四川省卧龙国家级自然保护区综合科学考察报告》中有记录，本次调查未见该物种。

36. 紫点杓兰 Cypripedium guttatum

分类地位：兰科 Orchidaceae，杓兰属 Cypripedium。

保护级别：国家二级保护野生植物。

主要特征：植株高 15~25 cm，具细长而横走的根状茎。茎直立，被短柔毛和腺毛，基部具数枚鞘，顶端具叶。叶 2 枚，极罕 3 枚，常对生或近对生，偶见互生，后者相距 1~2cm，常位于植株中部或中部以上；叶片椭圆形、卵形或卵状披针形，长 5~12cm，宽 2.5~4.5（6）cm，先端急尖或渐尖，背面脉上疏被短柔毛或近无毛，干后常变黑色或浅黑色。花序顶生，具 1 花；花序柄密被短柔毛和腺毛；花苞片叶状，卵状披针形，通常长 1.5~3cm，先端急尖或渐尖，边缘具细缘毛；花梗和子房长 1~1.5cm，被腺毛；花白色，具淡紫红或淡褐红色斑；中萼片卵状椭圆形或宽卵状椭圆形，长 1.5~2.2cm，宽 1.2~1.6cm，先端急尖或短渐尖，背面基部常疏被微柔毛；合萼片狭椭圆形，长 1.2~1.8cm，宽 5~6mm，先端 2 浅裂；花瓣常近匙形或提琴形，长 1.3~1.8cm，宽 5~7mm，先端常略扩大并近浑圆，内表面基部具毛；唇瓣深囊状，钵形或深碗状，多少近球形，长与宽各约 1.5cm，具宽阔的囊口，囊口前方几乎不具内折的边缘，囊底有毛；退化雄蕊卵状椭圆形，长 4~5mm，宽 2.5~3mm，先端微凹或近截形，上面有细小的纵脊突，背面有较宽的龙骨状突起。蒴果近狭椭圆形，下垂，长约 2.5cm，宽 8~10mm，被微柔毛。花期 5—7 月，果期 8—9 月。

分布：产于黑龙江、吉林、辽宁、内蒙古、河北、山西、山东、陕西、宁夏、四川、云南西北部和西藏。生于海拔 500~4000m 的林下、灌丛中或草地上。本种在不丹以及朝鲜半岛、西伯利亚、欧洲和北美西北部也有分布。模式标本采自西伯利亚东部。

该物种在《四川省卧龙国家级自然保护区综合科学考察报告》中有记录，本次调查未见该物种。

37. 褐花杓兰 Cypripedium calcicole

分类地位：兰科 Orchidaceae，杓兰属 Cypripedium。

保护级别：国家二级保护野生植物。

主要特征：植株高 15~45cm，具粗壮、较短的根状茎。茎直立，通常无毛，较少上部有短柔毛，基部具数枚鞘，鞘上方有 3~4 枚叶。叶片椭圆形，长 5~16.5cm，宽 4~5.5cm，两面近无毛，先端渐尖或急尖，边缘有细缘毛。花序顶生，具 1 花；花序柄被短柔毛；花苞片叶状，卵状披针形，长达 9.5cm，宽 2~2.5cm；花梗和子房长 3~3.5cm，被疏毛；花深紫或紫褐色，仅唇瓣背侧有若干质地较薄的淡黄色透明"窗"，囊口周围不具白色或浅色圈；中萼片椭圆状卵形，长 3.5~5cm，宽 1.9~2.2cm，先端渐尖；合萼片椭圆状披针形，长 3.2~4.2cm，宽 1.5~2cm，先端 2 浅裂；花瓣卵状披针形，长 4.4~5.2cm，宽 8~9mm，先端渐尖，内表面基部具短柔毛；唇瓣深囊状，椭圆形，长 3.5~4.2cm，宽 2.5~2.8cm，囊口与其他部分色泽一致，囊底有毛；退化雄蕊近长圆形，长 1.3~1.5cm，宽约 1cm，基部近无柄。花期 6—7 月。

分布：产于四川西部和云南西北部。生于海拔 2600~3900m 的林下、林缘、灌丛中、草坡上或山溪河床旁多石湿润处。模式标本采自四川西部。

该物种在《卧龙国家级自然保护区兰科植物多样性及保护研究》中有记录，本次调查未见该物种。

38. 斑叶杓兰 *Cypripedium margaritaceum*

分类地位：兰科 Orchidaceae，杓兰属 *Cypripedium*。

保护级别：国家二级保护野生植物。

主要特征：植株高约 10cm，地下具较粗壮而短的根状茎。茎直立，较短，通常长 2~5cm，被数枚叶鞘所包，顶端具 2 枚叶。叶近对生，铺地；叶片宽卵形至近圆形，长 10~15cm，宽 7~13cm，先端钝或具短尖头，上面暗绿色并有黑紫色斑点。花序顶生，具 1 花；花序柄长 4~5cm，无毛；花苞片不存在；子房长 1~1.5cm，常多少弯曲，有 3 棱，棱上疏被短柔毛；花较美丽，萼片绿黄色，有栗色纵条纹，花瓣与唇瓣白或淡黄色而有红或栗红色斑点与条纹；中萼片宽卵形，通常长 3~4cm，宽 2.5~3.5cm，先端钝或具短尖头，背面脉上有短毛，边缘有乳突状缘毛；合萼片椭圆状卵形，略短于中萼片，宽 2~2.5cm，先端钝并有很小的 2 齿，边缘有乳突状缘毛；花瓣斜长圆状披针形，向前弯曲并环抱唇瓣，长 3~4cm，宽 1.5~2cm，先端急尖，背面脉上被短毛；唇瓣囊状，近椭圆形，腹背压扁，长 2.5~3cm，囊的前方表面有小疣状突起；退化雄蕊近圆形至近四方形，长约 1cm，上面有乳头状突起。花期 5—7 月。

分布：产于四川西南部和云南西北部。生于海拔 2500~3600m 的草坡上或疏林下。模式标本采自云南西北部。

该物种在《卧龙国家级自然保护区兰科植物多样性及保护研究》中有记录，本次调查未见该物种。

39. 独蒜兰 *Pleione bulbocodioides*

分类地位：兰科 Orchidaceae，独蒜兰属 *Pleione*。

保护级别：国家二级保护野生植物。

主要特征：半附生草本。假鳞茎卵形至卵状圆锥形，上端有明显的颈，全长 1~2.5cm，直径 1~2cm，顶端具 1 枚叶。叶在花期尚幼嫩，长成后狭椭圆状披针形或近倒披针形，纸质，长 10~25cm，宽 2~5.8cm，先端通常渐尖，基部渐狭成柄；叶柄长 2~6.5cm。花葶从无叶的老假鳞茎基部发出，直立，长 7~20cm，下半部包藏在 3 枚膜质的圆筒状鞘内，顶端具 1(~2) 花；花苞片线状长圆形，长 (2)3~4cm，明显长于花梗和子房，先端钝；花梗和子房长 1~2.5cm；花粉红至淡紫色，唇瓣上有深色斑；中萼片近倒披针形，长 3.5~5cm，宽 7~9mm，先端急尖或钝；侧萼片稍斜歪，狭椭圆形或长圆状倒披针形，与中萼片等长，常略宽；花瓣倒披针形，稍斜歪，长 3.5~5cm，宽 4~7mm；唇瓣轮廓为倒卵形或宽倒卵形，长 3.5~4.5cm，宽 3~4cm，不明显 3 裂，上部边缘撕裂状，基部楔形并稍贴生于蕊柱上，通常具 4~5 条褶片；褶片啮蚀状，高可达 1~1.5mm，向基部渐狭直至消失；中央褶片常较短而宽，有时不存在；蕊柱长 2.7~4cm，多少弧曲，两侧具翅；翅自中部以下甚狭，向上渐宽，在顶端围绕蕊柱，宽达 6~7mm，有不规则齿缺。蒴果近长圆形，长 2.7~3.5cm。花期 4—6 月。

分布：产于陕西南部、甘肃南部、安徽、湖北、湖南、广东北部、广西北部、四川、贵州、云南西北部和西藏东南部。生于海拔 900~3600m 的常绿阔叶林下或灌木林缘腐殖质丰富的土壤上或苔藓覆盖的岩石上。模式标本采自四川宝兴县。

该物种在《四川省卧龙国家级自然保护区综合科学考察报告》中有记录，本次调查未见该物种。

40. 蕙兰 *Cymbidium faberi*

分类地位：兰科 Orchidaceae，兰属 *Cymbidium*。

保护级别：国家二级保护野生植物。

主要特征：地生草本。假鳞茎不明显。叶 5~8 枚，带形，直立性强，长 25~80cm，宽（4）7~12mm，基部常对折而呈"V"字形，叶脉透亮，边缘常有粗锯齿。花葶从叶丛基部最外面的叶腋抽出，近直立或稍外弯，长 35~50（80）cm，被多枚长鞘；总状花序具 5~11 朵或更多的花；花苞片线状披针形，最下面的 1 枚长于子房，中上部的长 1~2cm，约为花梗和子房长度的 1/2，至少超过 1/3；花梗和子房长 2~2.6cm；花常为浅黄绿色，唇瓣有紫红色斑，有香气；萼片近披针状长圆形或狭倒卵形，长 2.5~3.5cm，宽 6~8mm；花瓣与萼片相似，常略短而宽；唇瓣长圆状卵形，长 2~2.5cm，3 裂；侧裂片直立，具小乳突或细毛；中裂片较长，强烈外弯，有明显、发亮的乳突，边缘常皱波状；唇盘上 2 条纵褶片从基部上方延伸至中裂片基部，上端向内倾斜并汇合，有些形成短管；蕊柱长 1.2~1.6cm，稍向前弯曲，两侧有狭翅；花粉团 4 个，成 2 对，宽卵形。蒴果近狭椭圆形，长 5~5.5cm，宽约 2cm。花期 3—5 月。

分布：产于陕西南部、甘肃南部、安徽、浙江、江西、福建、台湾、河南南部、湖北、湖南、广东、广西、四川、贵州、云南和西藏东部。生于海拔 700~3000m 的湿润但排水良好的透光处。本种在尼泊尔、印度北部也有分布。模式标本采自中国浙江。

该物种在《四川省卧龙国家级自然保护区综合科学考察报告》中有记录，本次调查未见该物种。

41. 春兰 *Cymbidium goeringii*

分类地位：兰科 Orchidaceae，兰属 *Cymbidium*。

保护级别：国家二级保护野生植物。

主要特征：地生植物。假鳞茎较小，卵球形，长 1~2.5cm，宽 1~1.5cm，包藏于叶基之内。叶 4~7 枚，带形，通常较短小，长 20~40（60）cm，宽 5~9mm，下部常稍对折而呈"V"字形，边缘无齿或具细齿。花葶从假鳞茎基部外侧叶腋中抽出，直立，长 3~15（20）cm，极罕更高，明显短于叶；花序具单朵花，极罕 2 朵；花苞片长而宽，一般长 4~5cm，有些围抱子房；花梗和子房长 2~4cm；花色泽变化较大，通常为绿色或淡褐黄色而有紫褐色脉纹，有香气；萼片近长圆形至长圆状倒卵形，长 2.5~4cm，宽 8~12mm；花瓣倒卵状椭圆形至长圆状卵形，长 1.7~3cm，与萼片近等宽，展开或稍围抱蕊柱；唇瓣近卵形，长 1.4~2.8cm，不明显 3 裂；侧裂片直立，具小乳突，在内侧靠近纵褶片处各有 1 个肥厚的皱褶状物；中裂片较大，强烈外弯，上面也有乳突，边缘略呈波状；唇盘上 2 条纵褶片从基部上方延伸中裂片基部以上，上部向内倾斜并靠合，有些形成短管状；蕊柱长 1.2~1.8cm，两侧有较宽的翅；花粉团 4 个，成 2 对。蒴果狭椭圆形，长 6~8cm，宽 2~3cm。花期 1—3 月。

分布：产于陕西南部、甘肃南部、江苏、安徽、浙江、江西、福建、台湾、河南南部、湖北、湖南、广东、广西、四川、贵州、云南。生于海拔 300～2200m 的多石山坡、林缘、林中透光处在台湾地区生存海拔可上升到 3000m。本种在日本与朝鲜半岛南端也有分布；据报道，印度东北部也曾发现，尚待进一步证实。模式标本采自日本。

该物种在《卧龙国家级自然保护区兰科植物多样性及保护研究》中有记录，本次调查未见该物种。

42. 建兰 *Cymbidium ensifolium*

分类地位：兰科 Orchidaceae，兰属 *Cymbidium*。

保护级别：国家二级保护野生植物。

主要特征：地生植物。假鳞茎卵球形，长 1.5～2.5cm，宽 1～1.5cm，包藏于叶基内。叶 2～4 (6) 枚，带形，有光泽，长 30～60cm，宽 1～1.5 (2.5) cm，前部边缘有时有细齿，关节位于距基部 2～4cm 处。花葶从假鳞茎基部发出，直立，长 20～35cm 或更长，但一般短于叶；总状花序具 3～9 (13) 朵花；花苞片除最下面 1 枚长可达 1.5～2cm 外，其余的长 5～8mm，一般不及花梗和子房长度的 1/3，至多不超过 1/2；花梗和子房长 2～2.5 (3) cm；花常有香气，色泽变化较大，通常为浅黄绿色而具紫斑；萼片近狭长圆形或狭椭圆形，长 2.3～2.8cm，宽 5～8mm；侧萼片常向下斜展；花瓣狭椭圆形或狭卵状椭圆形，长 1.5～2.4cm，宽 5～8mm，近平展；唇瓣近卵形，长 1.5～2.3cm，略 3 裂；侧裂片直立，部分围抱蕊柱，上面有小乳突；中裂片较大，卵形，外弯，边缘波状，也具小乳突；唇盘上 2 条纵褶片从基部延伸至中裂片基部，上半部向内倾斜并靠合，形成短管；蕊柱长 1～1.4cm，稍向前弯曲，两侧具狭翅；花粉团 4 个，成 2 对，宽卵形。蒴果狭椭圆形，长 5～6cm，宽约 2cm。花期通常为 6—10 月。

分布：产于安徽、浙江、江西、福建、台湾、湖南、广东、海南、广西、四川西南部、贵州和云南。生于海拔 600～1800m 的疏林下、灌丛中、山谷旁或草丛中。广泛分布于东南亚和南亚各国，北至日本。模式标本采自广东。

该物种在《四川省卧龙国家级自然保护区综合科学考察报告》中有记录，本次调查未见野生种。

43. 白及 *Bletilla striata*

分类地位：兰科 Orchidaceae，白及属 *Bletilla*。

保护级别：国家二级保护野生植物。

主要特征：植株高 18～60cm。假鳞茎扁球形，上面具荸荠似的环带，富黏性。茎粗壮，劲直。叶 4～6 枚，狭长圆形或披针形，长 8～29cm，宽 1.5～4cm，先端渐尖，基部收狭成鞘并抱茎。花序具 3～10 朵花，常不分枝或极罕分枝；花序轴或多或少呈"之"字状曲折；花苞片长圆状披针形，长 2～2.5cm，开花时常凋落；花大，紫红或粉红色；萼片和花瓣近等长，狭长圆形，长 25～30mm，宽 6～8mm，先端急尖；花瓣较萼片稍宽；唇瓣较萼片和花瓣稍短，倒卵状椭圆形，长 23～28mm，白色带紫红色，具紫色脉；唇盘上面具 5 条纵褶片，从基部伸至中裂片近顶部，仅在中裂片上面为波状；蕊柱长 18～20mm，柱状，具狭翅，稍弓曲。花期 4—5 月。

分布：产于陕西南部、甘肃东南部、江苏、安徽、浙江、江西、福建、湖北、湖南、广东、广西、四川和贵州。生于海拔 100～3200m 的常绿阔叶林下、栎树林或针叶林下、路边草丛或岩石缝中，在北京和天津有栽培。本种在朝鲜半岛和日本也有分布。模式标本采自日本。

该物种在《四川省卧龙国家级自然保护区综合科学考察报告》中有记录，本次调查未见野生种。

44. 手参 *Gymnadenia conopsea*

分类地位：兰科 Orchidaceae，手参属 *Gymnadenia*。

保护级别：国家二级保护野生植物。

主要特征：植株高 20~60cm。块茎椭圆形，长 1~3.5cm，肉质，下部掌状分裂，裂片细长。茎直立，圆柱形，基部具 2~3 枚筒状鞘，其上具 4~5 枚叶，上部具 1 枚至数枚苞片状小叶。叶片线状披针形、狭长圆形或带形，长 5.5~15cm，宽 1~2（2.5）cm，先端渐尖或稍钝，基部收狭成抱茎的鞘。总状花序具多数密生的花，圆柱形，长 5.5~15cm；花苞片披针形，直立伸展，先端长渐尖成尾状，长于花或等长；子房纺锤形，顶部稍弧曲，连花梗长约 8mm；花粉红色，罕为粉白色；中萼片宽椭圆形或宽卵状椭圆形，长 3.5~5mm，宽 3~4mm，先端急尖，略呈兜状，具 3 脉；侧萼片斜卵形，反折，边缘向外卷，较中萼片稍长或几乎等长，先端急尖，具 3 脉，前面的 1 条脉常具支脉；花瓣直立，斜卵状三角形，与中萼片等长，与侧萼片近等宽，边缘具细锯齿，先端急尖，具 3 脉，前面的 1 条脉常具支脉，与中萼片相靠；唇瓣向前伸展，宽倒卵形，长 4~5mm，前部 3 裂，中裂片较侧裂片大，三角形，先端钝或急尖；距细而长，狭圆筒形，下垂，长约 1cm，稍向前弯，向末端略增粗或略渐狭，长于子房；花粉团卵球形，具细长的柄和粘盘，粘盘线状披针形。花期 6—8 月。

分布：产于黑龙江、吉林、辽宁、内蒙古、河北、山西、陕西、甘肃东南部、四川西部至北部、云南西北部、西藏东南部（察隅）。生于海拔 265~4700m 的山坡林下、草地或砾石滩草丛中。本种在日本、俄罗斯，以及朝鲜半岛、西伯利亚至欧洲等地也有分布。模式标本采自欧洲。

该物种在《四川省卧龙国家级自然保护区综合科学考察报告》中有记录，本次调查未见该物种。

45. 西南手参 *Gymnadenia orchidis*

分类地位：兰科 Orchidaceae，手参属 *Gymnadenia*。

保护级别：国家二级保护野生植物。

主要特征：植株高 17~35cm。块茎卵状椭圆形，长 1~3cm，肉质，下部掌状分裂，裂片细长。茎直立，较粗壮，圆柱形，基部具 2~3 枚筒状鞘，其上具 3~5 枚叶，上部具 1 枚至数枚苞片状小叶。叶片椭圆形或椭圆状长圆形，长 4~16cm，宽（2.5）3~4.5cm，先端钝或急尖，基部收狭成抱茎的鞘。总状花序具多数密生的花，圆柱形，长 4~14cm；花苞片披针形，直立伸展，先端渐尖，不成尾状，最下部的明显长于花；子房纺锤形，顶部稍弧曲，连花梗长 7~8mm；花紫红或粉红色，极罕为带白色；中萼片直立，卵形，长 3~5mm，宽 2~3.5mm，先端钝，具 3 脉；侧萼片反折，斜卵形，较中萼片稍长、稍宽，边缘向外卷，先端钝，具 3 脉，前面 1 条脉常具支脉；花瓣直立，斜宽卵状三角形，与中萼片等长且较宽，较侧萼片稍狭，边缘具波状齿，先端钝，具 3 脉，前面 1 条脉常具支脉；唇瓣向前伸展，宽倒卵形，长 3~5mm，前部 3 裂，中裂片较侧裂片稍大或等大，三角形，先端钝或稍尖；距细而长，狭圆筒形，下垂，长 7~10mm，稍向前弯，向末端略增粗或稍渐狭，通常长于子房或等长；花粉团卵球形，具细长的柄和粘盘，粘盘披针形。花期 7—9 月。

分布：产于陕西南部、甘肃东南部、青海南部、湖北西部（兴山）、四川西部、云南西北部、西藏东部至南部。生于海拔 2800~4100m 的山坡林下、灌丛下和高山草地中。本种在克什米尔地区至不丹、印度东北部也有分布。模式标本采自印度（库茂恩）。

该物种在《四川省卧龙国家级自然保护区综合科学考察报告》中有记录，本次调查未见野生种。

46. 掌裂兰 *Dactylorhiza hatagirea*

分类地位：兰科 Orchidaceae，掌裂兰属 *Dactylorhiza*。

保护级别：国家二级保护野生植物。

主要特征：植株高 12~40cm。块茎下部 3~5 裂呈掌状，肉质。茎直立，粗壮，中空，基部具 2~3 枚筒状鞘，鞘之上具叶。叶（3）4~6 枚，互生，叶片长圆形、长圆状椭圆形、披针形至线状披针形，上面无紫色斑点，长 8~15cm，宽 1.5~3cm，稍微开展，先端钝、渐尖或长渐尖，基部收狭成抱茎的鞘，向上逐渐变小，最上部的叶变小呈苞片状。花序具几朵至多朵密生的花，圆柱状，长 2~15cm；花苞片直立伸展，披针形，先端渐尖或长渐尖，最下部的常长于花；子房圆柱状纺锤形，扭转，无毛，连花梗长 10~14mm；花蓝紫色、紫红色或玫瑰红色，不偏向一侧；中萼片卵状长圆形，直立，凹陷呈舟状，长 5.5~7（9）mm，宽 3~4mm，先端钝，具 3 脉，与花瓣靠合呈兜状；侧萼片张开，偏斜，卵状披针形或卵状长圆形，长 6~8（9.5）mm，宽 4~5mm，先端钝或稍钝，具 3~5 脉；花瓣直立，卵状披针形，稍偏斜，与中萼片近等长，宽 3~5mm，先端钝，具 2~3 脉；唇瓣向前伸展，卵形、卵圆形、宽菱状横椭圆形或近圆形，常稍长于萼片，长 6~9mm，下部或中部宽 6~10mm，基部具距，先端钝，不裂，有时先端稍具 1 个凸起，似 3 浅裂，边缘略具细圆齿，上面具细的乳头状突起，在基部至中部之上具 1 个由蓝紫色线纹构成似匙形的斑纹（在新鲜花其斑纹颇为显著），斑纹内淡紫色或带白色，其外的色较深，为蓝紫的紫红色，而其顶部为浅 3 裂或 2 裂成 W 形；距圆筒形、圆筒状锥形至狭圆锥形，下垂，略微向前弯曲，末端钝，较子房短或与子房近等长。花期 6—8 月。

产黑龙江、吉林、内蒙古、宁夏、甘肃、青海、新疆、四川西部和西藏东部。生于海拔 600~4100m 的山坡、沟边灌丛下或草地中。蒙古、俄罗斯的西伯利亚至欧洲、克什米尔地区至不丹、巴基斯坦、阿富汗至北非也有。模式标本采自欧洲。

该物种在《四川省卧龙国家级自然保护区综合科学考察报告》中有记录，本次调查未见该物种。

47. 天麻 *Gastrodia elata*

分类地位：兰科 Orchidaceae，天麻属 *Gastrodia*。

保护级别：国家二级保护野生植物。

主要特征：植株高 30~100cm，有时可达 2m。根状茎肥厚，块茎状，椭圆形至近哑铃形，肉质，长 8~12cm，直径 3~5（7）cm，有时更大，具较密的节，节上被许多三角状宽卵形的鞘。茎直立，橙黄、黄、灰棕或蓝绿色，无绿叶，下部被数枚膜质鞘。总状花序长 5~30（50）cm，通常具 30~50 朵花；花苞片长圆状披针形，长 1~1.5cm，膜质；花梗和子房长 7~12mm，略短于花苞片；花扭转，橙黄、淡黄、蓝绿或黄白色，近直立；萼片和花瓣合生成的花被筒长约 1cm，直径 5~7mm，近斜卵状圆筒形，顶端具 5 枚裂片，两枚侧萼片合生处的裂口深达 5mm，筒的基部向前方凸出；外轮裂片（萼片离生部分）卵状三角形，先端钝；内轮裂片（花瓣离生部分）近长圆形，较小；唇瓣长圆状卵圆形，长 6~7mm，宽 3~4mm，3 裂，基部贴生于蕊柱足末端与花被筒内壁上并有一对肉质胼胝体，上部离生，上面具乳突，边缘有不规则短流苏；蕊柱长 5~7mm，有短的蕊柱足。蒴果倒卵状椭圆形，长 1.4~1.8cm，宽 8~9mm。花果期 5—7 月。

分布：产于吉林、辽宁、内蒙古、河北、山西、陕西、甘肃、江苏、安徽、浙江、江西、台湾、河南、湖北、湖南、四川、贵州、云南和西藏。生于海拔 400~3200m 的疏林下、林中空地、林缘、灌丛边缘。本种在尼泊尔、不丹、印度、日本以及朝鲜半岛至西伯利亚也有分布。模式标本采自东亚，具体地点不详。

该物种在《四川省卧龙国家级自然保护区综合科学考察报告》中有记录，本次调查未见野生种。

48. 水仙花鸢尾 *Iris narcissiflora*

分类地位：鸢尾科 Iridaceae，鸢尾属 *Iris*。

保护级别：国家二级保护野生植物。

主要特征：多年生草本。植株基部围有鞘状叶，无基生叶。根状茎有直立和横走之分，直立的根状茎短粗，棕褐色，横走的根状茎细长；根细，黄白色；叶茎生，质地柔嫩，条形，宽2~3mm，与花茎等长或略低，顶端钝或骤尖，基部鞘状，抱茎，无明显的中脉。花茎纤细，不分枝，高20~30cm；苞片2枚，膜质，披针形，长2.8~3.3cm，宽约1.2cm，顶端渐尖，向外反折，内包含有1朵花；花黄色，直径5~5.5cm；无花梗；花被管长6~7mm，外花被裂片椭圆形或倒卵形，长约3.5cm，宽2~2.2cm，爪部楔形，中脉上有稀疏的须毛状附属物，内花被裂片狭卵形，长约3cm，宽约1.8cm，花盛开时向外平展；雄蕊长约1.3cm，花药较花丝略短；花柱分枝扁平，中部略宽，长约1.5cm，宽约8mm，顶端裂片钝，椭圆形，边缘有波状牙齿，子房纺锤形，长约1.5 cm。花期4—5月，果期6—8月。

分布：产于四川。生于山坡草地、林中旷地、林缘或灌丛中。模式标本采自四川西部。

该物种在《四川省卧龙国家级自然保护区综合科学考察报告》中有记录，本次调查未见该物种。

49．假人参 *Panax pseudoginseng*

分类地位：五加科 Araliaceae、人参属 *Panax*。

保护级别：国家二级保护野生植物。

主要特征：多年生草本。根状茎短，竹鞭状，横生，有2条至几条肉质根；肉质根圆柱形，长2~4cm，直径约1cm，干时有纵皱纹。地上茎单生，高约40cm，有纵纹，无毛，基部有宿存鳞片。叶为掌状复叶，4枚轮生于茎顶；叶柄长4~5cm，有纵纹，无毛；托叶小，披针形，长5~6mm；小叶片3~4，薄膜质，透明，倒卵状椭圆形至倒卵状长圆形，中央的长9~10cm，宽3.5~4cm，侧生的较小，先端长渐尖，基部渐狭，下延，边缘有重锯齿，齿有刺尖，上面脉上密生刚生，刚毛长1.5~2mm，下面无毛，侧脉8~10对，两面明显，网脉明显；小叶柄长2~10mm，与叶柄顶端连接处簇生刚毛。伞形花序单个顶生，直径约3.5cm，有花20~50朵；总花梗长约12cm，有纵纹，无毛；花梗纤细，无毛，长约1cm；苞片不明显；花黄绿色；萼杯状（雄花的萼为陀螺形），边缘有5个三角形的齿；花瓣5；雄蕊5；子房2室；花柱2（雄花中的退化雌蕊上为1条），离生，反曲。

分布：产于西藏（聂拉木）。生于海拔2450~4200m 的密林下。本种在尼泊尔也有分布。模式标本采自尼泊尔。

该物种还有三个变种在汶川县内或有分布，分别为秀丽假人参 *Panax pseudo-ginseng*、大叶三七 *Panax pseudo-ginseng*、羽叶三七 *Panax pseudo-ginseng*。

该物种在《四川省卧龙国家级自然保护区综合科学考察报告》中有记录，本次调查未见野生种。

4.1.4 汶川县重点调查物种

1．珙桐 *Davidia involucrata*

珙桐，又名鸽子树、鸽子花，属珙桐科珙桐属的落叶乔木植物。珙桐是中国特有珍稀植物，被列为国家一级保护野生植物，被誉为"植物界的大熊猫"。珙桐物种历史悠久，据研究，珙桐在我国的分布可以追溯到距今约2500万年前的中新世晚期。在古代文献中，珙桐被称为"神树"，广泛应用于园林景观、寺庙建筑等方面。珙桐主要分布在中国亚热带和温带地区，常见于海拔1000~3000m 的山地森林中。

珙桐的特征非常独特，它的树干通直，树皮灰褐色，叶子呈心形或卵状心形，花朵繁多且美丽，呈白或淡黄色。珙桐最显著的特点是它的果实和种子。珙桐的果实呈长圆形，成熟时会裂开，露出里面的白色种子，这些种子包裹在一层厚实的假种皮中，形状酷似一只只白色的鸽子，珙桐因此得名"鸽子树"或"鸽子花"。

珙桐具有较高的观赏价值，尤其是在春季，花朵盛开，十分壮观。珙桐还具有一定的药用价值，其果实和种子中含有多种生物碱、甾醇等成分，具有镇痛、抗炎、抗菌等作用。珙桐作为一种珍稀植物，对于研究植物系统发育、生态学等领域也具有重要意义。

汶川县内三江镇背靠卧龙国家自然保护区，年均降水量大，气候湿润，为珙桐的生长创造了极佳的外部环境。

本次调查发现在汶川县三江镇席草村兰花岗附近有大量珙桐分布，在漩口镇无忧谷也有人工栽种的珙桐分布。

2. 箭竹 Fargesia spathacea Franch

箭竹属竹类植物，禾本科。竿丛生或近散生；高可达6m，竿圆筒形，幼时无白粉或微被白粉，无毛，纵向细肋不发达，髓呈锯屑状；箨环隆起，竿环平坦或微隆起；竿芽卵圆形或长卵形，微粗糙，边缘具灰黄色短纤毛。枝条斜展，微被白粉，实心或几乎实心。箨鞘革质，长圆状三角形，箨舌楔形，箨片外翻或位于竿下部的直立，三角形或线状披针形，小枝叶上部纵脊不明显，边缘无纤毛或幼时生有黄褐色纤毛；叶耳微小，紫色，叶舌略呈圆拱形或楔形，无毛，叶柄常有白粉；叶片线状披针形，叶缘一侧具小锯齿，另一侧近乎平滑。圆锥花序较紧密，顶生，含小穗，佛焰苞通常较花序长，花序的小枝生灰白色微毛，穗轴和小穗柄被有灰白色微毛，小穗含小花，紫或紫绿色。5月笋期，4月开花，5月结果。

箭竹具有极高的价值，它是大熊猫的主要食物来源。箭竹笋也可供人食用。箭竹的竿可制作笔杆、筷子、帐杆，还可劈篾供编织用。箭竹对山地水土保持、减缓地表径流、涵养水源、调节小气候环境、促进农业稳产丰产等都起着不同程度的作用。

汶川县竹类主要以箭竹为主，竹分布达10万余亩。除箭竹外，汶川县还有斑竹（*Phyllostachys reticulata* 'Lacrima−deae'）、白夹竹（*Phyllostachys bissetii*）、慈竹（*Bambusa emeiensis*）、方竹（*Chimonobambusa quadrangularis*）、金竹（*Phyllostachys sulphurea*）分布，但都较少。除斑竹在绵虒镇、映秀镇有分布外，其余竹类主要分布在三江镇、水磨镇、漩口镇等低海拔区域。卧龙保护区内还分布大熊猫主食竹冷箭竹、拐棍竹和油竹子等。汶川县竹类分布见表4.1-11。

表4.1-11 汶川县竹类分布

序号	物种名	面积（km²）
1	箭竹	85.95
2	斑竹	3.54
3	白夹竹	1.99
4	慈竹	0.54
5	方竹	0.54
6	金竹	0.07

3. 岷江百合 *Lilium regale*

岷江百合是百合科百合属的多年生鳞茎草本植物。鳞茎宽卵圆形，鳞片披针形，茎有小乳头状突起；狭条形叶散生，边缘和下面中脉具乳头状突起；白色花呈喇叭形，外轮花被片披针形，内轮花被片倒卵形，蜜腺两边和花丝均无乳头状突起，子房圆柱形。花期6—7月，果期10月。

岷江百合球根含丰富的淀粉，可作为蔬菜食用或药用，还可作切花或球根专类园等用于观赏。岷江百合的寓意是"百年好合""百事合意"，被誉为"云裳仙子"。

本次调查发现岷江百合主要生于海拔800~2700m的山坡草丛中、灌丛间、悬崖的岩缝中或急流边的乱石间。

4.1.5 中国特有物种

依据《中国生物多样性红色名录——高等植物卷（2020）》，本次调查汶川县具有中国特有物种121科392属1117种，占汶川县已知总科数的48.11%，总属数的36.89%，总种数的35.80%。其中，汶川县采集的模式标本物种有28种，分别是汶川娃儿藤 *Tylophora nana*、汶川景天 *Sedum wenchuanense*、汶川虎耳草 *Saxifraga wenchuanensis*、汶川柳 *Salix ochetophylla*、巴朗杜鹃 *Rhododendron balangense*、汶川星毛杜鹃 *Rhododendron asterochnoum*、卧龙杜鹃 *Rhododendron wolongense*、汶川红景天 *Rhodiola wenchuanensis*、卧龙无柱兰 *Ponerorchis wolongensis*、汶川金盏苣苔 *Oreocharis lancifolia* var. *mucronata*、汶川独活 *Heracleum wenchuanense*、卧龙独活 *Heracleum wolongense*、卧龙玉凤花 *Habenaria wolongensis*、卧龙斑叶兰 *Goodyera wolongensis*、汶川龙胆 *Gentiana winchuanensis*、卧龙盆距兰 *Gastrochilus wolongensis*、汶川野荞麦 *Fagopyrum wenchuanense*、汶川翠雀花 *Delphinium wenchuanense*、巴朗山杓兰 *Cypripedium palangshanense*、汶川无尾果 *Coluria oligocarpa*、汶川柴胡 *Bupleurum wenchuanense*、汶川小檗 *Berberis bergmanniae*、卧龙黄芪 *Astragalus wolongensis*、卧龙卷瓣兰 *Bulbophyllum wolongense*、巴朗山雪莲 *Saussurea balangshanensis*、卧龙报春 *Primula wolongensis*、熊猫马先蒿 *Pedicularis pandania*、和民盆距兰 *Gastrochilus heminii*。

4.1.6 中国生物多样性红色名录物种

根据《中国生物多样性红色名录——高等植物卷（2020）》，统计出汶川县有109种受威胁物种[极危、濒危（EN）和易危（UV）]，其中极危物种有4种，为巴朗杜鹃 *Rhododendron balangense*、卧龙玉凤花 *Habenaria wolongensis*、中华盆距兰 *Gastrochilus sinensis*、紫花杜鹃 *Rhododendron amesiae*；濒危物种有44种；易危物种有61种；近危物种有105种；无危物种有2361种；数据缺乏物种和未评价物种有73种。

表4.1-11 汶川县高等植物红色名录物种数及比例

红色名录等级		物种数	物种比例（%）
受威胁物种	极危（CR）	4	0.15
	濒危（EN）	44	1.66
	易危（VU）	61	2.30
近危（NT）		105	3.97
无危（LC）		2361	89.16

续表

红色名录等级	物种数	物种比例（%）
数据缺乏（DD）和未评价（NE）	73	2.76

基于本次调查获得的物种名录与物种数量，以及《中国生物多样性红色名录——高等植物卷（2020）》对物种的红色名录等级分类进行指数计算。计算公式为：

$$RLI_t = 1 - \frac{\sum W_{c(t,s)}}{W_{EX} \times N}$$

式中 RLI_t ——t 评估时段的物种红色名录指数；

$W_{c(t,s)}$ ——在 t 评估时段，物种 s 的红色名录等级 c 的权重；

W_{EX} ——"灭绝（EX）""野外灭绝（EW）""区域灭绝（RE）"的权重；

N ——当前评估的物种总数，应排除数据缺乏（DD）物种数以及在第一次评估中已经灭绝的物种数。

各红色名录等级的权重设置为：无危（LC）—0；近危（NT）—1；易危（VU）—2；濒危（EN）—3；极危（CR）—4；灭绝（EX）、野外灭绝（EW）、区域灭绝（RE）—5。

由公式计算本次调查的物种红色名录指数为 0.97。

4.1.7 汶川县古树名木资源概况

本次调查结果显示，汶川县共有 334 株古树，4 个古树群，其中，一级古树 55 株、二级古树 81 株、三级古树 198 株。古树总体生长势和生长环境良好，包括 27 种树种，共 17 科 25 属（表 4.1-12）。从乡镇分布情况看，绵虒镇古树最多，为 192 株；漩口镇最少，仅 2 株，均为银杏。

表 4.1-12 汶川县古树名木科属种

科	属	种	株数（株）
柏科	柏木属	柏木	8
		岷江柏木	25
	侧柏属	侧柏	111
	柳杉属	柳杉	1
	杉木属	杉木	1
豆科	槐属	国槐	30
	皂荚属	皂荚	22
胡桃科	枫杨属	枫杨	2
壳斗科	栎属	高山栎	10
		青冈	6
楝科	香椿属	香椿	4
罗汉松科	罗汉松属	罗汉松	5
木樨科	女贞属	女贞	23
漆树科	黄连木属	黄连木	25
	南酸枣属	南酸枣	1

续表

科	属	种	株数（株）
千屈菜科	紫薇属	紫薇	2
松科	铁杉属	铁杉	2
卫矛科	卫矛属	大花卫矛	1
无患子科	栾树属	栾树	2
无患子科	槭属	小叶青皮槭	3
杨柳科	柳属	旱柳	5
银杏科	银杏属	银杏	13
樟科	润楠属	润楠	27
樟科	琼楠属	雅安琼楠	1
樟科	樟属	樟树	1
紫葳科	梓属	灰楸	2
山茶科	山茶属	普洱茶	1

4.1.6 外来入侵物种

4.1.6.1 物种组成

汶川县含入侵物种46种，分别为白花鬼针草 *Bidens alba*、垂序商陆 *Phytolacca americana*、大狼杷草 *Bidens frondosa*、反枝苋 *Amaranthus retroflexus*、落葵薯 *Anredera cordifolia*、三叶鬼针草 *Bidens pilosa*、苏门白酒草 *Erigeron sumatrensis*、土荆芥 *Dysphania ambrosioides*、喜旱莲子草 *Alternanthera philoxeroides*、小蓬草 *Erigeron canadensis*、一年蓬 *Erigeron annuus*、圆叶牵牛 *Ipomoea purpurea*、棕叶狗尾草 *Setaria palmifolia*、钻叶紫菀 *Symphyotrichum subulatum*、阿拉伯婆婆纳 *Veronica persica*、凹头苋 *Amaranthus blitum*、白车轴草 *Trifolium repens*、北美独行菜 *Lepidium virginicum*、扁穗雀麦 *Bromus catharticus*、粗毛牛膝菊 *Galinsoga quadriradiata*、曼陀罗 *Datura stramonium*、牛膝菊 *Galinsoga parviflora*、牵牛 *Ipomoea nil*、香丝草 *Erigeron bonariensis*、野胡萝卜 *Daucus carota*、野茼蒿 *Crassocephalum crepidioides*、野燕麦 *Avena fatua*、春飞蓬 *Erigeron philadelphicus*、假酸浆 *Nicandra physalodes*、婆婆针 *Bidens bipinnata*、白花草木樨 *Melilotus albus*、草木樨 *Melilotus suaveolens*、大麻 *Cannabis sativa*、多花黑麦草 *Lolium multiflorum*、黑麦草 *Lolium perenne*、红车轴草 *Trifolium pratense*、红花酢浆草 *Oxalis corymbosa*、苦苣菜 *Sonchus oleraceus*、欧洲千里光 *Senecio vulgaris*、球序卷耳 *Cerastium glomeratum*、续断菊 *Sonchus asper*、药用蒲公英 *Taraxacum officinale*、野西瓜苗 *Hibiscus trionum*、原野菟丝子 *Cuscuta campestris*、紫茉莉 *Mirabilis jalapa*、杂种车轴草 *Trifolium hybridum*。

4.1.6.2 外来入侵物种趋势分析

1. 总体分析

根据森林、草原、湿地生态系统外来入侵物种风险评估指标体系表计算得出入侵物种风险等级。汶川风险等级为一级的入侵物种有白花鬼针草、垂序商陆、大狼杷草、反枝苋、落葵薯、三叶鬼针草、苏门白酒草、土荆芥、喜旱莲子草、小蓬草、一年蓬、圆叶牵牛、棕叶狗尾草、钻叶紫菀；风险等级为二级的入侵物种有阿拉伯婆婆纳、凹头苋、白车轴草、北美独行菜、扁穗雀麦、粗毛牛膝菊、曼陀罗、牛膝菊、牵牛、香丝草、野胡萝卜、野茼蒿、野燕麦。结合踏查情况可以看出，管理良好的草原、林地内入侵物种种类较少、密度较低，入侵物种重点分布在管理欠缺的草原、林地内。

分布格局：入侵物种主要分布在森林、路边、内陆滩涂、草原，尤其是管理欠佳的地块，有大面积成片分布。

发生程度：踏查中发现，入侵物种从山区到河谷地带均有分布，在林缘或路边呈团状或带状；对比近几年，没有出现大爆发情况。

扩散情况：根据历史资料及日常监测调查结果，这些植物具有极强的繁殖能力，种子可以通过风、流水、自然界动物体内和体表携带等方式迅速传播。

影响程度：随着全球变暖，极端气候越来越明显，汶川县喜阳的入侵植物繁殖速度加快，爆发趋势越来越严峻。重点预防区域为光照充足的林缘、滩涂和草地。

扩散形势：喜欢生长在干燥、向阳的土地，大部分弃耕的农田有大面积分布，荒山、荒坡、荒地是一级入侵植物扩散的重点防范区域。

2. 入侵物种防范建议

(1) 强化协调合作，完善外来入侵物种防治体系。
(2) 完善入侵物种监测响应机制。
(3) 加大科学研究和财政投入。
(4) 采取以物理防治为主的治理策略。

4.2 植被

按照《四川植被》的植被分区，汶川县所在区域植被属于：

亚热带常绿阔叶林区
Ⅰ 川东盆地及川西南山地常绿阔叶林地带
　　ⅠA 川东盆地偏湿性常绿阔叶林亚带
　　　　ⅠA$_4$ 盆边西部中山植被地区
　　　　　　ⅠA$_{4(2)}$ 龙门山植被小区
Ⅱ 川西高山峡谷原针叶林地带
　　ⅡA 川西高山峡谷针叶林亚带
　　　　ⅡA$_1$ 川西高山峡谷植被地区
　　　　　　ⅡA$_{1(2)}$ 岷江上游植被小区

龙门山植被小区在常绿阔叶林组成中，山毛榉科较为耐寒的青冈、石栎等和樟科中樟属的川桂、油樟等较多，且常绿阔叶林分布的上限仅为海拔 1600m 左右。在常绿阔叶与落叶阔叶混交林中，常绿树种以青冈、石栎占优势，阔叶树种以珙桐、水青树等为主。岷江上游植被小区在海拔 1300~2200m 的河谷至谷坡 300m 范围内，植被以胡枝子、黄荆、黄芦木为主，形成干旱河谷灌丛，并有较多的黄栌分布。在海拔 1600~2000（2200）m 的阴坡及沟谷，为以常绿樟科与山毛榉科植物和落叶栎类、槭树等够长的常绿阔叶与落叶阔叶混交林。在海拔（2000）2200~3600m 为亚高山针叶林，下部阴坡及半阴坡有铁杉林、云杉林，并有多种槭树、桦木渗入。海拔3600～3800m有高山灌丛草甸。

4.2.1 植被分类的原则

4.2.1.1 植物种类组成

一定的种类组成是一个群落最主要的特征。我们采用优势种作为划分类型的依据，即把植物群落中各个层或层片中数量最多、盖度最大、在群落中作用最明显的几种作为优势种。其中，主要层片（建群层片）的优势种作为建群种。优势种（尤其是建群种）是群落的重要建造者，它创造了特定的群落环境并决定了其他成分的存在，一旦优势种遭到破坏，其创造的群落环境也随之改变，适应特定群落环境的那些生态幅度窄的物种也将随之消失。可见，优势种（尤其是建群种）与群落是共存的，优势种的改变常常导致群落由一个类型演替为另一个类型。

4.2.1.2 外貌和结构特征

群落的结构和外貌主要取决于优势种的生活型，不同的外貌和结构形成不同的植被类型，如森林、草原、灌木等。群落的外貌具有季相变化，从而形成常绿或落叶、阔叶或针叶的森林类型。

4.2.1.3 生态地理特征

任何植被类型都与一定的环境特征联系在一起，它们除具有特定的种类成分和特定的外貌与结构外，还具有特定的生态幅度和分布范围。

4.2.1.4 动态特征

植被分类系统使用了优势种原则，并着重群落现状，但在具体划分类型时，也考察了群落的次生性质及演替的动态特征。

4.2.2 植被分类系统

参照《中国植被》（中国植被编委会，1980）的分类原则，结合四川省自然植被的划分，在划分汶川县植被基本类型时采用的主要分类单位包括植被型（高级单位）、群系（中级单位）和群丛（基本单位）三级。在每一级分类单位之上，各设一个辅助单位，即植被型组、群系组和群丛组，由此构成以下分类系统：

植被型组

植被型

群系组

群系

群丛组

群丛

4.2.3 植被分类

根据以上所述的划分标准，汶川县自然植被共划分为5个植被型组，16个植被型，25个植被亚型。

4.2.3.1 针叶林

1. 寒温性针叶林

(1) 寒温性落叶针叶林。

汶川县寒温性落叶针叶林以红杉、日本落叶松、四川红杉为主。其分布范围较小，主要分布在耿达镇及卧龙镇海拔2700~3200m处，其中日本落叶松以栽培为主。

红杉是喜阳、耐旱、耐低温的树种，材料优质，用途广。树林结构简单，林内明亮，郁闭度约0.4。林下灌木与草本丰富，灌木层高1~4m，盖度约45%，以长叶溲疏、忍冬、菝葜为优势种，次为茅莓、青荚叶、陇塞忍冬、桦叶荚蒾等。草本植物较为繁茂，盖度高达55%，以沿阶草和多花落新妇为优势种，次为秋分草、六叶葎、长叶铁角蕨等。层外植物多为阔叶清风藤、华中五味子等木质藤本。

(2) 寒温性常绿针叶林。

汶川县寒温性常绿针叶林以云杉、冷杉占绝对优势。云杉树形优美，树干挺直，生于排水良好、光照较强的半阳坡，甚至阳坡。主要分布在汶川县中部及北部海拔2100~4200m处。冷杉树姿挺拔，树冠塔形，能耐低温、阴湿，在汶川县分布较广，主要分布在卧龙镇、耿达镇、绵虒镇、映秀镇海拔2000~3200m地区。

云杉林组成的树种繁多，主要有云杉、青杆、麦吊云杉等。云杉林群落外貌深绿色，立木高达，林相整齐，层次明显，郁闭度0.5~0.8，乔木层常以单种组成优势，高度20~35m，胸径25~100cm。第二亚层有椴树、白桦、糙皮桦等。处在云杉林下的灌木，一般生长较旺盛，盖度50%~70%，高度0.5~2.5m，主要有竹类（如箭竹）、菝葜属、忍冬属等植物。草本层主要有蟹甲草、麦冬、蹄盖蕨、马先蒿等植物。

冷杉林主要以岷江冷杉和黄果冷衫为主。群落外貌暗绿色，林冠整齐，层次明显，郁闭度0.45~0.85，树高20~30m，胸径30~70cm。灌木层较稀疏，盖度20%~40%，林下灌木因生境不同而种类不同：在湿度较大的生境下，灌木以杜鹃、花楸、忍冬等属植物为主；在稍干的生境下，以栒子、蔷薇等属为主，环境越趋向干冷，冷杉数量较少。草本层在稍干的林地，常见的有早熟禾、铁线蕨、天门冬等喜阳、耐旱种类；在较阴湿的生境下，常见马先蒿、猪殃殃、蟹甲草等种，并散生有少数苔藓植物。

2. 温性针叶林

温性常绿针叶林。

汶川县温性常绿针叶林主要建群种有油松、华山松、高山松、辐射松、侧柏、柳杉等。主要分布在汶川县卧龙镇、三江镇、绵虒镇、威州镇、灞州镇海拔2000~2500m的中山及亚高山的阳坡地区。其中，油松分布面积最大，主要分布于绵虒镇、威州镇、灞州镇。柳杉仅在海拔较低的水磨镇、三江镇、漩口镇和映秀镇有分布。

各林木均各自成林，也有混交现象，林木总郁闭度0.3~0.7，乔木层平均高度15~30m，群落种群丰富，除各优势种外，乔木层还有马尾松、云南松等，但均不占优势。灌木层盖度约50%，在海拔2000~2800m处以小檗属、黄栌属等植物为主，在海拔3000m左右灌木层主要以杜鹃属植物占优势。草本层的盖度20%~40%，个别乔木郁闭度较低或透光性好，或在群落边缘地带，草本层盖度可达70%左右，常见以禾本科植物为主，还有蕨类植物、天门冬、柴胡等。少数林层间植物有三叶木通等分布。

3. 温性针阔叶混交林

铁杉针阔叶混交林。

汶川县铁杉针阔叶混交林主要分布于卧龙镇的皮条河、正河与西河河谷及其各支沟海拔2200~

2700m的阴坡及狭窄谷地两侧谷坡。群落外貌暗绿色，林冠整齐，分层结构较明显。乔木层郁闭度0.7，具二亚层：第一亚层由铁杉组成，郁闭度约0.6，平均高23m，平均胸径36cm，最大胸径45cm；第二亚层主要由房县槭组成，郁闭度0.2，其次还有红桦、黄毛杜鹃等零星分布。灌木层高0.8～6m，盖度65%，以高3～5m的拐棍竹为优势，次为忍冬、桦叶荚蒾、杜鹃等植物。草本层高0.1～0.7m，盖度30%，以苔草和苔藓为优势，盖度25%；其次有裂叶千里光、糙苏、六叶葎、黄金凤等，盖度共10%。藤本植物相对较少。

铁杉的纹理细致、坚韧耐磨，是优良的建筑用材，因此，对铁杉的砍伐极为严重。群落遭到破坏后，速生的落叶阔叶树种侵入，与多种槭、桦等混交形成铁杉针阔叶混交林，在山地的垂直分布中时常构成一种植被带。铁杉针阔叶混交林为卧龙地区主要森林，从覆盖面积来看，仅次于冷杉林。

4. 暖性针叶林

(1) 暖性落叶针叶林。

汶川县暖性落叶针叶林以水杉为主，主要分布在水磨镇、漩口镇及三江镇较低海拔且雨水充足地区。

水杉林的水杉生长茂盛，植株高达10～30m，林内树种繁多，除水杉外，以杉木和落叶阔叶树为多，主要种类有杉木、枫香、茅栗、锥栗、漆树、野漆等。灌木层高0.5～1m，盖度约20%，主要有胡桃楸、忍冬等。草本层主要在林缘，盖度较小，仅占10%，以喜阴湿环境的蕨类和薹草等为主，苔藓较多。

(2) 暖性常绿针叶林。

汶川县暖性常绿针叶林主要有杉木、柏木以及岷江柏木，其中以杉木占主要优势，分布较广，主要分布在三江镇、水磨镇、漩口镇、映秀镇、绵虒镇、威州镇等海拔较低（600～1400m）地区。杉木是喜温凉湿润的树种。分布区年降水量较高，相对湿度较大。

杉木林群落外貌深绿色和褐绿色相间，种类组成复杂，层次不清。乔木层郁闭度0.6～0.8，与板栗、赤叶杨等落叶乔木混合生长。灌木层盖度约50%，以山茶、茶占优势，次为映山红、齿叶铁仔等。草本层盖度约40%，以里白占优势，次有金星蕨、蝴蝶花、狗脊蕨等。

岷江柏木主要分布在威州镇2000～3000m的干旱河谷地区。群落外貌深绿色，结构简单。乔木层只有岷江柏一种，郁闭度0.3～0.6，株高8～15m，分枝较矮。灌木层盖度10%～20%，以山蚂蝗、小檗、海桐、勾儿茶等占优势。草本层盖度30%～40%，主要以禾本科植物占优势，常见的还有一些蕨类植物。

4.2.3.2 阔叶林

1. 落叶阔叶林

(1) 典型落叶阔叶林。

汶川县典型落叶阔叶林主要由槭树、灯台树、栎、珙桐等组成，其中槭树、灯台树、栎面积最大。

槭树群落位于汶川县三江镇、卧龙镇、水磨镇、映秀镇等地。土壤为山地棕色森林土，土壤较厚，疏松湿润。群落外貌春夏绿色，入秋变黄，林冠较整齐，成层现象明显。乔木层高6～22m，总郁闭度0.8。以房县槭占优势，郁闭度0.65，平均18m，胸径11～18cm；次为疏花槭，高13～21m，胸径12～23cm，郁闭度0.2。灌木层1～3m，总盖度30%，以高1～2.5m的拐棍竹为优势，盖度为25%；伴生的还有冰川茶藨子、显脉荚蒾、唐古特忍冬、刺五加及房县槭的幼苗，盖度共10%。草本层高5～100cm，总盖度70%。以大叶冷水花为优势，盖度40%；其次有黄金凤、东方草莓和血满草，盖度共25%。另有六叶葎、山酢浆草、林地早熟禾、长距乌头、三褶脉紫菀等，盖度共 10%。

灯台树主要分布于水磨镇、三江镇、映秀镇海拔 2500~2600m 处。群落外貌深绿色，林冠较整齐，林内较简单。郁闭度 0.5~0.7，树高 10m 以下，胸径 7~18cm。灯台树林内最常见的伴生种是栓皮栎。灌木稀疏，盖度仅约 10%，主要种有马桑、胡枝子、映山红等。草本植物盖度极小，主要种类有白茅、芒、猪屎豆等。层外植物有菝葜、三叶木通。

栎林主要分布在耿达镇、卧龙镇海拔 300~2100m 处。具有乔木型、矮林型和灌丛型，除个别地段有高大的乔木外，一般多属萌生的幼年林。群落外貌黄绿色，林冠参差不齐，林内结构简单。郁闭度 0.4~0.8；树高及胸径则视人为干扰程度的不同而表现出明显差异。干扰严重的地区，栎树林多呈萌生的矮林状，甚至成为灌丛。矮林型的栎林，林木生长茂密，郁闭度 0.6~0.8，树高 5m 左右，最高不超过 8m，胸径均在 10cm 以内。人为干扰较轻的地段，栎林多属乔林型，郁闭度 0.4~0.6，树高 15m 左右，胸径 10~30cm，林中经常混生的树种有麻栎、袍栎等落叶栎类，一般地段常形成 0.1~0.2 的郁闭度。此外，纬度偏北的盆地北部边缘地区林中常有四照花、长穗鹅耳枥、化香树等落叶阔叶树和菱叶海桐等常绿阔叶树种。纬度偏南的受干湿季交替影响的川西南山地，栓皮栎林中出现的是滇青枫、元江栲、云南松、云南油杉等常绿针叶和阔叶树种。灌木稀疏，盖度 10%~30%，主要种类有映山红、盐肤木、笼子梢、铁仔、马桑、猫儿刺、西藏青荚叶、异叶花椒、胡枝子、南方六道木等。

珙桐林分布于卧龙镇与三江镇海拔 1550~2700m 地段，下接常绿阔叶与落叶阔叶混交林，上连铁杉针阔叶混交林。珙桐在海拔 1700m 以下常与樟科树种混交，形成常绿阔叶与落叶阔叶混交林；在海拔 1700m 以上常形成以珙桐为主的落叶阔叶混交林。

(2) 山地杨桦林。

汶川县山地杨桦林分布较广，以桦木、山杨、桤木为主。

桦木林主要以糙皮桦占主要优势，在汶川县分布较广，各乡镇海拔 2500~3600m 均有分布，但多局限于半阴半阳坡。群落外貌暗绿或黄绿色，林冠较整齐，郁闭度 0.4~0.6，树高 15~20m。海拔较高的糙皮桦林中常有云杉、麦吊云杉等针叶树种散生，海拔较低处常有铁杉、华山松等针叶树种以及槭、樱桃等落叶树混生。林下灌木较多，盖度可达 10%~20%，以花楸、杜鹃、悬钩子等属植物占主要优势。常见的灌木还有楤木、菝葜、峨眉蔷薇等。草本植物种类少，盖度在 30% 以下，主要种类有薹草、升麻、蟹甲草、川赤芍等。地被层的苔藓植物在海拔较高的地段发育较好。

山杨林主要垂直分布于威州镇海拔 2200~4000m 处。山杨是亚高山针叶林和针阔叶混交林的常见树种，具有速生、耐干寒和种子易传播的特性，对土壤的要求不太严格，当亚高山针叶林和针阔叶混交林被砍伐后，能迅速占领这些旷地而成林。但山杨寿命极短，环境荫蔽后，很快被其他树种代替，分布区所见的山杨林均为小块状分布。群落外貌浅绿色，林冠参差不齐，郁闭度 0.4~0.6。山杨为乔木层建群种，郁闭度约 0.4，树高 8~10m，最高 25m；胸径 15~20cm，最大 50cm。白桦、川滇高山栎能在不同海拔高度的山杨林中出现，是最常见的伴生树种，并能形成一定的郁闭度。川西云杉、丽江云杉、麦吊杉、高山松等常在高海拔不同地段的山杨林中出现，有的树高已超过山杨，并开始开花结实，繁衍后代。

桤木林主要见于水磨镇和漩口镇边缘山地，分布海拔最高 1500m 左右。桤木是一种喜光和喜湿的乔木树种，对土壤湿度要求较高，在水分充足的环境条件下生长发育得最好，故桤木林多见于河流两岸、河滩、田边及地势平坦的地段。桤木种植容易，生长迅速，树干通直，群众乐于栽种，因而多为人工林。群落外貌深绿色，群落结构比较简单。以桤木为单优势种的纯林，生长茂密，100m² 内可达 30 余株，郁闭度约 0.6，高 12~15m，胸径 10~20cm。除小片纯林外，江河、溪沟边，桤木常与枫杨混生，桤木郁闭度仅 0.3 左右，枫杨林形成 0.2 左右的郁闭度。桤木林常受人类生产活动的影响，林下灌木极少，仅盆地边缘山地，林下有少许喜阴湿的悬钩子属、蔷薇属、荚蒾属、忍冬属等灌木生长。

(3) 河岸落叶阔叶林。

汶川县河岸落叶阔叶林主要有枫杨、樱桃、李、核桃、枇杷等，其中主要以枫杨占主要优势。

枫杨林主要分布于卧龙镇、耿达镇、绵虒镇海拔 1800～2600m 的山腰阶地和缓坡，多呈块状分布。群落外貌春夏绿色，林冠较整齐，成层现象不明显。乔木层高 5～13m，总郁闭度 0.5，以华西枫杨占优势，郁闭度 0.3，高 8～13m，胸径 13～25cm；其他还有西南樱桃、领春木等，郁闭度 0.2。灌木层高 1～5m，总盖度 60%，以高 1.2～1.8m 的短锥玉山竹占优势，盖度 40%；伴生的还有卵叶钓樟、鸡骨柴、多鳞杜鹃等，高 1.5～5m，盖度 20%。草本层高 4～60cm，总盖度 25%，以蹄盖蕨占优势，盖度 15%；其他还有紫菀、蟹甲草、艾蒿、林地早熟禾、独活、窃衣、打碗花等，盖度 10%。

樱桃、李由于其特殊经济价值，广泛分布在汶川县内，受人为干扰因素较强。野生李林较少，个别群落高度可达 9～10m，人工李林群落高度最高仅达 5m，群落盖度较高，草本层植物稀疏。除李外，汶川县还少量分布着枇杷、杏、枣等的其他经济林。

2. 常绿阔叶与落叶阔叶混交林

(1) 落叶阔叶与常绿阔叶混交林。

川钓樟与野核桃混交林主要分布于映秀镇海拔 1400～2000m 的山麓坡地。由于人为砍伐，林内阳光充足，落叶树种生长发育快，而形成常绿阔叶与落叶阔叶混交林。群落外貌灰绿色，林冠较整齐，成层现象较明显。乔木层高 7～10m，总郁闭度为 0.8，以川钓樟为优势种，郁闭度 0.4，平均高 8m，胸径 5～6cm；野核桃为次优势种，郁闭度 0.3，平均高 10m，胸径 6～8cm。常见的还有青冈、石栎等常绿阔叶林树种，针叶树种油松也常在群落中散生。林内较阴湿，土质较厚。枯枝落叶层分解较好，覆盖率高。

桂花与槭树混交林主要分布在三江镇海拔 2000m 的山坡上部。坡向北坡，坡度 45°。群落外貌深绿色与绿色参差，林冠较为整齐，成层现象明显。乔木层高 10～20m，总郁闭度 0.45，以野桂花和槭树占优势，郁闭度 0.3，高 5～11m，胸径 10～20cm。土壤为山地黄棕壤，土层较薄，岩石露头较多，林内较为干燥。枯枝落叶层分解较差，覆盖率较高。灌木层高 0.2～3m，总盖度 80%。野樱桃、以及蔷薇属的多种植物，盖度 30%。草本层高 5～70cm，总盖度 30%，以贯众、细辛、铁破锣和酢浆草等占优势，盖度 20%；另有薹草、兔耳风、鳞毛蕨、楼梯草、万寿竹、沿阶草等，盖度共 10%。

(2) 山地常绿阔叶与落叶阔叶混交林。

该植被亚型主要分布于耿达镇。土壤为山地黄壤，土层较薄，土质疏松。枯枝落叶层 2～4cm，分解良好，腐殖质层深厚，枯枝落叶层覆盖率达 90%。群落外貌浓绿色，林冠较整齐，呈波浪状，成层现象明显。乔木层总郁闭度 0.9，高 5～25m，以石栎、糙皮桦占优势，高 18～25m，胸径 18～30cm，郁闭度 0.4；其他还有曼青冈、千筋树、扇叶槭、珂楠树、巫山新木姜子、润楠、茶条果等，郁闭度共 0.25。灌木层总盖度 60%，高 1.5～6m，以短柱柃占优势，盖度 25%；次有杜鹃、毛叶吊钟花、南烛、宝兴梅子等，盖度共 10%；另有银叶杜鹃、黄花杜鹃、云南冬青、猫儿刺、天全钓樟，盖度共 13%，并伴生有细叶青冈、全包石栎、曼青冈等植物的幼苗，林木更新较为良好。草本层总盖度 20%，高 1.5～60cm，以高 40cm 的建兰为优势，盖度 18%左右；次为镰叶瘤足蕨、倒叶瘤足蕨等蕨类，盖度 4%；另有狭叶虾脊兰、小鳞苔草、沿阶草等，盖度共为 2%。层外植物极少。

(3) 石灰岩常绿阔叶与落叶阔叶混交林。

青冈与槭树林主要分布在汶川县南部卧龙镇、三江镇、水磨镇等海拔 1500～2500m 处，常绿阔叶树以青冈属为主，并常见石栎等。土壤山地黄棕壤，落叶阔叶树种类复杂，一般以槭属为主并伴生枫香属、水青冈属、盐麸木属、漆属及槭属等树种。

群落结构简单，通常可以分为乔木层、灌木层、草本层三个层次。乔木层总郁闭度约0.8，乔木层一般高10～15m，以常绿的青冈和落叶的槭树占优势，其他常绿树种有樟属、楠属、椋木、灯台树、黄连木、泡花树等。灌木层一般高4～6m，盖度不大，有时仅10%～20%，组成种类复杂，但植株数量不多，常见的有山胡椒、鼠李、十大功劳、荚蒾、绣线菊等。草本层主要优势种为薹草属，还有麦冬、苫草、淡竹叶、贯众、蜈蚣蕨等。

3. 常绿阔叶林

典型常绿阔叶林。

汶川县典型常绿阔叶林分布较广，除卧龙镇、耿达镇等高海拔区域外，其余地区均有分布。以青冈、楠木、石栎等为优势种，其中青冈、楠木所占面积最大。

青冈林主要分布在汶川县西部，三江镇、水磨镇、绵虒镇分布较多且广，主要生于海拔1500～2000m的山脊和山顶坡地。常呈散状分布。土壤为山地黄壤，土层较薄，土质疏松。枯枝落叶层2～4cm，分解良好，腐殖质层深厚，枯枝落叶层覆盖率达90%。群落外貌浓绿色，林冠较为整齐，呈波浪状，成层现象明显。乔木层郁闭度0.4～0.5，高17～24m，胸径20～35cm，覆盖度35%，其他还有槭树、楠树、木姜子、润楠等混合生长。灌木层总盖度60%，以短柱柃占优势，次有杜鹃、栒子等。草本层总盖度20%，有蕨类、狭叶虾脊兰、薹草、沿阶草等。

楠木林主要分布在汶川县南部水磨镇、漩口镇等海拔1200～2200m处。土壤为山地黄壤，土层较厚，疏松湿润，枯枝落叶层分解较良好，覆盖率达85%。群落外貌浓绿色，林冠较整齐，成层现象较明显。乔木层高10～28m，总郁闭度0.6～0.85，可分为两个亚层：第一亚层以山楠为优势种，郁闭度0.65，高18～28m，胸径45～80cm；次有青冈、石栎和五裂槭等，胸径20～60cm，高18～25m，郁闭度共0.2。第二亚层高10～16m，郁闭度0.35，主要有桦树、领春木、岩桑、山矾等。灌木层高3～8m，总盖度75%左右，常见云南冬青、棣棠、荚蒾等。草本层高4～40cm，总盖度5%，以楼梯草为优势种，还有粗齿冷水花、香附子、六叶葎、虎耳草、积雪草、革叶耳蕨等伴生。层外植物较为丰富，常见常春藤、崖爬藤、菝葜、川赤瓟等藤本植物。

4. 竹林

（1）暖性竹林。

汶川县暖性竹林以慈竹、方竹、白夹竹和斑竹为主，各乡镇均有分布。

慈竹又名甜慈、酒米慈和钓鱼慈。主要分布在漩口镇、水磨镇海拔1000m以下区域。慈竹适生于湿润肥沃、排水良好的中性和微酸性土壤，故各类土壤只要深厚，排水良好，皆能正常生长。但以山边崖脚、沟谷、宅旁疏松肥土生长最好。慈竹林多为人工栽培。结构单纯，林相整齐。竹林高5～12m，径粗4～7cm，经人工管理的竹林的林下灌木和草本植物较少。但在粗放经营情况下，竹林中常混生有阔叶树和针叶树，主要种类有八角枫、黄连木、润楠、枫香、栎和杉木、柏木等。林下灌木层主要种类有盐麸木、白栎、映山红和荚蒾等。草本植物以鸢尾、蕨类等为主。

方竹主要分布在水磨镇、漩口镇海拔1800m以下区域，多为灌木状小茎竹。方竹秆高2～8m，径粗1～4cm，呈钝圆角四棱形，中空，秆壁较厚，但质地脆弱。方竹要求比较温凉湿润的气候条件，与常绿阔叶林混交分布，也可以成为大面积的纯林，覆盖度甚至可达到90%，方竹林常为常绿阔叶林破坏后形成，常有烤树、木荷、杉木等树种残存。林下灌木种类不多，常见的有柃木等。

白夹竹主要分布在漩口镇海拔1500m以下的低山、丘陵，以人工栽种为主。野生白夹竹高1～3m，径粗1～2cm。常绿阔叶林破坏后，经人工经营或栽培的白夹竹秆高6～13m，径粗3～4cm。竹林中常残留润楠、香樟、化香、刺楸、领春木、山胡椒、油茶等。竹林郁闭度一般为0.4～0.9，覆盖度60%，以白夹竹占优势，有时也混生水竹和方竹。

斑竹林主要分布于汶川县的绵虒镇，其余地区少有分布，生于海拔800m以下的低山土层深厚、肥沃、排水良好处。斑竹林多为人工栽培的竹林。竹林外貌不整齐，植株高一般为8~15m，径粗3~10cm，秆通直，覆盖度70%，适应性较强，生长快。但斑竹易于开花而枯死，故需要加强管理。

（2）温性竹林。

箭竹主要分布在映秀镇、漩口镇、三江镇周边地区，箭竹属于亚高山矮林型，常出现在海拔2000m以上的山坡或山顶上。箭竹林为天然生的纯林，林冠整齐，株高1~3m，径粗0.5~1cm，1m²内有70多株，生长茂盛。覆盖度70%，群落除成片纯林分布外，在稀疏的地段常有冷杉、水青冈等乔木树种混生，形成稀疏的乔木层，或与山地草丛相间分布。除箭竹林普遍分布外，还有冷箭竹、大箭竹、疏花箭林分布。

4.2.3.3 灌丛和灌草丛

1. 常绿针叶灌丛

汶川县高山柏灌丛主要分布在霸州镇周边高山地区，一般在海拔2000~3500m处，盖度10%，株高1.2m左右，此灌丛多出现于石灰岩山地的顶部，土壤石质化，伴生种类较少，伴生灌木有平枝栒子、金花小檗、木蓝、溲疏等。草本稀少，有忍冬、羊茅等。

2. 常绿革叶灌丛

汶川县常绿革叶灌丛主要以杜鹃、亮叶忍冬占主要优势。

杜鹃灌丛主要生于海拔3000~3600m地带，广泛分布于卧龙镇、耿达镇，一般与岷江冷杉构成优势灌木层片，主要种类为小叶杜鹃、大叶金顶杜鹃、青海杜鹃、紫丁杜鹃等，杜鹃种类丰富，是卧龙镇和耿达镇两个地区分布最多的灌丛之一，仅在人为影响强烈的局部地区才会有小片杜鹃灌丛出现。群落外貌绿褐色点缀绿色斑块，丛冠参差不齐，群落高度约4m，灌木层盖度80%~90%。以杜鹃为优势种，盖度50%，另有忍冬、陕甘花楸、心叶荚蒾、峨眉蔷薇、鲜黄小檗、柳等。草本层盖度20%左右，具一定盖度的种有千里光、四叶葎、山酢浆草，次为紫花碎米荠、橐吾、薹草、唐松草、露珠草等。

亮叶忍冬灌丛在四川北部至西南部分布，汶川县见于卧龙镇核桃平沟、耿达镇正河沟、三江保护站、卧龙镇英雄沟等周边山区，生于海拔1700~3200m的针阔叶混交林、针叶林、山谷灌丛、山中溪沟边灌丛、河谷灌丛、马路边、坡上、山谷林中。群落花期4—6月，果熟期9—10月。盖度40%，草本层盖度50%左右，其组成种类随海拔升高而有明显差异。在分布区下缘，优势种有蟹甲草、青茅等，次为毛蕊老鹳草、马先蒿、鬼灯擎、蒲公英等。

3. 落叶阔叶灌丛

（1）高寒落叶阔叶灌丛。

高山柳灌丛在汶川多分布与威州、霸州、绵虒等地，生长在海拔2500~4000m的地区，一般生于高寒山坡。构成简单，明显氛围灌木禾草本两层，群落外貌夏季呈绿色，丛冠参差不齐。灌丛总盖度一般较大，为50%，最高达70%。其盖度与植株高度，随生境不同而有差异。

（2）温性落叶阔叶灌丛。

温性落叶阔叶灌丛主要以悬钩子、鲜黄小檗、蔷薇、沙棘占主要优势。

悬钩子灌丛分布广泛，在各大沟系谷地的林缘、路旁均见分布。常与常绿阔叶灌丛、马桑灌丛或农耕地交错分布，多呈小块出现，分布海拔1400~2000m。土壤为山地黄壤或山地黄棕壤，湿润，除母岩岩屑外，一般无碳酸盐反应。群落外貌夏季深绿色，结构与种类组成随不同生境而变化。处于山涧两侧的悬钩子灌丛，植丛特别密集，盖度90%以上，丛下阴湿，其他灌木少见，草本层一般不发育。位于低海拔山麓的悬钩子灌丛，灌木层盖度可达90%以上，且灌木种类复杂，优势种不明显，一般悬钩子的盖度在30%左右，平均高3m，在局部地段腊莲绣球、小泡花树、少花荚蒾等也可成为优势种，此外勾儿茶、栒子、忍冬、木姜子、川溲疏等也常见。草本种类多，盖度通常在40%以下，优势成分有粗齿冷水花、东方草莓、深圆齿堇菜、打破碗花花，次为显苞过路黄、凤丫蕨、翠云草、六叶葎、紫菀、吉祥草、沿阶草、薹草等。藤本植物多见华中五味子、山柳等。

鲜黄小檗灌丛是一种常绿灌木，属于小檗科植物。通常生长在山地灌丛、林缘或山坡上，分布在汶川县水磨镇、耿达镇、卧龙镇等地。鲜黄小檗灌丛主要分布在海拔2400～2600m处，但以鲜黄小檗为优势种的灌丛则分布星散，群落外貌绿色，丛冠参差不齐，结构零乱，灌木层盖度50%～80%，以鲜黄小檗为优势种，还有沙棘、水柏枝、牛奶子、大叶醉鱼草等。草本层盖度约30%，以野蒿、双舌蟹甲草为优势种，次为东方草莓、龙牙草、旋叶香青、柔毛水杨梅等。

蔷薇灌丛主要位于卧龙镇，生于海拔2500～3400m的针叶林、山顶针叶林阴湿地、亚高山灌丛。以峨眉蔷薇占优势，但在许多情况下，也可与其他灌木组成共建种。群落中较常见的灌木有柳、绣线菊、忍冬秦岭蔷薇、陕甘花楸等。灌丛的出现，大多为桦林和破坏后植被恢复演替的灌木阶段，但往往在古"冰蚀U形谷"中由于水分条件较优，常为原生演替的灌木阶段。峨眉蔷薇灌丛进一步发展，多被桦树林所演替，此时峨眉蔷薇常分别与陕甘花楸、忍冬组成桦林下的灌木层优势种。

沙棘灌丛多分布于卧龙镇海拔1600～1800m地段，多为常绿、落叶阔叶林或针叶林、针阔混交林的林缘伴生成分。土壤多为千枚岩、页岩、板岩和灰岩等坡积物的山地棕壤，或为砾石、砂砾等河滩堆积物形成的冲积土，一般中下土层有明显的碳酸盐反应。群落外貌有明显的季节变化，春末嫩绿，夏秋灰绿，至严冬树叶脱落后，则在灰褐色的枝杈背景上衬以橙黄色的累累小果，丛冠整齐或欠整齐，结构明显。灌木层盖度50%～90%，常因群落发育年龄与生境条件差异以及人为影响等条件不同而有差异。优势种沙棘的盖度在70%以上，高4～5m，最高可达7m，伴生灌木主要有刚毛忍冬、长叶柳、大叶醉鱼草等。草本层盖度40%～80%，常以蟹甲草占优势，盖度达30%～50%，次为荚果蕨、猪毛蒿、东方草莓、蕺菜、矛叶荩草、问荆等。藤本植物不繁茂，但种类较多，有绞股蓝、茜草、南蛇藤、狗枣猕猴桃、白木通等。

（3）暖性落叶阔叶灌丛。

汶川县暖性落叶阔叶灌丛有白刺花、灌状栎、黄栌、马桑、盐肤木、黄荆、黄芦木、木姜子等优势种群，其中以白刺花、灌状栎、黄栌、马桑占比面积较大。

白刺花灌丛分布幅度较广，主要分布在汶川县水磨镇、映秀镇、三江镇、耿达镇等地，海拔900～2000m，株高2m左右，灌木丛盖度40%，伴生灌木以溲疏、土庄绣线菊、香茶菜、头花香薷、锥蚂蟥为主，草本盖度35%，主要为兰香草、苋草、白草等。

灌状栎灌丛以白栎、短柄枹栎为主，灌丛主要分布于汶川县西南方向，海拔400～1500m。土壤为酸性黄壤、紫色土和部分钙质紫色土。群落外貌夏季是绿色，丛冠参整不齐。白栎、短柄枹栎的萌生能力较强，虽然经常受到人类的强烈干扰，萌生枝仅在2m左右，但能保持较大的盖度，常达60%以上。草本层植物生长稀疏，盖度多在20%以下。白栎、短柄枹栎灌丛内常散生有杉木等针叶树种，一些地段还可见上述针叶树的幼苗，若能加以保护，可演变为针叶林。

黄栌灌丛基本全部分布于汶川县绵虒镇、威州镇、霸州镇等地，生于海拔1100～2850m的山地灌丛、沟谷、林缘或岩石旁。喜温凉湿润气候，耐寒性强，较耐干旱瘠薄，忌积水涝洼，对土壤要求不严，但以肥沃且排水良好的沙壤土生长最好，萌芽力强，也耐修剪，灌丛所在地的生境条件较差，土壤比较贫瘠干燥，地表常有裸露地面，是一种此生植被。一般高2m左右，个别可高达4m，群落覆盖度40%。伴生灌木有胡枝子、连翘、粉花绣线菊、溲疏等，草本层比较稀疏，常见的草本植物有蒿、委陵菜、山棉花、桔梗、薹草等。

马桑灌丛主要生于卧龙镇海拔1120~2000m的溪沟两岸以及山坡和坡麓等地段，呈零星小块状间断分布。常与川莓灌丛、秋华柳灌丛或农耕地镶嵌分布。土壤主要山地黄壤、山地黄棕壤，或为多种冲积母岩基质发育的冲积土。土层一般厚薄不均，除表土层外，以下各层均有明显的碳酸盐反应。群落夏季外貌绿色，丛生呈团状，丛冠参差不齐。盖度60%~80%，高1~5m，最高达7m，常可分为二亚层。第一亚层平均高2~5m，马桑占优势，盖度40%左右，其伴生灌木主要有牛奶子、薄叶鼠李、蔷薇、烟管荚蒾等；第二亚层高2m以下，常有黄荆、盐麸木、大叶醉鱼草等，局部地段可见沙棘。草本植物繁茂，盖度70%左右，高低悬殊较大。主要优势种有荚果蕨、掌裂蟹甲草、蕺菜、东方草莓、蛇莓、沿阶草、透茎冷水花、薹草等。零星分布的有六叶葎、鬼灯擎、广布野豌豆、紫菀、楼梯草、马先蒿、天南星和木贼等，禾本草类少，仅于局部有鸭茅、鹅观草等出现。

4. 常绿阔叶灌丛

典型常绿阔叶灌丛。

十大功劳灌丛在汶川县生长于海拔800~2200m的阔叶林、竹林、杉木林及混交林的林缘，以及草坡、溪边、路旁或灌丛中和较阴湿处。广泛分布于汶川县三江镇、映秀镇、水磨镇、卧龙镇等地，株高1.2m左右，喜温暖、湿润的气候，具有较强的抗寒能力，不耐暑热，比较抗干旱，喜排水良好的酸性腐殖土，极不耐碱，怕水涝。

4.2.3.4 草甸

1. 典型草甸

杂类草草甸。

汶川县杂类草草甸分布在海拔2800~3900m的开阔向阳的山腰、丘顶、宽敞的沟尾等地段，常处于亚高山杂类草草甸的上缘。在海拔3200m以上土层深厚肥沃的平缓半阳坡，糙野青茅草甸可出现面积稍大的群落；海拔3200m以下的地带，多呈零星小块状出现于林间或林缘。除糙野青茅为主要优势种外，平缓半阳坡地段的群落中钝裂银莲花、空茎驴蹄草、连翘叶黄芩、藜芦、箭叶橐吾等也常形成一定优势。此外常见的植物还有轮叶黄精、全缘绿绒蒿、轮叶景天、曲花紫堇、珠芽蓼、长叶风毛菊、轮叶马先蒿等。分布于林间空地及林缘群落中的其他优势植物有鬼灯擎、蛛毛蟹甲草、独活、苔草、长籽柳叶菜等。常见的还有云南金莲花、异伞棱子芹、长葶鸢尾、草玉梅、扭盔马先蒿等。

2. 高寒草甸

（1）丛生禾草高寒草甸。

丛生禾草高寒草甸是由中生的多年生禾草型草本植物构成建群层片的草甸群落。主要分布于海拔3600~4000m的阳坡和半阳坡，一般坡度在30°以上。汶川县主要以羊茅草甸常见。

羊茅草甸的草群生长较密集，草层总盖度约90%，高约30cm。羊茅的盖度通常在30%以上。群落中禾本科植物种类较多，常见有草地早熟禾、紫羊茅、鹅冠草、川滇剪股颖、光柄野青茅等，它们与羊茅共同组成群落的禾草层片。可形成一定优势的杂类草有珠芽蓼、圆穗蓼、乳白香青、长叶火绒草、异叶米口袋等，常见种类是淡黄香青、禾叶风毛菊、红花绿绒蒿、矮柱梅花草、高山唐松草、银叶委陵菜等。

（2）嵩草高寒草甸。

嵩草高寒草甸是以适应低温的中生多年生莎草科丛生草本植物为主的植物群落。保护区的莎草草甸是由莎草科嵩草属植物组成，嵩草属植物在区内分布有矮生嵩草、四川嵩草、甘肃嵩草等，除矮生嵩草能形成优势、组成群落外，其他嵩草多为零星生长。

该草甸在保护区分布的海拔较高，为 3800~4400m，多在土层较厚的阳坡缓坡、山顶呈块状出现，在海拔 4200m 以上的山坡凹槽处，矮生嵩草草甸常镶嵌于高山流石滩植被中。

（3）杂类草高寒草甸。

以杂类草型草本植物组成的高山杂类草草甸在保护区主要有珠芽蓼、圆穗蓼草甸，以及淡黄香青、长叶火绒草草甸。

珠芽蓼、圆穗蓼草甸分布于海拔 3500~4400m 向阳的缓坡、台地。土壤主要为高山草甸土，土层较薄。上段常同矮生嵩草草甸或高山流石滩植被交错出现。

淡黄香青、长叶火绒草草甸分布于海拔 3500~4200m 向阳的缓坡、台地，常见于较干燥的山坡，呈零星小块分布。群落以淡黄香青和长叶火绒草为优势种，次为乳白香青、戟叶火绒草、羊茅等种类，常见植物还有珠芽蓼、圆穗蓼、草玉梅、圆叶筋骨草、独一味、鳞叶龙胆、东俄洛橐吾、羽裂风毛菊、丽江紫菀、甘青老鹳草、狭盔马先蒿、多齿马先蒿、长果婆婆纳、狼毒等。

3. 沼泽化草甸

苔草沼泽化草甸。

苔草沼泽化草甸在海拔 2800~3500m 河漫滩、山麓泉水溢流处零星出现。群落外貌茂密，整齐，色调单一。总盖度 90%~100%，草层高 0.5m，以苔草为优势种，盖度常在 70% 左右。如环境偏阴则以粗根苔草为主，多砾石河滩则紫鳞薹草居优势，地势向阳则苇状苔草优势度增大，并有黄帚橐吾共为优势组成群落。除优势种苔草外，问荆、葱状灯芯草、野灯芯草、黄帚橐吾尚可在群落中形成优势，部分地段问荆常形成小群聚，群落中常见的植物还有灯芯草、珠芽蓼、多叶碎米荠、毛茛状金莲花、花葶驴蹄草、发草、窄萼凤仙花、垂穗披碱草等。

4.2.3.3 高山稀疏植被

高山流石滩稀疏植被。

风毛菊、红景天、虎耳草稀疏植被分布于海拔 4600m 左右的巴郎山顶，坡向西南坡，坡度 25°左右。堆积岩主要为片麻岩与石灰岩。岩隙之间的土层厚约 10cm；7cm 以上多碎石。草群低矮，一般均在 10cm 以下，盖度小于 10%，多沿石隙和石缝呈小聚群出现，分布极不均匀。常见种主要是风毛菊属的粘毛风毛菊、褐花风毛菊、鼠麹风毛菊，虎耳草属的山地虎耳草、狭瓣虎耳草、甘青虎耳草、黑心虎耳草等，红景天属主要有长鞭红景天、红景天等。常见的植物还有多刺绿绒蒿、红花绿绒蒿、暗绿紫堇、高河菜、垫状点地梅、绵参、具毛无心菜等。高山流石滩植被下缘地带，常渗入高山草甸成分，如羊茅、矮生嵩草、苔草、葱、黄帚橐吾、垫状女娄菜等。局部缓坡洼地，雪茶等地衣植物常形成小群聚。

4.3 陆生哺乳类

4.3.1 物种组成

根据野外实地调查数据，并结合红外相机监测资料、历史调查资料和相关文献资料，按照《四川兽类志》（刘少英等，2023）的分类体系，汶川县范围内已知哺乳类有 7 目 26 科 126 种。其中调查发现 52 种（包括红外相机监测），资料记录 74 种。

在目级水平上，物种数最多的是啮齿目，有 37 种，占全部物种的 29.37%；其次是食肉目，有 27 种，占全部物种的 21.43%；劳亚食虫目和翼手目各 20 种，各占全部物种的 15.87%；兔形目和灵长目种类最少，分别有 6 种和 3 种。在科级水平上，物种数最多的是鼠科，有 15 种；其次是鼩鼱科，有 14 种；蝙蝠科有 12 种；其余科不足 10 种。

汶川县哺乳类目、科、种数及其百分比见表 4.3-1。

表 4.3-1　汶川县哺乳类目、科、种数及其百分比

目	科数	占总科数比例（%）	物种数	占总种数比例（%）
劳亚食虫目	3	11.54	20	15.87
翼手目	4	15.38	20	15.87
食肉目	6	23.08	27	21.43
鲸偶蹄目	4	15.38	13	10.32
啮齿目	7	26.92	37	29.37
兔形目	1	3.85	6	4.76
灵长目	1	3.85	3	2.38
合计	26	100.00	126	100.00

参考《四川兽类志》（刘少英等，2023）中属级以上高级分类阶元的调整、去掉不分布于四川的物种、种降级为亚种或者同物异名后删除的物种、亚种提升为种、重新订正或分类地位调整后种名变更等描述，本次名录整理过程中，针对汶川县境内卧龙自然保护区和草坡自然保护区科考报告中提及的部分物种进行了删除和更新，其中，小长尾鼩（又称云南缺齿鼩）、姬鼩鼱、云豹已确定在四川无分布，本次已将其删除；大长尾鼩鼱、白颊髯鼠、小林姬鼠、中国伏翼无相对应的物种，本次物种名录也未将其纳入；原科考报告中的褐腹长尾鼩鼱更名为灰腹长尾鼩，马铁菊头蝠更名为日本马铁菊头蝠，大菊头蝠更名为北绒大菊头蝠，大耳蝠更名为灰长耳蝠，西南绒鼠更名为康定绒鼠，根田鼠更名为柴达木根田鼠，长尾姬鼠更名为中华姬鼠，黄河鼠兔更名为秦岭鼠兔，须鼠耳蝠更名为宝兴宽吻蝠。

本次哺乳动物名录新增锦矗管鼻蝠和金毛管鼻蝠。

1. 锦矗管鼻蝠 *Murina jinchui*

2014 年，余文华等在四川卧龙进行翼手目资源调查中，采获了数只管鼻蝠属蝙蝠标本，基于外形和头骨特征形态测量，以及线粒体与核基因标记的系统发育学分析显示，该物种为尚未描述的新物种，将其命名为锦矗管鼻蝠。目前该物种仅发现于模式标本产地四川卧龙自然保护区。2020 年该新种发表于 *Zoological Research*。

2. 金毛管鼻蝠 *Murina chrysochaetes*

金毛管鼻蝠为 Eger 和 Lim（2011）利用广西底定标本命名的新种，其模式标本采集于广西与越南交界附近的高山，在我国其他地区尚无相关记录。2013—2014 年，钟韦凌等在广东南岭、云南哀牢山和四川卧龙进行翼手目多样性调查时采集到 11 只管鼻蝠，根据外形和头骨形态特征及线粒体细胞色素氧化酶亚基 I（COI）基因的系统发育分析结果，将其鉴定为金毛管鼻蝠，为广东、云南和四川 3 省翼手目分布新纪录。2021 年该成果发表于《四川动物》期刊。

4.3.2　区系分析

参照《中国动物地理》（张祖荣，2011），区域内 126 种哺乳类中，属于东洋界的物种共 87 种，占总种数的 69.05%；属于古北界的物种共 31 种，占总种数的 24.60%；属于广布种的种类共 8

种，占总种数的 6.35%。县域内哺乳动物区系组成特点是东洋界和古北界哺乳类相互渗透，但以东洋界为主。这一特征也符合张祖荣（2011）在中国的动物地理区划中的划分。

县域哺乳动物分布型统计结果见表 4.3-2，区内哺乳类分布型以东洋型（W）、喜马拉雅—横断山区型（H）和南中国型（S）为主，占比超过区域哺乳动物的 50%。汶川县处于东洋界和古北界的分界线上，但喜马拉雅—横段山区型种类特别多，东洋界种类占优势。东洋型种类多说明区内的热量条件较好，这与山系的走向是密切相关的。区内的河谷多呈南北走向，沿岷江河谷而上的东南季风可以沿汶川县的河谷上行到达汶川县境内，因此，许多喜温热的动物得以在汶川县境内找到合适的栖息地。

表 4.3-2　汶川县哺乳类地理区系与分布型

区系	物种数	比例（%）	分布型	物种数	比例（%）
东洋界	87	69.05	东洋型（W）	35	27.78
			喜马拉雅—横断山区型（H）	33	26.19
			南中国型（S）	19	15.08
古北界	31	24.60	古北型（U）	9	7.14
			华北型（B）	1	0.79
			东北—华北型（X）	1	0.79
			季风区型（E）	5	3.97
			中亚型（D）	2	1.59
			高地型（P）	9	7.14
			全北型（C）	4	3.17
广布种	8	6.35	不易归类的分布（O）	8	6.35
合计	126	100		126	100

4.3.3　重点保护物种

根据 2021 年发布的《国家重点保护野生动物名录》，统计出区域内有国家重点保护野生动物哺乳类 33 种（表 4.3-3）。其中国家一级保护野生动物哺乳类有 13 种，分别为川金丝猴 *Rhinopithecus roxellana*、豺 *Cuon alpinus*、大熊猫 *Ailuropoda melanoleuca*、大灵猫 *Viverra zibetha*、小灵猫 *Viverricula indica*、金猫 *Catopuma temmincki*、豹 *Panthera pardus*、雪豹 *Panthera uncia*、林麝 *Moschus berezovskii*、马麝 *Moschus chrysogaster*、白唇鹿 *Przewalskium albirostris*、扭角羚 *Budorcas taxicolor* 和西藏马鹿 *Cervus wallichii*；国家二级保护野生动物哺乳类有 20 种，包括猕猴 *Macaca mulatta*、藏酋猴 *Macaca thibetana*、狼 *Canis lupus*、赤狐 *Vulpes vulpes*、藏狐 *Vulpes ferrilata*、貉 *Nyctereutes procyonoides*、黑熊 *Ursus thibetanus*、中华小熊猫 *Ailurus fulgens*、石貂 *Martes foina*、黄喉貂 *Martes flavigula*、欧亚水獭 *Lutra lutra*、斑林狸 *Prionodon paricolor*、兔狲 *Otocolobus manul*、豹猫 *Prionailurus bengalensis*、猞猁 *Lynx lynx*、毛冠鹿 *Elaphodus cephalophus*、水鹿 *Rusa unicolor*、中华斑羚 *Naemorhedus griseus*、中华鬣羚 *Capricornis milneedwardsii* 和岩羊 *Pseudois nayaur*。

表 4.3-3 汶川县国家重点保护野生动物哺乳类

科名	种中文名	种拉丁文名	保护级别
猴科	川金丝猴	*Rhinopithecus roxellana*	I
犬科	豺	*Cuon alpinus*	I
熊科	大熊猫	*Ailuropoda melanoleuca*	I
灵猫科	大灵猫	*Viverra zibetha*	I
灵猫科	小灵猫	*Viverricula indica*	I
猫科	金猫	*Catopuma temminckii*	I
猫科	豹	*Panthera pardus*	I
猫科	雪豹	*Panthera uncia*	I
麝科	林麝	*Moschus berezovskii*	I
麝科	马麝	*Moschus chrysogaster*	I
鹿科	白唇鹿	*Przewalskium albirostris*	I
牛科	扭角羚	*Budorcas taxicolor*	I
鹿科	西藏马鹿	*Cervus wallichii*	I
猴科	猕猴	*Macaca mulatta*	II
猴科	藏酋猴	*Macaca thibetana*	II
犬科	狼	*Canis lupus*	II
犬科	赤狐	*Vulpes vulpes*	II
犬科	藏狐	*Vulpes ferrilata*	II
犬科	貉	*Nyctereutes procyonoides*	II
熊科	黑熊	*Ursus thibetanus*	II
小熊猫科	中华小熊猫	*Ailurus fulgens*	II
鼬科	石貂	*Martes foina*	II
鼬科	黄喉貂	*Martes flavigula*	II
鼬科	欧亚水獭	*Lutra lutra*	II
灵猫科	斑林狸	*Prionodon pardicolor*	II
猫科	兔狲	*Otocolobus manul*	II
猫科	豹猫	*Prionailurus bengalensis*	II
猫科	猞猁	*Lynx lynx*	II
鹿科	毛冠鹿	*Elaphodus cephalophus*	II
鹿科	水鹿	*Rusa unicolor*	II
牛科	中华斑羚	*Naemorhedus griseus*	II
牛科	中华鬣羚	*Capricornis milneedwardsii*	II

续表

科名	种中文名	种拉丁文名	保护级别
牛科	岩羊	*Pseudois nayaur*	Ⅱ

部分重点保护野生兽类描述如下。

1. 大熊猫 *Ailuropoda melanoleuca*

别名大猫熊、花熊、竹熊等。体型似熊，但头圆尾短，体胖，腿粗壮有力，头部和身体毛色黑白相间。繁殖期春季，孕期80～160天，每产1～2仔。我国特有，分布在四川、陕西、甘肃海拔1400～3500m的落叶阔叶林、针阔混交林和亚高山针叶林带的山地竹林内，以竹叶、竹笋、竹秆等为食，偶食小动物、鸟卵。

卧龙国家级自然保护区和草坡自然保护区内有分布。

2. 雪豹 *Panthera uncia*

别名草豹、艾叶豹、荷叶豹。体长100～130cm，尾长近100cm，体重约50kg。全身灰白色，具不规则的黑环或黑斑，尾粗而长，具蓬松浓密的毛。繁殖期2—3月，孕期93～110天，每胎2～4仔，2～3岁性成熟，寿命约20年。分布在四川、西藏、青海、新疆等地，栖居于海拔2700～6000m的高原裸岩、高山草甸及高山灌丛地带，以山羊、岩羊、斑羚、鹿等为食，兼食黄鼠、野兔等小型动物。

本次调查布设在汶川县耿达镇七层楼（小地名）海拔1540m的红外相机拍摄到了雪豹活动影像，如图4.3－1所示。

图4.3－1 红外相机拍摄到的雪豹

3. 川金丝猴 *Rhinopithecus roxellana*

别名仰鼻猴、狮子鼻猴、金绒猴等。体长53~77cm，体重17~35kg。体色金黄，略带灰色。脸庞蓝色，鼻孔朝天翘。头圆，耳短，眼睛深褐色，嘴唇厚，吻部肥大。夏秋受孕，孕期7个月左右，每年夏季产1仔。我国特有，分布于四川、甘肃、陕西和湖北，栖息于海拔2000~3000m的针阔叶混交林带，以树叶、嫩树芽、花朵、竹笋、水果、树皮及昆虫、鸟蛋为食。

卧龙国家级自然保护区内有分布。

4. 林麝 *Moschus berezovskii*

别名香獐、獐子。体长约60cm，尾长2.8cm左右，体重7~9kg。成体全身暗褐色，臀部深褐色。尾短，不外裸露。冬季发情交配，孕期176~183天，6月产仔，每胎1~3仔，多为2仔，哺乳期2~3个月。分布在宁夏、陕西、安徽、湖南、四川、西藏、云南、贵州、广东、广西等地，栖息在针阔混交林、针叶林和郁闭度较差的阔叶林中，以苔藓、地衣和多种草类为食。

野外调查布设在汶川县卧龙镇的红外相机拍摄到其实体。

5. 猕猴 *Macaca mulatta*

别名黄猴、恒河猴、广西猴。体型中等，体长43~55cm，体重6~12kg，尾长15~24cm。头棕色，背上部棕灰或棕黄色，下部橙黄或橙红色，腹面淡灰黄色。4~5岁性成熟，每年产1胎，每胎1仔。分布在西南、华南、华中、华东、华北及西北的部分地区，多栖息在石山峭壁、溪旁沟谷和江河岸边的密林中或疏林岩山上，主要以植物的花、果、枝、叶及树皮为食，也吃鸟卵和小型无脊椎动物。

野外调查在汶川县邓生沟发现其实体，数量较多；布设在汶川县耿达镇的红外相机也多次拍摄到其实体。

6. 藏酋猴 *Macaca thibetana*

别名四川短尾猴、大青猴。体长60~70cm，体重多在18kg以上，尾长6~9cm。头大，颜面皮肤肉色或灰黑色，背毛棕褐、暗棕褐或黑褐色，胸部浅灰色，腹部淡黄色。成年雄猴两颊及下颏有长毛，似络腮胡。发情期多在秋季，孕期约5个月，春末夏初产仔，每胎1仔。我国特有，分布在西藏、云南、浙江、福建、四川、贵州等地，栖息于山地阔叶林区，以多种植物的叶、芽、果、枝及竹笋为食，也吃鸟、鸟卵、昆虫等动物性食物。

野外调查布设在汶川县耿达镇、卧龙镇的多个红外相机拍摄到藏酋猴的活动和觅食影像。

7. 狼 *Canis lupus*

别名灰狼、黄狼。体长约1m。四肢强健。吻部尖长，耳直立。尾短，尾毛蓬松，端毛黑色。体背和四肢外侧灰白或浅黄灰色，其间杂有少许黑色；腹面及四肢内侧为淡黄灰或淡白色，头部浅灰色。繁殖期冬末春初，妊娠期60~65天，每胎产3~8仔。除台湾、海南外，我国各地区均有分布，栖息在山地森林、草原，主要以中、小型兽类为食。

野外调查发现有粪便痕迹。

8. 赤狐 *Vulpes vulpes*

别名红狐、毛狗、狐狸。体长62~90cm，体重4.2~6.5kg。吻尖而长，耳高而直。通体棕黄或棕红色，喉白色，胸、腋、腹、肛周灰白色。尾下灰褐色，毛尖白色。1—2月发情，孕期49~56天，每年繁殖1胎，每胎3~13仔。分布在黑龙江、吉林、辽宁、河北、河南、陕西、山西、甘肃、四川、西藏、湖南、湖北等地，多栖息在森林、草原、丘陵和平原，主要以小型动物为食，也吃浆果、玉米、草等。

野外调查发现有粪便痕迹。

9. 黑熊 *Ursus thibetanus*

别名黑熊、狗熊、黑瞎子。体长 1.5~1.7m，尾长 10cm 左右，体重约 150kg。体毛漆黑色，腹部具白色或黄白色月牙形斑纹，吻鼻部棕褐色。6—8 月发情交配，孕期 6.5~7 个月，12 月到翌年 1、2 月产仔，每胎 2 仔，偶有 1 仔或 3 仔。分布在四川、甘肃、广西、湖南、湖北、江西、福建、安徽、广东、浙江等地，多栖息在阔叶林和针阔混交林中，杂食性，以植物性食物为主，也吃鱼、蛙、鸟卵和小型兽类。

野外调查布设在汶川县阿尔村的红外相机多次拍到其实体。

10. 中华小熊猫 *Ailurus fulgens*

别名红熊猫、九节狼、金狗。体长 40~63cm，尾长 43cm 左右，体重约 5kg。头短而宽，吻突出。通体红褐色，尾具棕红色和沙白色相间的 9 个环纹。春季发情交配，孕期 4 个月，产仔期 6—7 月，每胎产 2~3 仔，偶产 1 仔或 5 仔。分布在西藏、云南、贵州、青海、陕西、甘肃、四川，多栖息在高山峡谷地带，主要以竹叶和竹笋为食。

野外调查多次发现其实体，布设的红外相机也拍摄到其实体。

11. 黄喉貂 *Martes flavigula*

别名青鼬、密狗、黄腰狸等。体长 50cm 以上，尾长 36cm 左右，体重 1.3~3kg。身体细长，四肢短小。体躯毛色由前向后由黄褐色向黑褐色加深。秋季发情，4—5 月产仔，每胎多为 2 仔。分布在黑龙江、吉林、辽宁、甘肃、陕西、山西、河南、西藏、四川、云南、贵州、湖南等地，栖息在大面积的山林中，以昆虫、鱼类和小型鸟兽为食。

野外调查布设在汶川县耿达镇、卧龙镇的多个红外相机拍摄到黄喉貂的活动和觅食影像。

12. 豹猫 *Prionailurus bengalensis*

别名山狸、野猫、狸子、狸猫、麻狸、铜钱猫、石虎。体长 40~60cm，尾长 22~40cm，体重 2~3kg。头圆而小，体背棕黄或淡棕黄色，具暗棕褐色点斑；胸腹部和四肢内侧白色。尾背有褐色半环，端部黑色或暗棕色。春季发情交配，怀孕期约 2 个月，5—6 月产仔，每胎 2~4 仔。四川仅有川西亚种，还分布在云南、西藏、甘肃，生活在海拔 3500m 以下的山地林区、郊野灌丛和林缘村寨附近，以鸟、鼠等小型动物为食。

野外调查多次发现其粪便，布设在汶川县耿达镇七层楼、漩州镇小寺的红外相机拍摄到其实体。

13. 毛冠鹿 *Elaphodus cephalophus*

别名青鹿、黑鹿。体长 100cm 左右，体重 16~28kg。额顶具马蹄形黑色冠毛。通体青灰色，尾背面黑色，腹面白色。雄性有角。秋末冬初发情，孕期 210 天，每胎产 1~2 仔。分布在西藏、四川、云南、贵州、青海、甘肃、陕西、湖北、湖南、江西、福建、安徽等地，多栖息在常绿阔叶林、针阔混交林、灌丛、采伐迹地和河谷灌丛中，以多种种子植物为食，也吃玉米、大豆等农作物。

野外调查布设在汶川县映秀镇、威州镇太子坟、耿达镇、卧龙镇的多个红外相机拍摄到毛冠鹿的活动和觅食影像。

14. 水鹿 *Rusa unicolor*

别名黑鹿。体长 140~260cm，肩高 120~140cm，体重 100~200kg。角的主干只一次分叉，全角共三叉。雄兽背部黑褐或深棕色，腹面黄白色；雌兽体色比雄兽较浅而略带红色。从额至尾沿背脊有一条宽窄不等的深棕色背纹，臀周毛呈锈棕色，颈具深褐色鬃毛，体侧栗棕色，尾毛黑色。繁殖季节不固定，孕期约 8 个月，每胎 1 仔，偶产 2 仔。分布在青海、西藏、四川、贵州、云南、江西、湖南、广西、广东、海南、台湾等地，栖息于海拔 300~3500m 的阔叶林、季雨林、稀树草原、高草地带，以草、树叶、嫩枝、果实等为食。

野外调查布设的红外相机拍摄到其实体。

15. 中华斑羚 Naemorhedus griseus

别名青羊、山羊、灰羊、野羊等。体长80～130cm，肩高约70cm，尾长7～15cm，体重28～35kg。通常灰褐色，背部有褐色背纹，喉部有一块白斑。雌、雄均具黑色短直的角，四肢短而匀称，蹄狭窄而强健。秋末冬初发情交配，雌兽孕期约6个月，每胎1仔，偶产2仔。分布在东北、华北、西南、华南等地区，生活在山地森林或峭壁裸岩，以各种青草和灌木的嫩枝叶、果实等为食。

野外调查布设在汶川县卧龙镇、灞州镇的红外相机拍摄到其实体。

16. 中华鬣羚 Capricornis milneedwardsii

别名苏门羚、明鬃羊、山驴子。体长140～190cm，尾长9～16cm，肩高86～110cm，体重60～90kg。通体略呈黑褐色，但上、下唇及耳内污白色，角基至颈背有灰白色鬣毛。雌、雄均具短而光滑的黑角，耳狭长而尖。尾短，四肢短粗。秋季发情交配，雌兽孕期7～8个月，每胎1仔，偶产2仔。分布在西北、西南、华东、华南和华中地区，多生活在海拔600～3000m的高山岩崖或森林峭壁，以草、嫩枝和树叶为食，喜食菌类。

野外调查发现有粪便痕迹。

4.3.4 中国特有物种

根据《中国生物多样性红色名录——脊椎动物卷（2020）》中对特有种的判定，汶川县域内有中国特有物种哺乳类32种，详见表4.3-4。

表4.3-4　汶川县中国特有物种哺乳类

目名	科名	种中文名	种拉丁文名
劳亚食虫目	鼹科	长吻鼩鼹	*Uropsilus gracilis*
劳亚食虫目	鼹科	峨眉鼩鼹	*Uropsilus andersoni*
劳亚食虫目	鼹科	少齿鼩鼹	*Uropsilus soricipes*
劳亚食虫目	鼩鼱科	陕西鼩鼱	*Sorex sinalis*
劳亚食虫目	鼩鼱科	云南鼩鼱	*Sorex excelsus*
劳亚食虫目	鼩鼱科	纹背鼩鼱	*Sorex cylindricauda*
劳亚食虫目	鼩鼱科	川鼩	*Blarinella quadraticauda*
劳亚食虫目	鼩鼱科	灰腹长尾鼩鼱	*Episoriculus sacratus*
劳亚食虫目	鼩鼱科	斯氏缺齿鼩鼱	*Chodsigoa smithii*
劳亚食虫目	鼩鼱科	川西缺齿鼩鼱	*Chodsigoa hypsibia*
翼手目	蝙蝠科	金毛管鼻蝠	*Murina chrysochaetes*
翼手目	蝙蝠科	锦矗管鼻蝠	*Murina jinchui*
灵长目	猴科	藏酋猴	*Macaca thibetana*
灵长目	猴科	川金丝猴	*Rhinopithecus roxellana*
食肉目	熊科	大熊猫	*Ailuropoda melanoleuca*

续表

目名	科名	种中文名	种拉丁文名
鲸偶蹄目	鹿科	小麂	*Muntiacus reevesi*
鲸偶蹄目	鹿科	白唇鹿	*Przewalskium albirostris*
啮齿目	松鼠科	岩松鼠	*Sciurotamias davidianus*
啮齿目	鼯鼠科	复齿鼯鼠	*Trogopterus xanthipes*
啮齿目	鼯鼠科	红白鼯鼠	*Petaurista alborufus*
啮齿目	鼯鼠科	灰鼯鼠	*Petaurista xanthotis*
啮齿目	仓鼠科	中华绒鼠	*Eothenomys chinensis*
啮齿目	仓鼠科	康定绒鼠	*Eothenomys hintoni*
啮齿目	仓鼠科	甘肃绒鼠	*Caryomys eva*
啮齿目	仓鼠科	高原松田鼠	*Neodon irene*
啮齿目	仓鼠科	四川田鼠	*Volemys millicens*
啮齿目	鼠科	高山姬鼠	*Apodemus chevrieri*
啮齿目	鼠科	川西白腹鼠	*Niviventer excelsior*
啮齿目	鼠科	安氏白腹鼠	*Niviventer andersoni*
啮齿目	跳鼠科	四川林跳鼠	*Eozapus setchuanus*
兔形目	鼠兔科	间颅鼠兔	*Ochotona cansus*
兔形目	鼠兔科	红耳鼠兔	*Ochotona erythrotis*

4.3.5 中国生物多样性红色名录物种

根据生态环境部和中国科学院联合发布的《中国生物多样性红色名录——脊椎动物卷(2020)》，县域内受威胁[包括极危（CR）物种、濒危（EN）物种与易危（VU）物种]的哺乳动物多达27种，其中极危物种有大灵猫、林麝和马麝3种，濒危物种有豺、石貂、欧亚水獭、兔狲、金猫、猞猁、豹、雪豹、西藏马鹿和白唇鹿10种，易危物种有峨眉鼩鼹、灰腹水鼩、藏酋猴、黑熊、大熊猫、中华小熊猫、黄喉貂、伶鼬、斑林狸、豹猫、扭角羚、中华斑羚、中华鬣羚和复齿鼯鼠14种。

表4.3-5　汶川县红色名录物种哺乳类数量及比例

濒危等级		物种数	比例（%）
受威胁物种	极危（CR）	3	2.38
	濒危（EN）	10	7.94
	易危（VU）	14	11.11
近危（NT）		24	19.05

续表

濒危等级	物种数	比例（%）
无危（LC）	71	56.35
数据缺乏（DD）	4	3.17
合计	126	100.00

基于本次调查获得的物种名录与物种数量，以及《中国生物多样性红色名录——脊椎动物卷（2020）》等级分类进行指数计算。计算公式为：

$$RLI_t = 1 - \frac{\sum_s W_{c(t,s)}}{W_{EX} \times N}$$

式中 RLI_t——t 评估时段的物种红色名录指数；

$W_{c(t,s)}$——在 t 评估时段，物种 s 的红色名录等级 c 的权重；

W_{EX}——"灭绝（EX）""野外灭绝（EW）""区域灭绝（RE）"的权重；

N——当前评估的物种总数，应排除"数据缺乏（DD）"的物种数以及在第一次评估中就已经灭绝的物种数。

红色名录等级的权重设置为：无危（LC）—0；近危（NT）—1；易危（VU）—2；濒危（EN）—3；极危（CR）—4；灭绝（EX）、野外灭绝（EW）、区域灭绝（RE）—5。

由公式计算，汶川县哺乳动物的物种红色名录指数为0.80。

4.4 鸟类

4.4.1 物种组成

根据野外实地调查数据，并结合红外相机监测资料、历史调查资料和相关文献资料，按照《中国鸟类分类与分布名录（第四版）》（郑光美，2022）的分类体系，汶川县已知鸟类有18目65科400种。其中，调查发现217种（包括红外相机监测），资料记录183种。

在目级水平上，雀形目鸟类物种数最多，有257种，占全部物种的64.25%。非雀形目鸟类中，鸽形目鸟类最多，有25种；鹰形目次之，有18种；鸡形目14种；雁形目和啄木鸟目各13种；鸮形目1种；鹃形目10种；其余目均不足10种。

表 4.4-1 汶川县鸟类目、科、种数及其百分比

目	科	物种数	占总种数百分比（%）
鸡形目	雉科	14	3.50
雁形目	鸭科	13	3.25
䴙䴘目	䴙䴘科	4	1.00
鸽形目	鸠鸽科	6	1.50

续表

目	科	物种数	占总种数百分比（%）
夜鹰目	夜鹰科	1	0.25
	雨燕科	4	1.00
鹃形目	杜鹃科	10	2.50
鹤形目	秧鸡科	5	1.25
	鹤科	1	0.25
鸻形目	鹮嘴鹬科	1	0.25
	反嘴鹬科	2	0.50
	鸻科	3	0.75
	鹬科	14	3.50
	三趾鹑科	1	0.25
	燕鸻科	1	0.25
	鸥科	3	0.75
鹳形目	鹳科	1	0.25
鲣鸟目	鸬鹚科	1	0.25
鹈形目	鹭科	7	1.75
鹰形目	鹰科	18	4.50
鸮形目	鸱鸮科	11	2.75
犀鸟目	戴胜科	1	0.25
佛法僧目	翠鸟科	3	0.75
啄木鸟目	拟啄木鸟科	1	0.25
	啄木鸟科	12	3.00
隼形目	隼科	5	1.25
雀形目	黄鹂科	1	0.25
	莺雀科	1	0.25
	山椒鸟科	3	0.75
	扇尾鹟科	1	0.25
	卷尾科	3	0.75

续表

目	科	物种数	占总种数百分比（%）
雀形目	伯劳科	6	1.50
	鸦科	12	3.00
	玉鹟科	1	0.25
	山雀科	11	2.75
	百灵科	5	1.25
	扇尾莺科	3	0.75
	鳞胸鹪鹛科	2	0.50
	蝗莺科	2	0.50
	燕科	6	1.50
	鹎科	4	1.00
	柳莺科	17	4.25
	树莺科	7	1.75
	长尾山雀科	5	1.25
	莺鹛科	14	3.50
	绣眼鸟科	6	1.50
	林鹛科	3	0.75
	幽鹛科	2	0.50
	噪鹛科	15	3.75
	旋木雀科	3	0.75
	䴓科	3	0.75
	鹪鹩科	1	0.25
	河乌科	2	0.50
	椋鸟科	2	0.50
	鸫科	10	2.50
	鹟科	1	0.25
	鹟科	1	0.25
	鹟科	30	7.50
	鹟科	1	0.25
	鹟科	14	3.50
	戴菊科	1	0.25
	太平鸟科	2	0.50
	花蜜鸟科	1	0.25
	岩鹨科	5	1.25
	梅花雀科	2	0.50
	雀科	4	1.00

目	科	物种数	占总种数百分比（%）
雀形目	鹡鸰科	11	2.75
	燕雀科	25	6.25
	鹀科	8	2.00
合计		400	100.00

4.4.2 区系分析

参照《中国动物地理》（张祖荣，2011），区域内 400 种鸟类中，属于东洋界的物种共 203 种，占总种数的 50.75%；属于古北界的物种共 157 种，占总种数的 39.25%；属于广布种的物种共 40 种，占总种数的 10.00%。县域内鸟类区系组成特点是东洋界为主，呈现从东洋界向古北界渗透的特征，这也符合张祖荣（2011）在中国动物地理区划中汶川县位于古北界和东洋界交汇处的特征。

汶川县鸟类区系分布型组成表 4.4-2，区域内鸟类分布型以喜马拉雅—横断山区型（H）、东洋型（W）和古北型（U）为主，占比超过区域鸟类的 60%。汶川县处于东洋界和古北界的分界线上，但喜马拉雅—横段山区型和东洋型种类特别多（占比合计 43.50%），以东洋界种类为明显优势。

表 4.4-2　汶川县鸟类区系和分布型组成

区系	物种数	比例（%）	分布型	物种数	比例（%）
东洋界	203	50.75	H	89	22.25
			S	29	7.25
			W	85	21.25
古北界	157	39.25	C	32	8.00
			E	4	1.00
			D	3	0.75
			X	4	1.00
			P	15	3.75
			U	72	18.00
			B	1	0.25
			K	1	0.25
			M	25	6.25
广布种	40	10.00	O	40	10.00

注：分布型代号："C"为全北型；"U"为古北型；"M"为东北型；"B"为华北型；"X"为东北—华北型；"E"为季风型；"D"为中亚型；"P"或"I"为高地型；"H"为喜马拉雅—横断山区型；"S"为南中国型；"W"为东洋型；"D"为中亚型；"X"为东北—华北型；"O"为不易归类的分布。

4.4.3 重点保护物种

根据 2021 年发布的《国家重点保护野生动物名录》，统计出区域内有国家重点保护野生鸟类

76种（表4.4-3）。其中国家一级保护野生鸟类有11种；国家二级保护野生鸟类有65种。

表 4.4-3　汶川县国家重点保护野生鸟类

目	科	种	拉丁文名	保护级别
鸡形目	雉科	斑尾榛鸡	*Tetrastes sewerzowi*	Ⅰ
鸡形目	雉科	红喉雉鹑	*Tetraophasis obscurus*	Ⅰ
鸡形目	雉科	绿尾虹雉	*Lophophorus lhuysii*	Ⅰ
鹳形目	鹳科	黑鹳	*Ciconia nigra*	Ⅰ
鹰形目	鹰科	胡兀鹫	*Gypaetus barbatus*	Ⅰ
鹰形目	鹰科	秃鹫	*Aegypius monachus*	Ⅰ
鹰形目	鹰科	乌雕	*Clanga clanga*	Ⅰ
鹰形目	鹰科	草原雕	*Aquila nipalensis*	Ⅰ
鹰形目	鹰科	金雕	*Aquila chrysaetos*	Ⅰ
鸮形目	鸱鸮科	四川林鸮	*Strix davidi*	Ⅰ
隼形目	隼科	猎隼	*Falco cherrug*	Ⅰ
鸡形目	雉科	藏雪鸡	*Tetraogallus tibetanus*	Ⅱ
鸡形目	雉科	血雉	*Ithaginis cruentus*	Ⅱ
鸡形目	雉科	红腹角雉	*Tragopan temminckii*	Ⅱ
鸡形目	雉科	勺鸡	*Pucrasia macrolopha*	Ⅱ
鸡形目	雉科	白马鸡	*Crossoptilon crossoptilon*	Ⅱ
鸡形目	雉科	红腹锦鸡	*Chrysolophus pictus*	Ⅱ
鸡形目	雉科	白腹锦鸡	*Chrysolophus amherstiae*	Ⅱ
雁形目	鸭科	鸳鸯	*Aix galericulata*	Ⅱ
䴙䴘目	䴙䴘科	黑颈䴙䴘	*Podiceps nigricollis*	Ⅱ
䴙䴘目	䴙䴘科	赤颈䴙䴘	*Podiceps grisegena*	Ⅱ
鹃形目	杜鹃科	小鸦鹃	*Centropus bengalensis*	Ⅱ
鹤形目	鹤科	灰鹤	*Grus grus*	Ⅱ
鸻形目	鹮嘴鹬科	鹮嘴鹬	*Ibidorhyncha struthersii*	Ⅱ
鸻形目	鹬科	林沙锥	*Gallinago nemoricola*	Ⅱ
鹰形目	鹰科	凤头蜂鹰	*Pernis ptilorhynchus*	Ⅱ
鹰形目	鹰科	高山兀鹫	*Gyps himalayensis*	Ⅱ
鹰形目	鹰科	凤头鹰	*Accipiter trivirgatus*	Ⅱ
鹰形目	鹰科	赤腹鹰	*Accipiter soloensis*	Ⅱ
鹰形目	鹰科	日本松雀鹰	*Accipiter gularis*	Ⅱ
鹰形目	鹰科	松雀鹰	*Accipiter virgatus*	Ⅱ
鹰形目	鹰科	雀鹰	*Accipiter nisus*	Ⅱ
鹰形目	鹰科	苍鹰	*Accipiter gentilis*	Ⅱ
鹰形目	鹰科	白尾鹞	*Circus cyaneus*	Ⅱ

续表

目	科	种	拉丁文名	保护级别
鹰形目	鹰科	鹊鹞	*Circus melanoleucos*	II
鹰形目	鹰科	黑鸢	*Milvus migrans*	II
鹰形目	鹰科	普通鵟	*Buteo japonicus*	II
鹰形目	鹰科	大鵟	*Buteo hemilasius*	II
鸮形目	鸱鸮科	领角鸮	*Otus lettia*	II
鸮形目	鸱鸮科	红角鸮	*Otus sunia*	II
鸮形目	鸱鸮科	雕鸮	*Bubo bubo*	II
鸮形目	鸱鸮科	黄腿渔鸮	*Ketupa flavipes*	II
鸮形目	鸱鸮科	灰林鸮	*Strix aluco*	II
鸮形目	鸱鸮科	领鸺鹠	*Glaucidium brodiei*	II
鸮形目	鸱鸮科	斑头鸺鹠	*Glaucidium cuculoides*	II
鸮形目	鸱鸮科	纵纹腹小鸮	*Athene noctua*	II
鸮形目	鸱鸮科	长耳鸮	*Asio otus*	II
鸮形目	鸱鸮科	短耳鸮	*Asio flammeus*	II
啄木鸟目	啄木鸟科	三趾啄木鸟	*Picoides tridactylus*	II
啄木鸟目	啄木鸟科	黑啄木鸟	*Dryocopus martius*	II
隼形目	隼科	红隼	*Falco tinnunculus*	II
隼形目	隼科	灰背隼	*Falco columbarius*	II
隼形目	隼科	燕隼	*Falco subbuteo*	II
隼形目	隼科	游隼	*Falco peregrinus*	II
雀形目	山雀科	红腹山雀	*Poecile davidi*	II
雀形目	莺鹛科	金胸雀鹛	*Lioparus chrysotis*	II
雀形目	莺鹛科	宝兴鹛雀	*Moupinia poecilotis*	II
雀形目	莺鹛科	中华雀鹛	*Fulvetta striaticollis*	II
雀形目	莺鹛科	三趾鸦雀	*Cholornis paradoxus*	II
雀形目	莺鹛科	白眶鸦雀	*Sinosuthora conspicillata*	II
雀形目	绣眼鸟科	红胁绣眼鸟	*Zosterops erythropleurus*	II
雀形目	噪鹛科	画眉	*Garrulax canorus*	II
雀形目	噪鹛科	斑背噪鹛	*Garrulax lunulatus*	II
雀形目	噪鹛科	大噪鹛	*Garrulax maximus*	II
雀形目	噪鹛科	眼纹噪鹛	*Garrulax ocellatus*	II
雀形目	噪鹛科	橙翅噪鹛	*Trochalopteron elliotii*	II
雀形目	噪鹛科	红翅噪鹛	*Trochalopteron formosum*	II
雀形目	噪鹛科	红嘴相思鸟	*Leiothrix lutea*	II
雀形目	旋木雀科	四川旋木雀	*Certhia tianquanensis*	II

续表

目	科	种	拉丁文名	保护级别
雀形目	鹟科	红喉歌鸲	Calliope calliope	II
雀形目	鹟科	黑喉歌鸲	Calliope obscura	II
雀形目	鹟科	金胸歌鸲	Calliope pectardens	II
雀形目	鹟科	蓝喉歌鸲	Luscinia svecica	II
雀形目	鹟科	棕腹大仙鹟	Niltava davidi	II
雀形目	燕雀科	红交嘴雀	Loxia curvirostra	II
雀形目	鹀科	蓝鹀	Emberiza siemsseni	II

部分重点保护鸟类的描述如下。

1. 绿尾虹雉 *Lophophorus lhuysii*

别名贝母鸡。大型鸡类，全长约80cm。雄鸟上体多呈紫铜、蓝绿等色，具金属光泽，下背及腰部羽白色，下体黑色。雌鸟体羽暗褐色，背白色，嘴角灰色，脚黄灰色。3—4月开始繁殖，每窝产卵3~5枚。栖息在海拔3300~4000m的亚高山草甸、灌丛中，食植物根、茎、叶、花及昆虫。分布在青海、甘肃、西藏、四川等地。野外调查在巴郎山一带山脊灌丛草甸区域发现有分布。

2. 红腹锦鸡 *Chrysolophus pictus*

别名金鸡。雄鸟全长约100cm，羽色华丽，上体除上背为深绿色外，大都为金黄色，下体深红色，嘴角和脚黄色。雌鸟全长约70cm，上体棕褐色，尾淡棕色，下体棕黄色，均杂以黑色横斑。3月下旬进入繁殖期，每窝产卵5~9枚，孵卵期22天。栖息在海拔600~1800m的针阔混交林、落叶林或常绿阔叶林中，以蕨类、麦叶、胡颓子、草籽、大豆等为食。野外调查在针阔混交林生境发现有其活动踪迹。

3. 鸳鸯 *Aix galericulata*

别名官鸭、匹鸟。小型游禽，全长约40cm。雌雄异色，雄鸟羽色艳丽，嘴暗红色，脚黄红色。雌鸟头、背以灰褐色为主，腹羽纯白色。繁殖期4—9月，每窝产卵7~12枚。栖息在阔叶林、针阔混交林的沼泽、芦苇塘及湖泊地带，以植物性食物为主，也食昆虫等小动物。野外调查在紫坪库水库库区发现有活动。

4. 赤颈䴙䴘 *Podiceps grisegena*

个体比凤头䴙䴘稍小，但比其他䴙䴘明显更大大，嘴也较凤头䴙䴘短而粗。体长48~57cm，体重最大可达1kg。嘴基部黄色，尖端黑色。夏羽头顶和短的冠羽黑色，颊和喉灰白色，前颈、颈侧和上胸栗红色，后颈和上体灰褐色，下体白色。冬羽头顶黑色，头侧和喉白色，后颈和上体黑褐色，前颈灰褐色，下体白色，翼前、后缘均白色，飞翔时极明显。野外调查在紫坪库水库库区发现有活动。

5. 高山兀鹫 *Gyps himalayensis*

别名座山雕。大型猛禽，全长约120cm。上体沙白或茶褐色，头被黄白色状羽和绒羽，颈细而裸露，翅和尾黑褐色，下体淡黄褐色，具淡色纵纹，嘴灰绿或铅灰色。脚暗绿灰色，1—4月繁殖，每窝产卵1枚。栖息在海拔2500~4500m的高山、草原、河谷地带，以动物尸体或动物病残体为食。野外调查在卧龙镇一带发现有实体活动。

6. 金雕 *Aquila chrysaetos*

体大（85cm）的浓褐色雕。头具金色羽冠，嘴巨大。飞行时腰部白色明显可见。尾长而圆，两翼呈小"V"形。与白肩雕的区别在于肩部无白色。亚成鸟翼具白色斑纹,尾基部白色。栖于崎岖干旱平原、岩崖山区及开阔原野,捕食于雉类、土拨鼠及其他哺乳动物。随暖气流做壮观的高空翱翔。野外调查在核桃坪一带发现有活动。

7. 凤头鹰 *Accipiter trivirgatus*

别名凤头雀鹰。中型猛禽,体长41~49cm。头前额至后颈鼠灰色,其余上体褐色;喉白色,胸棕褐色,其余下体白色。嘴角褐色或铅色,嘴峰和嘴尖黑色,口角黄色;脚和趾淡黄色,爪角黑色。繁殖期4—7月,每窝产卵2~3枚。栖息在海拔200~1600m的山区森林、次生林和竹林中,主要以蛙、蜥蜴、鼠类和昆虫为食。野外调查发现在卧龙镇一带针叶林生境中有分布。

8. 松雀鹰 *Accipiter virgatus*

别名松子鹰、雀鹞。小型猛禽,全长35cm左右。上体石板黑灰色,下体近白色。嘴灰蓝色,先端黑色;脚黄色,爪黑色。每窝产卵4~5枚,孵卵期约1个月。栖息在山地针、阔混交林或稀疏林间的灌木丛中,主要以小型动物为食。

9. 雀鹰(*Accipiter nisus*)

别名鹞子、鹞鹰。体长35cm左右,雄鸟上体暗灰色,雌鸟上体暗灰褐色,下体均为白或淡灰白色,杂以赤褐和暗褐色横斑。嘴黑色,基部暗灰蓝色;蜡膜绿黄色;脚绿色,爪黑色。每窝产卵4~5枚。栖息在海拔500~1000m的山边疏林,主要以鼠、小鸟为食。

10. 黑鸢 *Milvus migrans*

中等体型(55cm)的深褐色猛禽。浅叉形尾为其识别特征。飞行时,初级飞羽基部浅色斑与近黑色的翼尖成对照。头有时比背色浅。亚成鸟头及下体具皮黄色纵纹。该鸟为中国最常见的猛禽。留鸟分布于我国各地,包括台湾、海南及青藏高原高至海拔5000m的适宜栖息生境。喜开阔的乡村、城镇及村庄。优雅盘旋或做缓慢振翅飞行。栖于柱子、电线、建筑物或地面,食物主要为小鸟、鱼、蚯蚓、线虫、同翅目昆虫以及小型动物尸体和残屑。

11. 普通𫛭 *Buteo japonicus*

体型中等,羽色变化较大,上体为暗褐色,下体为暗褐或淡褐色,具有深棕色的横斑,近尾端的横斑特宽,翅下面具淡褐色斑,尾稍圆。栖于500~700m开阔地附近的稀疏森林中,秋冬季常见于平原、丘陵地区的农田上空,雌雄单独生活,飞行较缓慢,大都在高空翱翔。营巢于疏林中的大树上,巢置于树冠上部近主干的枝丫上,离地7~12m,有时侵占乌鸦的巢。5—6月产卵,每窝2~3枚。普通𫛭为杂食性鸟类,但主要进食啮齿类动物,也食无脊椎动物和两栖动物。

12. 大𫛭 *Buteo hemilasius*

别名老鹰、花豹、豪豹、白鹭豹。全长60~88cm。上体暗褐色,下体暗色或淡色。虹膜黄褐色,嘴黑褐色,腊膜绿黄色,跗蹠和趾黄褐色,爪黑色。繁殖期为5—7月,每窝产卵2~4枚,孵化期约30天。栖息在山地、草原地带,主要以鼠兔、幼旱獭等为食,也食昆虫。

13. 红隼 *Falco tinnunculus*

别名茶隼、红鹰、黄鹰、红鹞子。体长31~36cm,小型猛禽。雄鸟头顶、后颈、颈侧蓝灰色,背、肩砖红色,腰和尾上覆羽蓝灰色,尾羽蓝灰色,下体棕白色,上胸有褐色三角形斑纹及纵纹,下腹黑褐色。雌鸟上体深棕色,头顶有黑褐色纵纹,上体其余部分具黑褐色横纹。嘴蓝灰色,先端黑色;跗蹠和趾深黄色,爪黑色。繁殖期5—7月,每窝产卵4~5枚,孵化期28~30天。栖息在山地森林、森林苔原、低山丘陵、草原、旷野、森林平原、农田和村庄附近等各类生境中,主要以昆虫为食,也食小型脊椎动物。

14. 游隼 *Falco peregrinus*

体大（45cm）而强壮的深色隼。成鸟头顶及脸颊近黑色或具黑色条纹；上体深灰色具黑色点斑及横纹；下体白色，胸具黑色纵纹，腹部、腿及尾下多具黑色横斑。雌鸟比雄鸟体大。亚成鸟褐色浓重，腹部具纵纹。各亚种在深色部位上有异。亚种 *peregrinator* 自眼往下具垂直斑块而非髭纹，脸颊白色较少，下体横纹较细。常成对活动。飞行甚快，并从高空呈螺旋形向下猛扑猎物。为世界上飞行最快的鸟种之一，有时做特技飞行。在悬崖上筑巢。

15. 金胸雀鹛 *Lioparus chrysotis*

小型鸟类，体长 10~11cm。头黑色，头顶中央有一道白色中央冠纹，颊和耳羽也为白色，在黑色的头部极为醒目。上体深灰沾绿色。两翅黑色，外侧飞羽有黄色外缘和白色端斑；尾凸状，黑色；颏、喉黑色，胸和其余下体金黄色；虹膜褐色或灰白色，嘴灰蓝色或铅褐色；脚肉色。主要栖息于海拔 1200~2900m 的常绿阔叶和落叶阔叶林、针阔叶混交林与针叶林中，也栖息于林缘和山坡稀树灌丛与竹林中。常单独或成对活动，也成 5~6 只的小群，尤其是秋冬季节，常见成小群活动，有时也与希鹛等其他小鸟混群。性胆怯。行动敏捷，常在树枝和竹丛间跳跃。主要以昆虫为食。

16. 白眶鸦雀 *Sinosuthora conspicillata*

体长 11~13cm。额至上背褐沾棕色，上体余部橄榄灰褐色，两翅和尾暗褐色；眼周具显著白眶，颏、喉、胸淡葡萄红色，具暗色纵纹；下体余部淡棕灰色；嘴黄；脚褐。栖息在海拔 1900m 左右的竹林、灌丛或矮树丛中，主要以昆虫为食，也食植物种子。

17. 红胁绣眼鸟 *Zosterops erythropleurus*

体长 10~11cm。全身绿色，腹灰白色；眼周具白圈，白色衬绿色特别明显；两胁为不显著的栗红色。雌雄相似，但雌鸟胁部栗红色，不如雄鸟浓重，略呈黄褐色。栖息于低山丘陵至山脚平原的阔叶林和次生林中。单独或成对活动，有时也成群，活跃地在树枝间跳动穿梭。主食鳞翅目和鞘翅目等昆虫，也食荚蒾等植物的果实。繁殖期在 5—8 月，营巢于树杈间或灌木丛中，以细草、小枝、苔藓、鬃毛和蛛丝等材料构成杯状巢。窝卵数约为 4 枚，卵淡青色，雏鸟晚成。

18. 画眉 *Garrulax canorus*

因其眼圈白色，并向后延伸成眉纹，细长如画，故名画眉。背部褐色，下体黄褐色，腹部的中央偏灰色，头顶羽色带有暗轴纹。雌雄同色，从外形上难以区分，一般以鸣声鉴别雌雄。雏鸟的羽色较成鸟的浅，并呈棕色，口腔橘黄色，嘴喙黄色，尾部无任何斑纹。栖息于山丘和村落附近的灌丛或竹林中，机敏而胆怯，常在林下的草丛中觅食，不善做远距离飞翔。全年食物以昆虫为主，其中大部分是农林害虫，包括蝗虫、椿象、松毛虫、金龟甲、鳞翅目的天社蛾幼虫和其他蛾类的幼虫等，植物性食物主要为种子、果实、草籽、野果、草莓等。

19. 橙翅噪鹛 *Trochalopteron elliotii*

别名画眉子、鱼眼画眉。体长 22~25cm。额和头顶葡萄灰色，上体余部橄榄褐色，飞羽外缘金棕色，尾羽表面金绿色；下体橄榄褐色。嘴黑色，脚棕褐色。每窝产卵 3~4 枚。多栖息在海拔 1500~3400m 的山坡竹林、乔木或灌丛中，主要以多种昆虫和植物种子、果实为食。

4.4.4 中国特有物种

根据《中国生物多样性红色名录——脊椎动物卷（2020）》中对特有种的判定结果，汶川县有中国特有鸟类 22 种，详见表 4.4-4。

表 4.4－4　汶川县中国特有鸟类

目	科	种	拉丁文名
鸡形目	雉科	斑尾榛鸡	*Tetrastes sewerzowi*
鸡形目	雉科	红喉雉鹑	*Tetraophasis obscurus*
鸡形目	雉科	灰胸竹鸡	*Bambusicola thoracicus*
鸡形目	雉科	绿尾虹雉	*Lophophorus lhuysii*
鸡形目	雉科	白马鸡	*Crossoptilon crossoptilon*
鸡形目	雉科	红腹锦鸡	*Chrysolophus pictus*
鸮形目	鸱鸮科	四川林鸮	*Strix davidi*
雀形目	山雀科	黄腹山雀	*Pardaliparus venustulus*
雀形目	山雀科	红腹山雀	*Poecile davidi*
雀形目	长尾山雀科	银脸长尾山雀	*Aegithalos fuliginosus*
雀形目	长尾山雀科	凤头雀莺	*Leptopoecile elegans*
雀形目	莺鹛科	宝兴鹛雀	*Moupinia poecilotis*
雀形目	莺鹛科	中华雀鹛	*Fulvetta striaticollis*
雀形目	莺鹛科	三趾鸦雀	*Cholornis paradoxus*
雀形目	莺鹛科	白眶鸦雀	*Sinosuthora conspicillata*
雀形目	噪鹛科	斑背噪鹛	*Garrulax lunulatus*
雀形目	噪鹛科	大噪鹛	*Garrulax maximus*
雀形目	噪鹛科	山噪鹛	*Garrulax davidi*
雀形目	噪鹛科	橙翅噪鹛	*Trochalopteron elliotii*
雀形目	旋木雀科	四川旋木雀	*Certhia tianquanensis*
雀形目	鸫科	宝兴歌鸫	*Turdus mupinensis*
雀形目	鹀科	蓝鹀	*Emberiza siemsseni*

4.4.5　中国生物多样性红色名录物种

根据生态环境部、中国科学院发布的《中国生物多样性红色名录——脊椎动物卷（2020）》，汶川县内受威胁［包括极危（CR）物种、濒危（EN）物种与易危（VU）物种］的鸟类达 16 种，其中濒危鸟类有绿尾虹雉、乌雕、草原雕、黄腿渔鸮、猎隼和黑喉歌鸲 6 种，易危鸟类有斑尾榛鸡、红喉雉鹑、林沙锥、黑鹳、秃鹫、金雕、大鵟、四川林鸮、四川旋木雀和金胸歌鸲 10 种。此外，近危（NT）鸟类有雪鹑、藏雪鸡等 42 种。

表 4.4-5　汶川县鸟类红色名录物种数及比例

濒危等级		物种数	比例（%）
受威胁物种	极危（CR）	0	0.00
	濒危（EN）	6	1.50
	易危（VU）	10	2.50
近危（NT）		42	10.50
无危（LC）		342	85.50
合计		400	100.00

基于本次调查获得的物种名录与物种数量，以及《中国生物多样性红色名录——脊椎动物卷（2020）》对物种的红色名录等级分类进行指数计算。计算公式为：

$$RLI_t = 1 - \frac{\sum_s W_{c(t,s)}}{W_{EX} \times N}$$

式中　RLI_t——t 评估时段的物种红色名录指数；

$W_{c(t,s)}$——在 t 评估时段，物种 s 的红色名录等级 c 的权重；

W_{EX}——"灭绝（EX）""野外灭绝（EW）""区域灭绝（RE）"的权重；

N——当前评估的物种总数，应排除"数据缺乏（DD）"的物种数以及在第一次评估中就已经灭绝的物种数。

各红色名录等级的权重设置为：无危（LC）—0；近危（NT）—1；易危（VU）—2；濒危（EN）—3；极危（CR）—4；灭绝（EX）、野外灭绝（EW）、区域灭绝（RE）—5。

由公式计算，汶川县鸟类的物种红色名录指数为 0.95。

4.5　两栖类和爬行类

4.5.1　两栖类

4.5.1.1　物种组成

根据野外调查结果并结合历史资料，汶川县已知有两栖类 2 目 6 科 12 属 21 种。其中，蛙科物种最多，有 5 属 8 种，占总物种数的 38.1%；其次为角蟾科，有 3 属 7 种，占总物种数的 33.33%；小鲵科和树蛙科均有 1 属 2 种；蟾蜍科和叉舌蛙科各有 1 属 1 种。

4.5.1.2　区系分析

按照张祖荣《中国动物地理》的划分，汶川县已知的 21 两栖类动物中，东洋界物种 20 种，占总物种数的 95.24%；古北界物种 1 种，占总物种数的 4.76%。可见，县域内两栖动物以东洋界物种为绝对优势。

分布型构成方面，21 种两栖动物中，喜马拉雅—横断山区型（H）有 13 种，占总物种数的 61.91%；南中国型（S）有 7 种，占 33.33%；季风型（E）1 种，占 4.76%。因此，本地区的两栖动物区系受到喜马拉雅—横断山区型和东洋型物种的较大影响。

4.5.1.3　重点保护物种

根据《国家重点保护野生动物名录》（2021 年），汶川县有国家二级保护野生动物两栖类 4 种，分别为山溪鲵、西藏山溪鲵、金顶齿突蟾和洪佛树蛙。

1. 山溪鲵 *Batrachuperus pinchonii*

雄鲵全长 126mm，雌鲵全长 123mm 左右。躯干浑圆而略扁平，尾粗壮，圆柱形，向后逐渐侧扁。吻端圆，吻棱不明显，鼻孔略近吻端；眼大，口角位于眼后角下方；上唇褶极发达，下唇褶弱，为上唇褶所遮盖；上、下颌有细齿。四肢适中；前肢前伸指端达眼后角或眼中部；前后肢贴体相对时，指、趾端相距 1~2 肋沟，仅个别者相遇或略重叠；指、趾扁平，末端钝圆，基部无蹼，指 4 个，第二、三指几等长，略长于第一指；趾 4 个，趾长顺序为 3、2、4、1；掌突、蹠突均不明显。生活在海拔 1500~3950m 的山区流溪内，水流较急。山溪鲵在溪内捕食水虱和毛翅目、襀翅目等的幼虫，也捕食虾类。

2. 西藏山溪鲵 *Batrachuperus tibetanusi*

雄鲵全长 175~211mm，雌鲵全长 170~197mm。头扁平，长略大于宽；吻圆阔；唇褶显著。躯干圆柱形，尾端钝圆或略尖。体尾背面深灰或灰棕色，腹面浅灰色。尾基部圆柱形，向后逐渐侧扁，末端钝圆。繁殖期 5—7 月，雌鲵产卵 36~50 粒。分布在陕西、甘肃、青海、四川和云南，栖息在海拔 1500~4250m 的山区溪流中，以虾类和水生昆虫及其幼虫为食。

3. 金顶齿突蟾 *Scutiger chintingensis*

雄蟾体长约 42mm，雌蟾体长约 52mm。头扁平，吻端钝圆，无鼓膜，无犁骨突，眼间具深棕或棕黑色"V"形斑。皮肤粗糙，体背棕红色，杂以金黄和橄榄棕色细点；腹面光滑，具灰棕色细麻斑。雄蟾胸部具 2 对黑刺团，内侧大，外侧小。繁殖期 5—6 月，雌蟾产卵 150 粒左右。我国特有，仅见于四川的峨眉、洪雅和汶川，栖息在海拔 2500~3050m 的中、高山顶部小溪和水凼及其附近。

4. 洪佛树蛙 *Rhacophorus hungfuensis*

雄蛙体长 35mm，雌蛙体长约 46mm。体较扁平，头宽略大于头长，吻端略钝尖，微突出于下唇，吻棱明显，鼻间距略小于眼间距，鼓膜明显，距眼后角很近，颞褶平直，舌较窄长，后端缺刻深，犁骨齿两小团，位于内鼻孔内侧缘，间距大。雄蛙具单咽下外声囊。前肢短而粗壮，前臂及手长等于或超过体长之半，腹面肉垫明显，关节下瘤发达，有指基下瘤，内掌突卵圆形，无外掌突。洪佛树蛙是中国的特有物种。分布于四川都江堰、汶川，生活于海拔 1100m 左右的山区，栖息于与小溪相连的小水塘边的灌木枝叶上。常栖息于与小溪相连的小水塘边的灌木枝叶上。蝌蚪在静水塘内生活，刚完成变态的幼蛙体长 16mm。

4.5.1.4 中国特有物种

根据《中国生物多样性红色名录——脊椎动物卷（2020）》对特有种的判定，汶川县分布有中国特有两栖类 11 种（表 4.5-1），占总物种数的 52.38%。

表 4.5-1 汶川县中国特有两栖类

目	科	种	拉丁文	保护级别
有尾目	小鲵科	山溪鲵	*Batrachuperus pinchonii*	Ⅱ
有尾目	小鲵科	西藏山溪鲵	*Batrachuperu stibetanusi*	Ⅱ
无尾目	角蟾科	大齿蟾	*Oreolalax major*	
无尾目	角蟾科	宝兴齿蟾	*Oreolalax popei*	
无尾目	角蟾科	无蹼齿蟾	*Oreolalax schmidti*	
无尾目	角蟾科	金顶齿突蟾	*Scutiger chintingensis*	Ⅱ

续表

目	科	种	拉丁文	保护级别
无尾目	角蟾科	沙坪角蟾	*Megophrys shapingensis*	
无尾目	蛙科	昭觉林蛙	*Rana chaochiaoensis*	
无尾目	蛙科	峨眉林蛙	*Rana omeimontis*	
无尾目	蛙科	理县湍蛙	*Amolops lifanensis*	
无尾目	树蛙科	洪佛树蛙	*Rhacophorus hungfuensis*	Ⅱ

4.5.1.5 中国生物多样性红色名录物种

根据生态环境部、中国科学院发布的《中国生物多样性红色名录——脊椎动物卷（2020）》，统计出汶川县有 7 种受威胁两栖类，占总物种数 33.33%，其中被列为濒危（EN）的有 2 种，为金顶齿突蟾和洪佛树蛙；易危（VU）的有 5 种，为山溪鲵、西藏山溪鲵、大齿蟾、宝兴齿蟾和棘腹蛙。此外，区内还有近危（NT）物种 2 种，为无蹼齿蟾和黑斑侧褶蛙；无危（LC）物种 12 种。

基于本次调查获得的物种名录与物种数量，以及《中国生物多样性红色名录——脊椎动物卷（2020）》对物种的红色名录等级分类进行指数计算。由公式计算，汶川县两栖类物种红色名录指数为 0.77。

表 4.5-2　汶川县两栖类红色名录物种数及比例

濒危等级		物种数	比例（%）
受威胁物种	濒危（EN）	2	9.52
	易危（VU）	5	23.81
近危（NT）		2	9.52
无危（LC）		12	57.14
合计		21	100.00

4.5.2 爬行类

4.5.2.1 物种组成

根据野外调查结果并结合历史调查资料，按照《四川省两栖爬行动物分布名录》（蔡波等，2018）中的分类系统，汶川县已知有爬行类 1 目 7 科 20 属 24 种，均为有鳞目物种。其中，游蛇科物种最多，有 11 属 12 种，占总物种数的 50%；石龙子科 2 属 4 种；蝰科 3 属 3 种；闪皮蛇科 1 属 2 种；鬣蜥科、蜥蜴科和眼镜蛇科各 1 属 1 种。

本次爬行类物种名录新增汶川滑蜥。

汶川滑蜥 Scincella wangyuezhaoi

2023 年，李家堂研究员课题组依据采自我国四川省汶川县与理县的 1 号幼体和 13 号成体标本，基于比较形态学与分子系统学研究结果，发现该种群与其他已报道的滑蜥属物种均有明显差异，应系一未描述新种，将其命名为汶川滑蜥。新种模式产地为中国四川省汶川县，目前仅见于四川省汶川县与理县，以前部分产地的标本曾被误定为康定滑蜥。2023 年该新种发表于 *Asian Herpetological Research*。

4.5.2.2 区系分析

区系方面，按照张荣祖《中国动物地理》的划分，汶川县分布的 24 种爬行动物中，东洋界物种有 22 种，占总物种数的 91.7%；古北界物种 2 种，占总物种数的 8.3%。分布型方面，区域内爬行动物中喜马拉雅—横断山区型（H）8 种，东洋型（W）8 种，南中国型（S）6 种，季风型（E）2 种。可见，汶川县内两栖类以东洋界物种占绝对优势。

4.5.2.3 重点保护物种

根据 2021 年发布的《国家重点保护野生动物名录》，汶川县有国家二级保护野生动物爬行类 1 种，为横纹玉斑蛇。

横纹玉斑蛇 *Euprepiophis perlacea*

国家二级保护野生动物，中国及四川特有种。

曾用名横斑锦蛇，全长 115cm 左右，尾长约占全长的 1/5。背中央明显起棱，两侧平滑。头部具 2 块黑色横斑和 1 块"∧"形斑纹，眼后具黑斑。体背茶褐色，具边缘白色的黑色横斑；两侧和腹面铅色。仅分布在四川雅安、汶川和泸定山区，栖息在海拔 2000～2500m 的落叶阔叶林和农耕地周围的灌草丛中。

4.5.2.4 中国特有物种

根据《中国生物多样性红色名录—脊椎动物卷（2020）》对特有种的判定，汶川县分布有中国特有爬行类 6 种（表 4.5-3），占总物种数的 25.0%。

表 4.5-3 汶川县中国特有爬行类

目	科	种	拉丁文名	保护等级
有鳞目	鬣蜥科	汶川攀蜥	*Japalura zhaoermii*	
有鳞目	石龙子科	康定滑蜥	*Scincella potanini*	
有鳞目	石龙子科	汶川滑蜥	*Scincella wangyuezhaoi*	
有鳞目	闪皮蛇科	美姑脊蛇	*Achalinus meiguensis*	
有鳞目	游蛇科	横纹玉斑蛇	*Euprepiophis perlacea*	Ⅱ
有鳞目	蝰科	高原蝮	*Gloydius strauchi*	

4.5.2.5 中国生物多样性红色名录物种

根据生态环境部、中国科学院发布的《中国生物多样性红色名录——脊椎动物卷（2020）》，汶川县受威胁的物种共有 7 种，占总物种数的 29.17%。其中，濒危（EN）的有 1 种，为横纹玉斑蛇；易危（VU）的有 3 种，为乌梢蛇 *Ptyas dhumnades*、王锦蛇 *Elaphe carinata* 和黑眉晨蛇 *Orthriophis taeniura*；近危（NT）的有 2 种，为中华珊瑚蛇 *Sinomicrurus macclellandi* 和高原蝮 *Gloydius strauchi*；无危（LC）的有 16 种；数据缺乏（DD）的有 2 种。

基于本次调查获得的物种名录与物种数量，以及《中国生物多样性红色名录——脊椎动物卷（2020）》对物种的红色名录等级分类进行指数计算。由公式计算，汶川县爬行类物种红色名录指数为 0.87。

表 4.5-4 汶川县爬行类《中国生物多样性红色名录》物种比例

濒危等级		物种数	比例（%）
受威胁物种	濒危（EN）	1	4.17
	易危（VU）	3	12.50
近危（NT）		2	8.33
无危（LC）		16	66.67
数据缺乏（DD）		2	8.33
合计		24	100.00

4.6 昆虫

4.6.1 物种组成（不含蝶类）

本次野外调查共采集昆虫标本 200 多号（不含蝶类），经鉴定为 12 目 54 科 170 种（不含蝶类），其中鳞翅目 16 科 95 种，占总种数的 55.88%；半翅目 8 科 23 种，占 13.53%；鞘翅目 11 科 19 种，占 11.18%；直翅目 6 科 10 种，占 5.88%；双翅目 4 科 10 种，占 5.88%；其余目种数均少于 5 种。

表 4.6-1 汶川县昆虫物种组成（不含蝶类）

目	科数	占比（%）	种数	占比（%）
半翅目	8	14.81	23	13.53
鳞翅目	16	29.63	95	55.88
脉翅目	2	3.70	2	1.18
膜翅目	2	3.70	4	2.35
鞘翅目	11	20.37	19	11.18
蜻蜓目	1	1.85	3	1.76
直翅目	6	11.11	10	5.88
双翅目	4	7.41	10	5.88
广翅目	1	1.85	1	0.59
螳螂目	1	1.85	1	0.59
䗛䗛目	1	1.85	1	0.59
蜉蝣目	1	1.85	1	0.59

4.6.2 蝶类

4.6.2.1 物种组成

本次野外调查共采集蝶类标本 2300 多号，经鉴定为 5 科 103 属 211 种。其中，蛱蝶科 Nymphalidae 53 属 116 种，占总种数的 54.98%；灰蝶科 Lycaenidae 23 属 27 种，占总种数的 12.80%；粉蝶科 Pieridae 6 属 24 种，占总种数的 11.37%；弄蝶科 Hesperiidae 14 属 22 种，占总种数的 10.43%；凤蝶科 Papilionidae 7 属 22 种，占总种数的 10.43%。

表 4.6-2　汶川县蝶类物种组成

科	属数	占比（%）	种数	占比（%）
弄蝶科 Hesperiidae	14	13.59	22	10.43
凤蝶科 Papilionidae	7	6.90	22	10.43
粉蝶科 Pieridae	6	5.83	24	11.37
灰蝶科 Lycaenidae	23	22.33	27	12.80
蛱蝶科 Nymphalidae	53	51.46	116	54.98
总计	103	100.00	211	100.00

4.6.2.2 蝶类垂直分布格局

本次野外调查海拔跨度为 800~3400m，将所有样线按海拔梯度排序为 7 个海拔段。从个体数量上来看，总体遵循先上升后下降的变化规律。从第一海拔段（800~1100m）开始，随着海拔的升高个体数量逐渐增加；在达到第三海拔段（1400~1700m）时，个体数量达到峰值 621 头，随后总个体数逐渐减少。就不同类群而言，粉蝶科和灰蝶科出现了两次较明显的数量波动，且均在第三海拔段出现数量减少的情况；蛱蝶科和粉蝶科在调查范围内个体数较多，具有群体数量优势，蛱蝶科在各个海拔段始终保持着数量优势（图 4.6-1）。

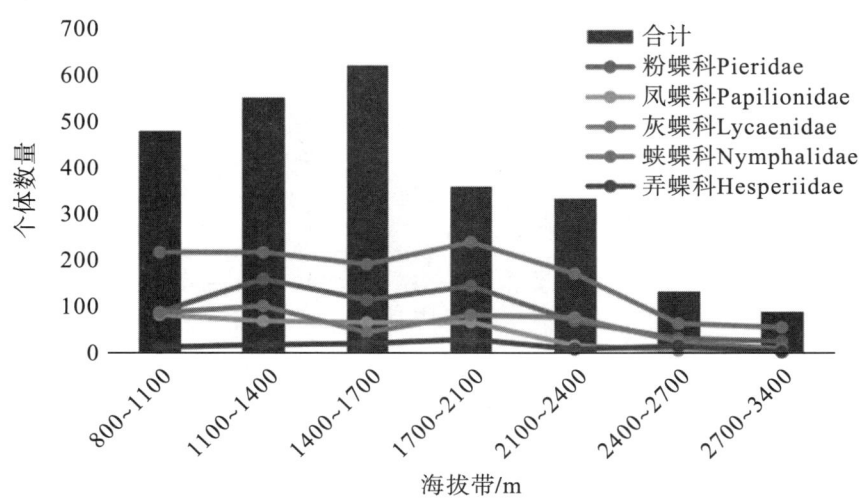

图 4.6-1　蝶类个体数沿海拔高度变化趋势图

从物种数来看，在前两个海拔段，随着海拔升高，物种数缓慢增加，到达第二个海拔段时，物种数为 105 种，但在第三个海拔段时出现轻微下降，到 88 种，随后在第四个海拔段物种数达到峰值，为 113 种。此后，随着海拔的升高，物种数一直减少，直至仅有零星分布。从不同类群来看，蛱蝶科在调查区域各海拔梯度内物种数始终保持优势，凤蝶科、粉蝶科、灰蝶科、弄蝶科都大致遵循先上升后下降的趋势（图 4.6-2）。

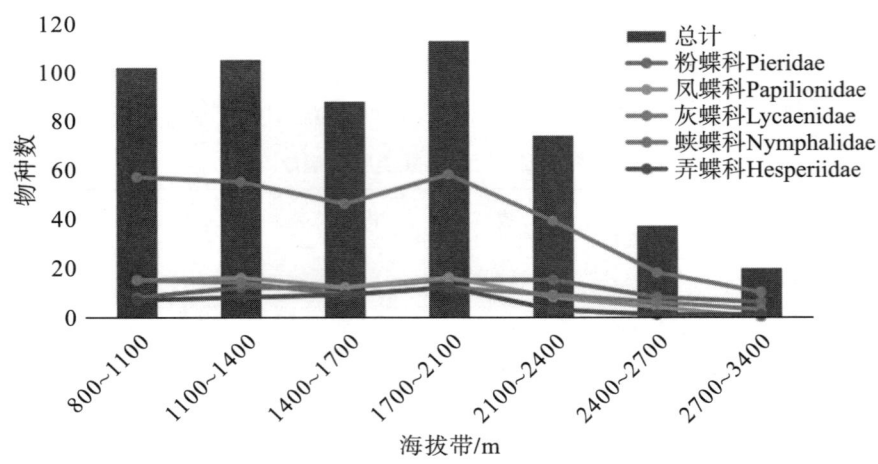

图 4.6-2 蝶类物种数沿海拔高度变化趋势图

4.6.2.3 蝶类季节分布格局

从调查区域蝶类个体数量的逐月变化情况来看，个体数量呈现先上升后下降的趋势，在八月个体数达到峰值，其次为七月、九月、五月、六月和四月。对于不同科，除粉蝶科在七月达到峰值外，都基本遵循在八月达到个体数量峰值的趋势。在七月之前，凤蝶科和蛱蝶科数量在整体上占优势，而七月后蛱蝶科数量大爆发，远超出其他类群（图 4.6-3）。此外，从物种数的逐月变化情况来看，总体呈现先缓慢上升后下降的趋势，物种数与个体数一致，在八月达到最多，为 120 种，其次是七月，为 96 种。将各类群分开来看，凤蝶科、弄蝶科在七月达到物种数峰值，蛱蝶科、灰蝶科在八月达到峰值，而粉蝶科则在六月达到峰值（图 4.6-4）。

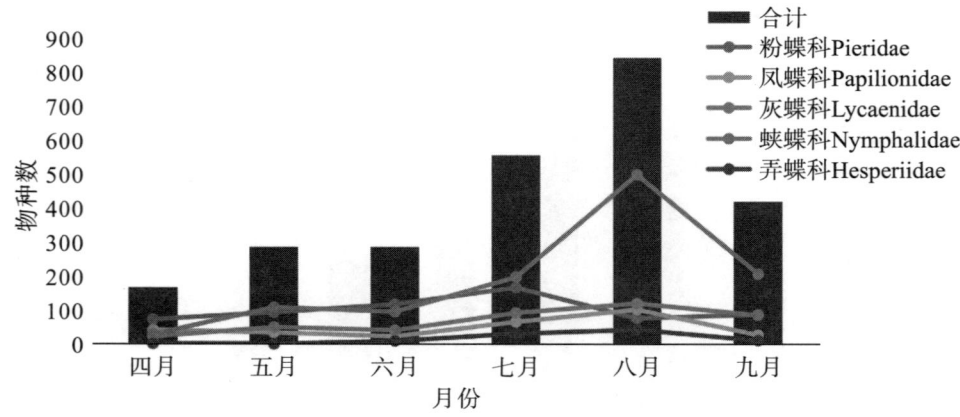

图 4.6-3 蝶类个体数随时间变化趋势图

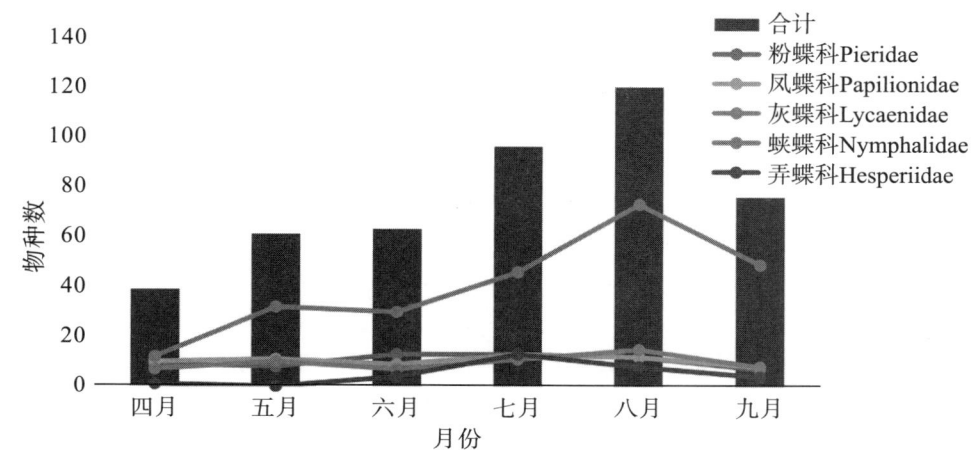

图 4.6-4 蝶类物种数随时间变化趋势图

4.6.2.4 珍稀保护物种及特有种

本次野外调查列入《国家重点保护野生动物名录》国家二级保护野生动物有金裳凤蝶 *Troides aeacus*、三尾褐凤蝶 *Bhutanitis thaidina*。此外，还调查到四川特有种高山蛇眼蝶 *Minois aurata*、十目舜眼蝶 *Loxerebia carola*，前者目前仅在汶川—理县区域有分布记录，后者目前仅在川西地区有分布记录。

4.6.2.5 讨论

物种名录整理上，参照最新研究成果，将黑纹粉蝶 *P. melete* 鉴定为华西黑纹粉蝶，东亚燕灰蝶 *R. micans* 鉴定为霓沙燕灰蝶 *R. nissa*。此外，检索四川大学自然博物馆、阿坝师范学院馆藏蝶类标本、在线数据库等蝶类标本记录，发现白斑银弄蝶 *C. dieckmanni*、拟槁琶弄蝶 *P. linus*、碎斑青凤蝶 *G. chironides*、喙凤蝶 *T. aureus*、珍珠绢蝶 *P. orleans*、黎明豆粉蝶 *C. heos*、猬形绢粉蝶 *A. hastata*、奥倍绢粉蝶 *A. oberhueri*、菩萨工灰蝶 *G. buddha*、大卫玄灰蝶 *T. davidi*、癞灰蝶 *A. enthea*、幸福带蛱蝶 *A. fortuna*、拟缕蛱蝶 *L. mimica*、圆翅黛眼蝶 *L. butleri*、连纹黛眼蝶 *L. syrcis*、边纹黛眼蝶 *L. marginalis*、蓝斑丽眼蝶 *M. regalis*、多泪舜眼蝶 *L. bocki*、小型林眼蝶 *A. sybilli*，以上 19 种蝶类在汶川县内存在历史分布记录，需进一步检视标本和记录确认，故暂未列入名录，有待今后进一步完善。

对调查区域内蝶类群落的时空分布（季节、海拔）进行了物种数和个体数的分析。时间上，调查区域蝶类物种多样性峰值在八月出现，相较于我国其他地区蝶类多样性多于七月达到峰值，这可能是因为汶川县七月处于雨季而影响蝶类活动与调查，八月降水量下降而日均温度与七月相差不大。不同类群物种数峰值出现的月份存在差异，可能与不同类群蝶类的生态习性不同有关，产生了一定生态位上的时间分化。空间上，在海拔 1700~2100m 蝶类物种多样性最丰富，是应当重点保护的海拔范围。

珍稀保护物种及特有种调查中，卧龙—耿达地区观测到国家二级保护动物三尾褐凤蝶和金裳凤蝶，表明当地自然保护区的建设对蝶类资源保护效果较好。汶川县水墨镇曾有喙凤蝶发生记录，但本次调查未观测到，有待进一步监测。此外，调查观测到两种已知中国特有种目前均未列入任何保护名录，特有种对生物多样性保护极为重要，在今后的研究中应进一步关注与保护（张辰生，2018）。其中，四川特有物种高山蛇眼蝶 *M. aurata* 分布于理县—汶川高山区域，海拔 2000m 以上，目前学界普遍认为从形态学上该种为蛇眼蝶属独立种，但仍缺少系统发育相关证据佐证，分类地位存在争议，此次调查后续将对该物种系统发育关系进行分析，进一步探讨该物种分类地位。

4.7 大型真菌

4.7.1 物种组成

基于形态学和分子生物学相结合的方法，共鉴定出大型真菌266种，隶属于2门5纲19目57科128属。其中，担子菌门251种，子囊菌门15种，在纲和目级的种类组成如下：5纲，分别为伞菌纲 Agaricomycetes、银耳纲 Tremellomycetes、锤舌菌纲 Leotiomycetes、盘菌纲 Pezizomycetes、粪壳菌纲 Sordariomycetes；19目，分别为伞菌目 Agaricales、木耳目 Auriculariales、牛肝菌目 Boletales、鸡油菌目 Cantharellales、地星目 Geastrales、褐褶菌目 Gloeophyllales、钉菇目 Gomphales、锈革孔菌目 Hymenochaetales、多孔菌目 Polyporales、红菇目 Russulales、拟韧革菌目 Stereopsidales、革菌目 Thelephorales、银耳目 Tremellales、柔膜菌目 Helotiales、锤舌菌目 Leotiales、斑痣盘菌目 Rhytismatales、盘菌目 Pezizales、炭角菌目 Xylariales、肉座菌目 Hypocreales。

4.7.2 新发现的种类和数量

本次野外调查发现地锤菌属新种1个，亚齿菌属新种1个，裸脚菇属新种1个。

4.7.3 食用菌、药用菌

本次野外调查发现在汶川分布的食用菌82种、药用菌64种、毒菌44种（表4.7-1），包括六妹羊肚菌、鸡油菌、肺形侧耳、毛木耳、金针菇等。药用菌包括白肉灵芝、猪苓等具有重要经济价值的种类。

表4.7-1 汶川县食用菌、药用菌、毒菌

序号	拉丁学名	中文名	经济价值
1	Agaricus parasubrutilescens	近紫红蘑菇	食用菌、药用菌
2	Amanita flavipes	黄柄鹅膏菌	毒菌
3	Amanita imazekii	短棱鹅膏菌	食用菌
4	Amanita subglobosa	球基鹅膏菌	毒菌
5	Armillaria mellea	蜜环菌	食用菌、药用菌
6	Aureoboletus thibetanus	西藏金牛肝菌	食用菌
7	Auricularia cornea	毛木耳	食用菌、药用菌
8	Auricularia tibetica	西藏木耳	食用菌
9	Bjerkandera adusta	烟管菌	药用菌
10	Boletus reticuloceps	网盖牛肝菌	食用菌
11	Butyriboletus yicibus	彝食黄肉牛肝菌	食用菌
12	Caloboletus panniformis	毡盖美柄牛肝菌	毒菌

续表

序号	拉丁学名	中文名	经济价值
13	*Candolleomyces candolleanus*	黄白脆柄菇	药用菌、毒菌
14	*Cantharellus cibarius*	鸡油菌	食用菌、药用菌
15	*Cantharellus tuberculosporus*	疣孢鸡油菌	食用菌
16	*Chroogomphus pseudotomentosus*	假绒盖色钉菇	食用菌
17	*Clavaria fragilis*	脆珊瑚菌	食用菌
18	*Clavaria zollingeri*	堇紫珊瑚菌	食用菌、药用菌
19	*Clavariadelphus yunnanensis*	云南棒瑚菌	食用菌
20	*Clavulina rugosa*	皱锁瑚菌	食用菌
21	*Clitocybe phyllophila*	落叶杯伞	毒菌
22	*Coprinellus disseminatus*	白小鬼伞	毒菌
23	*Coprinellus micaceus*	晶粒小鬼伞	药用菌、毒菌
24	*Coprinellus radians*	辐毛小鬼伞	药用菌
25	*Coprinopsis atramentaria*	墨汁拟鬼伞	食用菌、药用菌、毒菌
26	*Cortinarius bolaris*	掷丝膜菌	毒菌
27	*Cortinarius cotoneus*	棕绿丝膜菌	食用菌
28	*Cortinarius emodensis*	喜山丝膜菌	食用菌
29	*Cortinarius trivialis*	常见丝膜菌	食用菌、毒菌
30	*Daedalea dickinsii*	肉色迷孔菌	药用菌
31	*Daedaleopsis confragosa*	粗糙拟迷孔菌	药用菌
32	*Desarmillaria tabescens*	易逝无环蜜环菌	毒菌
33	*Echinoderma asperum*	锐鳞环柄菇	毒菌
34	*Flammulina filiformis*	金针菇	食用菌、药用菌
35	*Fomes fomentarius*	木蹄层孔菌	药用菌
36	*Fomitopsis pinicola*	红缘拟层孔菌	药用菌
37	*Funalia trogii*	硬毛粗盖孔菌	药用菌
38	*Ganoderma applanatum*	树舌灵芝	药用菌
39	*Ganoderma leucocontextum*	白肉灵芝	药用菌
40	*Guepinia helvelloides*	焰耳	食用菌
41	*Gymnopus confluens*	群生裸脚菇	食用菌、药用菌
42	*Gymnopus densilamellatus*	密褶裸脚菇	食用菌、毒菌
43	*Helvella macropus*	粗柄马鞍菌	食用菌
44	*Hohenbuehelia petaloides*	花瓣状亚侧耳	食用菌、药用菌
45	*Hydnum vesterholtii*	韦氏齿菌	食用菌
46	*Hygrocybe conica*	变黑湿伞	药用菌、毒菌
47	*Hygrocybe miniata*	小红湿伞	食用菌
48	*Hygrophoropsis aurantiaca*	橙黄拟蜡伞	食用菌、药用菌、毒菌
49	*Hygrophorus orientalis*	东方红菇蜡伞	食用菌

续表

序号	拉丁学名	中文名	经济价值
50	*Hygrophorus pudorinus*	粉红蜡伞	食用菌、毒菌
51	*Hymenopellis raphanipes*	卵孢小奥德蘑	食用菌
52	*Hypholoma fasciculare*	丛生垂幕菇	药用菌、毒菌
53	*Hypocrella bambusae*	竹红菌	药用菌
54	*Infundibulicybe gibba*	深凹漏斗伞	食用菌、毒菌
55	*Inocybe calamistrata*	粗鳞丝盖伞	毒菌
56	*Inocybe geophylla*	土味丝盖伞	毒菌
57	*Inocybe lanuginosa*	棉毛丝盖伞	毒菌
58	*Kuehneromyces mutabilis*	毛柄库恩库	食用菌
59	*Laccaria aurantia*	橙黄蜡蘑	食用菌
60	*Laccaria himalayensis*	喜马拉雅蜡蘑	食用菌
61	*Lactarius abieticola*	冷杉乳菇	食用菌
62	*Lactarius chichuensis*	鸡足山乳菇	食用菌、药用菌
63	*Lactarius gerardii*	稀褶茸乳菇	食用菌
64	*Lactarius glyciosmus*	香乳菇	食用菌
65	*Lactarius torminosus*	毛头乳菇	毒菌
66	*Lactifluus piperatus*	辣味多汁乳菇	食用菌、药用菌、毒菌
67	*Lactifluus volemus*	多汁乳菇	食用菌、药用菌
68	*Laetiporus zonatus*	环纹硫磺菌	食用菌
69	*Leccinum aurantiacum*	橙黄疣柄牛肝菌	食用菌、药用菌
70	*Leccinum rubrum*	红疣柄牛肝菌	食用菌
71	*Leccinum scabrum*	褐疣柄牛肝菌	食用菌、毒菌
72	*Lentinellus ursinus*	北方小香菇	食用菌
73	*Lenzites betulinus*	桦革裥菌	药用菌
74	*Lepiota brunneolilacea*	紫褐鳞环柄菇	毒菌
75	*Lepiota cristata*	冠状环柄菇	毒菌
76	*Lycoperdon fuscum*	褐皮马勃	食用菌、药用菌
77	*Lycoperdon perlatum*	网纹马勃	食用菌、药用菌
78	*Morchella importuna*	梯棱羊肚菌	食用菌
79	*Morchella purpurascens*	紫色羊肚菌	食用菌
80	*Morchella sextelata*	六妹羊肚菌	食用菌、药用菌
81	*Mycena haematopus*	血红小菇	药用菌、毒菌
82	*Mycena pura*	洁小菇	药用菌、毒菌
83	*Mycena viridimarginata*	绿缘小菇	药用菌
84	*Panaeolus campanulatus*	钟形斑褶菇	毒菌
85	*Panus neostrigosus*	硬毛香菇	药用菌
86	*Paxillus involutus*	卷边桩菇	药用菌、毒菌

续表

序号	拉丁学名	中文名	经济价值
87	*Paxillus orientalis*	东方桩菇	毒菌
88	*Phaeocollybia jennyae*	詹尼暗金钱菌	毒菌
89	*Phaeolepiota aurea*	金盖褐伞	食用菌、药用菌、毒菌
90	*Phaeotremella yunnanensis*	云南茶耳	食用菌
91	*Phellinus igniarius*	发火木层孔菌	药用菌
92	*Pholiota lenta*	黏环鳞伞	食用菌、药用菌
93	*Pholiota lubrica*	黏皮鳞伞	食用菌、药用菌、毒菌
94	*Pholiota squarrosoides*	尖鳞伞	食用菌、毒菌
95	*Pleurotus pulmonarius*	肺形侧耳	食用菌、药用菌
96	*Pluteus cervinus*	灰光柄菇	食用菌
97	*Pluteus romelli*	罗梅尔光柄菇	食用菌
98	*Pluteus salicinus*	柳光柄菇	食用菌、毒菌
99	*Polyporus arcularius*	漏斗多孔菌	药用菌
100	*Polyporus squamosus*	宽鳞多孔菌	药用菌
101	*Polyporus umbellatus*	猪苓	食用菌、药用菌
102	*Pseudohydnum gelatinosum*	胶质假齿菌	食用菌、药用菌
103	*Pycnoporus sanguineus*	血红密孔菌	药用菌
104	*Ramaria distinctissima*	离生枝瑚菌	食用菌
105	*Ramaria pallidolilacina*	淡紫枝瑚菌	食用菌
106	*Ramariopsis kunzei*	孔策拟枝瑚菌	食用菌
107	*Russula cyanoxantha*	蓝黄红菇	食用菌、药用菌
108	*Russula emetica*	诱吐红菇	食用菌、药用菌、毒菌
109	*Russula laurocerasi*	桂樱红菇	食用菌、药用菌、毒菌
110	*Russula pseudopectinatoides*	假拟莸形红菇	食用菌、毒菌
111	*Russula sanguinea*	血红菇	药用菌
112	*Russula subbrevipes*	亚短柄红菇	食用菌、毒菌
113	*Sanghuangporus alpinus*	高山桑黄	药用菌
114	*Sarcomyxa edulis*	美味扇菇	食用菌
115	*Schizophyllum commune*	裂褶菌	食用菌、药用菌
116	*Stropharia rugosoannulata*	酒红球盖菇	食用菌、药用菌
117	*Suillellus luridus*	褐黄小乳牛肝菌	食用菌、药用菌、毒菌
118	*Suillus alpinus*	高山乳牛肝菌	食用菌
119	*Suillus grevillei*	厚环乳牛肝菌	食用菌、药用菌
120	*Suillus viscidus*	灰乳牛肝菌	食用菌、药用菌
121	*Trametes hirsuta*	粗毛栓菌	药用菌
122	*Trametes orientalis*	东方栓菌	药用菌
123	*Trametes versicolor*	云芝	药用菌

续表

序号	拉丁学名	中文名	经济价值
124	*Trichaptum abietinum*	冷杉附毛菌	药用菌
125	*Tricholoma argyraceum*	银盖口蘑	食用菌
126	*Tricholoma atrosquamosum*	黑鳞口蘑	食用菌
127	*Tricholoma muscarioides*	拟毒蝇口蘑	毒菌
128	*Tricholoma terreum*	棕灰口蘑	食用菌
129	*Tricholoma ustale*	褐黑口蘑	药用菌、毒菌
130	*Tricholomopsis decora*	黄拟口蘑	食用菌
131	*Turbinellus floccosus*	毛钉菇	食用菌、毒菌
132	*Xerocomus yunnanensis*	云南绒盖牛肝菌	毒菌
133	*Xeromphalina campanella*	黄干脐菇	药用菌

4.7.4 重点保护物种

调查中未发现国家重点保护大型真菌。

4.7.5 特有物种

在汶川县发现中国特有大型真菌45种，占已鉴定物种数的16.9%。

表4.7-2 汶川县中国特有大型真菌

拉丁学名	中文名
Agaricus parasubrutilescens	近紫红蘑菇
Amanita citrinoindusiata	
Amanita subglobosa	球基鹅膏菌
Aureoboletus quercus-spinosae	栎生金牛肝菌
Auricularia tibetica Y. C. Dai & F. Wu	西藏木耳
Boletus reticuloceps	网盖牛肝菌
Butyriboletus subregius	亚桃红黄肉牛肝菌
Butyriboletus yicibus D. Arora & J. L. Frank	
Cantharellus tuberculosporus M. Zang	疣孢鸡油菌
Clavariadelphus yunnanensis Methven	云南棒瑚菌
Clitopilus abprunulus S. P. Jian, M. Karadelev & Zhu L. Yang	
Clitopilus yunnanensis S. P. Jian & Zhu L. Yang	云南斜盖伞
Coltricia abieticola Y. C. Dai	冷杉集毛菌
Cortinarius longicystidiatus	长囊体丝膜菌
Cotylidia fibrae L. Fan & C. Yang	纤维杯革菌
Entoloma furfuraceum T. H. Li & Xiao L. He	屑鳞粉褶蕈
Flammulina filiformis	金针菇

续表

拉丁学名	中文名
Ganoderma leucocontextum	白肉灵芝
Gymnopus subdensilamellatus	近密褶裸脚菇
Gymnopus wutaishanensis L. Fan & N. Mao	五台山裸脚菇
Helvella galeriformis B. Liu & J. Z. Cao	伞形马鞍菌
Hydnellum rubidofuscum Y. H. Mu & H. S. Yuan	红棕亚齿菌
Hygrophorus brunneodiscus C. Q. Wang & T. H. Li	棕盖蜡伞
Hygrophorus murinidiscus C. Q. Wang & T. H. Li	
Hygrophorus orientalis	东方红菇蜡伞
Laccaria aurantia	橙黄蜡蘑
Lactarius abieticola X. H. Wang	冷杉乳菇
Lactarius ambiguus X. H. Wang	模糊乳菇
Lactarius imbricatus M. X. Zhou & H. A. Wen	翘鳞乳菇
Lactarius luridus (Pers.) Gray	褐黄乳菇
Laetiporus zonatus B. K. Cui & J. Song	环纹硫磺菌
Leccinum rubrum M. Zang	红疣柄牛肝菌
Notholepista fistulosa Z. M. He & Zhu L. Yang	空柄近香蘑
Phaeotremella yunnanensis	云南茶耳
Ramaria distinctissima R. H. Petersen & M. Zang	离生枝瑚菌
Ramaria pallidolilacina P. Zhang & Z. W. Ge	淡紫枝瑚菌
Russula pseudopectinatoides G. J. Li & H. A. Wen	假拟篦形红菇
Russula subbrevipes J. F. Liang & J. Song	亚短柄红菇
Sanghuangporus alpinus	高山桑黄
Sarcomyxa edulis	美味扇菇
Spodocybe bispora Z. M. He & Zhu L. Yang	双孢灰盖杯伞
Strobilomyces alpinus	高山松塔牛肝菌
Suillus alpinus X. F. Shi & P. G. Liu	高山乳牛肝菌
Xerocomellus corneri	柯氏红绒盖牛肝菌
Xerocomus yunnanensis (W. F. Chiu) F. L. Tai	云南绒盖牛肝菌

4.7.6 中国生物多样性红色名录物种

根据《中国生物多样性红色名录——大型真菌卷》统计，汶川县未发现极危（CR）、濒危（EN）、易危（VU）物种；近危（NT）物种有 4 种，为酒红球盖菇 *Stropharia rugosoannulata*、疣孢鸡油菌 *Cantharellus tuberculosporus*、离生枝瑚菌 *Ramaria distinctissima*、树舌灵芝 *Ganoderma applanatum*；无危（LC）物种有 109 种；数据缺乏（DD）物种有 36 种；未评估（NE）物种有 117 种。

表 4.7-3 汶川县大型真菌红色名录物种数及比例

受威胁等级	物种数	物种比例（%）
近危（NT）	4	0.38
无危（LC）	109	40.98
数据缺乏（DD）	36	13.53
未评估（NE）	117	43.98

基于本次野外调查获得的物种名录与物种数量，参考《中国生物多样性红色名录——大型真菌卷》对物种的红色名录等级分类进行指数计算。由公式计算，汶川县大型真菌的物种红色名录指数为 0.99。

4.8 鱼类

4.8.1 物种组成

通过现场调查，走访沿岸的居民，结合《四川鱼类志》（丁瑞华，1994）、《四川岷江紫坪铺水利枢纽工程环境影响报告书》（中国水利水电科学研究院，2000）、《岷江上游的鱼类》（邓其祥，2001）、《岷江上游鱼类完整性指标现状调查评价》（蒋红等，2014）和 2017—2020 年岷江流域鱼类资源调查结果等资料，汶川县内共分布鱼类 40 种（本次野外调查共采集到渔获物 2 目 2 科 15 种），隶属 5 目 9 科 30 属（表 4.8-1）。其中，鲤形目为主要类群，有 23 属 30 种，占总种数的 75.00%；鲇形目有 5 属 8 种，占总种数的 20.00%；鲑形目、合鳃鱼目和鲈形目各有 1 属 1 种，分别占总种数的 2.50%。

表 4.8-1 汶川县鱼类物种组成

目	科	属	占比（%）	种	占比（%）
鲑形目	鲑科	1	3.33	1	2.50
鲤形目	鳅科	4	13.33	8	20.00
鲤形目	鲤科	16	53.33	19	47.50
鲤形目	平鳍鳅科	2	6.67	2	5.00
鲇形目	鲇科	1	3.33	1	2.50
鲇形目	钝头鮠科	1	3.33	2	5.00
鲇形目	鮡科	3	10.00	5	12.50
合鳃鱼目	合鳃鱼科	1	3.33	1	2.50
鲈形目	鳢科	1	3.33	1	2.50
合计		30	100.00	40	100.00

4.8.2 鱼类区系成分

根据鱼类起源、地理分布和生物特征，汶川县内主要河流的鱼类可以划分为以下区系类型。

1. 晚第三纪早期区系复合体

该区系鱼类是更新世以前北半球亚热带动物的残余，由于气候变冷，该动物区系复合体被分割成若干不连续的区域，有的种类并存于欧亚，但在西伯利亚已绝迹，故这些鱼类被视为残遗种类。它们的共同特征是视觉不发达，嗅觉发达，多以底栖生物为食，适应性强，分布广泛，适应于浑浊的水中生活，适应静水或缓流水环境，产黏性卵于水草或石砾上，部分种类产卵于软体动物外套膜中。调查河流主要包括的鲤、鲫、鲇、草鱼等鱼类属于该区系复合体。

2. 南方山地区系复合体

该区系鱼类代表性种类有鮡科、平鳍鳅科、钝头鮠科等。该复合体鱼类有特化的吸附结构，通常为特殊的"吸盘"结构。分布区多底质、多岩石或石砾，适应于南方山区急流的河流中生活。该区系鱼类主要分布在我国南部山区及东南亚山区河流中。调查河流主要包括的黄石爬鮡、青石爬鮡、西昌华吸鳅、白缘䱀等鱼类属于该区系复合体。

3. 中亚山地区系复合体

该区系鱼类代表种类有裂腹鱼亚科的所有种类和条鳅亚科的某些种类。以耐寒、耐碱、性成熟晚、生长慢、食性杂为特点，是中亚高寒地带的特有鱼类。分布于我国西部高原、新疆，以及印度、巴基斯坦、阿富汗、塔吉克斯坦等西部毗邻地区，是随喜马拉雅山的隆起由鲃亚科鱼类分化出来的种类。调查河流主要包括的齐口裂腹鱼、重口裂腹鱼、红尾副鳅、戴氏山鳅、贝氏高原鳅等鱼类属于该区系复合体。

4.8.3 鱼类生态类型

按鱼类的生活习性及其主要生活环境，可以将汶川县内主要河流分布的 40 种鱼类分为底栖性鱼类，中、下层鱼类和中、上层鱼类的栖息习性，具体可以分为下列生态类群。

1. 流水吸附生态类群

该类群鱼类的栖息在急流滩槽的底层，如平鳍鳅科、鮡科的部分种类，此类群有特殊的吸盘或类似吸盘的吸附结构，适应于吸附在江河急流险滩水体底层物体上生活，以着生藻类或底栖动物为食，包括西昌华吸鳅、黄石爬鮡、青石爬鮡和中华鮡等。

2. 流水底层乱石、礁底栖性类群

该类群鱼类的栖息环境为流水深沱，底层多乱石，水流较缓，如鲇、乌鳢等，为大型凶猛的肉食性鱼类，生长较快。

3. 流水洞缝隙生态类群

该类群鱼类主要或完全生活在流水、急流水体底层的各种岩洞缝隙中，主要以发达的口须觅食底栖穴动物，调查河段主要包括鳅科鱼类，如红尾副鳅、短戴氏山鳅等。由于这类个体较小，完成生活史需要的空间比大型个体要小得多，它们对生境的要求相对较低。

4. 流水中、下层生态类群

该类群鱼类主要或完全生活在流水环境中，身体较长、侧扁，适应于在流水、急流水中穿梭游泳，活动掠食；头部呈锥形，适应于破水前进，躯干部较长，是产生强大运动的动力源，各鳍发达，尾鳍深叉形，适于在水体中、下层快速游泳，在急流水体中、下层穿梭翻滚捕食低等动物和流水急流水带来的有机食物。它们或以水底砾石等物体表面附着藻类为食，或以有机碎屑为食，或以底栖无脊椎动物为食，或以软体动物为食，或主要以水草为食，或主要以鱼虾类为食，甚或为杂食性，或以浮游动植物为食。该类群鱼类有齐口裂腹鱼、重口裂腹鱼等。

5. 缓流水和静水生态类群

该类群鱼类主要是一些小型鱼类，如麦穗鱼、宽鳍鱲和马口鱼等。适应于在侧流、缓流水中生活，个体小，游泳能力不强，各鳍均不甚发达。

4.8.4 鱼类资源类型

4.8.4.1 国家级和省级重点保护鱼类

依据《国家重点保护野生动物名录（2021年）》，汶川县内分布有国家一级保护野生鱼类1种（历史记录），为川陕哲罗鲑；国家二级保护野生鱼类3种，为重口裂腹鱼、青石爬鮡和厚唇裸重唇鱼；四川省重点保护鱼类1种，为中华鮡。

1. 川陕哲罗鲑 *Hucho bleekeri*

川陕哲罗鲑是鲑科、哲罗鲑属鱼类。

主要形态特征：体长椭圆形，略侧扁，腹部圆。口大，斜裂，向后延伸至眼球中部或后缘的下方。上颌稍突出，略长于下颌；体侧和鳃盖上分布有呈小"十"字形的不规则灰黑色小斑点。

生活习性：川陕哲罗鲑属一种冷水鱼类，多栖息在河道狭窄、水温较低、流水湍急的河流中。已有调查显示，川陕哲罗鲑通常适宜生活在水温为 9.7℃～13.8℃、透明度均在 45cm 以上、流速 0.5～2m/s、水深 0.5～5m 的环境中，其食物主要是鱼类和水生昆虫的成虫及其幼虫，有时也吃腐肉。主要分布于中国四川省岷江、青衣江上游，四川省和青海省大渡河中上游，以及位于中国陕西省秦岭山脉南麓汉江上游的徐水河和台北河。

2. 青石爬鮡 *Euchiloglanis davidi*

形态特征：体长形，背鳍前身体扁平，向后逐渐侧扁，胸、腹部平坦。身体呈青灰色，背部色深，腹部黄白色。体较小，种群数较少。生殖季节为 6—7 月，卵巢 1 个，呈囊状，怀卵较慢，量 150～500 粒，成熟卵较大，黄色，直径 3～4 mm。常在急流多石的河滩上产卵，受精卵具黏性，黏在石上发育孵化。

生活习性：以水生昆虫幼虫为主要食物。营底栖生活，多生活在山区河流中，喜流水生活。主要分布于青衣江、岷江上游、金沙江、雅砻江和大渡河上游。

3. 重口裂腹鱼 *Schizothorax（Racoma）davidi*

形态特征：体长，稍侧扁，头呈锥形，口下位，呈马蹄形。上、下唇为肉质，肥厚，下唇分 3 叶，较小个体的中间叶明显，较大个体中间叶极小，被左、右下唇叶所遮盖；左、右两叶宽阔，成为后缘游离的唇褶。须 2 对，约等长或颌须稍长，吻须达到或超过眼前缘，颌须末端超过眼后缘。生长较快，个体也较大，一般可长至 1～3kg，最大个体可达 10kg。

生活习性：为上游冷水性鱼类，平时多生活于缓流的沱中，摄食季节在底质为沙和砾石河床中。生殖期间，雄鱼头部出现白色珠星。性成熟雌鱼的 IV 期卵巢为长袋形，卵粒为橙黄色。以动物性食料为主。繁殖产卵期一般在 8—9 月，产卵于水流较急的砾石河流中。主要分布于长江干支流中，在峡谷河流中见多。

4. 厚唇裸重唇鱼 *Gymondiptychus pachycheilus*

形态特征：体呈长筒形，稍侧扁，尾柄细圆。头锥形，吻突出，吻皮止于上唇中部；口下位，马蹄形。下颌无锐利的角质边缘。唇很发达，下唇左、右叶在前方互相连接，后边未连接部分各自向内翻卷，两下唇叶前部具不发达的横膜，无中叶；唇后沟连续。口角须 1 对，较粗短，末端约达眼后缘的下方。体表绝大部分裸露，除臀鳍两侧各有 1 列大型臀鳍外，仅在胸鳍基部上方的肩带后方有 2~4 行不规则的鳞片。侧线平直，背鳍无硬刺。体和头部黄褐或灰褐色，较均匀地分布着黑褐色斑点，在侧线下方也有少数斑点；腹鳍呈灰白或黄灰色。背鳍浅灰色，尾鳍浅红色，均布有小斑点。

生活习性：栖息于青海、甘肃、四川等地长江和黄河上游各水系的高原宽谷河流中，在河湾洄水处较常见。以水生动物（如石蛾幼虫、端足虾和石蝇稚虫等）为食，也食少量的植物碎屑。生殖季节为 4—5 月。

5. 中华鮡 *Pareuchiloglanis sinensis*

形态特征：鼻须刚达或超过眼前缘；颌须末端尖细，刚达或略超过鳃孔下角。鳃孔下角的位置有个体变异，一般与胸鳍第 1~3 分枝鳍条的基部相对，有时可及胸鳍第 1 不分枝鳍条的上基。上颌齿带中央有明显缺刻。

生活习性：生活在多砾石的主河道和溪流中，伏居在石缝间隙，借助其平展的偶鳍和平坦裸露的胸腹部吸附在岩石或沙砾表面。主要分布于长江上游金沙江、岷江、大渡河等水域。

4.8.4.2 长江上游特有鱼类

调查显示，在汶川县内主要河流分布有长江上游特有鱼类 10 种，为黄石爬鮡、青石爬鮡、中华鮡、前臀鮡、齐口裂腹鱼、西昌华吸鳅、短体副鳅、戴氏山鳅、半鰲和拟缘鲹，占调查河段鱼类总种数的 22.5%。这些特有鱼类有些具有重要的经济价值和科研价值，作为长江上游特有地域性分布物种，采取相应措施对其种质资源进行保护非常重要。

1. 齐口裂腹鱼 *Schizothorax prenanti*

形态特征：体延长，稍侧扁；背缘隆起，腹部圆或稍隆起。头锥形。吻略尖。口下位，横裂或略呈弧形。下颌具锐利角质前缘，其内侧角质不甚发达。下唇游离缘中央内凹，呈弧形，其表面具乳突。唇后沟连续。须 2 对。

生活习性：在自然环境中生长较慢，雌性需 4 龄达性成熟，雄性一般在 3 龄达性成熟。据调查，齐口裂腹鱼要上溯到栖息地以上的江段产卵，岷江中上游产卵时间主要集中在 4—5 月。若遇到外界条件不好，即使性腺成熟，也可较长时间内不退化，以保障后代繁衍。卵多产于急流底部的砾石和细沙上，也常被水冲下至石穴中进行发育。齐口裂腹鱼主要以着生藻类为食，偶尔食一些水生昆虫、螺蛳和植物的种子。摄食时，尾部向上翘起，以其发达的下颌角质边缘在岩石上从一端刮向另一端，随刮随吸，在其刚刮取过的岩石上留下明显的痕迹。齐口裂腹鱼为长江上游特有鱼类，主要分布于中国长江上游的金沙江、岷江、大渡河、青衣江及乌江下游等水域。

2. 黄石爬鮡 *Euchiloglanis kishinouyei*

形态特征：眼小，眼缘清楚。鼻须几达或略超过眼前缘；颌须末端延长、尖细，超过鳃孔下角；外侧颌须刚达或略超过胸鳍起点。鳃孔下角多数与胸鳍第 1 分枝鳍条基部相对，少数与第 2~4 分枝鳍条相对。上颌齿带整块或中央有一小缺刻。上唇、口侧及前胸有小乳突，往后仅表现为略粗糙，腹部光滑。

生活习性：为中小型底栖鱼类，常匍匐在河流砾石滩上生活，食水生昆虫及其幼虫。黄石爬鮡为长江上游的特有鱼类，分布于长江上游金沙江、岷江水系。

3. 西昌华吸鳅 *Sinogastromyzon sichangensis*

形态特征：体形平扁，尾部稍侧扁；头短，吻定回成铲状。眼上位，口小，下位，横裂成弧形。唇与颌分离，唇肉质，上唇约有 10 个乳头状突起，下唇较薄，具小乳突。下颌具有角质边缘，吻皮稍向两侧下垂。须 4 对，吻须 2 对，口角须 2 对；鳃孔小，位于胸鳍基起点上后方，鳃膜与峡部相连，胸、腹绪左右平展。

生活习性：西昌华吸鳅为中小型底栖鱼类，常匍匐在河流砾石滩上生活，食水生昆虫及其幼虫。西昌华吸鳅为长江上游的特有鱼类，分布于长江上游金沙江、岷江水系。

4. 前臀鮡 *Pareuchiloglanis anteanalis*

形态特征：体稍细背缘较圆凸，尾部侧扁。头平扁。吻钝圆。眼小背位。口下位周有小突起；齿锥形口闭前颌齿带微露中央一缺刻。肛门距臀鳍较距腹鳍基近、无鳞、侧线直、背鳍始于吻端与脂背鳍正中；胸鳍低圆不达腹鳍。腹鳍自背鳍基后端下方略达肛门。尾鳍微凹。体鳍灰黄或绿黄色，腹部白色；尾鳍灰黑色，中央有1黄斑。

生活习性：生活在多砾石的主河道和溪流中，伏居在石缝间隙，借助其平展的偶鳍和平坦裸露的胸腹部吸附在岩石或沙砾表面。臀鳍前移加强了身体主动活动能力，尾柄相对细长，可适应急流环境生活的适应。前臀鮡为长江上游特有鱼类，主要分布于中国长江上游的金沙江、岷江、青衣江、大渡河、白龙江等水域。

5. 短体副鳅 *Paracobitis potanini*

形态特征：第一鳃弓外侧鳃耙退化，内侧8~11。脊椎骨4+34~36+1。鳔后室退化，前室分为两个侧室，呈球形，包裹干骨质鳔囊中，其间为骨质峡部。

生活习性：属底栖性鱼类，喜生活在江河或溪流的底层。食物主要是底栖无脊椎动物或昆虫幼虫等。第二年性成熟，第一次性成熟的体长随栖息环境不同而异，一般体长50mm，体重3.5g。成熟卵为橙黄色，卵大，圆形，卵径2.0~2.5mm。怀卵量与个体大小有关，常见个体怀卵量为150~400粒。短体副鳅是长江上游特有鱼类，主要分布于长江上游的干支流。

6. 戴氏山鳅 *Oreias dabryi*

形态特征：身体延长，稍侧扁，前躯较宽，尾柄较长。外吻须后伸至鼻孔和眼中心之间的下方，颌须伸达眼后缘之下。前、后鼻孔紧邻，前鼻孔瓣状。下颌前缘中部无"V"字形缺刻。体长50~96mm。

生活习性：栖息于急流石砾底河段，停留在石砾缝隙中或岸边被水冲刷形成的洞穴中，以小型昆虫幼虫为食。戴氏山鳅是长江上游特有鱼类，主要分布于四川及其毗连的云南北部、贵州和湖北西部的长江干流及其附属水体等，常见于激流砾石底质河段。

7. 半䱗 *Hemiculterella sauvagei*

形态特征：体长形，侧扁，背部较平直。头中大，侧扁。鳞中大。侧线自头后向下倾斜。背鳍位于腹鳍基后上方，无硬刺。鳃耙短而数少，排列稀。体呈银色，体侧自头后至尾鳍基常具1黑色纵带，背鳍、尾鳍、胸鳍呈浅灰色，腹鳍、臀鳍浅色。

生活习性：栖息于急流石砾底河段，停留在石砾缝隙中或岸边被水冲刷形成的洞穴中，以小型昆虫幼虫为食。半䱗是长江上游特有鱼类，主要分布于长江上游干支流水体。

8. 拟缘鮡 *Liobagrus marginatoides*

形态特征：体长形，前躯较圆，肛门以后逐渐侧扁。头圆扁。吻钝圆。上、下颌约等长。颌须最长；外侧颏须等于或略短于颌须，后伸不超过胸鳍基部；鼻须短于外侧颏须，内侧颏须最短。背鳍起点距吻端小于距脂鳍起点。脂鳍与尾鳍相连，中间有一缺刻。臀鳍平放，远不及尾鳍基，尾柄长短于臀鳍基长。肛门距腹鳍基较距臀鳍起点近。拟缘鮡是长江上游特有鱼类，主要分布于长江上游的干支流水域。

4.8.4.3 珍稀保护鱼类

汶川县境内历史上分布有川陕哲罗鲑，该物种也是《中国濒危动物红皮书》及《中国物种红色名录》濒危（EN）物种。川陕哲罗鲑是冰川期残遗种，为我国特有的狭布种，目前数量很少。近年来主要在岷江上游和大渡河流域上游有发现，在汶川县内水域未见捕到此鱼的记录。青石爬鳅被《中国物种红色名录》评估为极危（CR）物种；黄石爬鳅、中华鳅为《中国物种红色名录》濒危（EN）物种；白缘䱀为易危（VU）物种。

4.8.5 鱼类食性

摄食是鱼类的重要的生命活动之一，鱼类的摄食器官和体型等形态结构与所摄取的食物类型紧密相关。调查范围内鱼类根据食性可划分为以下几个类群：①植物食性鱼类。主要摄食着生藻类的鱼类，包括裂腹鱼亚科的某些种类，它们的口裂较宽，近似横裂，下颌前缘多具有锋利的角质，适应于刮取生长于石头上的藻类的摄食方式，如齐口裂腹鱼。②动物食性鱼类。主要摄食底栖无脊动物的鱼类，它们的口部常具有发达的触须或肥厚的唇，用以吸取食物。所摄取的食物，除少部分是生长在深潭和缓流河段泥沙底质中的摇蚊科幼虫和寡毛类外，多数是生长在急流的砾石河滩石缝间的毛翅目、襀翅目和蜉蝣目昆虫的幼虫或稚虫。动物食性鱼类有红尾副鳅、贝氏高原鳅、中华鳅、拟缘䱀等。③以浮游动植物为食的鱼类。口较大，鳃耙密而长，多栖息在开阔的水面，并且水流较缓，如鲢和鳙等。④杂食性鱼类。既摄食底栖动物、水生昆虫性饵料，也摄食藻类及植物的残渣、种子等，如鲤、鲫、重口裂腹鱼等。⑤食鱼性鱼类。主要摄食其他鱼类，一般体延长，稍偏扁，口端位、口裂大，汶川境内分布的有鮕、乌鳢等。

4.8.6 鱼类繁殖习性

鱼类的繁殖习性往往具有种的特性，不同物种或同一物种在不同的河流都有一定差异，即繁殖策略上的差异。鱼类的繁殖策略差异主要源于物种对繁殖时间、繁殖场所的水文特征和河床底质特征上的特殊要求。鱼类对于繁殖场所的要求主要包括水文情势（流速、流态、径流量等）、河床底质形态以及水体透明度等环境因子，不同物种繁殖的水文要求是有差异的；依据产卵习性，汶川县内的鱼类主要可分为产漂流性卵和产黏性卵两大类群。

1. 产漂流性卵

产漂流性卵繁殖类群对环境要求较高，必须满足一定的水温、水位、流速、流态、流程等水文条件才能完成繁殖和孵化。要求在多种急流水中上滩产卵排精，受精卵随水流漂浮发育，如急流水河段距离不够，受精卵将下沉窒息死亡。产漂流性卵鱼类需要湍急的水流条件，通常在汛期洪峰发生后产卵。这一类鱼卵比重略大于水，但产出后卵膜吸水膨胀，在水流的外力作用下，鱼卵悬浮在水层中顺水漂流。孵化出的早期仔鱼仍然要顺水漂流，待身体发育到具备较强的溯游能力后，才能游到浅水或缓流处停歇。从卵产出到仔鱼具备溯游能力，一般需要30h或40h以上，有的需要时间更长。汶川境内重要水体中产漂流性卵鱼类种类相对较少，有鲢、鳙、草鱼（紫坪铺成库后出现的类群）和犁头鳅等。鱼类的产卵期主要集中在3—8月，多为4—6月。产卵水温为16℃~32℃，产卵高峰多在20℃~24℃。产卵时，除要求达到一定水温外，还需要一定的涨水刺激（流速增大在促进鱼类繁殖的水文因素中起主要作用）。

2. 产黏性卵

汶川县内绝大多数鱼类为产黏性卵类群。产黏性卵鱼类多在春夏季节产卵，也有部分种类产卵时间晚至秋季，其对产卵水域流态底质有不同的适应性，多数种类都需要一定的流水刺激。产出的卵或黏附于石砾、水草发育，或落于石缝间在激流冲刷下发育。根据黏性程度不同，又可以分为弱黏性卵和强黏性卵两类，产弱黏性卵的种类包括中华倒刺鲃、鮕等，如中华倒刺鲃鱼卵的卵周隙较大，卵膜外可达 3.3mm，弱黏性，在静水水体中产于水草或石砾表面，在缓流水体则可保流孵化。产强黏性卵的种类通常生活于激流浅滩或流速较大的河槽，产出的卵黏附在石砾表面，激流中孵化，包括鲤科的马口鱼、宽鳍鱲、鲤、鲫、白甲鱼、麦穗鱼、齐口裂腹鱼、重口裂腹鱼、厚唇裸重唇鱼和松潘裸鲤等，还包括鳅科的泥鳅、红尾副鳅、贝氏高原鳅、戴氏山鳅等。其在繁殖具体时间和对产卵基质要求上略有差异。

齐口裂腹鱼繁殖季节多在 4—7 月（岷江上游水温偏低，繁殖时间主要集中在 4—5 月），水温为 11℃～16℃。齐口裂腹鱼在繁殖季节有短距离洄游习性，一般要上溯到栖息地以上江段产卵，将卵产于急流、浅滩的砂、砾石上。重口裂腹鱼平时多生活于缓流的沱中，摄食季节在底质为沙和砾石、水流湍急的环境中活动，秋后向下游动，在河流的深坑或水下岩洞中越冬。生殖时间主要集中在 7—8 月，秋分为产卵盛期，产卵于水流较急的砾石河床中。青石爬鮡和黄石爬鮡属于急流产卵鱼类，产卵多在夏季，渔民称多在入伏前后，最晚 9 月仍有产卵。雌、雄个体的外形区别在于非生殖期雄性肛门后面具有生殖乳突。雄鱼具有特殊的交配器官，表现为发达的延伸于体内并可伸缩的生殖乳突，雄鱼体内授精方式，其成熟卵的受精和产出是异步的。受精卵多产于流速湍急的河道乱石缝穴中，受精卵黏附在石块和砂粒上。中华倒刺鲃属浅滩产微黏性卵的类型，其卵金黄色，卵径 1.8～2.0mm，卵常常随着水体环境的不同呈现不同的黏性或漂流性。其产卵期较长，通常在岷江及其分支河流产卵。中华倒刺鲃 4 月就开始产卵，一直持续到 6 月中旬结束，产卵高峰期是在 5 月上旬到 6 月上旬。中华倒刺鲃属分批产卵类型，通常不会一次产完，每次产出一部分成熟鱼卵，10～15 天后再次产卵，直到卵粒完全产出。中华倒刺鲃在产卵季节具有短距离洄游习性，一般到所生活河流上游的浅滩和激流地带集群产卵于砾石堆缝或水草中，随水流或黏附于石砾表面孵化。受精卵在水温 20℃以上即可正常发育，孵化时间一般为 40～45h。

鳅科鱼类如红尾副鳅性成熟年龄为 2～3 龄，生殖季节为 6—8 月，怀卵量较少，体长 140mm 个体怀卵量为 500～600 粒，卵较大，黄白色或棕色。短体副鳅第一次性成熟的体长一般为 50mm 左右，成熟卵呈橙黄色，卵大，圆形，卵径 2.0～2.5mm，其怀卵量通常与个体大小有关，常见个体怀卵量为 150～400 粒。

宽鳍鱲每年 4—6 月在流水滩上产卵。唇䱻产卵期为 3—5 月，在底质为卵石或砾石、流速 0.5～1.0m/s 的流水滩产强黏性卵。白甲鱼则在 5—7 月集群上溯至底质为礁岩的河床上产卵。少数鱼类可在静缓流水环境下繁殖，产黏性卵，其卵有的黏附于水草发育，如鲤、鲫、泥鳅等；有的黏附于砾石发育，如鮎、麦穗鱼等。

总体来讲，汶川县内分布的鱼类大多在春、夏季（4—7 月）产卵繁殖，以产黏性卵为主。

4.8.7 鱼类资源现状

汶川县内河流发达、支流众多，河段湾沱多，分布一些急流、缓流和静水区，沿岸具有一些湾、沱、汊，河流生境异质性高，为适宜流水生境的鱼类栖息繁殖提供了一定条件。在长江十年禁渔计划实施前，汶川县内主要河段渔民捕捞网具为三层刺网、定置刺网和地笼等。根据 2022 年 10 月鱼类资源调查数据，结合 2020 年 6 月调查的鱼类资源数据，汶川县内岷江干流（包括紫坪铺）、寿溪河和渔子溪等河流采集到的渔获物 2 目 2 科 15 种，主要包括宽鳍鱲、戴氏山鳅、红尾副鳅、贝氏高原鳅、草鱼、鲤、鲫、鲢、鳙、齐口裂腹鱼和重口裂腹鱼等。从渔获物组成的数量上看，该区域以贝氏高原鳅（49.05%）和鲫（13.33%）等鱼类为主（表 4.8-2）；从种类组成上看，以适应静水生活的鲢、鳙、鳅类等鱼类为主。

表 4.8-2　汶川境内主要河流渔获物组成情况

物种	体长范围（cm）	体重范围（g）	体重平均值	数量	数量百分比（%）
鲢	37.0~49.0	950.0~1880.0	1309.1	8	3.81
鳙	18.2~64.0	115.9~4700.0	2215.3	3	1.43
鲫	18.0~24.0	174.7~374.0	302.1	28	13.33
鲤	19.9~55.0	115.7~4130.0	928.4	8	3.81
草鱼	27.5~64.0	528.0~4850.0	2009.3	3	1.43
齐口裂腹鱼	7.5~16.5	5.54~60.83	14.46	7	3.33
重口裂腹鱼	—	—	—	1	0.48
红尾副鳅	12.5~16.2	8.8~14.0	12.1	2	0.95
戴氏山鳅	3.7~7.5	1.2~5.58	2.35	24	11.43
贝氏高原鳅	4.9~8.2	1.28~6.32	3.67	103	49.05
宽鳍鱲	16.5~17.0	57.2~66.3	63.2	3	1.43
花鳕	—	—	313.7	1	0.48
半䱇	16.5~17.0	57.2~66.3	63.2	3	1.43
麦穗鱼	4.5~5.6	1.40~3.12	2.35	15	7.14
泥鳅				1	0.48
合计				210	100.00

调查结果显示，汶川县内的鱼类种类组成与历史记录相比，呈现下降趋势，如喜流水生活的松潘裸鲤、犁头鳅等鱼类已很少见到；部分库区（紫坪铺库区）新增加了适应于静水生活的一些种类，如鲤、鲫、鲢和鳙等鱼类。

渔获物中，有长江上游特有鱼类 3 种，包括半䱇、戴氏山鳅和齐口裂腹鱼；经济鱼类 6 种，为鲢、鳙、鲤、鲫、花鳕、草鱼。根据资源量现状可知，调查水域渔获物中的国家二级保护鱼类重口裂腹鱼资源量相对较少，本次仅捕获到 1 尾，数量百分比为 0.48%；经济鱼类鲫、鲢和鳙资源量相对较大。

4.8.8　鱼类重要生境

调查鱼类的产卵场、索饵场和越冬场（以下简称"三场"）是了解汶川县内鱼类生活史对策，以及更好地保护鱼类生存繁衍的基础。生活在其中的鱼类适应了河流中水文情势和微生境，其产卵繁殖场所、索饵环境及冬季越冬环境相对较为固定。调查这些三场是有针对性地保护具有经济价值和学术价值鱼类的重要内容。

4.8.8.1　产卵场

一般来说，产卵场大致有急缓流交错河段、急流礁石滩河段、河道急转下跌静缓流水域等类型。在部分产漂流性卵鱼类产卵场特流态中，常有称为"泡漩水"的特征水流出现，其特点为水面呈现类似锅内水被烧开时的形态，某处水流自下而上翻滚，这是水流冲击河底深潭或岩礁遇阻改变方向而形成的。

汶川县内岷江干流部分河段和支流渔子溪、草坡河上游河段生境异质性高，有急流、缓流和静水等多样生境类型，河道宽阔，河道底质以卵石、砂砾、泥沙等为主，可为鳅科鱼类和裂腹鱼鱼类提供产卵场所（图 4.8-1）。岷江干流一碗水隧道附近和渔子溪上游的河段水流速范围 1.0~2.0m/s

（2023年7月），水深0.5~1.0m，底质为砾石和礁石，可为裂腹鱼产卵提供良好的栖息生境。调查期间，在该河段采集到数尾裂腹鱼幼鱼。鲤、鲫等喜静水生活鱼类的产卵场位于紫坪铺和福堂电站的库区河段等，主要分布在紫坪铺库区。

岷江干流—碗水隧道附近

渔子溪上游河段

图4.8-1　裂腹鱼鱼类产卵场生境

4.8.8.2　索饵场

鱼类的索饵场与鱼类的摄食方式、类型及个体有关。成鱼和较大个体幼鱼的索饵场，一般与它们活动的水域一致，只是觅食水层的深浅会随着水体透明度大小而改变。该区域土著鱼类多以周丛生物和底栖无脊椎动物为食，整个河段均为其索饵场。流速湍急的激流区主要为鮡科鱼类索饵区，相对缓流区是裂腹鱼鱼类的主要索饵场，高原鳅等的索饵场主要在岸边浅水区及回水区。河面较宽的紫坪铺库区、福堂库区及支流渔子溪熊猫电站库区水流较缓，饵料生物相对丰富，是鱼类重要的育幼场所。

4.8.8.3　越冬场

鱼类的越冬场大多在水体较宽而深的水域，多为河沱，洄水、微流水或流水，底质多为乱石或礁石，凹凸不平。根据调查，紫坪铺库区、福堂水电站库区、渔子溪熊猫水电站库区等水体较深、水面宽广，是很多大中型鱼类理想的越冬场所（图4.8-2）。

紫坪铺库区

福堂水电站库区

渔子溪熊猫水电站库区

图 4.8-2　汶川县内鱼类主要越冬场

另外，只要水深能达到 1.5m 以上，底质多为乱石的深沱、深沟处，多是小型鱼类（如□科、鳅科等）的越冬场。调查河段鱼类的越冬场主要位于各个电站大坝（如干流的紫坪铺、福堂水电站）形成的库区和部分深潭等。

4.8.9　水生生物完整性评价

2018 年 4 月，习近平总书记在深入推动长江经济带发展座谈会上指出，"长江生物完整性指数到了最差的'无鱼'等级"。依据汶川县内重要水域岷江上游干支流生境现状，参考农业农村部制定的《长江流域水生生物完整性指数评价办法（试行）》评价指标，对岷江上游干流汶川境主要河流水生生物完成性进行评价。依据评价方法，主要选择鱼类状况、重要物种状况、生境状况三大指数，包括其中的 13 个必选指标，明确了种类数、重点保护物种、水体连通性 3 个指标为关键性指标，以 2000 年之前的鱼类数据为基准值，对本次调查期间水生生物完整性进行评价，各个指标的赋值见表 4.8-3。

表 4.8-3 汶川境主要水域水生生物完整性指数评价指标及其赋值

指数	编号	指标	适用区域	赋值
鱼类状况	1	种类数*	岷江上游	3
	2	资源量	岷江上游	2
	3	优势科	岷江上游	4
	4	营养结构	岷江上游	4
	5	成鱼比例	岷江上游	3
	6	外来入侵物种	岷江上游	1
重要物种状况	7	重点保护物种*	岷江上游	5
	8	区域代表物种	岷江上游	5
	9	特有鱼类	长江上游干支流	4
生境状况	10	水体连通性*	岷江上游	0
	11	岸线硬化度	岷江上游	4
	12	渔业水质	岷江上游	4
	13	营养状态	湖泊和水库	4

注：*表示关键性指标。

1. 指数计算

采用加权平均法分别计算鱼类状况、重要物种状况及生境状况得分，并对得分进行百分制标准化。

暂定各指标权重相等，后续结合各评价水域实际适当调整各指标权重。

$$S' = 20 \times \sum I_i W_i$$

式中，S' 为各类别状况得分；I 为相应类别下指标分值；W 为相应类别指标对应权重。

S'（鱼类状况）= $20 \times (1/2 + 1/3 + 2/3 + 2/3 + 1/2 + 1/6) = 56.67$；

S'（重要物种状况）= $20 \times (5/3 + 5/3 + 4/3) = 93.33$；

S'（生境状况）= $20 \times (0 + 1 + 1 + 1) = 60$。

2. 确定指数得分

计算得分后，分别对比鱼类状况、重要物种状况及生境状况的关键性指标，取最小值确定各类别状况的最终得分。

$$S = \min(S', 20 \times I')$$

式中，S 为各类别状况最终得分；S' 为各类别状况得分；I' 为关键性指标得分。

S（鱼类状况）= $\min(56.67, 60)$，故鱼类状况最终得分为 56.67。

S（重要物种状况）= $\min(93.33, 100)$，故重要物种状况最终得分为 93.33。

S（生境状况）= $\min(60, 0)$，故生境状况最终得分为 0。

第4章 调查结果与分析

3. 水生生物完整性指数

计算鱼类状况、重要物种状况与生境状况得分的平均值,作为调查水域水生生物完整性指数最终得分。依据评价标准,汶川县内主要水域水生生物完整性指数平均值=(56.67+93.33+0)/3=50,评价等级为"较差"。

4.9 浮游生物

浮游生物是一个生态学概念,泛指生活于水中而缺乏有效移动能力的微小生物,一般无运动能力或仅具备较弱的运动能力,不能做远距离的移动,也不足以抵拒水的流动力。浮游生物分为浮游植物和浮游动物两大类。浮游植物是水生态系统的初级生产者,浮游动物则是水生食物链中重要的中间环节,二者在物质循环和能量流动过程中均发挥着重要作用。浮游生物的种类组成、数量和多样性等群落特征常用于水生态系统环境的监测和评价。

4.9.1 物种组成

本次野外调查采样共检出浮游植物6门44属89种(含变种与未定种),其中硅藻为主要类群,共20属56种;其次为绿藻13属20种、蓝藻7属11种;隐藻门、金藻、定鞭藻门种类较少,分别为2属2种、1属1种和1属1种。从物种组成来看,与内陆的低海拔地区大多数河流中种类较多、常以绿藻种类为主、硅藻次之的现象不同,研究水域位于高山峡谷地带,温度低,水流速度快,浮游植物定居困难,因此种类少,且以耐寒硅藻为主。检出浮游动物4类33种(属/目),其中轮虫最多,为12种/属;其次依次为原生动物8种/属、枝角类7属、桡足类6属(目)。浮游动物种类数量较少,这也与调查水域气候环境特征相符合。

4.9.2 空间分布格局

4.9.2.1 浮游植物现存量时空分布

2022年10月,调查水域浮游植物密度均值为$3.77×10^5$ind/L,变化范围为$1.02×10^5$~$1.53×10^6$ind/L,以0009样点寿溪河最高,0012样点渔子溪最低(表4.9-1)。岷江干流浮游植物总密度(均值$3.732×10^5$ind/L)略低于支流(均值$5.02×10^5$ind/L,图4.9-1),但硅藻所占比例(96.8%)高于支流(88.8%);四条主要支流中,寿溪河密度最高,其余三条支流差异不大。除渔子溪(硅藻占比44.5%)外,浮游植物以硅藻占主要优势,占比75.8%~94.6%;蓝藻仅在渔子溪(40.3%)和杂谷脑河(17.7%)中占据一定比例。浮游植物生物量均值为0.2258mg/L,变化范围为0.0355~0.8618mg/L,以0009样点寿溪河最高,0004样点渔子溪最低(表4.9-2)。其空间分布规律与密度相似:岷江干流浮游植物生物量(均值0.1897mg/L)低于支流(均值0.3095mg/L,图4.9-2),但硅藻所占比例(97.8%)高于支流(84.5%);四条主要支流中,寿溪河生物量最高,其余三条支流差异不大。除渔子溪以蓝藻占优势(蓝藻占比74.6%)外,浮游植物生物量也以硅藻占主要优势,占比84.5%~96.3%(图4.9-2)。硅藻由于硅质细胞壁的存在,自身比重较大,需要一定的流速才能够协助其在水体中悬浮,因此,在流速较大的干流断面优势较为明显。支流生境相较于干流水面较窄,水流较缓慢,营养物质较丰富,更有利于蓝绿藻类浮游植物生存。渔子溪与杂谷脑河水流速度适中,其上游和沿岸有村镇、农田,营养水平较高,故蓝藻数量较多。

表 4.9－1 两次采样各样点浮游植物密度分布（×10^4 ind/L）

样点	蓝藻门		绿藻门		硅藻门		隐藻门		金藻门	
	10月	7月	10月	7月	10月	7月	10月	7月	10月	7月
0045	4.11	1.22	1.49	0.00	17.55	11.00	0.00	0.00	0.00	0.00
0040	0.00	1.18	0.58	1.18	9.93	21.27	0.58	0.00	0.00	31.90
0004	0.77	0.00	1.54	0.00	10.00	8.15	0.77	0.00	0.00	0.00
0012	6.56	0.78	0.73	0.00	2.19	5.48	0.73	0.00	0.00	0.00
0024	9.23	0.91	1.73	0.00	6.06	1.82	0.00	0.00	0.00	0.00
0009	1.37	0.00	6.83	0.96	144.81	25.85	0.00	0.00	0.00	0.00
0044	0.95	0.00	0.00	4.79	22.82	44.04	0.00	0.96	0.00	0.00
0041	0.00	0.00	0.00	1.02	20.97	18.33	0.00	0.00	0.00	0.00
0034	1.02	0.00	0.00	0.00	24.45	40.74	0.00	0.00	0.00	0.00
0019	1.37	0.00	2.73	0.00	91.53	4.94	0.00	0.00	0.00	0.00
0020	0.00	0.92	0.00	0.00	20.92	25.67	0.00	1.83	0.00	0.00

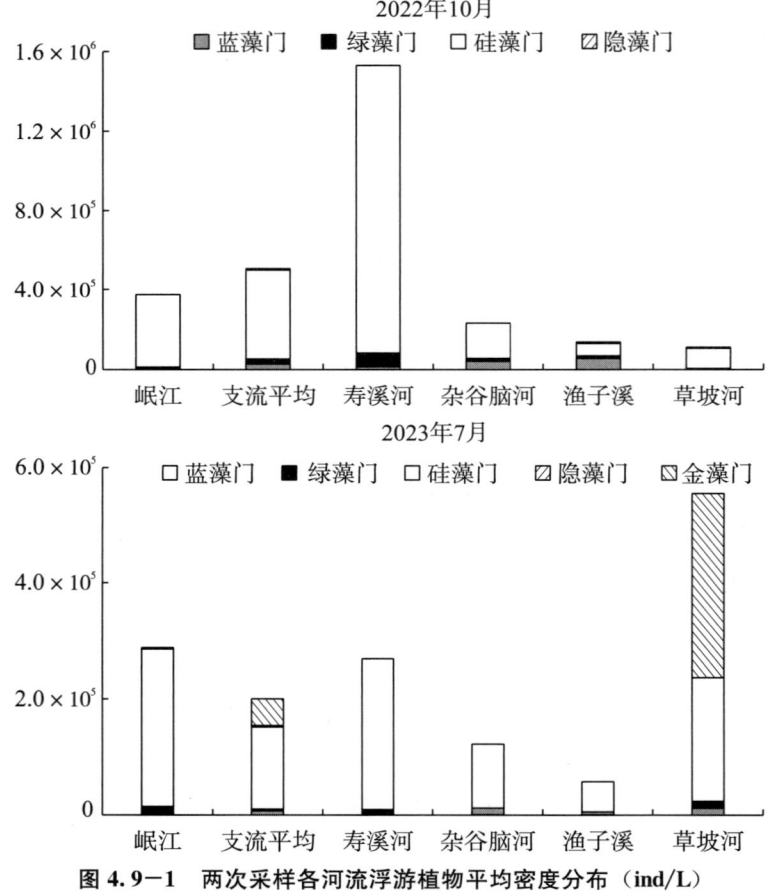

图 4.9－1 两次采样各河流浮游植物平均密度分布（ind/L）

2023 年 7 月，浮游植物密度均值为 $2.32×10^5$ ind/L，变化范围为 $2.73×10^4$～$5.55×10^5$ ind/L，以 0040 样点草坡河最高，0024 样点渔子溪最低（表 4.9－1）。岷江干流浮游植物总密度（均值 $2.871×10^5$ ind/L）略高于支流（均值 $1.546×10^5$ ind/L，图 4.9－1），均以硅藻占优势（分别为 94.1% 和 70.8%）。四条主要支流中，草坡河密度最高，渔子溪最低；除草坡河（硅藻占比

38.3%）外，浮游植物以硅藻占绝对优势，占比 90.0%～96.4%；金藻仅在草坡河中出现且占据优势（57.4%，图 4.9－1）。2023 年 7 月，生物量均值为 0.1313mg/L，变化范围为 0.0319～0.8618mg/L，以 0034 样点岷江最高，0024 样点渔子溪最低（表 4.9－2）。其空间分布规律与密度相似：岷江干流浮游植物生物量（均值 0.1973mg/L）高于支流（均值 0.0936mg/L，图 4.9－2），硅藻所占比例（96.6%）也高于支流（89.6%）；四条主要支流中，寿溪河生物量最高，其余三条河流差异不大。草坡河由于数量占优势的金杯藻细胞小，生物量较低（图 4.9－2）。

表 4.9－2　各样点浮游植物生物量分布（mg/L）

样点	蓝藻门		绿藻门		硅藻门		隐藻门		金藻门	
	10 月	7 月	10 月	7 月	10 月	7 月	10 月	7 月	10 月	7 月
0045	0.0028	0.0006	0.0044	0.0000	0.1433	0.0313	0.0000	0.0000	0.0000	0.0000
0040	0.0000	0.0009	0.0023	0.0056	0.0732	0.0502	0.0005	0.0000	0.0000	0.0351
0004	0.0017	0.0000	0.0020	0.0000	0.0309	0.0521	0.0009	0.0000	0.0000	0.0000
0012	0.0995	0.0004	0.0002	0.0000	0.0221	0.0691	0.0009	0.0000	0.0000	0.0000
0024	0.2331	0.0004	0.0248	0.0000	0.0312	0.0024	0.0000	0.0000	0.0000	0.0000
0009	0.0068	0.0000	0.0532	0.0015	0.8017	0.1661	0.0000	0.0000	0.0000	0.0000
0044	0.0067	0.0000	0.0000	0.0168	0.0755	0.2119	0.0000	0.0086	0.0000	0.0000
0041	0.0000	0.0000	0.0000	0.0011	0.0907	0.1291	0.0000	0.0000	0.0000	0.0000
0034	0.0032	0.0000	0.0000	0.0000	0.1160	0.3734	0.0000	0.0000	0.0000	0.0000
0019	0.0089	0.0000	0.0025	0.0000	0.5426	0.0484	0.0000	0.0000	0.0000	0.0000
0020	0.0000	0.0019	0.0000	0.0000	0.1024	0.2159	0.0000	0.0220	0.0000	0.0000

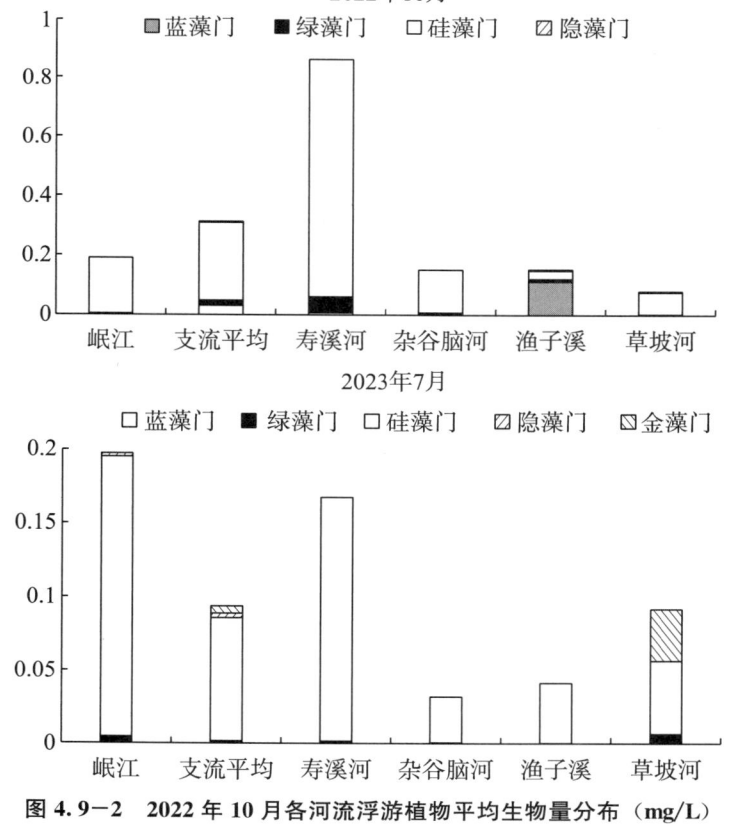

图 4.9－2　2022 年 10 月各河流浮游植物平均生物量分布（mg/L）

总的来说，两次采样中浮游植物现存量均不高，尤其是丰水季节，这与该水域水流速度快、水温低、营养水平较低有关。两次采样干流和支流浮游植物分布趋势不一致：丰水期干流较高，平水期支流较高，这可能是由于丰水期干流紫坪铺库区的调蓄作用，使干流生境更加平稳，适宜浮游植物生存；平水期支流水流速度和营养水平则更适合浮游植物增殖。金藻仅在草坡河中出现，且占据优势，与草坡河水质清澈、水温较低的环境特征相吻合。

从浮游植物现存量来看，两次采样优势属均主要是硅藻，其中，2022年10月主要是脆杆藻、针杆藻、等片藻、曲壳藻、桥弯藻、异极藻等；2023年7月则主要是曲壳藻（图4.9-3）。这些种类都是频繁扰动的浑浊型浅水水体的代表性种属，与调查水域水流速度快、水体含沙量大的环境状况相吻合。

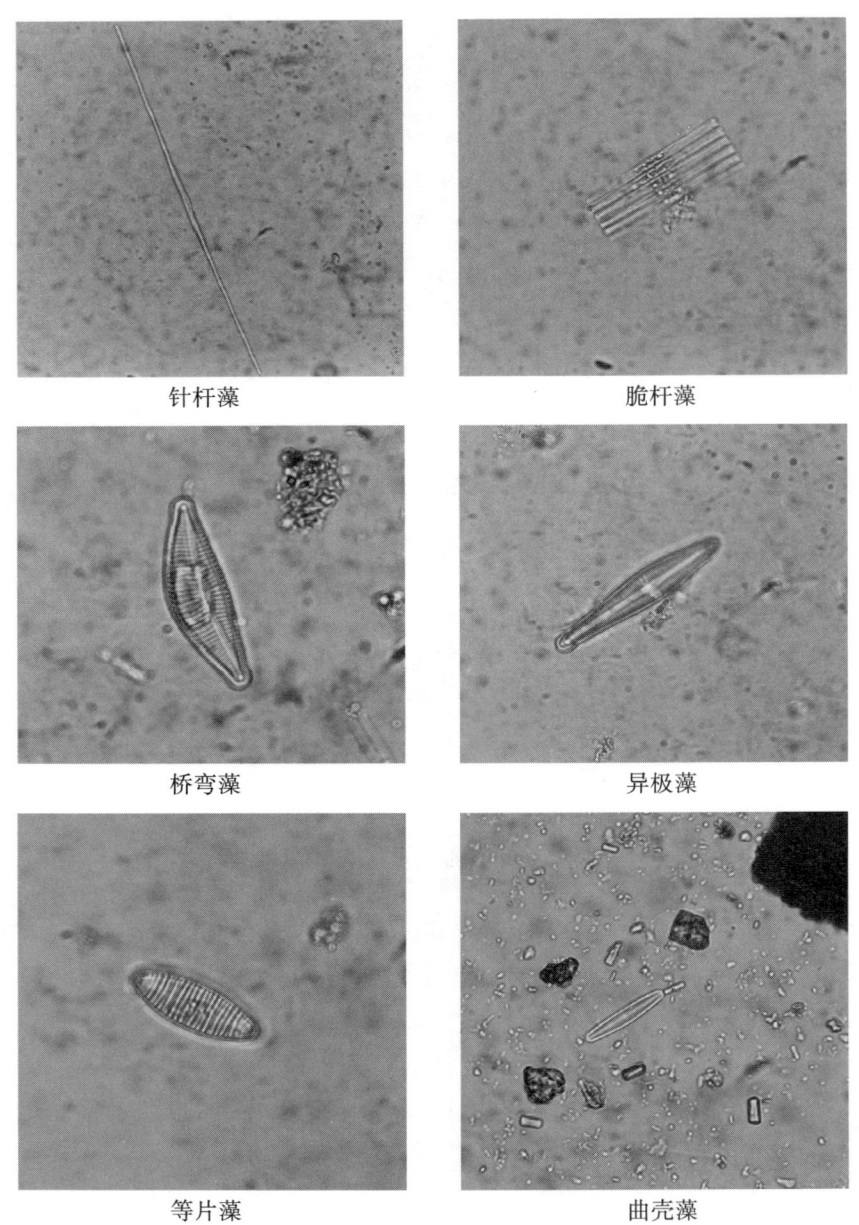

图4.9-3 2022年10月浮游植物优势属

4.9.2.2 浮游动物现存量时空分布

2022年10月，调查水域浮游动物现存量不高，密度均值为0.112ind/L。其中，0040样点（草坡

第 4 章 调查结果与分析

河）最低，为 0.00ind/L，0009 样点（寿溪河）和 0019 样点（渔子溪入岷江口）最高，为 0.24ind/L（表 4.9-3）。岷江干流（均值 0.112ind/L）与支流（均值 0.107ind/L）浮游动物总密度差异不大，但组成有明显差异：岷江中以枝角类数量较多（42.9%），定量样品中缺少轮虫；支流中则是原生动物（37.5%）和轮虫（31.2%）所占比例较大（图 4.9-4）。定量样品中优势属包括原生动物表壳虫，枝角类象鼻溞、尖额溞，桡足类真剑水蚤属，以及单趾轮虫、鞍甲轮虫等（图 4.9-5）。

表 4.9-3 各样点浮游动物密度分布（ind/L）

样点	枝角类		桡足类		轮虫		原生动物	
	10月	7月	10月	7月	10月	7月	10月	7月
0045	0.00	0.00	0.00	0.00	0.04	0.04	0.08	0.00
0040	0.00	0.00	0.00	0.00	0.00	0.02	0.00	0.00
0004	0.00	0.00	0.04	0.00	0.00	0.00	0.00	0.00
0012	0.04	0.00	0.00	0.00	0.12	0.00	0.00	0.00
0024	0.04	0.00	0.00	0.00	0.00	0.00	0.00	0.00
0009	0.04	0.00	0.00	0.00	0.00	0.04	0.16	0.00
0044	0.12	0.00	0.04	0.00	0.00	0.00	0.00	0.00
0041	0.00	0.00	0.00	0.00	0.00	0.00	0.00	0.00
0034	0.08	0.00	0.00	0.00	0.00	0.02	0.00	0.00
0019	0.04	0.00	0.04	0.00	0.00	0.00	0.16	0.00
0020	0.00	0.04	0.04	0.02	0.00	0.04	0.00	0.00

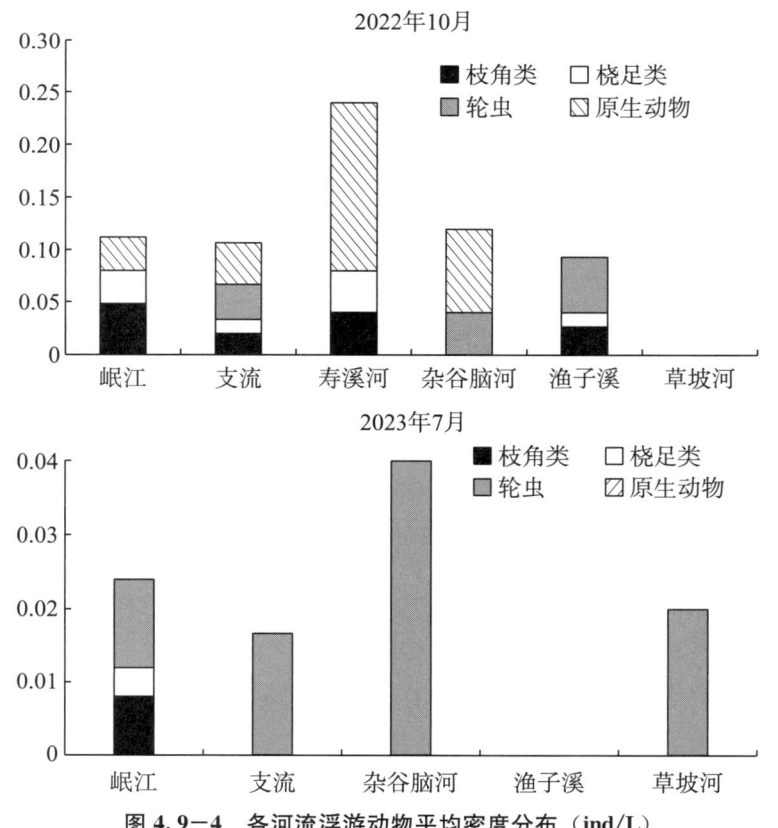

图 4.9-4 各河流浮游动物平均密度分布（ind/L）

2023年7月浮游动物现存量显著低于2022年10月，密度均值仅为0.02ind/L，最高为0012样点（紫坪铺库区，0.1ind/L），多个样点定量样品中未检出，空间差异不明显。在各类群中，轮虫属数量略多（图4.9-5）。

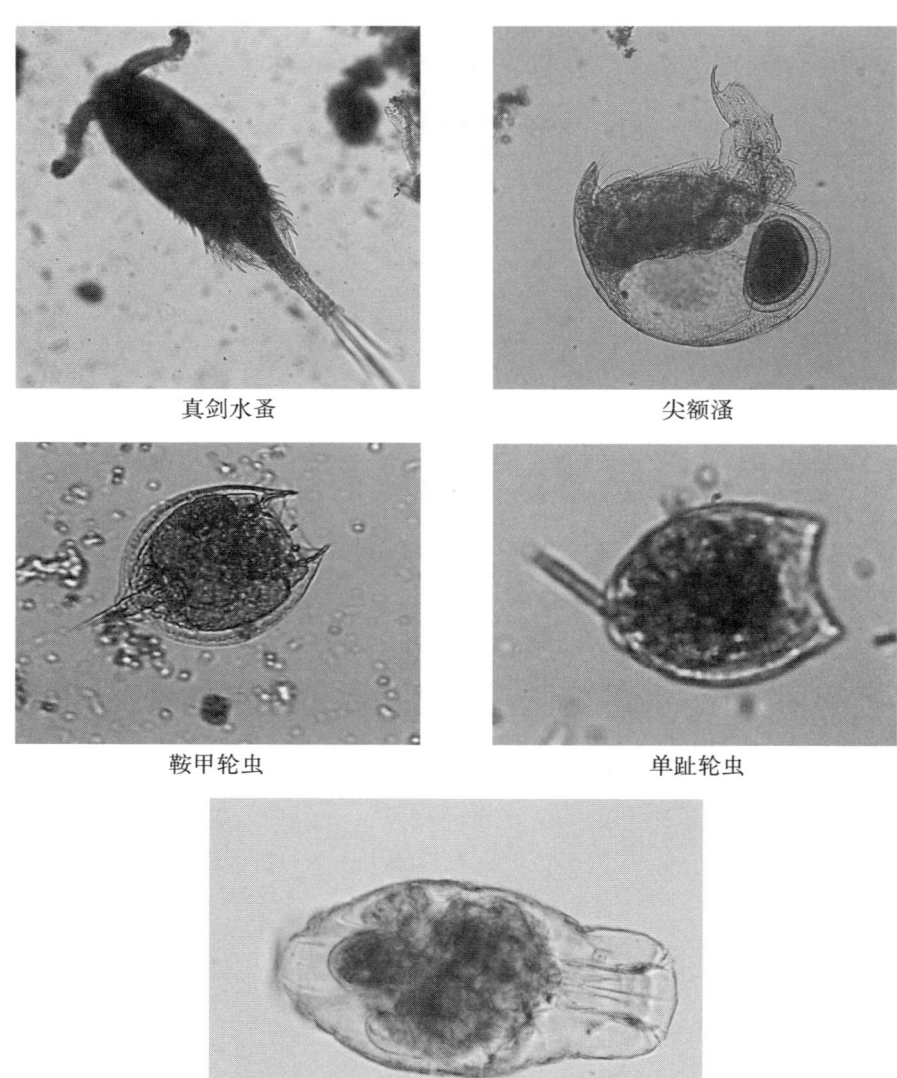

图4.9-5 浮游动物优势属

研究水域浮游动物密度低，这与研究水域水流速度快、水温低、营养水平较低、浮游植物现存量不丰富有关，而丰水期降水频繁、水位涨落快、水流速度快则造成7月现存量出现明显下降。

4.9.3 多样性分析

2022年10月，浮游植物Shannon-Wiener多样性指数（H）、均匀度指数（J）、物种丰富度指数（D）均存在一定程度的空间差异（表4.9-4）：其中，H以杂谷脑河0045样点最高（2.43），渔子溪0004样点最低（1.59）；J以渔子溪0012样点最高（0.94），岷江紫坪铺库区0020样点最低（0.75）；D以寿溪河0009样点最高（3.85），岷江0044样点最低（2.17）。总体来看，支流的三种指数均高于干流（图 4.9-6），与支流环境异质性较高有关，较高的生境多样性是维持较高的生物多样性的基础。四条支流中，草坡河 H 和 D 最低，J 最高；寿溪河 D 最高，J 最低。2023 年 7 月，0040 样点草坡河 H（1.01）、J（0.57）、D（1.30）均为最低，0044 样点岷江 H（2.07）和 D（3.29）最高（表 4.9-4）。该季节干流的三种指数均高于支流（图 4.9-6），与前文所述丰水期紫坪铺的调蓄有关。

表 4.9-4　两次采样各样点浮游植物多样性指数

样点	H		J		D	
	10 月	7 月	10 月	7 月	10 月	7 月
0045	2.43	1.36	0.9	0.84	3.39	1.74
0040	2.03	1.01	0.92	0.57	2.72	1.30
0004	1.59	1.32	0.76	0.95	2.47	1.44
0012	2.17	1.07	0.94	0.77	3.41	1.44
0024	2.12	1.10	0.88	1.00	3.34	1.82
0009	2.32	1.97	0.82	0.85	3.85	2.70
0044	1.88	2.07	0.9	0.78	2.17	3.29
0041	2.02	1.92	0.92	0.84	2.25	3.06
0034	1.86	2.00	0.85	0.87	2.49	2.83
0019	2.2	1.33	0.83	0.96	3.06	1.86
0020	1.64	1.83	0.75	0.76	2.59	2.91

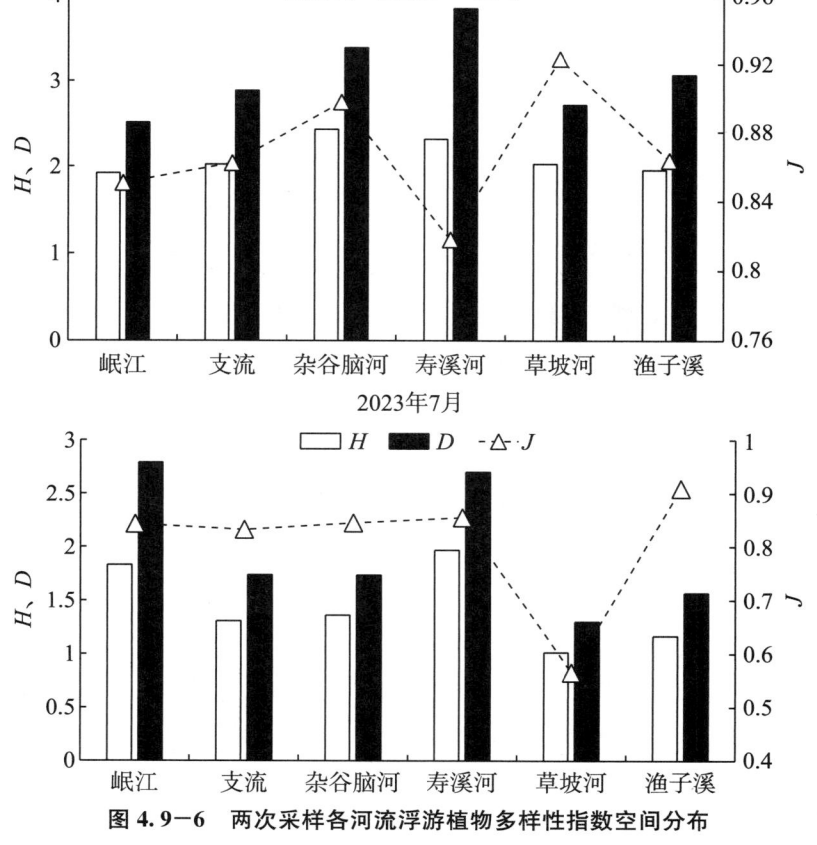

图 4.9-6　两次采样各河流浮游植物多样性指数空间分布

整体来看，调查水域 Shannon-Wiener 多样性指数与物种丰富度指数均较低，这与调查水域水流速度快、水体含沙量大、水温低的环境状况相吻合，因此不宜用于水质评价。综合浮游植物现存量、优势种属和均匀度指数进行评价，调查水域水质条件较好。

4.10 大型底栖无脊椎动物

大型底栖无脊椎动物（以下简称"底栖动物"）是水生生物中最丰富的类群之一，在参与河流中的物质循环、能量流动及水体修复等方面有着重要作用。底栖动物的种类和数量很多，且多样性指数丰富，它们的生存和分布与环境密切相关。环境条件（水质、水流量和水循环等）影响底栖动物的生长、繁殖等生命活动，进而影响底栖动物的群落结构。除此之外，底栖动物对环境变化敏感，在遇到污染时最先消失，常作为反映溪流或河流生态系统健康的指示种。

在水生生态系统的食物链和食物网中，底栖动物处于中间位置，它们以附着藻类、浮游生物、泥土、有机质等为食，又作为鱼类、河蟹等的食物来源，在水生生态系统的物质循环与能量流动中起着重要的桥梁作用。由于底栖动物群落结构多样、生物指数类型丰富、对环境变化敏感、世代时间较长、易于采集和固定，且位于食物链的中间环节，能够兼顾藻类和鱼类的许多优点，因此，它是评价河流生态系统健康的重要指标。

4.10.1 物种组成

2022年7月、2022年10月和2023年7月，分别对汶川县内主要河流（岷江干流、支流杂谷脑河、草坡河、渔子溪和寿溪河）开展了底栖动物多样性调查工作，共获得大型底栖动物共计17种（属），隶属于3门5纲9目14科。其中，节肢动物门最多，2纲5目8种（水生昆虫10种），占总数的47.05%；其次是软体动物，2纲3目7种，占总数的41.17%；环节动物最少，1纲1目2种，占总数的11.76%。

纹石蚕

泉膀胱螺

图 4.10-1 现场采集到的部分底栖动物

调查结果显示，不同样点间大型底栖动物种类空间分布差异较大（图 4.10-2），总体趋势为支流高于干流。具体表现为：0020 样点（紫坪铺库区）大型底栖动物种类最多，有10种，占总数的58.82%；其次是0009样点（寿溪河），有8种，占总数的47.06%；0034样点（岷江干流）最少，有4种，占总数的23.53%。其中，节肢动物主要分布在岷江支流（杂谷脑河、草坡河和渔子溪等）；软体动物集中分布在岷江干流电站库区，如紫坪铺库区等。

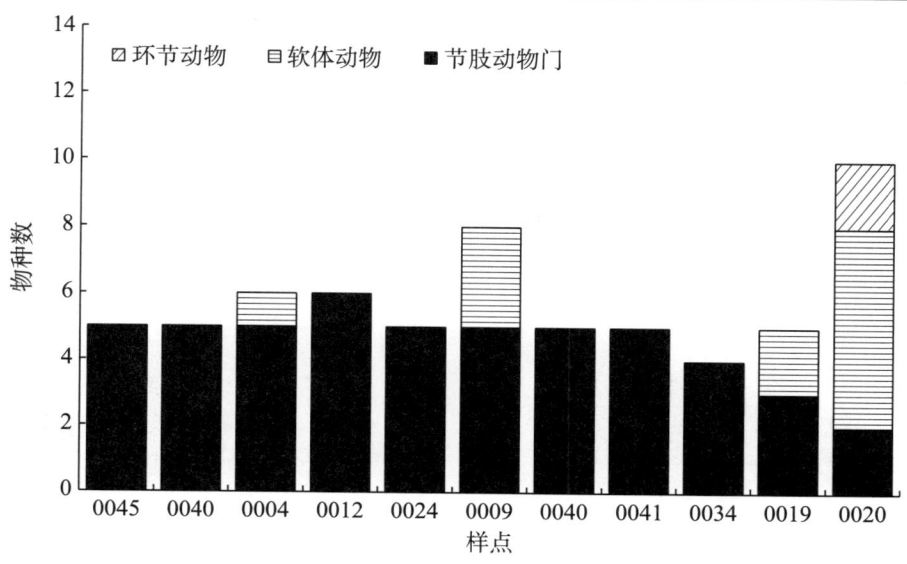

图 4.10-2　不同样点大型底栖动物种类组成分布

4.10.2　大型底栖动物密度与生物量组成

2022 年 10 月（秋季），汶川县内主要水域大型底栖动物平均密度和平均生物量分别为 15.5412ind/m² 和 2.0871g/m²（图 4.10-3、图 4.10-4）。其中，0045 样点密度最大，为 41.258ind/m²；生物量最大在 0020 样点（紫坪铺库区），为 8.9485g/m²。

2022 年 10 月，汶川县内主要河流各样点密度变化范围为 3.5575~41.258ind/m²，变化趋势为支流大于干流。另外，不同生态类群大型底栖动物密度组成为：节肢动物（14.6399ind/m²）＞软体动物（0.8146ind/m²）＞环节动物（0.0865ind/m²）。由图 4.10-4 可知，不同样点间生物量变化范围为 0.2348~8.9485g/m²，变化趋势为库区河段大于支流，这可能与库区以软体动物类群占优势有关。另外，不同生态类群大型底栖动物生物量组成为：软体动物（1.8199g/m²）＞节肢动物（0.2662g/m²）＞环节动物（0.0089g/m²）。

2023 年 7 月（夏季），汶川县内主要水域大型底栖动物平均密度和平均生物量分别为 43.8317ind/m² 和 6.4501g/m²。其中，0045 样点密度最大，为 107.6388ind/m²；生物量最大在 0019 样点，为 28.5277g/m²。

2023 年 7 月汶川县内主要河流各样点密度变化范围为 3.4722~107.6388ind/m²，变化趋势与 2022 年 10 月相似；不同生态类群大型底栖动物密度组成为：节肢动物＞软体动物＞环节动物。由图 4.10-4 可知，不同样点间生物量变化范围为 0.7425~28.5277g/m²，生物量变化趋势与 2022 年 10 月一致，即库区河段大于支流，这可能与库区以软体动物类群占优势有关；不同生态类群大型底栖动物生物量组成为：软体动物＞节肢动物＞环节动物。

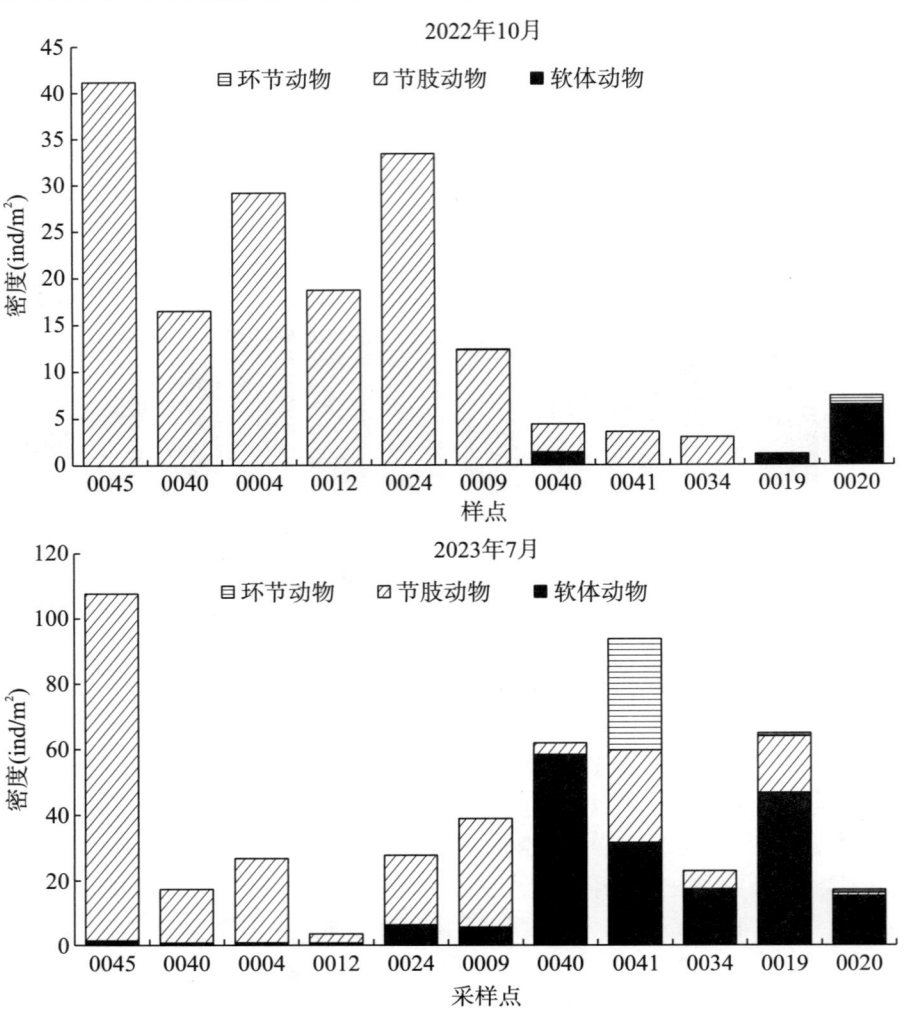

图 4.10-3 不同季节不同样点间底栖动物密度组成

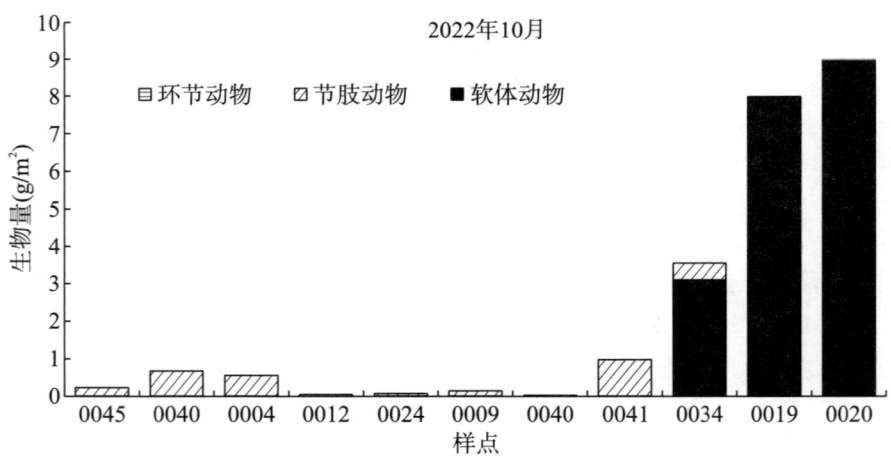

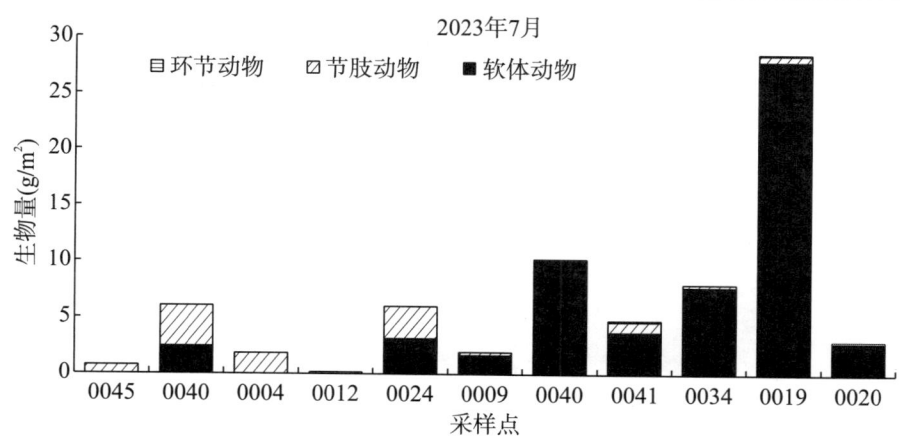

图 4.10-4 不同季节不同样点间底栖动物生物量组成

总体而言，汶川县重要水域大型底栖动物密度和生物量组成存在季节性差异，即夏季高于秋季；在密度组成上，支流高于干流；在生物量组成上呈现相反的规律，这可能与干流库区河段软体动物个体较大有关。

4.10.3 空间分布格局

底栖动物群落结构与生存环境栖息相关，不同河段所承载的环境压力、人类干扰和水电资源开发等因素的差异，导致不同区域大型底栖动物分布格局呈现出时空异质性。本次调查期间共采集大型底栖动物 17 种属。

从空间变化上看，软体动物主要分布在区域的干流流水河段和支流（渔子溪和寿溪河）；水生昆虫 8 种，主要分布在支流杂谷脑河、草坡河、渔子溪和寿溪河等流水河段。这种群落结构的空间异质性主要与所处河段不同生境类型及环境因子所导致的梯度变化有关。岷江干流流水河段（0034样点）和各支流（杂谷脑河、草坡河和渔子溪等河流）河段底质以砾石、卵石为主，水流清澈、湍急适合蜉蝣目、毛翅目等水生昆虫的生存。相对于支流，干流水电站的建设（紫坪铺、福堂等）运行使河道形成了库区，该区域大型底栖动物以软体动物组成为主，软体动物个体生物量较大，使得区域河段生物量组成相对较大。

已有研究表明，软体动物主要栖息在河段浅水区域的泥沙底质中，有机质含量丰富，水流缓慢环境中，其种类和种群数量通常也就越多。本次调查发现，紫坪铺库区河床底质含有泥沙，为腹足纲、瓣鳃纲等软体动物提供了适宜的栖息环境。

4.10.4 多样性分析

汶川县重要水域夏季与秋季生物多样性指数 H、D、J 指数计算结果分别为 $0.66 \sim 1.83$、$0.36 \sim 0.79$ 和 $0.67 \sim 1.01$（表 4.10.4-1）。

表 4.10-1 不同样点不同季节的生物多样性指数（平均值）

样点	0045	0040	0004	0012	0024	0009	0040	0041	0034	0019	0020
H	1.45	0.66	1.31	1.25	1.01	1.42	1.60	1.83	1.01	1.01	1.35
D	0.73	0.78	0.67	0.78	0.72	0.68	0.82	1.01	0.68	0.85	0.72
J	0.45	0.49	0.54	0.39	0.69	0.65	0.78	0.79	0.36	0.44	0.65

汶川境内大型底栖动物多样性指数支流高于干流（图4.3-5）。其中，H最大点出现在0041样点，为1.83；J最大点是0041样点，为0.79；0040样点的D值最大，为1.01。总体而言，汶川县内主要河流大型底栖动物生物多样性并不高，这与所处高海拔、低水温等环境状态相吻合。

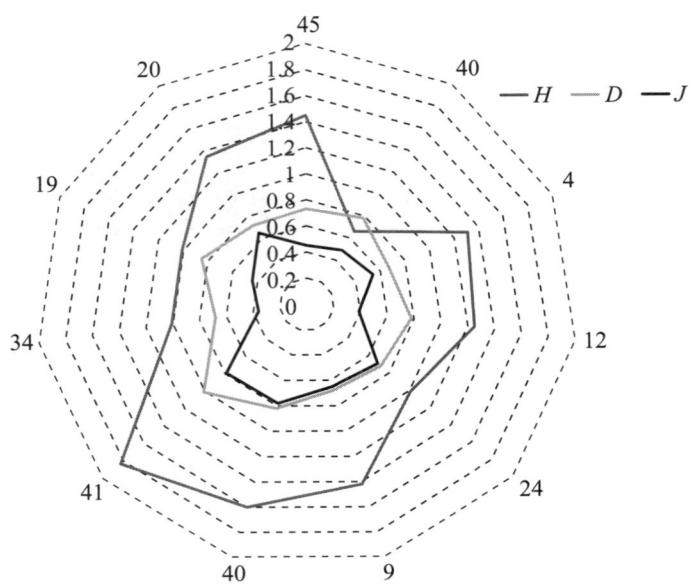

图4.10-5 调查区域大型底栖动物生物多样性组成

4.11 周丛藻类

藻类是水体中的重要初级生产者，主要分为着生藻和浮游藻两大类。其中，着生藻类又称为周丛藻类，是生长在水下各种基质（包括砾石、沙土、植物、树木残骸等天然基质）表面上的所有藻类。与浮游植物一样，周丛藻类也是重要的初级生产者，为底层鱼类等生物提供丰富的食物来源。周丛藻类群落的更新时间较短，对河流水化学和栖息地环境质量的变化反应迅速，且群落变化趋势的可预测性较强，同时物种多样性较高，群落结构特征具有较强的地域性，常被用作河流生态状况的重要指示生物。

4.11.1 物种组成

两次野外调查共检出周丛藻类6门41属84种（含变种与未定种），与浮游植物组成情况类似，硅藻为主要类群，共18属52种；其次为蓝藻10属18种、绿藻10属11种；甲藻、隐藻与金藻种类较少，各检出1属1种。硅藻是主要组成种类，符合研究水域高寒森林溪流藻类种类组成特征。硅藻新陈代谢能力强于其他浮游植物，低温条件下具有较宽生态位，能够适应低温生存环境，相较于其他藻类对岷江水域环境更为适应，因此出现的种类数较多。同时，硅藻具有很强的附生能力，可以直接附生在岩石上，水流的冲刷作用对藻类的增殖既有促进作用又有抑制作用，当流速较慢时促进，当流速过快时则会产生抑制作用。在调查水域的环境状态下，硅藻具有较大的优势。总体来说，研究水域周丛藻类种类数不甚丰富。研究水域处于高山峡谷地貌，山高沟深，水流速度快，泥沙含量较大，水温较低，水位变化大，水环境不太稳定，不利于藻类定居。较少的物种数与这些环境状况符合，其群落结构趋于稳定。

4.11.2 空间分布格局

2022年10月，周丛藻类密度均值为$1.10\times10^5\,\text{ind/cm}^2$，变化范围为$4.63\times10^3\sim3.53\times10^5\,\text{ind/cm}^2$，以岷江0034样点最高，岷江0041样点最低（表4.11-1）。岷江干流（均值$9.69\times10^4\,\text{ind/cm}^2$）低于支流（$1.20\times10^5\,\text{ind/cm}^2$），且硅藻所占比例（34.2%）低于支流（78.0%）。四条主要支流中，杂谷脑河周丛藻类密度最高（$2.25\times10^5\,\text{ind/cm}^2$），寿溪河最低（$4.11\times10^4\,\text{ind/cm}^2$）；各支流周丛藻类以硅藻占主要优势，占比68.7%~92.2%。绿藻在岷江干流占优势（61.0%），蓝藻仅在渔子溪（22.2%）和草坡河（29.9%）中占一定比例（图4.11-1）。2023年7月，周丛藻类密度显著下降，均值为$2.18\times10^4\,\text{ind/cm}^2$，变化范围为$8.32\times10^2\sim9.55\times10^4\,\text{ind/cm}^2$，以0040样点草坡河最高，0019样点渔子溪最低（表4.11-1）。各样点均以硅藻占优势，密度占比变化范围为82.9%~100%。受0044样点岷江蓝藻数目较多的影响，岷江干流硅藻占比与支流相比略低（图4.11-1）。

表4.11-1 两次调查各样点周丛藻类密度分布（$\times10^4\,\text{ind/cm}^2$）

样点	蓝藻门		绿藻门		硅藻门		隐藻门		甲藻门		金藻门	
	10月	7月	10月	7月	10月	7月	10月	7月	10月	7月	10月	7月
0045	0.00	0.00	0.00	0.04	0.00	1.32	0.00	0.00	0.00	0.00	0.00	0.00
0040	1.46	0.20	0.29	0.05	20.79	9.30	0.00	0.00	0.00	0.00	0.00	0.00
0004	3.54	0.00	2.25	0.00	5.23	0.05	0.00	0.00	0.00	0.00	0.00	0.00
0012	3.74	0.00	0.23	0.00	4.41	0.23	0.00	0.00	0.00	0.00	0.00	0.00
0024	0.00	0.00	0.39	0.00	4.96	2.04	0.00	0.00	0.00	0.00	0.00	0.00
0009	0.51	0.00	0.00	0.00	15.16	1.28	0.00	0.00	0.00	0.00	0.00	0.00
0044	0.00	0.00	0.53	0.00	2.32	0.39	0.00	0.00	0.00	0.00	0.00	0.00
0041	1.96	0.00	28.27	0.00	4.71	0.32	0.39	0.00	0.01	0.00	0.00	0.00
0034	0.00	0.00	0.36	0.00	4.10	0.08	0.00	0.00	0.00	0.00	0.00	0.00
0019	0.00	1.45	0.00	0.00	0.46	6.99	0.00	0.00	0.00	0.00	0.00	0.00
0020	3.11	0.00	0.00	0.00	7.15	0.28	0.00	0.00	0.00	0.00	0.16	0.00

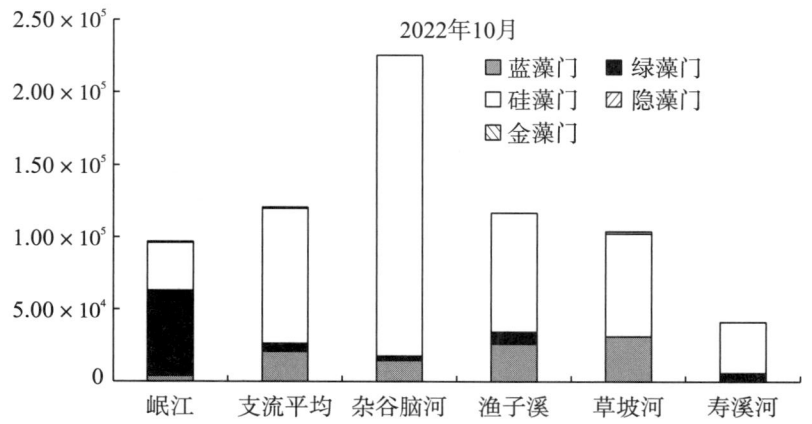

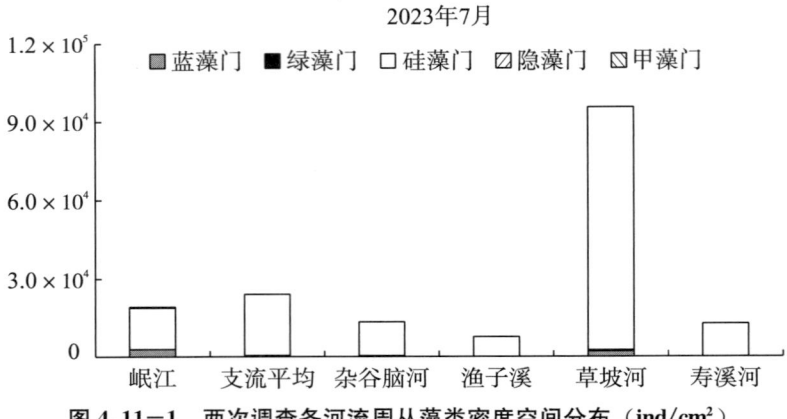

图 4.11-1　两次调查各河流周丛藻类密度空间分布（ind/cm²）

2022年10月，调查水域周丛藻类生物量均值为0.0589mg/cm²，变化范围为0.0061～0.1801mg/cm²，以杂谷脑河0045样点最高，岷江0041样点最低（表4.11-2）。其空间分布规律与密度相似：岷江干流周丛藻类生物量（均值0.0378mg/cm²）低于支流（均值0.18015mg/cm²，图4.11-2），硅藻所占比例（32.0%）也低于支流（77.6%）；四条主要支流中，杂谷脑河生物量最高（0.1801mg/cm²），寿溪河最低（0.0153mg/cm²）；浮游植物生物量也以硅藻占主要优势，占比61.8%～93.0%（图4.11-2）。岷江干流以绿藻为主要优势（占比55.7%），蓝藻仅在渔子溪占据一定比例（27.7%）。与密度一样，2023年7月周丛藻类生物量也出现了较大幅度的降低，均值为0.0107mg/cm²，变化范围为0.0001～0.0607mg/cm²，以岷江0044样点最高，渔子溪0004样点最低（表4.11-2），岷江干流均值（0.0159mg/cm²）高于支流平均值（0.0064mg/cm²，图4.11-2），与密度分布不太一致；岷江0034样点和岷江0044样点硅藻生物量占比较低，仅为27.7%和65.0%。这是因为岷江样点中检出了大个体藻类，如角甲藻、鞘丝藻、颤藻等，与优势种属曲壳藻、异极藻等相比，其个体体积相差数十倍甚至上百倍，所以尽管部分样点藻类总密度最大，其生物量却未取得最大，硅藻生物量也未能在每个样点中占据优势。

两次野外调查中，除岷江干流以绿藻、蓝藻等占据一定优势外，各支流均以硅藻占比最大。这可能是因为岷江研究河段的水流速度、营养条件较适于部分绿藻和蓝藻的增殖，其大石块和卵石底质也较适于绿藻和蓝藻附生。

表 4.11-2　各样点周丛藻类生物量分布（mg/cm²）

样点	蓝藻门		绿藻门		硅藻门		隐藻门		甲藻门		金藻门	
	10月	7月	10月	7月	10月	7月	10月	7月	10月	7月	10月	7月
0045	0.0061	0.0000	0.0176	0.0000	0.1565	0.0038	0.0000	0.0000	0.0000	0.0000	0.0000	0.0000
0040	0.0098	0.0004	0.0000	0.0003	0.0747	0.0231	0.0000	0.0000	0.0000	0.0000	0.0001	0.0000
0004	0.0005	0.0000	0.0000	0.0000	0.0454	0.0001	0.0000	0.0000	0.0000	0.0000	0.0000	0.0000
0012	0.0171	0.0000	0.0132	0.0000	0.0294	0.0007	0.0000	0.0000	0.0000	0.0000	0.0000	0.0000
0024	0.0319	0.0000	0.0055	0.0000	0.0356	0.0065	0.0000	0.0000	0.0000	0.0000	0.0000	0.0000
0009	0.0000	0.0000	0.0011	0.0000	0.0143	0.0035	0.0000	0.0000	0.0000	0.0000	0.0000	0.0000
0044	0.0000	0.0000	0.0002	0.0000	0.0126	0.0025	0.0000	0.0000	0.0000	0.0000	0.0000	0.0000
0041	0.0000	0.0000	0.0000	0.0000	0.0061	0.0035	0.0000	0.0000	0.0000	0.0090	0.0000	0.0000
0034	0.0228	0.0000	0.1037	0.0000	0.0170	0.0003	0.0000	0.0000	0.0000	0.0000	0.0000	0.0000
0019	0.0000	0.0213	0.0006	0.0000	0.0191	0.0395	0.0000	0.0000	0.0000	0.0000	0.0000	0.0000

续表

样点	蓝藻门		绿藻门		硅藻门		隐藻门		甲藻门		金藻门	
	10月	7月	10月	7月	10月	7月	10月	7月	10月	7月	10月	7月
0020	0.0000	0.0000	0.0008	0.0000	0.0058	0.0034	0.0000	0.0000	0.0000	0.0000	0.0000	0.0000

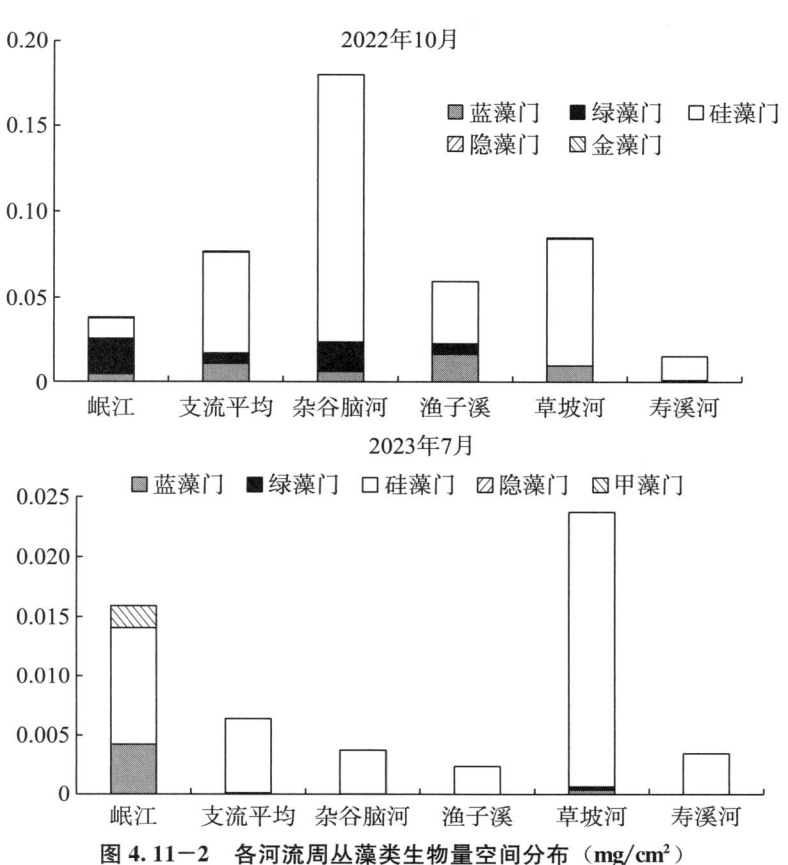

图 4.11－2　各河流周丛藻类生物量空间分布（mg/cm²）

从现存量来看，2022 年 10 月调查水域周丛藻类优势种属以硅藻为主，包括硅藻门脆杆藻、曲壳藻、舟形藻、小环藻，以及蓝藻门颤藻等；2023 年 7 月则是以硅藻门曲壳藻、舟形藻、卵形藻、异极藻、瑞氏藻等占优势（图 4.11－3）。藻类的生态需求会受水体温度、光照、水流、营养盐、牧食等多种因素影响，较多河流水系的藻类群落研究结果显示，其优势种类主要由硅藻组成，蓝藻和绿藻次之，当温度上升时，绿藻和蓝藻所占比例增加，而岷江中优势属主要为硅藻，与调查期间水温较低的情况相符。优势硅藻在功能群分类中多属于 MP 功能群，适宜于经常受到搅动、无机、浑浊的水体；脆杆藻属于 P 功能群，一般栖息在 2~3m 连续或半连续的水体混合层。研究水域除库区样点外，均为流水状态，水流速度较快，混合均匀，泥沙含量较大，与优势藻类的生存环境特征相符。能耐受低光强环境，对泥沙悬浮造成的浑浊水体有较强适应性，极可能是舟形藻等硅藻成为优势种的关键条件。绿藻在弱紊动水体中生长，岷江部分样点位于紫坪铺库区，流速也较低，适于绿藻增殖。

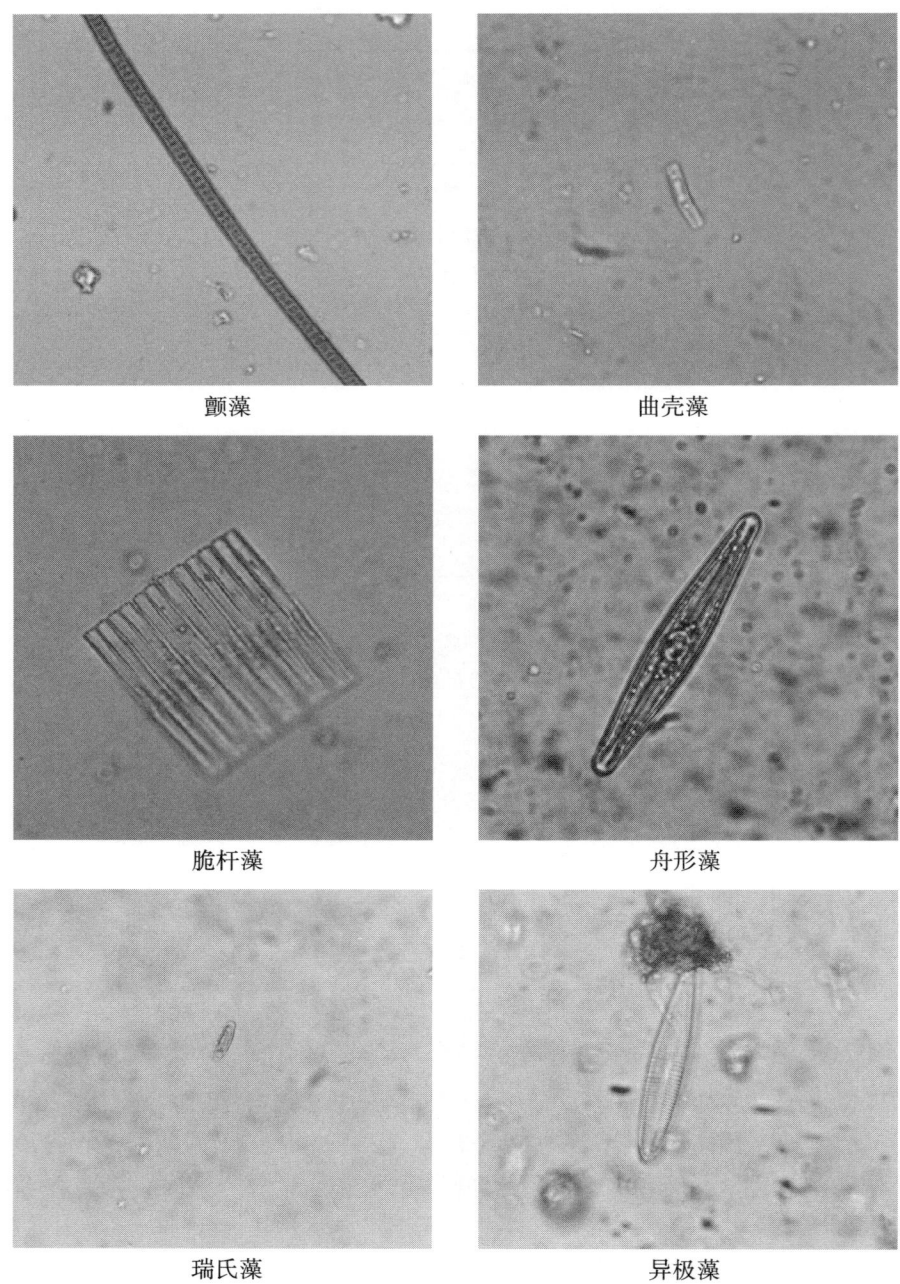

图 4.11－3　周丛藻类优势属

4.11.3　多样性分析

2022 年 10 月，周丛藻类 Shannon－Wiener 多样性指数（H）、均匀度指数（J）、物种丰富度指数（D）均存在一定程度的空间差异（表 4.11－3）：其中，H 以渔子溪 0024 样点最高（2.31），岷江紫坪铺库区 0020 样点最低（1.25）；J 以岷江 0041 样点最高（0.98），岷江 0034 样点最低（0.59）；D 以草坡河 0040 样点最高（3.57），岷江紫坪铺库区 0020 样点最低（1.80）。总体来看，支流的三种指数均高于干流（图 4.11－4）。四条支流中，H 和 D 以草坡河最高（分别为 2.29、3.57），以杂谷脑河最低（分别为 2.02、2.76），但各河流之间差异不大，展现了相似的多样性；J 以寿溪河最高（0.95），渔子溪最低（0.77）。2023 年 7 月，H 有所下降，以岷江 0044 样点最高

第 4 章　调查结果与分析

（1.95），渔子溪 0019 样点最低（0.95）；J 以紫坪铺库区 0020 样点最高（1.00），草坡河 0040 样点最低（0.48）；D 以岷江 0034 样点最高（2.87），渔子溪 0019 样点最低（1.24，表 4.2－1）。岷江干流多样性指数均值均高于支流。四条支流中，草坡河 H 和 J 均最低，主要由曲壳藻和瑞氏藻的绝对优势导致。

两个季节的多样性空间分布差异比较明显：平水期支流多样性指数较高，丰水期则是干流多样性指数较高。平水期，岷江尤其是库区断面水体较深，着生藻类较难建立稳定群落，多样性较低；各支流环境异质性较高，是维持较高的生物多样性的基础，特别是草坡河，其水体透明度较大，更有利于着生藻类植物获得更多的光照，其多样性与物种丰富度均较高。丰水期，库区则起到了很好的调蓄作用，干流水位涨落不如支流剧烈，反而为干流的着生藻类提供了相对更好的条件。但是丰水期水位的涨落不可避免地为着生藻类建立群落造成了困难，7 月多样性指数尤其是 H 和 D 出现了显著下降。

总体来说，与浮游植物一样，周丛藻类多样性指数均不高，这与调查水域水流速度快、水体含沙量大、水温低的环境状况相吻合，因此不宜用于水质评价。综合浮游植物现存量、优势种属进行评价，调查水域水质条件良好。

表 4.11－3　各样点周丛藻类多样性指数

样点	H		J		D	
0045	2.02	1.43	0.79	0.65	2.76	2.22
0040	2.29	1.10	0.83	0.48	3.57	1.72
0004	1.9	1.04	0.77	0.95	2.43	1.44
0012	2.08	1.04	0.71	0.95	3.41	1.44
0024	2.31	1.68	0.85	0.81	3.25	2.08
0009	2.27	1.55	0.95	0.96	3.28	2.06
0044	1.77	1.95	0.91	0.78	1.86	2.59
0041	1.75	1.84	0.98	0.95	2.57	2.34
0034	1.55	1.94	0.59	0.94	2.89	2.87
0019	2.18	0.95	0.88	0.86	2.96	1.24
0020	1.25	1.61	0.7	1.00	1.8	2.49

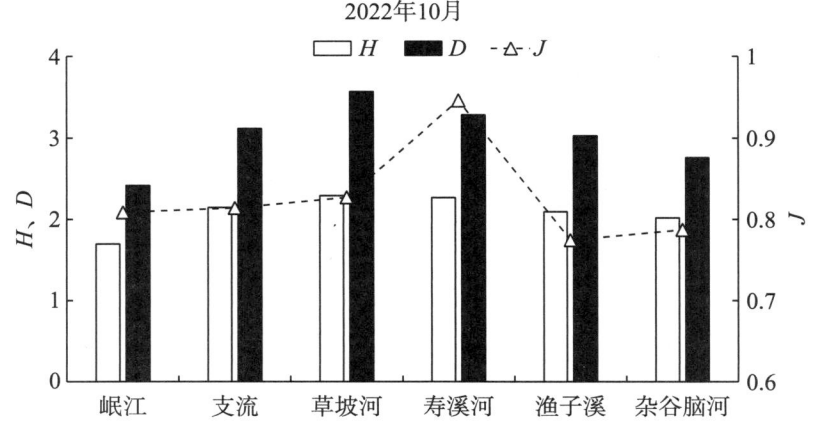

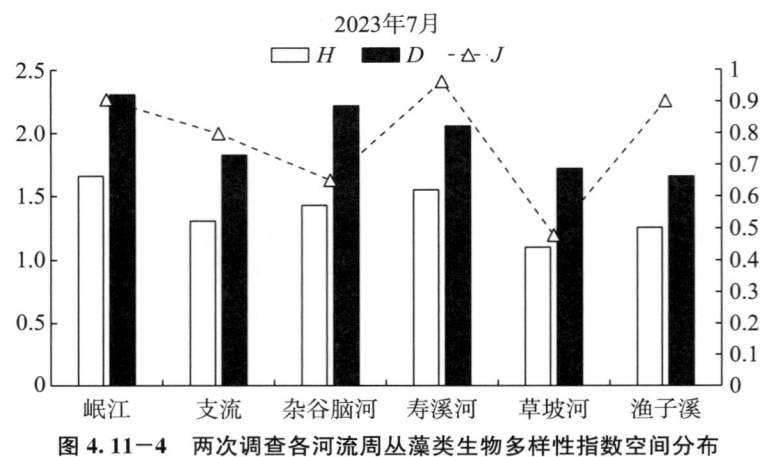

图 4.11－4　两次调查各河流周丛藻类生物多样性指数空间分布

4.12　县域生物多样性相关传统知识

4.12.1　总体状况

汶川县人民特别是世代居住此地的羌族同胞在生产实践中，积累了大量生物资源利用的经验，经过世世代代的传承，最终形成丰富多彩的生物多样性相关传统知识。本研究在文献调查与实地调研的基础上，整理出传统知识词条共109个。其中，农业遗传资源相关传统知识词条共10个，占比9.17%；传统医药相关知识词条共42个，占比38.53%；生物资源可持续利用相关传统技术词条共17个，占比15.60%；生物多样性相关的传统文化词条共37个，占比33.94%；传统生物地理标志产品相关知识词条共3个，占比2.75%（表4.12－1）。

表 4.12－1　汶川县生物多样性相关传统知识词条编目类别与数量

	传统知识类别	词条数量（个）	百分比（%）
汶川县生物多样性相关传统知识	农业遗传资源相关传统知识	10	9.17
	传统医药相关知识	42	38.53
	生物资源可持续利用相关传统技术	17	15.60
	生物多样性相关传统文化	37	33.94
	传统生物地理标志产品相关知识	3	2.75
	共计	109	100.00

汶川县生物多样性相关传统知识较为丰富，其中传统医药相关知识最多。这是因为汶川县属于亚热带高山峡谷区，生态环境多样，有丰富的药材资源，同时世居此地的人们特别是羌族人民能够识别植物的根、茎、叶、果等器官在治疗疾病中的不同用途，使羌族医药文化更加丰富。

4.12.2　生物多样性相关传统知识类型编目

1. 农业遗传资源相关传统知识

汶川县丰富的农业种质资源是当地多样化农业耕作方式的体现。农业遗传资源相关传统知识词

第4章 调查结果与分析

条共10个，其中植物8种、动物1种、微生物1种（表4.12-2）。

表4.12-2 汶川县农业遗传资源相关传统知识词条编目类别与数量

传统知识类别	传统知识类型下的子项	词条数量（个）	百分比（%）
农业遗传资源相关传统知识	选育林木遗传资源相关知识	2	20.00
	选育家养动物遗传资源相关知识	1	10.00
	选育农作物遗传资源相关知识	6	60.00
	传统选育微生物遗传资源相关知识	1	10.00
	共计	10	100.00

传统选育农作物品种资源数量最多，反映出汶川县丰富的农作物遗传资源及相关传统知识。汶川县农作物种类以粮食作物和经济作物为主。农作物品种有玉米、小麦、荞麦、油菜籽、马铃薯、大白菜、灯笼辣椒、莲白等。

2. 传统医药相关知识

汶川县传统医药相关知识词条共42个，均为传统药用生物资源引种、驯化、栽培和保育知识（表4.12-3）。

表4.12-3 汶川县传统医药相关知识词条编目类别与数量

传统知识类别	传统知识类型下的子项	词条数量（个）
传统医药相关知识	传统药用生物资源引种、驯化、栽培和保育知识	42
	共计	42

3. 生物资源可持续利用相关传统技术

本研究整理、编目生物资源可持续利用相关传统技术词条共17个。其中，传统农业生产技术词条1个，占5.88%；传统印纺工艺与技术词条2个，占11.76%；传统食品加工技术词条6个，占35.29%；传统规划设计与建筑工艺词条1个，占5.88%；其他传统技术词条7个，占41.18%（表4.12-4）。汶川县具有丰富的传统农业生产技术，这与汶川县传统耕作方式相关。汶川县的山区气候和地貌不适宜大面积耕作，所以早期的汶川县以自给自足的自然经济为主，农业发展受到极大限制。为了补充营养，农歇时期，部分乡民在山上设踏栏、套索和网套捕猎大型动物、捕鸟等。

表4.12-4 汶川县生物资源可持续利用相关传统技术词条编目类别与数量

传统知识类别	传统知识类型下的子项	词条数量（个）	百分比（%）
与生物资源可持续利用相关传统技术	传统食品加工技术	6	35.29
	传统印纺工艺与技术	2	11.76
	传统农业生产技术	1	5.88
	传统规划设计与建筑工艺	1	5.88
	其他传统技术	7	41.18
	共计	17	100.00

4. 生物多样性相关传统文化

本研究整理、编目生物多样性相关传统文化词条共37个，主要分为宗教信仰与生态伦理词条29个，占78.38%；传统节庆词条1个，占2.70%；习惯法词条1个，占2.70%；传统文学艺术词条 2 个，占 5.41%；传统饮食文化词条 4 个，占 10.81%（表 4.12-5）。

表 4.12-5 汶川县生物多样性相关传统文化词条编目类别与数量

传统知识类别	传统知识类型下的子项	词条数量（个）	百分比（%）
与生物多样性相关的传统文化	宗教信仰与生态伦理	29	78.38
	传统文学艺术	2	5.41
	传统饮食文化	4	10.81
	习惯法	1	2.70
	传统节庆	1	2.70
共计		37	100.00

汶川县的宗教信仰与生态伦理在传统知识中具有重要地位，数量较多，是汶川县人民的精神寄托。汶川县有丰富的自然崇拜，这对汶川县生态观念和管理起到了重要作用。

5. 传统生物地理标志产品相关知识

汶川县传统生物地理标志产品相关知识词条共 3 个，均为食品类标志产品相关知识（表 4.12-6）。

表 4.12-6 汶川县传统生物地理标志产品相关知识词条编目类别与数量

传统知识类别	传统知识类型下的子项	词条数量（个）
传统生物地理标志产品相关知识	食品类标志产品相关知识	3
共计		3

4.12.3 生物多样性传统知识特征分析

1. 环境特征

汶川县生物多样性相关传统知识丰富多样，得益于汶川县独特的环境和气候条件。汶川县地势由西北向东南倾斜，北部为高山地区，日照充足，干旱少雨；南部为中低山地区，气候湿润，雨量丰沛，独特的山地气候特征适宜大量动植物的生长和繁衍。

2. 社会经济特征

汶川县尤其是世居此地的羌族有丰富多彩的社交活动，这些活动以动植物资源为载体，表达彼此之间的美好祝愿。汶川县人民通过动植物加工制作出美食，作为节庆礼物互相赠送，表达情意，同时也对汶川县地区的物种资源进行保护和驯化，如汶川甜樱桃、三江牛等。

3. 文化特征

汶川县尤其是羌族的宗教信仰，体现汶川县独特的价值观，表现在汶川县对动植物的珍视。人们以白石（白色石英石）为象征，敬奉于山中、林地、屋顶和室内，祈求保佑来年人畜兴旺、五谷丰登、地方太平、森林茂盛。

汶川县人民敬山、敬树、敬野生动物，主观上克制了对森林的过度索取，客观上保护了森林生态系统的和谐稳定，维护了人与自然和谐的生态美，体现了汶川县原始的生态美意识。

4.12.4 汶川县生物多样性相关传统知识面临的问题

随着社会经济的不断发展，人类文明的不断更迭，汶川县人民的传统生活生产方式发生巨大变化，其传统知识的传承正在遭受前所未有的威胁。

1. 传统农作物种质资源日趋减少

汶川县部分地区仍然处于贫困状态，但同时这些地区也是地方农家品种保留较好的区域。近年来，由于地方重点推广新品种，对于老品种的保护和留种工作略有忽视，导致一些农作物种质资源流失。这种做法若不及时纠正，则会损害农业种质资源多样性，对未来的培种育种工作产生不良影响。

2. 传统药用生物资源开发不当

汶川县独特的地理环境和多样的生态环境，造就了极为丰富的药用生物资源，其研究开发有着广阔的前景。近年来，在开发利用过程中，由于部分采挖者的知识技能不足、保护意识较淡薄，以及过度采伐，使得野生药材资源减少。另外，汶川县药用生物资源相关调查研究还不够深入，科学研发力度有待提升，还无法完全实现对药用植物的有效综合利用开发，可能导致资源浪费。由于天然药用生物资源再生能力较弱，在一定程度上也制约了汶川县传统药材尤其是羌药的大规模开发利用。因此，在对汶川县药用生物资源的保护与开发中，培植和引入工作尤为重要。

3. 传统医药相关知识减少

羌族传统医药是羌族重要的知识财富，在羌族的日常生活中依然具有重要作用。羌族有着悠久的用药历史，他们对野生动植物等生物资源有着独具特色的用法，这些用法和治疗理论将继续在羌族使用，所以羌族的传统医药知识传承应该系统化，对年轻一代的羌族人民传递传统医药的珍贵性、稀缺性、经验性信息，使得羌族传统医药得到继承和发展。

4. 传统文化传承被忽视

随着社会进步，科学文明程度的不断提高，城市化进程的不断加快，汶川县人民的生活习惯、思想观念也随之发展更新。摒弃了一些陈规陋习，但是，一些优秀的传统文化也失于传承。羌族传统文化非常丰富，根植于羌族人民生活的方方面面，从自然崇拜到传统节庆、传统文学艺术，羌族传统知识就是羌族人民自我认同的巨大标志。随着信息的发展和接收资讯的渠道增多，人们可能忽视了传统文化的传承，导致传统知识的传播受到影响。

5. 传统知识产权意识较薄弱

汶川县传统知识的传承和保护需要多方力量共同努力。最根本的就是国家政策引导。2010年出台的《中国生物多样性保护战略与行动计划》（2011—2030年）为生物多样性相关传统知识的法律保护奠定了基础。在《中华人民共和国专利法》《中华人民共和国野生动物保护法》《中华人民共和国进出境动植物检疫法》《中华人民共和国渔业法》《中华人民共和国非物质文化遗产法》《中华人民共和国畜牧法》《中华人民共和国种子法》《中华人民共和国中医药法》等法规中，有关种质资源保护的规定较多，但确保惠益共享的规定较少出现。汶川县传统知识的保护工作虽然取得了一定的成就，但也存在不少问题。将传统知识纳入现代知识产权体系中具有一定困难，比如有些传统知识的"创造主体不确定"或"年代久远"等。此外，居民对知识产权的认识不够，缺乏自主自发地保护本地或本民族传统知识的意识。

6. 传统知识的搜集整理有难度

要实现对传统知识的保护，必须首先对传统知识进行系统的搜集和整理，将传统知识以不同形式记录下来，使之文献化和数字化。如汶川县羌族传统知识多为口头传承，这为传统知识的搜集和整理增加了难度。许多传统知识存在于羌族人民的日常交流中。羌族老年人对这些知识的掌握更多，而随着时代变迁，急需建立羌族传统知识数据库。

第 5 章　威胁因素分析与保护建议

5.1　生物多样性威胁因素分析

5.1.1　人类活动干扰

5.1.1.1　放牧

放牧干扰在县域内各个海拔阶段均有分布。主要以放牦牛为主，部分地区有马和羊。放牧对野生动物的影响主要表现为食物竞争，鲸偶蹄目野生动物受此类影响尤为明显。冬季马、羊等啃食竹子对大熊猫栖息地质量有一定影响。近年来，由于管控得力，放牧对哺乳动物的影响有所缓解。

5.1.1.2　偷猎和非法捕鱼

经过多年的宣传、保护和严厉打击，偷猎行为已基本得到控制。通过访问得知，区域内偶尔发现有偷猎野猪、黑熊、果子狸、雉类等野生动物的现象，偷猎手段主要为放铁丝绳套，主要发生在海拔 3000m 以上人烟稀少的区域。偷猎现象一般发生在秋冬季节（10 月到次年 3 月），正值黑熊冬眠和周边打工者大量返乡，盗猎情况会相对较多。偷猎的时间较为短暂，但危害大，危及大、中型野生动物的生命，包括扭角羚、大熊猫等珍稀动物，这对野生动物的影响是不可逆转的。

在长江十年禁渔计划之前，由于野生鱼价较高，捕鱼作业频繁，捕捞强度加大，滥捕乱杀行为泛滥，使许多幼鱼遭到捕杀，严重破坏了鱼类资源的增长，如过去普遍分布于岷江上游干流的川陕哲罗鲑曾是主要捕获对象，在市场上多有出售，而今已难见踪迹。在杂谷脑河、寿溪河及岷江干流常有网捕作业，而最普遍的是电捕鱼作业，常常将鱼苗和幼鱼一并捕获，严重威胁了鱼类的生存。另外，使用鱼藤精毒鱼的手段，严重污染了水域环境，不仅会杀死鱼类和水生生物，还会影响人和牲畜的健康。

5.1.1.3　旅游开发

旅游开发工程建设会对区域内野生动植物产生干扰，部分占地工程可能会改变地表覆盖物类型，降低局部生态功能结构。旅游开发完成后，游客进入游览区，也可能对区域内的动植物产生干扰。若对游客管理不当，还可能出现破坏野生植物、改变野生动物分布现状的现象。

汶川县低海拔区域旅游开展较多，主要集中在映秀、耿达、卧龙、核桃坪等区域。旅游活动对大多数动物具有干扰作用，旅游活动增强，会导致部分物种远离人为活动的区域，但部分物种对人为干扰不敏感，甚至喜欢到人为干扰的区域活动，比如猕猴、藏酋猴、麻雀、乌鸦等。

5.1.1.4　林下产品采集

林下产品采集是多数农村社区居民的传统生产方式，主要采集一些经济价值较高的中药材和野生菌。采药干扰分布在各个海拔段，主要采集时间为每年的 6—8 月。调查区域内，重要野生食用菌羊肚菌的最主要威胁就来自过度采摘。相对于盗猎及旅游开发，采集对自然资源产生威胁较小。

5.1.1.5 农业活动

农业活动对野生动物的影响是复杂的，既有积极的一面，也有消极的一面。一方面，农业活动可以为野生动物提供食物和栖息地，农田中的种子、果实、昆虫等都可以成为野生动物的食物来源，而农田周边的草丛、树荫等又可以成为野生动物的栖息地。另一方面，一些农业活动如农业机械的碾压和农药的使用，可能会破坏野生动物的栖息地；一些农业活动如大量使用除草剂和杀虫剂可能会减少野生动物的食物来源；一些农业活动可能会影响野生动物的迁徙等。

农业生产活动中，氮素和磷素等营养物质、农药以及其他有机或无机污染物质，通过农田的地表径流、渗漏或土壤残留，形成水环境污染、大气污染、土壤污染等，主要包括化肥污染、农药污染、农作物秸秆污染、畜禽养殖场污染、农用地膜污染等。农田退水携带大量氮磷营养物质，直接入河。例如，寿溪河两侧农作物种植面积大（图5.1-1），在雨季，地表径流将大量的肥料带入水体，加剧了汶川县内岷江上游流域水环境的污染。在种植业面源污染治理工作上，通过控制"进入量"取得了一定的成绩，但是在控制"排放量"上，仍存在较大的困难。岷江沿岸为高山峡谷，地块高低不平，农田经营主体分散，种植模式传统、粗放，农田退水等种植业面源污染难收集、难治理、难监管，农田排水水质达标困难，对汶川县内的河流水质带来负面效应，并通过食物链传递对水生生物多样性产生不利影响。另外，环境污染对野生动物尤其是两栖动物的栖息地会产生负面影响，这是导致野生动物数量减少的原因之一。

图5.1-1　寿溪河两侧农业用地

5.1.1.6 交通干扰

交通干扰表现为噪音干扰和致死效应。在汽车往来过程中产生的噪音会对周边的野生动物产生影响，迫使部分野生动物远离道路区域、回避高车流量时段，从而影响动物的分布范围，改变其活动方式。另外，车辆流通可能会使部分野生动物被碾压撞击，直接影响野生动物的生存率。此外，大规模的路网建设在一定程度上改变了自然生态环境，从而对野生动物的生存产生影响。

5.1.1.7 水利工程建设

根据本次调查并结合历史资料，汶川县内岷江干支流已建或在建水电站超过25座。其中，在岷江干流上分布有中坝、福堂、太平驿、映秀湾和紫坪铺5座水电站；支流杂谷脑河、草坡河、渔子溪和寿溪河上水电站数量累计超过20座。

1. 水文情势变化对水生生物的影响

汶川县内主要河流蓄水型水利工程，如干流紫坪铺、映秀湾和福堂水电站和支流渔子溪上的熊猫水电站及杂谷脑河上的古城水电站等的建设运行，使河流的水文情势发生变化，原来的河流水生生态系统变成河流—水库型水生生态系统。有研究显示，水库建成后，水体上层水温升高，绿藻等浮游植物快速生长，为原生动物和轮虫的生长和繁殖创造了有利条件，但会导致蜉蝣、纹石蚕、石蝇等底栖动物种类种群数量下降。水文情势的变化导致鱼类繁殖季节推迟，幼鱼生长期缩短、生长速度减缓。另外，水库修建使水位升高，不仅淹没原有鱼类产卵场，而且对水生生物的产卵和繁殖需要的生长环境和水文条件造成破坏。汶川县内岷江干支流已建水电站形成了大小不一的静水区域，使上游产的漂流性鱼卵的可漂流里程缩短，影响了卵的孵化出苗。

紫坪铺大坝

寿溪河上游的水利工程

图 5.1-2　汶川县内干支流上的水利工程

2. 阻隔对鱼类遗传多样性和种群结构的影响

汶川县内各个水电站的建设运行阻隔了鱼类的上溯下行通道，影响原河道内鱼类繁殖、索饵等正常生命活动，导致水生生态系统的不连续，使得鱼类种群减少。闸坝引起水生生境破碎化，阻碍了不同水域水生生物群体之间的遗传交流，导致种群整体遗传多样性降低，鱼类物种的活力下降。本次调查共收集渔获物12种，其中鲤科占绝大多数。从渔获物组成上看，主要以一些静水型、缓流水型和适应能力较强的鱼类为主，如鲤、鲫、鲢和鳙，占总渔获物重量的80%以上，成为库区（紫坪铺）的优势种群和主要经济鱼类，资源量较大；部分喜急流水生存鱼类（裂腹鱼鱼类等）在库区及支流的流水生境中也能采集到，但是部分河段（紫坪铺）鱼类组成和群落结构已经发生了变化，原本喜流水生活的大多数种类如裂腹鱼亚科、鮡科、平鳍鳅科和鳅科等鱼类在库区中大量减少，而喜静水生活的鲤、鲫、鲢和鳙等鱼类增多，特别是库区河段资源量明显增大。

5.1.1.8 河道采砂

河砂是河流生态系统十分重要的组成部分，有助于维持河道的相对稳定和水砂动态平衡，是固着藻类和底栖动物等附着生物生存的物质基础。开采砂石会对河流生态系统造成负面影响。调查显示，支流渔子溪0012样区存在河道采砂现象（图5.1-3），草坡河004样区附近正在开展河道清淤工作（图5.1-4）。

浮游植物是水生态系统中重要的组成部分和初级生产者，为食植物性水生生物提供饵料资源。太阳光是河流生态系统的主要能量来源，影响浮游植物的种类组成和生物量。采砂区及其附近水域悬浮物浓度增加，限制了浮游植物通过光合作用吸收能量，导致浮游植物种类减少，生物量降低。浮游动物主要摄食浮游植物、有机碎屑、细菌及其他悬浮颗粒物，浮游植物数量减少，水层悬浮的细小泥砂增加，导致浮游动物生物量也减少。浮游生物的生物量还会因抽吸带走而降低。

图5.1-3　渔子溪上游河岸的采砂场

图5.1-4　草坡河上游河道清淤工程

采砂搅动河床基底,使底质生境发生改变,大量未被带走的底栖动物因无法适应环境而迁移或消失,导致底栖动物的种类和丰度下降,空间结构发生改变。底栖动物迁移的数量随着悬浮物浓度的增加而增大,使之更容易暴露,被捕食风险增大。一些底栖动物(如螺类)以固着藻类为食,固着藻类种类和数量减少也会影响底栖动物群落结构。

鱼类对水质环境要求较高,当水质受到污染或悬浮物增加时,会给鱼类生存产生影响。采砂导致部分河床物理结构发生了变化,干扰水生动物的洄游活动,特别是对有短距离洄游需求的裂腹鱼类影响更明显。主要表现为:采砂区附近河段河道和水文条件发生变化,产生紊乱的水流,使水生动物迷失洄游方向;有的河段洄游通道被阻隔,导致洄游性水生动物锐减;采砂可能直接干扰繁殖活动,可能直接伤害洄游的幼苗等。

5.1.1.9 放生活动

汶川县内居民有放生、护生的习俗。调查显示,该区域放生对象以鲤、鲫和草鱼等非本地物种为主。这种"无序放生"易导致非本地物种入侵。非本地物种通常适应性强,通过竞争食物和争夺生活空间等方式来抑制本土物种的生长和繁殖,甚至分泌化感物质直接扼杀本土物种,使得本土物种种类和数量减少,导致非本地物种入侵种逐渐演变成为优势种,还可能加速处于濒危和灭绝边缘的本地水生生物物种的灭绝速度,造成生态系统物种多样性降低。

5.1.2 自然威胁因素

自然灾害和极端的气候使生物多样性降低。

5.1.2.1 山体滑坡和泥石流

山体滑坡是指山坡在河流冲刷、降雨、地震、人工切坡等因素的影响下,土层或岩层整体或分散地顺斜坡向下滑动的现象。泥石流是指在降水、溃坝或冰雪融化形成的地面流水的作用下,在沟谷或山坡上产生的一种挟带大量泥砂、石块等固体物质的特殊洪流。山体滑坡或泥石流会直接破坏地表植被,威胁地表生存的动植物,从而破坏局部生态系统结构。

5.1.2.2 森林病虫害

森林病虫害是无烟的森林火灾,通过危害林木的根、干、枝、叶等,使林分蓄积量或生物量遭受损失,从而影响森林生态系统服务功能。森林病虫害生物广泛存在,若其种群密度小,就不会对森林产生明显的影响。汶川县内多种植大面积人工林和竹林,病虫害发生的可能性较高。一旦森林病虫害大面积发生,将会对区域内的林木资源带来严重影响。

5.1.2.3 森林火灾

森林火灾是指失去人为控制,在林地内自由蔓延和扩展,对森林、森林生态系统和人类带来一定危害和损失的林火行为。森林火灾会烧毁大量林木,导致各类动物死亡,直接减少森林面积,使森林生态系统失去平衡,森林生物量下降,生产力减弱。高强度的大火能破坏土壤的化学、物理性质,降低土壤的保水性和渗透性,使某些林地和低洼地的地下水位上升,引起沼泽化。同时,土壤表面炭化增温,还会加速火烧迹地干燥,导致阳性杂草丛生,不利于森林更新或造成耐极端生态条件的低价值森林更替。

5.1.2.4 气候变化

气候变化对两栖爬行动物的生存会产生重大威胁。全球气温上升、干旱、极端天气等会导致生态系统扰动,使两栖动物的栖息地变得不稳定,威胁其繁殖和生存。

5.2 保护空缺分析

保护空缺分析是一种评估方法，用于分析特定区域中保护措施的不足。这种分析可以揭示在当前保护策略中没有得到充分关注和保护物种或生态系统。

5.2.1 物种多样性和栖息地保护

重点分析评估区域内野生动植物尤其是国家重点保护野生动植物及其栖息地是否得到充分的关注和保护。

本次野外调查记录到有国家一级保护野生植物红豆杉、珙桐2种，国家二级保护野生植物连香树、水青树、香果树、楠木、润楠、天竺桂、油樟、中华猕猴桃等51种；国家一级保护野生动物川金丝猴、大熊猫、大灵猫、小灵猫、金猫、豹、雪豹、林麝、马麝、白唇鹿、扭角羚、斑尾榛鸡、红喉雉鹑、绿尾虹雉、黑鹳、胡兀鹫等24种，国家二级保护野生动物猕猴、藏酋猴、狼、赤狐、藏狐、貉、黑熊、中华小熊猫、黄喉貂、藏雪鸡、血雉、红腹角雉、勺鸡、白马鸡、红腹锦鸡、白腹锦鸡、鸳鸯、横纹玉斑蛇等96种。

从分布情况来看，这些保护物种主要分布于卧龙国家级自然保护区和草坡省级自然保护区，这些区域都已纳入大熊猫国家公园范围，近年来得到了有效保护。因此，从物种多样性和栖息地保护现状来看，无明显的保护空缺。

5.2.2 生态系统完整性

重点分析评估区域内生态系统的完整性，以及哪些生态系统在当前保护措施中没有得到充分的关注和保护。

本次野外调查结果显示，汶川县自然生态系统主要有森林、灌丛、草地和湿地四类。森林生态系统、灌丛生态系统和草地生态系统在卧龙国家级自然保护区和草坡省级自然保护区大面积分布，湿地生态系统主要为岷江干支流及各库塘。县域内自然生态系统保存完整，且大都纳入自然保护地或其他类型的保护区域，无明显的保护空缺。

5.3 保护建议

5.3.1 综合性建议

（1）加强环境污染治理，提升生物多样性执法强度，强化重点区域生物多样性保护与规划。

针对生产、生活产生的污染问题，进一步强化农村生活污染和农业面源污染治理，减少除草剂等农药乱投乱放。

针对非法采集、砍伐、野生植物，非法猎捕和杀害野生动物的行为，建议加大执法力度，采取有效的动物栖息地保护措施。

建议加强重点动物保护监测力度，推动实施动态监测、长期监测。加强对动物栖息地的保

第 5 章 威胁因素分析与保护建议

护,在后期的城镇发展规划中,应充分结合动物的分布现状,减少对动物多样性较高区域的开发力度,设置不同生态功能区以降低对动物活动的干扰,满足其对栖息地生境的最低需求。同时,对已开发区域内的植被进行修复,提高植被的郁闭度和多样性,为动物的生存提供良好的栖息环境。

物种多样性高的区域是生物多样性保护和修复的重点区域,也往往是珍稀濒危和保护物种的重要栖息地,因此,需要采取最严格的保护制度和保护措施。

(2) 建立健全汶川县生物多样性数据库,开展生物多样性长期监测。

生物多样性监测是一项长期工作。丰富的生物数据与理化监测结果结合,才能得到符合实际的观测数据。

本次生物多样性调查发现,汶川县此前的生物多样性保护工作主要集中在卧龙、草坡等自然保护区范围内,对于保护区范围以外的各生物类群的监测研究较少且缺乏时效性,导致对这些区域生物多样性本底情况认知模糊,无法提出有针对性的保护措施。因此,需加强沟通,建立汶川县生物多样性数据库,将保护区范围以外的区域纳入监测,完善数据,并通过后续的濒危物种专项调查等建立重要物种长期动态监测机制。

在存在重点物种和类群的关键地区或生物多样性较高地区布设长期监测与科研样地,开展系统性研究;调查种群动态、资源储量和物种受威胁状况;加强水生环境生态保护重点领域的基础研究和技术攻关,加大生态修复的研究力度。

(3) 持续加强生态保护宣传力度,提高全民保护意识。

将生物多样性保护作为生态文明建设的重要内容,在地方社区和学校积极开展生物多样性保护宣教活动,搭建更多的可供公众参与的生物多样性保护平台。通过张贴宣传标语、举办专题讲座等方式,广泛开展野生动物保护宣传活动,普及野生动植物保护法律知识,提高公众生物多样性保护意识。

(4) 强化重大建设工程生物多样性保护和管控措施。

开展环境影响跟踪监测评估。工程建设前、建设期和运营期开展环境影响跟踪监测,评估工程不同时期对区域生物多样性的影响,并制定相应的保护措施。

加强生态保护红线管理。严格执行生态保护红线制度,将生态保护红线作为重大工程建设的硬约束,确保工程建设不突破生态保护红线。

实施栖息地保护。在工程建设过程中,应尽可能减少对野生动物栖息地的破坏和干扰。对于不可避免的破坏,应采取生态修复措施,恢复原有生态。

落实施工期保护措施。工程施工期间,应采取必要的保护措施,如设置临时栖息地、加强施工人员的培训和教育等,以减少对野生动物的影响。

加强监管和执法。加强对重大工程建设的监管和执法力度,严厉打击非法施工和破坏生态环境的行为。

开展宣传教育。加强宣传教育,提高公众对生物多样性保护的意识。同时,加强与媒体的合作,宣传重大建设工程对生物多样性的影响和保护措施。

加强科研支持。加强科研支持力度,开展相关研究,为重大工程建设中的生物多样性保护提供科学依据和技术支持。

5.3.2 各生物类群保护措施建议

5.3.2.1 高等植物

（1）加强生态环境保护宣传力度，提高全民保护意识。

采用定期宣教的方式，对当地居民进行生物多样性科普与培训，利用各种宣传方式，提高居民保护生态环境及野生动植物的意识。

（2）加强重点植物监测与保护，减少外来入侵植物威胁。

汶川县国家重点保护野生植物丰富，需加大对重点保护植物的科学研究力度，了解植物种群的数量、分布、生态需求等信息，为制定科学合理的保护措施提供依据。

本次野外调查发现，县域内在道路两旁、废弃地、园地等区域分布了一定数量和面积的外来入侵植物，如喜旱莲子草、一年蓬、鬼针草、藿香蓟等，严重影响了这些区域乡土植物的生长，使该区域生物多样性降低，生态系统功能受到严重影响。此外，外来入侵植物也对其相近区域内的国家重点保护植物和珍稀濒危植物及其生境存在一定程度的影响。因此，需要高度重视外来入侵植物对生物多样性的影响，加强对外来入侵植物的防治，要及时清除部分区域内的外来入侵植物，切实消除外来入侵植物对本土植物、重点保护植物的负面影响。

（3）建立监测体系。

建立高等植物资源监测体系，定期对植物种群数量、分布、生长状况等进行监测，为保护工作提供科学依据。

5.3.2.2 植被

（1）强化法律监管：严格按照环境保护相关法律法规要求，对履职不到位、责任不落实的单位或个人，要严肃追究其责任。

（2）恢复植被：对汶川县受损的植被进行恢复治理，包括植树造林、退耕还林等措施，改善生态环境，为高等植物提供良好的生存条件。

（3）实施"七大保护""七大治理"行动：持续深化"七大保护""七大治理"行动，以实现更高效的环境保护和治理。

（4）发展绿色经济：坚持"绿水青山就是金山银山"的理念，积极推进以"重在保护、要在治理，高质量发展"为主的绿色发展模式。

（5）加强科学研究：加大对植被的科学研究力度，了解植物种群的数量、分布、生态需求等信息，为制定科学合理的保护措施提供依据。

（6）开展公众教育：通过举办各类科普活动，提高公众对植被保护的认识和参与度。加强对当地居民的生态保护教育，培养他们的环保意识。

5.3.2.3 陆生哺乳类

（1）注重非自然保护区哺乳动物的栖息地保护，在后期发展规划中，应充分结合动物的分布现状，减少对动物多样性较高区域的开发力度，设置不同生态功能区，以降低对动物活动的干扰，满足其对栖息地生境的最低需求，同时对已开发区域和落叶松等人工纯林区域的植被进行生态修复，提高植被的郁闭度和多样性，为动物的生存提供良好的栖息环境。

（2）加强旅游管理。规范游客的行为，按照规划好的旅游路线参观，以减少对动物日常活动的干扰。

（3）加强宣传教育，增强全民动物保护意识。可考虑结合保护野生动物的先进事迹和破坏野生动物保护的典型案件，进行宣传教育，提高居民保护野生动物的意识。

5.3.2.4 鸟类

(1) 加强栖息地保护。

(2) 加强对重点保护和珍稀濒危鸟类的调查和监测,定期开展专项监测,重点调查珍稀濒危种类,及时掌握保护现状并建立档案。

5.3.2.5 两栖类和爬行类

(1) 加强两栖类和爬行类动物保护的相关法律法规宣传。

(2) 加大执法力度,严厉打击偷猎、盗猎野生动物的行为,采取有效的动物栖息地保护措施,禁止随意砍伐森林、毁林开荒。

(3) 在交通道路致死严重的道路架设警示牌,以提醒车辆减速慢行,减少路杀状况的发生。

5.3.2.6 昆虫

(1) 进一步加强昆虫多样性调查研究。全国昆虫种类繁多,数量庞大,还有大量的昆虫种类尚未被发现或命名,空白点多,建议在本次野外调查成果的基础上,继续对昆虫资源进行调查监测,不断完善汶川县昆虫资源数据库。

(2) 加强宣传教育。昆虫多样性能否得到有效的保护和利用,在很大程度上取决于公众的观念意识及其行为方式。通过各种方式进行宣传教育,强化和提高人们保护昆虫多样性的意识。

(3) 合理开发和利用蝶蛾类资源。汶川县蝶蛾类资源丰富,具有较高的观赏价值,可建立固定的蝶蛾类监测网点,开展蝶蛾类观赏和自然教育课堂,将保护、自然教育和生态旅游进行有机结合。

5.3.2.6 水生生物

(1) 加强水生生物资源保护宣传活动。大力宣传《中华人民共和国野生动物保护法》《中华人民共和国渔业法》《中华人民共和国长江保护法》等法规,以及"长江十年禁渔计划",让更多的人参与到汶川县水生生物多样性保护行动中。

(2) 开展增殖放流,提高鱼类生物多样性。鱼类增殖放流是水生生物资源保护和修复的重要手段,以增加岷江河流域内野生鱼类的数量,尽可能降低水利工程建设和运行对水生生物多样性的影响,恢复天然渔业资源。

(3) 种植业面源污染治理。农村土地经营权流转,种植业面源污染有人来治;肥水不外排,开展生态农田试点工作因地制宜,建设肥水收集调蓄池进行调蓄净化,实现肥水不下河;调蓄净化后的再生水根据当季水量大小循环使用或酌量排放。开展农田退水监测,预防雨季水质滑坡。将规模化农田灌溉区退水监控断面列入地表水环境监测网,针对全县规模化典型农田灌区的主要退水河流设置断面,开展月度常规监测,在一定规模降雨的 24 小时内开展加密监测,为及时掌握和跟踪评估农田灌溉、降水等因素引起的退水影响提供有力支撑。

(4) 强化河道采砂管理。可结合河长制或落实地方行政管理首长制,明确主管部门,实行严格管理制度。在发放采砂许可证前,联合专家现场勘察评估。除开采前的严格审核外,采砂期间要进行不定期现场检查,防止超量、超区域开采;登记管理采砂工程中的采砂设备,防止不合格装置投入作业;设置废物排放标准,避免废物超环境负荷排放造成污染;制定严格的河道采砂追责制度,对于有违法违规操作的采砂企业,采用责令限期整改和罚款等措施,严重的撤销采砂许可证。要求采砂企业在工程结束后做好采砂区域砂坑回填等恢复工作,再次联合专家评估采砂后的河流生态系统健康,达到合格标准才可验收。

(5) 规范"放生"物种与强化养殖品种管理。

5.3.2.7 大型真菌

本次调查结果只能在一定程度上反映汶川县内大型真菌物种多样性状况。大型真菌生命周期较短，受气候影响较大，此次调查时间较短，调查覆盖种类并不全面，要全面了解县域内大型真菌的组成和分布，还需进行系统调查，延长调查周期，增加调查频次。另外，随着分类学研究的不断发展，大型真菌的分类地位发生了极大的变化，早期有关汶川县内已报道的一些大型真菌名称已不存在或仅是其他名称的误用，对于之前的调查数据不能不加选择地直接使用。

附录一 物种名录

1. 汶川县高等植物名录

科名	属名	物种名	拉丁名	特有种	保护级别	数据来源	备注
泥炭藓科	泥炭藓属	白齿泥炭藓	*Sphagnum girgensohnii*			2	
泥炭藓科	泥炭藓属	广舌泥炭藓	*Sphagnum russowii*			2	
黑藓科	黑藓属	王氏黑藓	*Andreaea wangiana*	T		2	
白齿藓科	白齿藓属	高山白齿藓	*Leucodon alpinus*			2	
白齿藓科	白齿藓属	朝鲜白齿藓	*Leucodon corensis*			2	
白齿藓科	白齿藓属	陕西白齿藓	*Leucodon exaltatus*			2	
白齿藓科	白齿藓属	札幌白齿藓	*Leucodon sapporensis*			2	
白齿藓科	白齿藓属	白齿藓	*Leucodon sciuroides*			2	
白齿藓科	白齿藓属	中华白齿藓	*Leucodon sinensis*			2	
白齿藓科	白齿藓属	鞭枝白齿藓	*Leucodon flagelli*	T		2	
白齿藓科	白齿藓属	玉山白齿藓	*Leucodon morrisonensis*	T		2	
白发藓科	白发藓属	桧叶白发藓	*Leucobryum juniperoideum*		二级	2	
薄罗藓科	异齿藓属	齿边异齿藓	*Regmatodon serrulatus*			2	
薄罗藓科	假细罗藓属	瓦叶假细罗藓	*Pseudoleskeella tectorum*			2	
薄罗藓科	细罗藓属	细罗藓	*Leskeella nervosa*			2	
薄罗藓科	多毛藓属	密根多毛藓	*Lescuraea radicosa*			2	
薄罗藓科	褶藓属	长枝褶藓	*Okamuraea hakoniensis*			2	
船叶藓科	猫尾藓属	猫尾藓	*Isothecium alopecuroides*			2	
垂枝藓科	垂枝藓属	垂枝藓	*Rhytidium rugosum*			2	
丛藓科	毛口藓属	毛口藓	*Trichostomum brachydontium*			2	
丛藓科	毛口藓属	皱叶毛口藓	*Trichostomum crispulum*			2	
丛藓科	纽藓属	折叶纽藓	*Tortella fragilis*			2	
丛藓科	纽藓属	长叶纽藓	*Tortella tortuosa*			2	
丛藓科	拟合睫藓属	狭叶拟合睫藓	*Pseudosymblepharis angustata*			2	
丛藓科	薄齿藓属	齿叶薄齿藓	*Leptodontium handelii*			2	
丛藓科	薄齿藓属	厚壁薄齿藓	*Leptodontium warnstorfii*			2	
丛藓科	对齿藓属	红对齿藓	*Didymodon asperifolius*			2	
丛藓科	对齿藓属	反叶对齿藓	*Didymodon ferrugineus*			2	

续表

科名	属名	物种名	拉丁名	特有种	保护级别	数据来源	备注
丛藓科	对齿藓属	短叶对齿藓	*Didymodon tectorus*			2	
丛藓科	红叶藓属	无齿红叶藓	*Bryoerythrophyllum gymnostomum*			2	
丛藓科	美叶藓属	美叶藓	*Bellibarbula kurziana*			2	
丛藓科	扭口藓属	扭口藓	*Barbula unguiculata*			2	
丛藓科	丛本藓属	扭叶丛本藓	*Anoectangium stracheyanum*			2	
丛藓科	毛口藓属	卷叶毛口藓	*Trichostomum involutum*	T		1	
丛藓科	酸土藓属	酸土藓	*Oxystegus cylindricus*			2	
丛藓科	链齿藓属	泛生链齿藓	*Desmatodon laureri*			2	
丛藓科	墙藓属	泛生墙藓	*Tortula muralis*			2	
丛藓科	红叶藓属	云南红叶藓	*Bryoerythrophyllum yunnanense*			2	
凤尾藓科	凤尾藓属	卷叶凤尾藓	*Fissidens dubius*			2	
壶藓科	并齿藓属	黄柄并齿藓	*Tetraplodon urceolatus*			2	
壶藓科	壶藓属	壶藓	*Splachnum vasculosum*			2	
葫芦藓科	葫芦藓属	葫芦藓	*Funaria hygrometrica*			2	
灰藓科	小金灰藓属	东亚金灰藓	*Pylaisiella brotheri*			2	
灰藓科	小金灰藓属	弯叶金灰藓	*Pylaisiella falcata*			2	
灰藓科	美丽似同叶藓属	美丽拟同叶藓	*Isopterygiopsis pulchella*			2	
灰藓科	美灰藓属	美灰藓	*Eurohypnum leptothallum*			2	
灰藓科	明叶藓属	长尖明叶藓	*Vesicularia reticulata*			2	
灰藓科	鳞叶藓属	鳞叶藓	*Taxiphyllum taxirameum*			2	
灰藓科	毛梳藓属	毛梳藓	*Ptilium crista-castrensis*			2	
灰藓科	黄灰藓属	黄灰藓	*Jochenia pallescens*			2	
灰藓科	同叶藓属	淡色同叶藓	*Isopterygium albescens*			2	
灰藓科	灰藓属	尖叶灰藓	*Hypnum callichroum*			2	
灰藓科	灰藓属	灰藓	*Hypnum cupressiforme*			2	
灰藓科	灰藓属	弯叶灰藓	*Hypnum hamulosum*			2	
灰藓科	拟灰藓属	拟灰藓	*Hondaella caperata*			2	
灰藓科	毛灰藓属	南亚毛灰藓	*Homomallium simlaense*			2	
灰藓科	粗枝藓属	长蒴粗枝藓	*Gollania cylindricarpa*			2	
灰藓科	粗枝藓属	皱叶粗枝藓	*Gollania ruginosa*			2	
灰藓科	粗枝藓属	陕西粗枝藓	*Gollania schensiana*			2	
灰藓科	偏蒴藓属	平叶偏蒴藓	*Ectropothecium zollingeri*			2	
灰藓科	梳藓属	毛叶梳藓	*Ctenidium capillifolium*			2	
灰藓科	梳藓属	斯里兰卡梳藓	*Ctenidium ceylanicum*			2	
灰藓科	梳藓属	梳藓	*Ctenidium molluscum*			2	
灰藓科	大灰藓属	大灰藓	*Calohypnum plumiforme*			2	
灰藓科	粗枝藓属	大粗枝藓	*Gollania robusta*	T		2	
灰藓科	拟腐木藓属	长喙拟腐木藓	*Callicladium fujiyamae*			2	

附录一 物种名录

续表

科名	属名	物种名	拉丁名	特有种	保护级别	数据来源	备注
金灰藓科	卷叶灰藓属	卷叶灰藓	*Roaldia revoluta*			2	
金灰藓科	假水灰藓属	多蒴假水灰藓	*Pseudohygrohypnum fertile*			2	
锦藓科	弯叶毛锦藓属	短叶毛锦藓	*Pylaisiadelpha yokohamae*			2	
锦藓科	小锦藓属	弯叶小锦藓	*Brotherella falcata*			2	
锦藓科	丝灰藓属	丝灰藓	*Giraldiella levieri*			2	
锦藓科	小锦藓属	南方小锦藓	*Brotherella henonii*			2	
绢藓科	尖叶拟绢藓属	四川拟绢藓	*Entodontopsis setschwanica*			2	
绢藓科	赤齿藓属	穗枝赤齿藓	*Erythrodontium julaceum*			2	
绢藓科	绢藓属	柱蒴绢藓	*Entodon challengeri*			2	
绢藓科	绢藓属	绢藓	*Entodon cladorrhizans*			2	
绢藓科	绢藓属	厚角绢藓	*Entodon concinnus*			2	
绢藓科	绢藓属	细绢藓	*Entodon giraldii*			2	
绢藓科	绢藓属	深绿绢藓	*Entodon luridus*			2	
绢藓科	绢藓属	长柄绢藓	*Entodon macropodus*			2	
绢藓科	绢藓属	亚美绢藓	*Entodon sullivantii*			2	
绢藓科	绢藓属	绿叶绢藓	*Entodon viridulus*			2	
蕨藓科	耳平藓属	急尖耳平藓	*Calyptothecium hookeri*			2	
蕨藓科	耳平藓属	耳平藓	*Calyptothecium philippinense*			2	
蕨藓科	耳平藓属	羽枝耳平藓	*Calyptothecium pinnatum*			2	
蕨藓科	大滇蕨藓属	滇蕨藓	*Pseudopterobryum tenuicuspes*	T		2	
孔雀藓科	孔雀藓属	黄边孔雀藓	*Hypopterygium flavolimbatum*			2	
鳞藓科	小鼠尾藓属	刺叶小鼠尾藓	*Myurella sibirica*			2	
柳叶藓科	三洋藓属	三洋藓	*Sanionia uncinata*			2	
柳叶藓科	湿原藓属	蔓枝湿原藓	*Calliergon sarmentosum*			2	
柳叶藓科	镰刀藓属	镰刀藓	*Drepanocladus aduncus*			2	
柳叶藓科	牛角藓属	牛角藓	*Cratoneuron filicinum*			2	
蔓藓科	细带藓属	细带藓	*Trachycladiella aurea*			2	
蔓藓科	细带藓属	散生细带藓	*Trachycladiella sparsa*			2	
蔓藓科	新丝藓属	新丝藓	*Neodicladiella pendula*			2	
蔓藓科	蔓藓属	东亚蔓藓	*Meteorium atrovariegatum*			2	
蔓藓科	蔓藓属	粗枝蔓藓	*Meteorium subpolytrichum*			2	
蔓藓科	丝带藓属	四川丝带藓	*Floribundaria setschwanica*			2	
蔓藓科	气藓属	气藓	*Aerobryum speciosum*			2	
美姿藓科	美姿藓属	美姿藓	*Timmia megapolitana*			2	
棉藓科	棉藓属	圆条棉藓	*Plagiothecium cavifolium*			2	
棉藓科	棉藓属	棉藓	*Plagiothecium denticulatum*			2	
棉藓科	棉藓属	直叶棉藓	*Plagiothecium euryphyllum*			2	
棉藓科	棉藓属	扁平棉藓	*Plagiothecium neckeroideum*			2	

续表

科名	属名	物种名	拉丁名	特有种	保护级别	数据来源	备注
木灵藓科	卷叶藓属	卷叶藓	*Ulota crispa*			2	
木灵藓科	木灵藓属	颈领木灵藓	*Orthotrichum hooglandii*			2	
木灵藓科	木灵藓属	日本木灵藓	*Orthotrichum ibukiense*			2	
木灵藓科	木灵藓属	蒴壶木灵藓	*Orthotrichum urnigerum*			2	
木灵藓科	蓑藓属	福氏蓑藓	*Macromitrium ferriei*			2	
木灵藓科	蓑藓属	长柄蓑藓	*Macromitrium reinwardtii*			2	
木灵藓科	显孔藓属	中国显孔藓	*Lewinskya hookeri*			2	
木灵藓科	显孔藓属	东亚显孔藓	*Lewinskya iwatsukii*			2	
木灵藓科	显孔藓属	暗色显孔藓	*Lewinskya sordida*			2	
木灵藓科	显孔藓属	显孔藓	*Lewinskya striata*			2	
木藓科	木藓属	褶叶木藓	*Thamnobryum plicatulum*			2	
牛毛藓科	对叶藓属	对叶藓	*Distichium capillaceum*			2	
牛毛藓科	对叶藓属	小对叶藓	*Distichium hagenii*			2	
牛毛藓科	对叶藓属	斜蒴对叶藓	*Distichium inclinatum*			2	
牛毛藓科	角齿藓属	角齿藓	*Ceratodon purpureus*			2	
扭茎藓科	扭茎藓属	细扭茎藓	*Flexitrichum gracile*			2	
扭叶藓科	扭叶藓属	扭叶藓	*Trachypus bicolor*			2	
扭叶藓科	拟扭叶藓属	拟扭叶藓	*Trachypodopsis serrulata*			2	
扭叶藓科	绿锯藓属	斜枝绿锯藓	*Duthiella declinata*			2	
扭叶藓科	绿锯藓属	美绿锯藓	*Duthiella speciosissima*			2	
扭叶藓科	扭叶藓属	小扭叶藓	*Trachypus humilis*			2	
平藓科	平藓属	平藓	*Neckera pennata*			2	
平藓科	平藓属	四川平藓	*Neckera setschwanica*			2	
平藓科	树平藓属	舌叶树平藓	*Homaliodendron ligulaefolium*			2	
平藓科	树平藓属	刀叶树平藓	*Homaliodendron scalpellifolium*			2	
平藓科	拟扁枝藓属	拟扁枝藓	*Homaliadelphus targionianus*			2	
平藓科	平藓属	延叶平藓	*Neckera decurrens*	T		2	
平藓科	光平藓属	光平藓	*Planicladium nitidulum*			2	
平藓科	截叶藓属	东亚截叶藓	*Neckeromnion calcicola*			2	
青藓科	长喙藓属	淡叶长喙藓	*Rhynchostegium pallidifolium*			2	
青藓科	长喙藓属	匍枝长喙藓	*Rhynchostegium serpenticaule*			2	
青藓科	褶叶藓属	褶叶藓	*Palamocladium nilgheriense*			2	
青藓科	鼠尾藓属	鼠尾藓	*Myuroclada maximowiczii*			2	
青藓科	美喙藓属	短尖美喙藓	*Eurhynchium angustirete*			2	
青藓科	美喙藓属	尖叶美喙藓	*Eurhynchium eustegium*			2	
青藓科	美喙藓属	宽叶美喙藓	*Eurhynchium hians*			2	
青藓科	美喙藓属	扭尖美喙藓	*Eurhynchium kirishimense*			2	
青藓科	美喙藓属	密叶美喙藓	*Eurhynchium savatieri*			2	

附录一 物种名录

续表

科名	属名	物种名	拉丁名	特有种	保护级别	数据来源	备注
青藓科	毛尖藓属	匙叶毛尖藓	*Cirriphyllum cirrosum*			2	
青藓科	毛尖藓属	毛尖藓	*Cirriphyllum piliferum*			2	
青藓科	燕尾藓属	短枝燕尾藓	*Bryhnia brachycladula*			2	
青藓科	燕尾藓属	密枝燕尾藓	*Bryhnia serricuspis*			2	
青藓科	燕尾藓属	毛尖燕尾藓	*Bryhnia trichomitria*			2	
青藓科	青藓属	灰白青藓	*Brachythecium albicans*			2	
青藓科	青藓属	耳叶青藓	*Brachythecium auriculatum*			2	
青藓科	青藓属	多褶青藓	*Brachythecium buchananii*			2	
青藓科	青藓属	尖叶青藓	*Brachythecium coreanum*			2	
青藓科	青藓属	赤根青藓	*Brachythecium erythrorrhizon*			2	
青藓科	青藓属	圆枝青藓	*Brachythecium garovaglioides*			2	
青藓科	青藓属	石地青藓	*Brachythecium glareosum*			2	
青藓科	青藓属	平枝青藓	*Brachythecium helminthocladum*			2	
青藓科	青藓属	皱叶青藓	*Brachythecium kuroishicum*			2	
青藓科	青藓属	柔叶青藓	*Brachythecium moriense*			2	
青藓科	青藓属	毛尖青藓	*Brachythecium piligerum*			2	
青藓科	青藓属	羽枝青藓	*Brachythecium plumosum*			2	
青藓科	青藓属	长肋青藓	*Brachythecium populeum*			2	
青藓科	青藓属	匐枝青藓	*Brachythecium procumbens*			2	
青藓科	青藓属	羽状青藓	*Brachythecium propinnatum*			2	
青藓科	青藓属	青藓	*Brachythecium pulchellum*			2	
青藓科	青藓属	弯叶青藓	*Brachythecium reflexum*			2	
青藓科	青藓属	卵叶青藓	*Brachythecium rutabulum*			2	
青藓科	青藓属	褶叶青藓	*Brachythecium salebrosum*			2	
青藓科	青藓属	钩叶青藓	*Brachythecium uncinifolium*			2	
青藓科	拟同蒴藓属	中华拟同蒴藓	*Homalotheciella sinensis*	T		2	
青藓科	美喙藓属	狭叶美喙藓	*Eurhynchium coarctum*	T		2	
青藓科	青藓属	斜枝青藓	*Brachythecium campylothallum*	T		2	
青藓科	青藓属	多枝青藓	*Brachythecium fascicultrameum*	T		2	
青藓科	青藓属	脆枝青藓	*Brachythecium thraustum*	T		2	
青藓科	青藓属	绿枝青藓	*Brachythecium viridefactum*	T		2	
曲尾藓科	合睫藓属	合睫藓	*Symblepharis vaginata*			2	
曲尾藓科	无齿藓属	无齿藓	*Pseudochorisodontium gymnostomum*			2	
曲尾藓科	拟白发藓属	拟白发藓	*Paraleucobryum enerve*			2	
曲尾藓科	拟白发藓属	长叶拟白发藓	*Paraleucobryum longifolium*			2	
曲尾藓科	拟白发藓属	疣肋拟白发藓	*Paraleucobryum schwarzii*			2	
曲尾藓科	石毛藓属	四川石毛藓	*Oreoweisia setschwanica*			2	
曲尾藓科	山毛藓属	山毛藓	*Oreas martiana*			2	

续表

科名	属名	物种名	拉丁名	特有种	保护级别	数据来源	备注
曲尾藓科	曲背藓属	曲背藓	*Oncophorus wahlenbergii*			2	
曲尾藓科	曲尾藓属	大曲尾藓	*Dicranum drummondii*			2	
曲尾藓科	曲尾藓属	钩叶曲尾藓	*Dicranum hamulosum*			2	
曲尾藓科	曲尾藓属	日本曲尾藓	*Dicranum japonicum*			2	
曲尾藓科	曲尾藓属	曲尾藓	*Dicranum scoparium*			2	
曲尾藓科	曲尾藓属	皱叶曲尾藓	*Dicranum undulatum*			2	
曲尾藓科	青毛藓属	丛叶青毛藓	*Dicranodontium caespitosum*			2	
曲尾藓科	小曲尾藓属	短柄小曲尾藓	*Dicranella gonoi*			2	
曲尾藓科	狗牙藓属	假狗牙藓	*Cynodontium fallax*			2	
曲尾藓科	曲柄藓属	黄曲柄藓	*Campylopus aureus*			2	
曲尾藓科	曲柄藓属	节茎曲柄藓	*Campylopus umbellatus*			2	
曲尾藓科	曲背藓属	大曲背藓	*Oncophorus virens*			2	
曲尾藓科	曲柄藓属	脆枝曲柄藓	*Campylopus fragilis*			2	
塔藓科	仰叶星塔藓属	星塔藓	*Hylocomiastrum pyrenaicum*			2	
塔藓科	仰叶星塔藓属	仰叶塔藓	*Hylocomiastrum umbratum*			2	
塔藓科	拟垂枝藓属	仰尖拟垂枝藓	*Rhytidiadelphus japonicus*			2	
塔藓科	赤茎藓属	赤茎藓	*Pleurozium schreberi*			2	
塔藓科	新船叶藓属	新船叶藓	*Neodolichomitra yunnanensis*			2	
塔藓科	假蔓藓属	假蔓藓	*Loeskeobryum breviristre*			2	
塔藓科	塔藓属	塔藓	*Hylocomium splendens*			2	
塔藓科	拟垂枝藓属	大拟垂枝藓	*Rhytidiadelphus triquetrus*			2	
提灯藓科	疣灯藓属	鞭枝疣灯藓	*Trachycystis flagellaris*			2	
提灯藓科	疣灯藓属	疣灯藓	*Trachycystis microphylla*			2	
提灯藓科	疣灯藓属	树形疣灯藓	*Trachycystis ussuriensis*			2	
提灯藓科	毛灯藓属	扇叶毛灯藓	*Rhizomnium hattorii*			2	
提灯藓科	毛灯藓属	圆叶毛灯藓	*Rhizomnium nudum*			2	
提灯藓科	毛灯藓属	毛灯藓	*Rhizomnium punctatum*			2	
提灯藓科	匐灯藓属	尖叶匐灯藓	*Plagiomnium acutum*			2	
提灯藓科	匐灯藓属	皱叶匐灯藓	*Plagiomnium arbusculum*			2	
提灯藓科	匐灯藓属	密集匐灯藓	*Plagiomnium confertidens*			2	
提灯藓科	匐灯藓属	全缘匐灯藓	*Plagiomnium integrum*			2	
提灯藓科	匐灯藓属	侧枝匐灯藓	*Plagiomnium maximoviczii*			2	
提灯藓科	匐灯藓属	具喙匐灯藓	*Plagiomnium rhynchophorum*			2	
提灯藓科	匐灯藓属	钝叶匐灯藓	*Plagiomnium rostratum*			2	
提灯藓科	匐灯藓属	大叶匐灯藓	*Plagiomnium succulentum*			2	
提灯藓科	匐灯藓属	圆叶匐灯藓	*Plagiomnium vesicatum*			2	
提灯藓科	提灯藓属	平肋提灯藓	*Mnium laevinerve*			2	
提灯藓科	提灯藓属	刺叶提灯藓	*Mnium spinosum*			2	

附录一 物种名录

续表

科名	属名	物种名	拉丁名	特有种	保护级别	数据来源	备注
提灯藓科	提灯藓属	小刺叶提灯藓	*Mnium spinulosum*			2	
提灯藓科	提灯藓属	偏叶提灯藓	*Mnium thomsonii*			2	
万年藓科	万年藓属	万年藓	*Climacium dendroides*			2	
万年藓科	万年藓属	东亚万年藓	*Climacium japonicum*			2	
隐蒴藓科	球蒴藓属	球蒴藓	*Sphaerotheciella sphaerocarpa*			2	
隐蒴藓科	残齿藓属	短肋残齿藓	*Forsstroemia goughiana*			2	
隐蒴藓科	残齿藓属	短齿残齿藓	*Forsstroemia yezoana*			2	
隐蒴藓科	隐蒴藓属	卵叶隐蒴藓	*Cryphaea obovatocarpa*			2	
隐蒴藓科	球蒴藓属	中华球蒴藓	*Sphaerotheciella sinensis*	T		2	
隐蒴藓科	隐蒴藓属	披针叶隐蒴藓	*Cryphaea lanceolata*	T		2	
油藓科	油藓属	尖叶油藓	*Hookeria acutifolia*			2	
真藓科	大叶藓属	暖地大叶藓	*Rhodobryum giganteum*			2	
真藓科	大叶藓属	狭边大叶藓	*Rhodobryum ontariense*			2	
真藓科	大叶藓属	大叶藓	*Rhodobryum roseum*			2	
真藓科	丝瓜藓属	丝瓜藓	*Pohlia elongata*			2	
真藓科	真藓属	真藓	*Bryum argenteum*			2	
真藓科	真藓属	丛生真藓	*Bryum caespiticium*			2	
真藓科	真藓属	细叶真藓	*Bryum capillare*			2	
真藓科	真藓属	幽美真藓	*Bryum elegans*			2	
真藓科	真藓属	纤茎真藓	*Bryum leptocaulon*			2	
真藓科	真藓属	近高山真藓	*Bryum paradoxum*			2	
真藓科	真藓属	垂蒴真藓	*Bryum uliginosum*			2	
真藓科	短月藓属	宽叶短月藓	*Brachymenium capitulatum*			2	
真藓科	银藓属	芽胞银藓	*Anomobryum gemmigerum*			2	
真藓科	丝瓜藓属	小丝瓜藓	*Pohlia crudoides*			2	
皱蒴藓科	皱蒴藓属	异枝皱蒴藓	*Aulacomnium heterostichum*			2	
珠藓科	泽藓属	柔叶泽藓	*Philonotis mollis*			2	
珠藓科	泽藓属	东亚泽藓	*Philonotis turneriana*			2	
珠藓科	珠藓属	亮叶珠藓	*Bartramia halleriana*			2	
珠藓科	珠藓属	直叶珠藓	*Bartramia ithyphylla*			2	
珠藓科	珠藓属	单齿珠藓	*Bartramia leptodenta*			2	
珠藓科	珠藓属	梨蒴珠藓	*Bartramia pomiformis*			2	
珠藓科	珠藓属	绿珠藓	*Bartramia subulata*			2	
紫萼藓科	连轴藓属	溪岸连轴藓	*Schistidium rivulare*			2	
紫萼藓科	连轴藓属	粗疣连轴藓	*Schistidium strictum*			2	
紫萼藓科	连轴藓属	长齿连轴藓	*Schistidium trichodon*			2	
紫萼藓科	砂藓属	喜马拉雅砂藓	*Racomitrium himalayanum*			2	
紫萼藓科	砂藓属	多枝砂藓	*Racomitrium laetum*			2	

续表

科名	属名	物种名	拉丁名	特有种	保护级别	数据来源	备注
紫萼藓科	砂藓属	白毛砂藓	*Racomitrium lanuginosum*			2	
紫萼藓科	长齿藓属	硬叶长齿藓	*Niphotrichum barbuloides*			2	
紫萼藓科	长齿藓属	长齿藓	*Niphotrichum canescens*			2	
紫萼藓科	长齿藓属	长枝长齿藓	*Niphotrichum ericoides*			2	
紫萼藓科	长齿藓属	东亚长齿藓	*Niphotrichum japonicum*			2	
紫萼藓科	紫萼藓属	近缘紫萼藓	*Grimmia affinis*			2	
紫萼藓科	紫萼藓属	卷边紫萼藓	*Grimmia donniana*			2	
紫萼藓科	紫萼藓属	阔叶紫萼藓	*Grimmia laevigata*			2	
紫萼藓科	紫萼藓属	高山紫萼藓	*Grimmia montana*			2	
紫萼藓科	紫萼藓属	卵叶紫萼藓	*Grimmia ovalis*			2	
紫萼藓科	紫萼藓属	厚壁紫萼藓	*Grimmia sessitana*			2	
紫萼藓科	矮齿藓属	长毛矮齿藓	*Bucklandiella albipilifera*			2	
紫萼藓科	矮齿藓属	偏叶矮齿藓	*Bucklandiella subsecunda*			2	
紫萼藓科	丛枝藓属	黄丛枝藓	*Dilutineuron anomodontoides*			2	
紫萼藓科	丛枝藓属	丛枝藓	*Dilutineuron fasciculare*			2	
树花科	石蕊属	鳞片石蕊	*Cladonia squamosa*			1	
金发藓科	小金发藓属	暖地小金发藓	*Pogonatum fastigiatum*			2	
金发藓科	小金发藓属	南亚小金发藓	*Pogonatum proliferum*			2	
金发藓科	小金发藓属	疣小金发藓	*Pogonatum urnigerum*			2	
金发藓科	仙鹤藓属	东亚仙鹤藓	*Atrichum yakushimense*			2	
金发藓科	小金发藓属	双珠小金发藓	*Pogonatum pergranulatum*	T		2	
金发藓科	金发藓属	金发藓	*Polytrichum commune*			1	
金发藓科	拟金发藓属	拟金发藓	*Polytrichastrum alpinum*			2	
金发藓科	小金发藓属	刺边小金发藓	*Pogonatum cirratum*			2	
扁萼苔科	扁萼苔属	日本扁萼苔	*Radula japonica*			2	
叉苔科	叉苔属	平叉苔	*Metzgeria conjugata*			2	
叉苔科	叉苔属	狭尖叉苔	*Metzgeria consanguinea*			2	
叉苔科	叉苔属	大叉苔	*Metzgeria fruticulosa*			2	
叉苔科	叉苔属	叉苔	*Metzgeria furcata*			2	
叉苔科	毛叉苔属	毛叉苔	*Apometzgeria pubescens*			2	
齿萼苔科	异萼苔属	圆叶异萼苔	*Heteroscyphus tener*			2	
齿萼苔科	裂萼苔属	尖叶裂萼苔	*Chiloscyphus cuspidatus*			2	
耳叶苔科	耳叶苔属	全缘耳叶苔	*Frullania jackii*			2	
耳叶苔科	耳叶苔属	欧耳叶苔	*Frullania tamarisci*			2	
管口苔科	管口苔属	拟卵叶管口苔	*Solenostoma subellipticum*			2	
光萼苔科	光萼苔属	尖瓣光萼苔	*Porella acutifolia*			2	
光萼苔科	光萼苔属	丛生光萼苔	*Porella caespitans*			2	
光萼苔科	光萼苔属	中华光萼苔	*Porella chinensis*			2	

附录一 物种名录

续表

科名	属名	物种名	拉丁名	特有种	保护级别	数据来源	备注
合叶苔科	合叶苔属	多胞合叶苔	*Scapania apiculata*			2	
合叶苔科	合叶苔属	弯瓣合叶苔	*Scapania parvitexta*			2	
护蒴苔科	护蒴苔属	护蒴苔	*Calypogeia fissa*			2	
裂叶苔科	卷叶苔属	卷叶苔	*Anasrepta orcadensis*			2	
毛耳叶藓科	毛耳苔属	日本毛耳苔	*Jubula japonica*			2	
毛叶苔科	毛叶苔属	毛叶苔	*Ptilidium ciliare*			2	
拟复叉藓科	睫毛苔属	睫毛苔	*Blepharostoma trichophyllum*			2	
绒苔科	绒苔属	绒苔	*Trichocolea tomentella*			2	
细鳞苔科	冠鳞苔属	褐冠鳞苔	*Lopholejeunea subfusca*			2	
细鳞苔科	细鳞苔属	黄色细鳞苔	*Lejeunea flava*			1	
细鳞苔科	冠鳞苔属	扁平冠鳞苔	*Lopholejeunea applanata*			2	
羽苔科	羽苔属	卵叶羽苔	*Plagiochila ovalifolia*			2	
羽苔科	羽苔属	圆头羽苔	*Plagiochila parvifolia*			2	
羽苔科	羽苔属	刺叶羽苔	*Plagiochila sciophila*			2	
羽苔科	羽苔属	延叶羽苔	*Plagiochila semidecurrens*			2	
羽苔科	羽苔属	狭叶羽苔	*Plagiochila trabeculata*			2	
羽藓科	羽藓属	大羽藓	*Thuidium cymbifolium*			2	
疣冠苔科	石地钱属	石地钱	*Reboulia hemisphaerica*			1	
地钱科	地钱属	地钱	*Marchantia polymorpha*			2	
蛇苔科	蛇苔属	蛇苔	*Conocephalum conicum*			1	
石杉科	石杉属	锡金石杉	*Huperzia herteriana*		二级	3	
石松科	石松属	多穗石松	*Lycopodium annotinum*			3	
石松科	石松属	石松	*Lycopodium japonicum*			1	
石松科	石松属	玉柏	*Dendrolycopodium obscurum*			3	
石松科	小石松属	小石松	*Lycopodiella inundata*			3	
卷柏科	卷柏属	薄叶卷柏	*Selaginella delicatula*			1	
卷柏科	卷柏属	兖州卷柏	*Selaginella involvens*			3	
卷柏科	卷柏属	细叶卷柏	*Selaginella labordei*			1	
卷柏科	卷柏属	江南卷柏	*Selaginella moellendorffii*			1	
卷柏科	卷柏属	伏地卷柏	*Selaginella nipponica*			1	
卷柏科	卷柏属	鹿角卷柏	*Selaginella rossii*			3	
卷柏科	卷柏属	鞘舌卷柏	*Selaginella vaginata*			1	
卷柏科	卷柏属	翠云草	*Selaginella uncinata*	T		1	
卷柏科	卷柏属	细瘦卷柏	*Selaginella vardei*	T		3	
卷柏科	卷柏属	缘毛卷柏	*Selaginella ciliaris*			3	
木贼科	木贼属	问荆	*Equisetum arvense*			1	
木贼科	木贼属	木贼	*Equisetum hyemale*			1	
木贼科	木贼属	节节草	*Equisetum ramosissimum*			1	

续表

科名	属名	物种名	拉丁名	特有种	保护级别	数据来源	备注
木贼科	木贼属	笔管草	Equisetum ramosissimum			1	
木贼科	木贼属	披散问荆	Equisetum diffusum			1	
木贼科	木贼属	水问荆	Equisetum fluviatile			1	
松叶蕨科	松叶蕨属	松叶蕨	Psilotum nudum			3	
阴地蕨科	阴地蕨属	阴地蕨	Sceptridium ternatum			1	
阴地蕨科	阴地蕨属	绒毛阴地蕨	Japanobotrychum lanuginosum			3	
阴地蕨科	阴地蕨属	蕨萁	Botrypus virginianus			3	
阴地蕨科	阴地蕨属	小阴地蕨	Botrychium lunaria			3	
瓶尔小草科	瓶尔小草属	心叶瓶尔小草	Ophioglossum reticulatum			3	
瓶尔小草科	瓶尔小草属	瓶尔小草	Ophioglossum vulgatum			1	
瓶尔小草科	瓶尔小草属	钝头瓶尔小草	Ophioglossum petiolatum			3	
紫萁科	紫萁属	紫萁	Osmunda japonica			1	
瘤足蕨科	瘤足蕨属	瘤足蕨	Plagiogyria adnata			3	
瘤足蕨科	瘤足蕨属	镰羽瘤足蕨	Plagiogyria falcata			3	
里白科	里白属	里白	Diplopterygium glaucum			1	
海金沙科	海金沙属	海金沙	Lygodium japonicum			1	
膜蕨科	蕗蕨属	蕗蕨	Hymenophyllum badium			3	
膜蕨科	蕗蕨属	长柄蕗蕨	Hymenophyllum polyanthos			3	
膜蕨科	膜蕨属	华东膜蕨	Hymenophyllum barbatum			3	
膜蕨科	蕗蕨属	皱叶蕗蕨	Hymenophyllum corrugatum	T		3	
膜蕨科	膜蕨属	顶果膜蕨	Hymenophyllum khasyanum			3	
碗蕨科	鳞盖蕨属	边缘鳞盖蕨	Microlepia marginata			1	
碗蕨科	碗蕨属	碗蕨	Dennstaedtia scabra			3	
碗蕨科	碗蕨属	溪洞碗蕨	Dennstaedtia wilfordii	T		1	
鳞始蕨科	乌蕨属	乌蕨	Odontosoria chinensis			3	
蕨科	蕨属	欧洲蕨	Pteridium aquilinum			1	
凤尾蕨科	凤尾蕨属	指叶凤尾蕨	Pteris dactylina			1	
凤尾蕨科	凤尾蕨属	傅氏凤尾蕨	Pteris fauriei			1	
凤尾蕨科	凤尾蕨属	中华凤尾蕨	Pteris inaequalis			3	
凤尾蕨科	凤尾蕨属	井栏边草	Pteris multifida			1	
凤尾蕨科	凤尾蕨属	溪边凤尾蕨	Pteris terminalis			1	
凤尾蕨科	凤尾蕨属	狭叶凤尾蕨	Pteris henryi	T		1	
中国蕨科	旱蕨属	旱蕨	Cheilanthes nitidula			3	
中国蕨科	金粉蕨属	黑足金粉蕨	Onychium cryptogrammoides			1	
中国蕨科	金粉蕨属	野雉尾金粉蕨	Onychium japonicum			1	
中国蕨科	碎米蕨属	毛轴碎米蕨	Cheilanthes chusana			1	
中国蕨科	粉背蕨属	粉背蕨	Aleuritopteris anceps			1	
中国蕨科	粉背蕨属	银粉背蕨	Aleuritopteris argentea			1	

附录一　物种名录

续表

科名	属名	物种名	拉丁名	特有种	保护级别	数据来源	备注
中国蕨科	粉背蕨属	莲座粉背蕨	*Aleuritopteris rosulata*	T		3	
中国蕨科	薄鳞蕨属	绒毛薄鳞蕨	*Aleuritopteris subvillosa*			3	
铁线蕨科	铁线蕨属	铁线蕨	*Adiantum capillus-veneris*			1	
铁线蕨科	铁线蕨属	普通铁线蕨	*Adiantum edgeworthii*			3	
铁线蕨科	铁线蕨属	白背铁线蕨	*Adiantum davidii*	T		3	
铁线蕨科	铁线蕨属	长盖铁线蕨	*Adiantum fimbriatum*	T		3	
铁线蕨科	铁线蕨属	掌叶铁线蕨	*Adiantum pedatum*			1	
裸子蕨科	金毛裸蕨属	金毛裸蕨	*Paraceterach vestita*			1	
裸子蕨科	金毛裸蕨属	川西金毛裸蕨	*Paraceterach bipinnata*			1	
裸子蕨科	凤丫蕨属	普通凤了蕨	*Coniogramme intermedia*			1	
裸子蕨科	凤丫蕨属	凤了蕨	*Coniogramme japonica*			1	
裸子蕨科	凤丫蕨属	乳头凤了蕨	*Coniogramme rosthornii*			3	
裸子蕨科	凤丫蕨属	紫柄凤了蕨	*Coniogramme sinensis*	T		1	
书带蕨科	书带蕨属	书带蕨	*Haplopteris flexuosa*			1	
蹄盖蕨科	假冷蕨属	假冷蕨	*Athyrium spinulosum*			3	
蹄盖蕨科	假冷蕨属	三角叶假冷蕨	*Athyrium subtriangulare*			3	
蹄盖蕨科	羽节蕨属	欧洲羽节蕨	*Gymnocarpium dryopteris*			3	
蹄盖蕨科	羽节蕨属	羽节蕨	*Gymnocarpium jessoense*			3	
蹄盖蕨科	羽节蕨属	东亚羽节蕨	*Gymnocarpium oyamense*			3	
蹄盖蕨科	冷蕨属	冷蕨	*Cystopteris fragilis*			3	
蹄盖蕨科	冷蕨属	高山冷蕨	*Cystopteris montana*			3	
蹄盖蕨科	冷蕨属	宝兴冷蕨	*Cystopteris moupinensis*			3	
蹄盖蕨科	蹄盖蕨属	宿蹄盖蕨	*Athyrium anisopterum*			3	
蹄盖蕨科	蹄盖蕨属	翅轴蹄盖蕨	*Athyrium delavayi*			3	
蹄盖蕨科	蹄盖蕨属	希陶蹄盖蕨	*Athyrium dentigerum*			3	
蹄盖蕨科	蹄盖蕨属	毛翼蹄盖蕨	*Athyrium dubium*			1	
蹄盖蕨科	蹄盖蕨属	川滇蹄盖蕨	*Athyrium mackinnonorum*			3	
蹄盖蕨科	蹄盖蕨属	尖头蹄盖蕨	*Athyrium vidalii*			3	
蹄盖蕨科	蹄盖蕨属	华中蹄盖蕨	*Athyrium wardii*			3	
蹄盖蕨科	蹄盖蕨属	禾秆蹄盖蕨	*Athyrium yokoscense*			1	
蹄盖蕨科	安蕨属	日本安蕨	*Anisocampium niponicum*			1	
蹄盖蕨科	冷蕨属	膜叶冷蕨	*Cystopteris pellucida*	T		3	
蹄盖蕨科	角蕨属	角蕨	*Cornopteris decurrentialata*	T		3	
蹄盖蕨科	峨眉蕨属	陕西峨眉蕨	*Deparia giraldii*			3	
蹄盖蕨科	介蕨属	绿叶介蕨	*Deparia viridifrons*			3	
蹄盖蕨科	对囊蕨属	峨眉蕨	*Deparia acrostichoides*			3	
蹄盖蕨科	蹄盖蕨属	蹄盖蕨	*Athyrium filix-femina*			1	
蹄盖蕨科	蹄盖蕨属	峨眉蹄盖蕨	*Athyrium omeiense*			1	

续表

科名	属名	物种名	拉丁名	特有种	保护级别	数据来源	备注
蹄盖蕨科	短肠蕨属	鳞柄短肠蕨	*Diplazium squamigerum*			3	
肿足蕨科	肿足蕨属	肿足蕨	*Hypodematium crenatum*			1	
金星蕨科	假毛蕨属	西南假毛蕨	*Pseudocyclosorus esquirolii*			1	
金星蕨科	卵果蕨属	延羽卵果蕨	*Phegopteris decursive-pinnata*			3	
金星蕨科	金星蕨属	金星蕨	*Parathelypteris glanduligera*			1	
金星蕨科	毛蕨属	毛蕨	*Cyclosorus interruptus*			1	
金星蕨科	毛蕨属	渐尖毛蕨	*Cyclosorus acuminatus*			1	
铁角蕨科	铁角蕨属	华南铁角蕨	*Asplenium austrochinense*			1	
铁角蕨科	铁角蕨属	云南铁角蕨	*Asplenium exiguum*			3	
铁角蕨科	铁角蕨属	胎生铁角蕨	*Asplenium indicum*			3	
铁角蕨科	铁角蕨属	北京铁角蕨	*Asplenium pekinense*			1	
铁角蕨科	铁角蕨属	长叶铁角蕨	*Asplenium prolongatum*			3	
铁角蕨科	铁角蕨属	华中铁角蕨	*Asplenium sarelii*			1	
铁角蕨科	铁角蕨属	铁角蕨	*Asplenium trichomanes*			1	
铁角蕨科	铁角蕨属	三翅铁角蕨	*Asplenium tripteropus*			3	
铁角蕨科	铁角蕨属	欧亚铁角蕨	*Asplenium viride*			3	
球子蕨科	荚果蕨属	中华荚果蕨	*Pentarhizidium intermedium*			3	
球子蕨科	荚果蕨属	东方荚果蕨	*Pentarhizidium orientale*			3	
球子蕨科	荚果蕨属	荚果蕨	*Matteuccia struthiopteris*			1	
乌毛蕨科	狗脊属	顶芽狗脊	*Woodwardia unigemmata*			1	
乌毛蕨科	荚囊蕨属	荚囊蕨	*Cleistoblechnum eburneum*	T		1	
鳞毛蕨科	耳蕨属	尖齿耳蕨	*Polystichum acutidens*			1	
鳞毛蕨科	耳蕨属	鞭叶耳蕨	*Polystichum craspedosorum*			3	
鳞毛蕨科	耳蕨属	黑鳞耳蕨	*Polystichum makinoi*			1	
鳞毛蕨科	耳蕨属	革叶耳蕨	*Polystichum neolobatum*			1	
鳞毛蕨科	耳蕨属	猫儿刺耳蕨	*Polystichum stimulans*			3	
鳞毛蕨科	鳞毛蕨属	粗茎鳞毛蕨	*Dryopteris crassirhizoma*			1	
鳞毛蕨科	鳞毛蕨属	华北鳞毛蕨	*Dryopteris goeringiana*			3	
鳞毛蕨科	鳞毛蕨属	粗齿鳞毛蕨	*Dryopteris juxtaposita*			3	
鳞毛蕨科	鳞毛蕨属	东京鳞毛蕨	*Dryopteris tokyoensis*			3	
鳞毛蕨科	鳞毛蕨属	同形鳞毛蕨	*Dryopteris uniformis*			3	
鳞毛蕨科	鳞毛蕨属	大羽鳞毛蕨	*Dryopteris wallichiana*			1	
鳞毛蕨科	贯众属	刺齿贯众	*Cyrtomium caryotideum*			1	
鳞毛蕨科	贯众属	全缘贯众	*Cyrtomium falcatum*			1	
鳞毛蕨科	贯众属	大叶贯众	*Cyrtomium macrophyllum*			1	
鳞毛蕨科	复叶耳蕨属	细裂复叶耳蕨	*Arachniodes coniifolia*			1	
鳞毛蕨科	复叶耳蕨属	华西复叶耳蕨	*Arachniodes simulans*			1	
鳞毛蕨科	耳蕨属	宝兴耳蕨	*Polystichum baoxingense*	T		1	

附录一 物种名录

续表

科名	属名	物种名	拉丁名	特有种	保护级别	数据来源	备注
鳞毛蕨科	耳蕨属	对生耳蕨	*Polystichum deltodon*	T		3	
鳞毛蕨科	耳蕨属	昌都耳蕨	*Polystichum qamdoense*	T		3	
鳞毛蕨科	耳蕨属	中华耳蕨	*Polystichum sinense*	T		1	
鳞毛蕨科	耳蕨属	秦岭耳蕨	*Polystichum submite*	T		3	
鳞毛蕨科	耳蕨属	剑叶耳蕨	*Polystichum xiphophyllum*	T		3	
鳞毛蕨科	贯众属	贯众	*Cyrtomium fortunei*	T		1	
鳞毛蕨科	耳蕨属	镰羽耳蕨	*Polystichum balansae*			1	
鳞毛蕨科	鳞毛蕨属	泡鳞轴鳞蕨	*Dryopteris kawakamii*			3	
鳞毛蕨科	鳞毛蕨属	齿头鳞毛蕨	*Dryopteris labordei*			1	
鳞毛蕨科	贯众属	大羽贯众	*Cyrtomium maximum*			1	
肾蕨科	肾蕨属	肾蕨	*Nephrolepis cordifolia*			1	
蓧蕨科	蓧蕨属	高山蓧蕨	*Oleandra wallichii*			3	
水龙骨科	石韦属	毡毛石韦	*Pyrrosia drakeana*			3	
水龙骨科	石韦属	石韦	*Pyrrosia lingua*			1	
水龙骨科	石韦属	有柄石韦	*Pyrrosia petiolosa*			1	
水龙骨科	石韦属	柔软石韦	*Pyrrosia porosa*			3	
水龙骨科	石韦属	庐山石韦	*Pyrrosia shearer*			1	
水龙骨科	水龙骨属	友水龙骨	*Goniophlebium amoenum*			1	
水龙骨科	水龙骨属	假友水龙骨	*Goniophlebium subamoenum*			3	
水龙骨科	假瘤蕨属	弯弓假瘤蕨	*Selliguea albidoglauca*			3	
水龙骨科	假瘤蕨属	大果假瘤蕨	*Selliguea griffithiana*			3	
水龙骨科	假瘤蕨属	金鸡脚假瘤蕨	*Selliguea hastata*			3	
水龙骨科	假瘤蕨属	陕西假瘤蕨	*Selliguea senanensis*			3	
水龙骨科	盾蕨属	盾蕨	*Lepisorus ovatus*			3	
水龙骨科	星蕨属	江南星蕨	*Lepisorus fortunei*			1	
水龙骨科	瓦韦属	二色瓦韦	*Lepisorus bicolor*			3	
水龙骨科	瓦韦属	网眼瓦韦	*Lepisorus clathratus*			3	
水龙骨科	瓦韦属	扭瓦韦	*Lepisorus contortus*			3	
水龙骨科	瓦韦属	长瓦韦	*Lepisorus pseudonudus*			3	
水龙骨科	瓦韦属	瓦韦	*Lepisorus thunbergianus*			1	
水龙骨科	丝带蕨属	丝带蕨	*Lepisorus miyoshianus*			3	
水龙骨科	节肢蕨属	节肢蕨	*Selliguea lehmannii*			3	
水龙骨科	节肢蕨属	多羽节肢蕨	*Selliguea mairei*			3	
水龙骨科	石韦属	光石韦	*Pyrrosia calvata*	T		1	
水龙骨科	石韦属	华北石韦	*Pyrrosia davidii*	T		1	
水龙骨科	假瘤蕨属	宽底假瘤蕨	*Selliguea majoensis*	T		3	
水龙骨科	假瘤蕨属	细柄假瘤蕨	*Selliguea tenuipes*	T		3	
水龙骨科	瓦韦属	狭叶瓦韦	*Lepisorus angustus*	T		1	

续表

科名	属名	物种名	拉丁名	特有种	保护级别	数据来源	备注
水龙骨科	瓦韦属	鳞瓦韦	*Lepisorus kawakamii*	T		3	
水龙骨科	瓦韦属	大瓦韦	*Lepisorus macrosphaerus*	T		3	
水龙骨科	骨牌蕨属	披针骨牌蕨	*Lemmaphyllum diversum*	T		3	
水龙骨科	骨牌蕨属	抱石莲	*Lemmaphyllum drymoglossoides*	T		1	
水龙骨科	线蕨属	矩圆线蕨	*Leptochilus henryi*	T		3	
水龙骨科	线蕨属	绿叶线蕨	*Leptochilus leveillei*	T		3	
水龙骨科	骨牌蕨属	中间骨牌蕨	*Lepidogrammitis intermedia*			3	
槲蕨科	槲蕨属	川滇槲蕨	*Drynaria delavayi*			1	
槲蕨科	槲蕨属	槲蕨	*Drynaria roosii*			1	
槲蕨科	槲蕨属	秦岭槲蕨	*Drynaria baronii*	T		3	
蘋科	蘋属	蘋	*Marsilea quadrifolia*			3	
槐叶蘋科	槐叶蘋属	槐叶蘋	*Salvinia natans*			3	
满江红科	满江红属	满江红	*Azolla pinnata*			3	
苏铁科	苏铁属	苏铁	*Cycas revoluta*			1	栽培
银杏科	银杏属	银杏	*Ginkgo biloba*	T		1	栽培
松科	松属	云南松	*Pinus yunnanensis*	T		1	
松科	云杉属	青杆	*Picea wilsonii*			1	
松科	铁杉属	云南铁杉	*Tsuga dumosa*			1	
松科	松属	华山松	*Pinus armandi*			1	
松科	落叶松属	落叶松	*Larix gmelinii*			3	
松科	铁杉属	铁杉	*Tsuga chinensis*	T		1	
松科	松属	高山松	*Pinus densata*	T		3	
松科	松属	马尾松	*Pinus massoniana*	T		1	
松科	松属	油松	*Pinus tabuliformis*	T		1	
松科	云杉属	云杉	*Picea asperata*	T		3	
松科	云杉属	麦吊云杉	*Picea brachytyla*	T		3	
松科	云杉属	黄果云杉	*Picea likiangensis*	T		1	
松科	落叶松属	四川红杉	*Larix mastersiana*	T		1	
松科	冷杉属	黄果冷杉	*Abies ernestii*	T		1	
松科	冷杉属	岷江冷杉	*Abies fargesii*	T		1	
松科	云杉属	鳞皮云杉	*Picea retroflexa*			3	
松科	落叶松属	红杉	*Larix potaninii*	T		3	
松科	云杉属	紫果云杉	*Picea purpurea*	T		3	
松科	落叶松属	日本落叶松	*Larix kaempferi*			1	栽培
松科	落叶松属	新疆落叶松	*Larix sibirica*			3	栽培
松科	落叶松属	华北落叶松	*Larix gmelinii*	T		1	栽培
松科	松属	白皮松	*Pinus bungeana*	T		1	栽培
松科	落叶松属	黄花落叶松	*Larix olgensis*			1	栽培

附录一 物种名录

科名	属名	物种名	拉丁名	特有种	保护级别	数据来源	备注
松科	雪松属	雪松	*Cedrus deodara*			1	栽培
杉科	柳杉属	柳杉	*Cryptomeria japonica*			1	栽培
杉科	柳杉属	日本柳杉	*Cryptomeria japonica*			1	栽培
杉科	水杉属	水杉	*Metasequoia glyptostroboides*	T		1	栽培
杉科	杉木属	杉木	*Cunninghamia lanceolata*			1	栽培
柏科	圆柏属	高山柏	*Juniperus squamata*			1	
柏科	圆柏属	密枝圆柏	*Juniperus convallium*	T		1	
柏科	圆柏属	塔枝圆柏	*Juniperus komarovii*	T		1	
柏科	圆柏属	香柏	*Juniperus pingii*	T		3	
柏科	圆柏属	方枝柏	*Juniperus saltuaria*	T		1	
柏科	刺柏属	刺柏	*Juniperus formosana*	T		3	
柏科	柏木属	柏木	*Cupressus funebris*	T		3	
柏科	圆柏属	圆柏	*Juniperus chinensis*			1	
柏科	侧柏属	侧柏	*Platycladus orientalis*			1	
柏科	扁柏属	日本花柏	*Chamaecyparis pisifera*			1	栽培
柏科	柏木属	岷江柏木	*Cupressus chengiana*	T		1	栽培
罗汉松科	罗汉松属	短叶罗汉松	*Podocarpus chinensis*			3	栽培
罗汉松科	罗汉松属	罗汉松	*Podocarpus macrophyllus*			1	栽培
罗汉松科	罗汉松属	小叶罗汉松	*Podocarpus pilgeri*			3	栽培
三尖杉科	三尖杉属	三尖杉	*Cephalotaxus fortunei*			3	
三尖杉科	三尖杉属	高山三尖杉	*Cephalotaxus fortunei*	T		1	
红豆杉科	红豆杉属	南方红豆杉	*Taxus wallichiana* var. *mairei*			1	栽培
红豆杉科	红豆杉属	红豆杉	*Taxus wallichiana* var. *chinensis*		一级	1	
红豆杉科	榧树属	榧	*Torreya grandis*			1	栽培
麻黄科	麻黄属	木贼麻黄	*Ephedra equisetina*			1	
麻黄科	麻黄属	矮麻黄	*Ephedra minuta*	T		3	
木兰科	五味子属	大花五味子	*Schisandra grandiflora*			3	
木兰科	五味子属	翼梗五味子	*Schisandra henryi*			3	
木兰科	五味子属	红花五味子	*Schisandra rubriflora*			1	
木兰科	五味子属	华中五味子	*Schisandra sphenanthera*			1	
木兰科	木莲属	川滇木莲	*Manglietia duclouxii*			3	
木兰科	鹅掌楸属	鹅掌楸	*Liriodendron chinense*			3	
木兰科	五味子属	狭叶五味子	*Schisandra lancifolia*	T		1	
木兰科	五味子属	铁箍散	*Schisandra propinqua*	T		1	
木兰科	五味子属	毛叶五味子	*Schisandra pubescens*	T		3	
木兰科	五味子属	毛脉五味子	*Schisandra pubinervis*	T		3	
木兰科	天女花属	圆叶天女花	*Oyama sinensis*	T		3	
木兰科	含笑属	深山含笑	*Michelia maudiae*	T		3	

续表

科名	属名	物种名	拉丁名	特有种	保护级别	数据来源	备注
木兰科	木兰属	武当玉兰	*Yulania sprengeri*	T		3	
木兰科	五味子属	爪哇五味子	*Schisandra elongata*			3	
木兰科	木兰属	荷花木兰	*Magnolia grandiflora*			1	栽培
木兰科	木兰属	玉兰	*Yulania denudata*	T		1	栽培
木兰科	木兰属	厚朴	*Houpoea officinalis*			1	栽培
木兰科	含笑属	峨眉含笑	*Michelia wilsonii*	T		3	
八角科	八角属	八角	*Illicium verum*	T		3	栽培
五味子科	南五味子属	南五味子	*Kadsura longipedunculata*	T		1	
昆栏树科	领春木属	领春木	*Euptelea pleiosperma*			1	
水青树科	水青树属	水青树	*Tetracentron sinense*		二级	3	
连香树科	连香树属	连香树	*Cercidiphyllum japonicum*		二级	1	
樟科	润楠属	小果润楠	*Machilus microcarpa*			1	
樟科	木姜子属	山鸡椒	*Litsea cubeba*			1	
樟科	木姜子属	黄丹木姜子	*Litsea elongata*			1	
樟科	木姜子属	毛叶木姜子	*Litsea mollis*			1	
樟科	木姜子属	宝兴木姜子	*Litsea moupinensis*			3	
樟科	山胡椒属	香叶树	*Lindera communis*			1	
樟科	山胡椒属	红果山胡椒	*Lindera erythrocarpa*			3	
樟科	山胡椒属	绒毛山胡椒	*Lindera nacusua*			3	
樟科	山胡椒属	三桠乌药	*Lindera obtusiloba*			1	
樟科	山胡椒属	西藏钓樟	*Lindera pulcherrima*			3	
樟科	樟属	云南樟	*Camphora glandulifera*			3	
樟科	樟属	樟	*Camphora officinarum*			1	
樟科	楠属	白楠	*Phoebe neurantha*	T		1	
樟科	楠属	竹叶楠	*Machilus faberi*	T		3	
樟科	赛楠属	赛楠	*Phoebe cavaleriei*	T		3	
樟科	新木姜子属	团花新木姜子	*Neolitsea homilantha*	T		1	
樟科	新木姜子属	巫山新木姜子	*Neolitsea wushanica*	T		3	
樟科	润楠属	宜昌润楠	*Machilus ichangensis*	T		1	
樟科	润楠属	山润楠	*Machilus montana*	T		3	
樟科	润楠属	润楠	*Machilus nanmu*	T	二级	1	
樟科	木姜子属	高山木姜子	*Litsea chunii*	T		3	
樟科	木姜子属	杨叶木姜子	*Litsea populifolia*	T		1	
樟科	木姜子属	木姜子	*Litsea pungens*	T		1	
樟科	木姜子属	红叶木姜子	*Litsea rubescens*	T		1	
樟科	木姜子属	钝叶木姜子	*Litsea veitchiana*	T		3	
樟科	木姜子属	绒叶木姜子	*Litsea wilsonii*	T		3	
樟科	山胡椒属	卵叶钓樟	*Lindera limprichtii*	T		3	

附录一 物种名录

续表

科名	属名	物种名	拉丁名	特有种	保护级别	数据来源	备注
樟科	山胡椒属	川钓樟	*Lindera pulcherrima*	T		1	
樟科	樟属	银叶桂	*Cinnamomum mairei*	T		3	
樟科	樟属	川桂	*Cinnamomum wilsonii*	T		3	
樟科	黄肉楠属	峨眉黄肉楠	*Actinodaphne omeiensis*	T		3	
樟科	山胡椒属	山胡椒	*Lindera glauca*			1	
樟科	樟属	黄樟	*Camphora parthenoxylon*			1	
樟科	木姜子属	毛豹皮樟	*Litsea coreana* var. *lanuginosa*	T		1	
樟科	樟属	油樟	*Camphora longepaniculata*	T	二级	1	
樟科	樟属	银木	*Camphora septentrionalis*	T		3	
樟科	山胡椒属	黑壳楠	*Lindera megaphylla*			3	
樟科	楠属	楠木	*Phoebe zhennan*	T	二级	3	
樟科	檫木属	檫木	*Sassafras tzumu*	T		3	栽培
樟科	樟属	天竺桂	*Cinnamomum japonicum*			1	栽培
毛茛科	唐松草属	唐松草	*Thalictrum aquilegiifolium*			1	
毛茛科	唐松草属	高原唐松草	*Thalictrum cultratum*			1	
毛茛科	唐松草属	多叶唐松草	*Thalictrum foliolosum*			3	
毛茛科	唐松草属	爪哇唐松草	*Thalictrum javanicum*			3	
毛茛科	唐松草属	亚欧唐松草	*Thalictrum minus*			3	
毛茛科	唐松草属	东亚唐松草	*Thalictrum minus* var. *hypoleucum*			1	
毛茛科	天葵属	天葵	*Semiaquilegia adoxoides*			1	
毛茛科	毛茛属	鸟足毛茛	*Ranunculus brotherusii*			1	
毛茛科	毛茛属	茴茴蒜	*Ranunculus chinensis*			3	
毛茛科	毛茛属	大叶毛茛	*Ranunculus grandifolius*			1	
毛茛科	毛茛属	基隆毛茛	*Ranunculus hirtellus*			1	
毛茛科	毛茛属	毛茛	*Ranunculus japonicus*			1	
毛茛科	毛茛属	伏毛毛茛	*Ranunculus japonicus* var. *propinquus*			3	
毛茛科	毛茛属	云生毛茛	*Ranunculus nephelogenes*			3	
毛茛科	毛茛属	长茎毛茛	*Ranunculus nephelogenes* var. *longicaulis*			3	
毛茛科	毛茛属	石龙芮	*Ranunculus sceleratus*			3	
毛茛科	毛茛属	高原毛茛	*Ranunculus tanguticus*			1	
毛茛科	拟耧斗菜属	拟耧斗菜	*Paraquilegia microphylla*			3	
毛茛科	芍药属	草芍药	*Paeonia obovata*			3	
毛茛科	鸦跖花属	鸦跖花	*Oxygraphis kamchatica*			3	
毛茛科	铁线莲属	小木通	*Clematis armandi*			3	
毛茛科	铁线莲属	短尾铁线莲	*Clematis brevicaudata*			1	
毛茛科	铁线莲属	威灵仙	*Clematis chinensis*			1	

续表

科名	属名	物种名	拉丁名	特有种	保护级别	数据来源	备注
毛茛科	铁线莲属	毛蕊铁线莲	*Clematis lasiandra*			1	
毛茛科	铁线莲属	绣球藤	*Clematis montana*			1	
毛茛科	铁线莲属	柱果铁线莲	*Clematis uncinata*			3	
毛茛科	升麻属	升麻	*Actaea cimicifuga*			1	
毛茛科	升麻属	单穗升麻	*Actaea simplex*			3	
毛茛科	驴蹄草属	驴蹄草	*Caltha palustris*			1	
毛茛科	驴蹄草属	长柱驴蹄草	*Caltha palustris* var. *himalaica*			3	
毛茛科	驴蹄草属	花葶驴蹄草	*Caltha scaposa*			3	
毛茛科	铁破锣属	铁破锣	*Beesia calthifolia*			1	
毛茛科	星果草属	星果草	*Asteropyrum peltatum*			1	
毛茛科	银莲花属	银莲花	*Anemone cathayensis*			3	
毛茛科	银莲花属	二歧银莲花	*Anemone dichotoma*			3	
毛茛科	银莲花属	鹅掌草	*Anemone flaccida*			3	
毛茛科	银莲花属	路边青银莲花	*Anemone geum*			3	
毛茛科	银莲花属	钝裂银莲花	*Anemone obtusiloba*			3	
毛茛科	银莲花属	草玉梅	*Anemone rivularis*			1	
毛茛科	侧金盏花属	夏侧金盏花	*Adonis aestivalis*			3	
毛茛科	类叶升麻属	类叶升麻	*Actaea asiatica*			3	
毛茛科	乌头属	草地乌头	*Aconitum umbrosum*			3	
毛茛科	金莲花属	金莲花	*Trollius chinensis*	T		1	
毛茛科	金莲花属	毛茛状金莲花	*Trollius ranunculoides*	T		3	
毛茛科	金莲花属	云南金莲花	*Trollius yunnanensis*	T		3	
毛茛科	金莲花属	覆裂云南金莲花	*Trollius yunnanensis* var. *anemonifolius*	T		1	
毛茛科	金莲花属	盾叶云南金莲花	*Trollius yunnanensis* var. *peltatus*	T		3	
毛茛科	唐松草属	西南唐松草	*Thalictrum fargesii*	T		3	
毛茛科	唐松草属	滇川唐松草	*Thalictrum finetii*	T		3	
毛茛科	唐松草属	峨眉唐松草	*Thalictrum omeiense*	T		3	
毛茛科	唐松草属	长柄唐松草	*Thalictrum przewalskii*	T		3	
毛茛科	唐松草属	钩柱唐松草	*Thalictrum uncatum*	T		3	
毛茛科	毛茛属	三裂毛茛	*Ranunculus hirtellus* var. *orientalis*	T		1	
毛茛科	芍药属	美丽芍药	*Paeonia mairei*	T		3	
毛茛科	芍药属	川赤芍	*Paeonia veitchii*	T		1	
毛茛科	鸦跖花属	脱萼鸦跖花	*Oxygraphis delavayi*	T		3	
毛茛科	独叶草属	独叶草	*Kingdonia uniflora*	T	二级	3	
毛茛科	铁筷子属	铁筷子	*Helleborus thibetanus*	T		3	
毛茛科	菟葵属	浅裂菟葵	*Eranthis lobulata*	T		1	
毛茛科	人字果属	耳状人字果	*Dichocarpum auriculatum*	T		3	

附录一 物种名录

续表

科名	属名	物种名	拉丁名	特有种	保护级别	数据来源	备注
毛茛科	人字果属	小花人字果	*Dichocarpum franchetii*	T		1	
毛茛科	翠雀属	汶川翠雀花	*Delphinium wenchuanense*	T		1	
毛茛科	翠雀属	单花翠雀花	*Delphinium candelabrum* var. *monanthum*	T		3	
毛茛科	翠雀属	短距翠雀花	*Delphinium forrestii*	T		3	
毛茛科	翠雀属	翠雀	*Delphinium grandiflorum*	T		3	
毛茛科	翠雀属	聚伞翠雀花	*Delphinium laxicymosum*	T		3	
毛茛科	翠雀属	黑水翠雀花	*Delphinium potaninii*	T		3	
毛茛科	翠雀属	拟川西翠雀花	*Delphinium pseudotongolense*	T		3	
毛茛科	翠雀属	宝兴翠雀花	*Delphinium smithianum*	T		3	
毛茛科	翠雀属	川西翠雀花	*Delphinium tongolense*	T		3	
毛茛科	翠雀属	还亮草	*Delphinium anthriscifolium*	T		3	
毛茛科	铁线莲属	钝齿铁线莲	*Clematis apiifolia* var. *argentilucida*	T		1	
毛茛科	铁线莲属	金毛铁线莲	*Clematis chrysocoma*	T		1	
毛茛科	铁线莲属	毛花铁线莲	*Clematis dasyandra*	T		1	
毛茛科	铁线莲属	山木通	*Clematis finetiana*	T		3	
毛茛科	铁线莲属	粗齿铁线莲	*Clematis grandidentata*	T		3	
毛茛科	铁线莲属	裂叶铁线莲	*Clematis parviloba*	T		1	
毛茛科	铁线莲属	钝萼铁线莲	*Clematis peterae*	T		1	
毛茛科	铁线莲属	须蕊铁线莲	*Clematis pogonandra*	T		3	
毛茛科	铁线莲属	美花铁线莲	*Clematis potaninii*	T		1	
毛茛科	铁线莲属	西南铁线莲	*Clematis pseudopogonandra*	T		1	
毛茛科	铁线莲属	扬子铁线莲	*Clematis puberula* var. *ganpiniana*	T		1	
毛茛科	铁线莲属	毛茛铁线莲	*Clematis ranunculoides*	T		3	
毛茛科	铁线莲属	曲柄铁线莲	*Clematis repens*	T		3	
毛茛科	升麻属	多小叶升麻	*Cimicifuga foetida* var. *foliolosa*	T		1	
毛茛科	耧斗菜属	甘肃耧斗菜	*Aquilegia oxysepala* var. *kansuensis*	T		1	
毛茛科	银莲花属	西南银莲花	*Anemone davidii*	T		3	
毛茛科	银莲花属	滇川银莲花	*Anemone delavayi*	T		3	
毛茛科	银莲花属	小银莲花	*Anemone exigua*	T		3	
毛茛科	银莲花属	打破碗花花	*Anemone hupehensis*	T		3	
毛茛科	银莲花属	叠裂银莲花	*Anemone imbricata*	T		3	
毛茛科	银莲花属	小花草玉梅	*Anemone rivularis* var. *flore-minore*	T		1	
毛茛科	银莲花属	大火草	*Anemone tomentosa*	T		3	
毛茛科	罂粟莲花属	罂粟莲花	*Anemoclema glaucifolium*	T		1	
毛茛科	乌头属	短柄乌头	*Aconitum brachypodum*	T		1	
毛茛科	乌头属	展毛短柄乌头	*Aconitum brachypodum* var. *laxiflorum*	T		3	

续表

科名	属名	物种名	拉丁名	特有种	保护级别	数据来源	备注
毛茛科	乌头属	马耳山乌头	*Aconitum delavayi*	T		3	
毛茛科	乌头属	丽江乌头	*Aconitum forrestii*	T		3	
毛茛科	乌头属	大渡乌头	*Aconitum franchetii*	T		3	
毛茛科	乌头属	展毛大渡乌头	*Aconitum franchetii* var. *villosulum*	T		3	
毛茛科	乌头属	展毛瓜叶乌头	*Aconitum hemsleyanum* var. *atropurpureum*	T		3	
毛茛科	乌头属	岩乌头	*Aconitum racemulosum*	T		3	
毛茛科	乌头属	高乌头	*Aconitum sinomontanum*	T		3	
毛茛科	乌头属	螺瓣乌头	*Aconitum spiripetalum*	T		3	
毛茛科	乌头属	甘青乌头	*Aconitum tanguticum*	T		1	
毛茛科	乌头属	康定乌头	*Aconitum tatsienense*	T		3	
毛茛科	唐松草属	微毛唐松草	*Thalictrum lecoyeri*			3	
毛茛科	唐松草属	川甘唐松草	*Thalictrum pseudoramosum*			3	
毛茛科	毛茛属	扬子毛茛	*Ranunculus sieboldii*			3	
毛茛科	毛茛属	禺毛茛	*Ranunculus cantoniensis*			1	
毛茛科	芍药属	圆裂四川牡丹	*Paeonia decomposita* subsp. *rotundiloba*			3	
毛茛科	芍药属	毛叶草芍药	*Paeonia obovata* subsp. *willmottiae*			1	
毛茛科	黑种草属	黑种草	*Nigella damascena*			3	
毛茛科	翠雀属	螺距黑水翠雀	*Delphinium potaninii* var. *bonvalotii*			3	
毛茛科	驴蹄草属	空茎驴蹄草	*Caltha palustris* var. *barthei*			1	
毛茛科	耧斗菜属	无距耧斗菜	*Aquilegia ecalcarata*			3	
毛茛科	银莲花属	水棉花	*Anemone hupehensis* f. *alba*			3	
毛茛科	乌头属	展毛弯喙乌头	*Aconitum campylorrhynchum* var. *patentipilum*			1	
毛茛科	乌头属	花葶乌头	*Aconitum scaposum*			1	
毛茛科	芍药属	芍药	*Paeonia lactiflora*			3	
毛茛科	乌头属	乌头	*Aconitum carmichaelii*			3	
毛茛科	黄连属	黄连	*Coptis chinensis*			1	栽培
毛茛科	芍药属	牡丹	*Paeonia suffruticosa*	T		3	栽培
毛茛科	乌头属	西南乌头	*Aconitum episcopale*	T		3	栽培
小檗科	桃儿七属	桃儿七	*Sinopodophyllum hexandrum*		二级	3	
小檗科	红毛七属	红毛七	*Caulophyllum robustum*			3	
小檗科	小檗属	细叶小檗	*Berberis poiretii*			3	
小檗科	十大功劳属	阔叶十大功劳	*Mahonia bealei*	T		1	
小檗科	淫羊藿属	淫羊藿	*Epimedium brevicornu*	T		1	
小檗科	淫羊藿属	少花淫羊藿	*Epimedium pauciflorum*	T		3	

附录一 物种名录

续表

科名	属名	物种名	拉丁名	特有种	保护级别	数据来源	备注
小檗科	淫羊藿属	茂汶淫羊藿	*Epimedium platypetalum*	T		1	
小檗科	鬼臼属	八角莲	*Dysosma versipellis*	T		3	
小檗科	山荷叶属	南方山荷叶	*Diphylleia sinensis*	T		3	
小檗科	小檗属	汶川小檗	*Berberis bergmanniae* var. *acanthophylla*	T		3	
小檗科	小檗属	堆花小檗	*Berberis aggregata*	T		3	
小檗科	小檗属	美丽小檗	*Berberis amoena*	T		3	
小檗科	小檗属	直梗小檗	*Berberis asmyana*	T		3	
小檗科	小檗属	直穗小檗	*Berberis dasystachya*	T		3	
小檗科	小檗属	鲜黄小檗	*Berberis diaphana*	T		3	
小檗科	小檗属	滇西北小檗	*Berberis franchetiana*	T		3	
小檗科	小檗属	大黄檗	*Berberis francisci-ferdinandi*	T		3	
小檗科	小檗属	川滇小檗	*Berberis jamesiana*	T		3	
小檗科	小檗属	豪猪刺	*Berberis julianae*	T		1	
小檗科	小檗属	光叶小檗	*Berberis lecomtei*	T		3	
小檗科	小檗属	变刺小檗	*Berberis mouillacana*	T		3	
小檗科	小檗属	刺黄花	*Berberis polyantha*	T		3	
小檗科	小檗属	少齿小檗	*Berberis potaninii*	T		3	
小檗科	小檗属	血红小檗	*Berberis sanguinea*	T		3	
小檗科	小檗属	华西小檗	*Berberis silva-taroucana*	T		3	
小檗科	小檗属	假豪猪刺	*Berberis soulieana*	T		3	
小檗科	小檗属	芒齿小檗	*Berberis triacanthophora*	T		3	
小檗科	小檗属	巴东小檗	*Berberis veitchii*	T		3	
小檗科	小檗属	疣枝小檗	*Berberis verruculosa*	T		3	
小檗科	小檗属	金花小檗	*Berberis wilsoniae*	T		1	
小檗科	南天竹属	南天竹	*Nandina domestica*			1	栽培
星叶草科	星叶草属	星叶草	*Circaeaster agrestis*			1	
木通科	大血藤属	大血藤	*Sargentodoxa cuneata*			3	
木通科	八月瓜属	五月瓜藤	*Holboellia angustifolia*			1	
木通科	猫儿屎属	猫儿屎	*Decaisnea insignis*			3	
木通科	木通属	三叶木通	*Akebia trifoliata*			1	
木通科	串果藤属	串果藤	*Sinofranchetia chinensis*	T		3	
木通科	八月瓜属	鹰爪枫	*Holboellia coriacea*			3	
木通科	八月瓜属	牛姆瓜	*Holboellia grandiflora*	T		1	
木通科	木通属	白木通	*Akebia trifoliata* subsp. *australis*	T		1	
防己科	千金藤属	千金藤	*Stephania japonica*			3	
防己科	风龙属	风龙	*Sinomenium acutum*			1	
防己科	木防己属	木防己	*Cocculus orbiculatus*			1	

续表

科名	属名	物种名	拉丁名	特有种	保护级别	数据来源	备注
防己科	千金藤属	金线吊乌龟	*Stephania cephalantha*	T		1	
防己科	轮环藤属	轮环藤	*Cyclea racemosa*	T		1	
马兜铃科	细辛属	单叶细辛	*Asarum himalaicum*			3	
马兜铃科	关木通属	异叶关木通	*Isotrema heterophyllum*			3	
马兜铃科	关木通属	宝兴关木通	*Isotrema moupinense*			1	
马兜铃科	细辛属	细辛	*Asarum heterotropoides*			1	
胡椒科	胡椒属	石南藤	*Piper wallichii*			3	
胡椒科	草胡椒属	豆瓣绿	*Peperomia tetraphylla*			1	
胡椒科	胡椒属	山蒟	*Piper hancei*	T		3	
胡椒科	胡椒属	岩椒	*Piper pubicatulum*			3	
三白草科	三白草属	三白草	*Saururus chinensis*			3	
三白草科	蕺菜属	蕺菜	*Houttuynia cordata*			1	
金粟兰科	草珊瑚属	草珊瑚	*Sarcandra glabra*			3	
金粟兰科	金粟兰属	宽叶金粟兰	*Chloranthus henryi*			1	
金粟兰科	金粟兰属	四川金粟兰	*Chloranthus sessilifolius*			3	
金粟兰科	金粟兰属	多穗金粟兰	*Chloranthus multistachys*	T		3	
罂粟科	绿绒蒿属	多刺绿绒蒿	*Meconopsis horridula*			1	
罂粟科	绿绒蒿属	全缘叶绿绒蒿	*Meconopsis integrifolia*			3	
罂粟科	绿绒蒿属	红花绿绒蒿	*Meconopsis punicea*	T	二级	1	
罂粟科	绿绒蒿属	五脉绿绒蒿	*Meconopsis quintuplinervia*	T		3	
罂粟科	绿绒蒿属	总状绿绒蒿	*Meconopsis racemosa*	T		1	
罂粟科	秃疮花属	秃疮花	*Dicranostigma leptopodum*	T		1	
罂粟科	罂粟属	虞美人	*Papaver rhoeas*			3	栽培
紫堇科	荷包牡丹属	荷包牡丹	*Lamprocapnos spectabilis*			3	
紫堇科	紫堇属	黄堇	*Corydalis pallida*			1	
紫堇科	紫堇属	紫堇	*Corydalis edulis*			1	
紫堇科	紫堇属	蛇果黄堇	*Corydalis ophiocarpa*			3	
紫堇科	紫堇属	峨参叶紫堇	*Corydalis anthriscifolia*	T		1	
紫堇科	紫堇属	髯萼紫堇	*Corydalis barbisepala*	T		3	
紫堇科	紫堇属	褐鞘紫堇	*Corydalis brunneovaginata*	T		3	
紫堇科	紫堇属	曲花紫堇	*Corydalis curviflora*	T		3	
紫堇科	紫堇属	穆坪紫堇	*Corydalis flexuosa*	T		3	
紫堇科	紫堇属	低冠穆坪紫堇	*Corydalis flexuosa* subsp. *pseudoheterocentra*	T		3	
紫堇科	紫堇属	小花宽瓣黄堇	*Corydalis giraldii*	T		1	
紫堇科	紫堇属	半荷包紫堇	*Corydalis hemidicentra*	T		3	
紫堇科	紫堇属	条裂黄堇	*Corydalis linarioides*	T		3	
紫堇科	紫堇属	喜湿紫堇	*Corydalis madida*	T		3	

附录一 物种名录

续表

科名	属名	物种名	拉丁名	特有种	保护级别	数据来源	备注
紫堇科	紫堇属	暗绿紫堇	*Corydalis melanochlora*	T		3	
紫堇科	紫堇属	尿罐草	*Corydalis moupinensis*	T		3	
紫堇科	紫堇属	突尖紫堇	*Corydalis mucronata*	T		3	
紫堇科	紫堇属	平武紫堇	*Corydalis pingwuensis*	T		3	
紫堇科	紫堇属	假髯萼紫堇	*Corydalis pseudobarbisepala*	T		3	
紫堇科	紫堇属	长突尖紫堇	*Corydalis pseudomucronata*	T		3	
紫堇科	紫堇属	大叶紫堇	*Corydalis temulifolia*	T		3	
十字花科	念珠芥属	蚓果芥	*Braya humilis*			3	
十字花科	菥蓂属	菥蓂	*Thlaspi arvense*			1	
十字花科	蔊菜属	无瓣蔊菜	*Rorippa dubia*			1	
十字花科	蔊菜属	高蔊菜	*Rorippa elata*			1	
十字花科	蔊菜属	蔊菜	*Rorippa indica*			1	
十字花科	高河菜属	高河菜	*Megacarpaea delavayi*			3	
十字花科	独行菜属	独行菜	*Lepidium apetalum*			1	
十字花科	山萮菜属	密序山萮菜	*Eutrema heterophyllum*			3	
十字花科	糖芥属	糖芥	*Erysimum amurense*			3	
十字花科	糖芥属	四川糖芥	*Erysimum benthamii*			3	
十字花科	芝麻菜属	芝麻菜	*Eruca vesicaria* subsp. *sativa*			1	
十字花科	葶苈属	毛葶苈	*Draba eriopoda*			3	
十字花科	葶苈属	葶苈	*Draba nemorosa*			3	
十字花科	播娘蒿属	播娘蒿	*Descurainia sophia*			3	
十字花科	碎米荠属	弯曲碎米荠	*Cardamine flexuosa*			1	
十字花科	碎米荠属	弹裂碎米荠	*Cardamine impatiens*			1	
十字花科	碎米荠属	大叶碎米荠	*Cardamine macrophylla*			1	
十字花科	碎米荠属	多花碎米荠	*Cardamine multiflora*			3	
十字花科	碎米荠属	碎米荠	*Cardamine occulta*			1	
十字花科	碎米荠属	三小叶碎米荠	*Cardamine trifoliolata*			1	
十字花科	荠属	荠	*Capsella bursa-pastoris*			1	
十字花科	肉叶荠属	红花肉叶荠	*Braya rosea*			3	
十字花科	南芥属	垂果南芥	*Catolobus pendulus*			1	
十字花科	南芥属	硬毛南芥	*Arabis hirsuta*			3	
十字花科	南芥属	圆锥南芥	*Arabis paniculata*			3	
十字花科	独行菜属	楔叶独行菜	*Lepidium cuneiforme*	T		1	
十字花科	葶苈属	抱茎葶苈	*Draba amplexicaulis*	T		3	
十字花科	葶苈属	山菜葶苈	*Draba surculosa*	T		3	
十字花科	碎米荠属	紫花碎米荠	*Cardamine tangutorum*	T		1	
十字花科	山萮菜属	山萮菜	*Eutrema yunnanense*			3	
十字花科	芸薹属	芸薹	*Brassica rapa* var. *oleifera*			1	栽培

续表

科名	属名	物种名	拉丁名	特有种	保护级别	数据来源	备注
十字花科	萝卜属	萝卜	*Raphanus sativus*			3	栽培
十字花科	芸薹属	青菜	*Brassica rapa* var. *chinensis*			1	栽培
十字花科	芸薹属	白菜	*Brassica rapa* var. *glabra*			3	栽培
十字花科	芸薹属	芥菜疙瘩	*Brassica juncea* var. *napiformis*			3	栽培
十字花科	独行菜属	北美独行菜	*Lepidium virginicum*			1	
堇菜科	堇菜属	双花堇菜	*Viola biflora*			3	
堇菜科	堇菜属	鳞茎堇菜	*Viola bulbosa*			3	
堇菜科	堇菜属	紫花堇菜	*Viola grypoceras*			1	
堇菜科	堇菜属	深山堇菜	*Viola selkirkii*			1	
堇菜科	堇菜属	纤茎堇菜	*Viola tenuissima*			1	
堇菜科	堇菜属	圆叶小堇菜	*Viola biflora* var. *rockiana*	T		3	
堇菜科	堇菜属	深圆齿堇菜	*Viola davidii*	T		1	
堇菜科	堇菜属	灰叶堇菜	*Viola delavayi*	T		1	
堇菜科	堇菜属	柔毛堇菜	*Viola fargesii*	T		1	
堇菜科	堇菜属	长茎堇菜	*Viola longissima*			3	
堇菜科	堇菜属	三色堇	*Viola tricolor*			1	栽培
远志科	远志属	瓜子金	*Polygala japonica*			3	
远志科	远志属	西伯利亚远志	*Polygala sibirica*			3	
远志科	远志属	小扁豆	*Polygala tatarinowii*			1	
远志科	远志属	远志	*Polygala tenuifolia*			3	
远志科	远志属	尾叶远志	*Polygala caudata*	T		3	
景天科	石莲属	石莲	*Sinocrassula indica*			3	
景天科	景天属	东南景天	*Sedum alfredii*			1	
景天科	景天属	轮叶景天	*Sedum chauveaudii*			1	
景天科	景天属	细叶景天	*Sedum elatinoides*			1	
景天科	景天属	山飘风	*Sedum majus*			3	
景天科	景天属	多茎景天	*Sedum multicaule*			1	
景天科	景天属	大苞景天	*Sedum oligospermum*			1	
景天科	景天属	垂盆草	*Sedum sarmentosum*			1	
景天科	景天属	日本景天	*Sedum uniflorum* var. *japonicum*			3	
景天科	景天属	费菜	*Phedimus aizoon*			1	
景天科	景天属	钝瓣景天	*Sedum obtusipetalum*			1	
景天科	景天属	火焰草	*Castilleja pallida*			3	
景天科	红景天属	大花红景天	*Rhodiola crenulata*		二级	3	
景天科	红景天属	异色红景天	*Rhodiola discolor*			1	
景天科	红景天属	小丛红景天	*Rhodiola dumulosa*			3	
景天科	红景天属	长鞭红景天	*Rhodiola fastigiata*		二级	3	
景天科	红景天属	狭叶红景天	*Rhodiola kirilowii*			1	

附录一 物种名录

续表

科名	属名	物种名	拉丁名	特有种	保护级别	数据来源	备注
景天科	红景天属	大果红景天	*Rhodiola macrocarpa*			3	
景天科	红景天属	四裂红景天	*Rhodiola quadrifida*		二级	3	
景天科	八宝属	八宝	*Hylotelephium erythrostictum*			1	
景天科	景天属	汶川景天	*Sedum wenchuanense*	T		1	
景天科	景天属	凹叶景天	*Sedum emarginatum*	T		1	
景天科	景天属	距萼景天	*Sedum nothodugueyi*	T		3	
景天科	景天属	甘肃景天	*Sedum perrotii*	T		3	
景天科	景天属	岷江景天	*Ohbaea balfourii*	T		1	
景天科	红景天属	汶川红景天	*Rhodiola wenchuanensis*	T		1	
景天科	红景天属	云南红景天	*Rhodiola yunnanensis*	T	二级	1	
景天科	孔岩草属	孔岩草	*Kungia aliciae*	T		3	
景天科	八宝属	狭穗八宝	*Hylotelephium angustum*	T		3	
景天科	景天属	佛甲草	*Sedum lineare*			1	栽培
虎耳草科	黄水枝属	黄水枝	*Tiarella polyphylla*			1	
虎耳草科	虎耳草属	密叶虎耳草	*Saxifraga densifoliata*			3	
虎耳草科	虎耳草属	卵心叶虎耳草	*Saxifraga epiphylla*			3	
虎耳草科	虎耳草属	垂头虎耳草	*Saxifraga nigroglandulifera*			3	
虎耳草科	虎耳草属	漆姑虎耳草	*Saxifraga saginoides*			3	
虎耳草科	虎耳草属	山地虎耳草	*Saxifraga sinomontana*			3	
虎耳草科	虎耳草属	大花虎耳草	*Saxifraga stenophylla*			3	
虎耳草科	虎耳草属	虎耳草	*Saxifraga stolonifera*			1	
虎耳草科	虎耳草属	唐古特虎耳草	*Saxifraga tangutica*			3	
虎耳草科	虎耳草属	流苏虎耳草	*Saxifraga wallichiana*			3	
虎耳草科	鬼灯檠属	鬼灯檠	*Rodgersia podophylla*			3	
虎耳草科	梅花草属	突隔梅花草	*Parnassia delavayi*			1	
虎耳草科	梅花草属	白耳菜	*Parnassia foliosa*			3	
虎耳草科	梅花草属	梅花草	*Parnassia palustris*			3	
虎耳草科	金腰属	肾叶金腰	*Chrysosplenium griffithii*			3	
虎耳草科	金腰属	单花金腰	*Chrysosplenium uniflorum*			3	
虎耳草科	岩白菜属	岩白菜	*Bergenia purpurascens*			3	
虎耳草科	落新妇属	落新妇	*Astilbe chinensis*			1	
虎耳草科	冠盖藤属	冠盖藤	*Pileostegia viburnoides*			3	
虎耳草科	山梅花属	云南山梅花	*Philadelphus delavayi*			3	
虎耳草科	绣球属	冠盖绣球	*Hydrangea anomala*			1	
虎耳草科	绣球属	马桑绣球	*Hydrangea aspera*			1	
虎耳草科	绣球属	微绒绣球	*Hydrangea heteromalla*			3	
虎耳草科	绣球属	圆锥绣球	*Hydrangea paniculata*			3	
虎耳草科	绣球属	粗枝绣球	*Hydrangea robusta*			1	

续表

科名	属名	物种名	拉丁名	特有种	保护级别	数据来源	备注
虎耳草科	常山属	常山	Dichroa febrifuga			1	
虎耳草科	溲疏属	紫花溲疏	Deutzia purpurascens			3	
虎耳草科	茶藨子属	冰川茶藨子	Ribes glaciale			3	
虎耳草科	茶藨子属	糖茶藨子	Ribes himalense			3	
虎耳草科	茶藨子属	紫花茶藨子	Ribes luridum			3	
虎耳草科	茶藨子属	东方茶藨子	Ribes orientale			1	
虎耳草科	茶藨子属	细枝茶藨子	Ribes tenue			1	
虎耳草科	虎耳草属	汶川虎耳草	Saxifraga wenchuanensis	T		3	
虎耳草科	虎耳草属	橙黄虎耳草	Saxifraga aurantiaca	T		3	
虎耳草科	虎耳草属	优越虎耳草	Saxifraga egregia	T		3	
虎耳草科	虎耳草属	狭瓣虎耳草	Saxifraga pseudohirculus	T		3	
虎耳草科	虎耳草属	红毛虎耳草	Saxifraga rufescens	T		1	
虎耳草科	虎耳草属	繁缕虎耳草	Saxifraga stellariifolia	T		3	
虎耳草科	虎耳草属	宽叶虎耳草	Saxifraga tangutica var. platyphylla	T		3	
虎耳草科	虎耳草属	爪瓣虎耳草	Saxifraga unguiculata	T		3	
虎耳草科	鬼灯檠属	七叶鬼灯檠	Rodgersia aesculifolia	T		1	
虎耳草科	梅花草属	短柱梅花草	Parnassia brevistyla	T		3	
虎耳草科	梅花草属	棒状梅花草	Parnassia noemiae	T		3	
虎耳草科	独根草属	独根草	Oresitrophe rupifraga	T		3	
虎耳草科	金腰属	锈毛金腰	Chrysosplenium davidianum	T		1	
虎耳草科	落新妇属	多花落新妇	Astilbe rivularis var. myriantha	T		3	
虎耳草科	钻地风属	钻地风	Schizophragma integrifolium	T		1	
虎耳草科	山梅花属	山梅花	Philadelphus incanus	T		1	
虎耳草科	山梅花属	紫萼山梅花	Philadelphus purpurascens	T		3	
虎耳草科	山梅花属	毛柱山梅花	Philadelphus subcanus	T		3	
虎耳草科	山梅花属	密毛山梅花	Philadelphus subcanus var. dubius	T		3	
虎耳草科	绣球属	东陵绣球	Hydrangea bretschneideri	T		1	
虎耳草科	绣球属	莼兰绣球	Hydrangea longipes	T		1	
虎耳草科	绣球属	蜡莲绣球	Hydrangea strigosa	T		1	
虎耳草科	绣球属	挂苦绣球	Hydrangea xanthoneura	T		3	
虎耳草科	溲疏属	异色溲疏	Deutzia discolor	T		1	
虎耳草科	溲疏属	球花溲疏	Deutzia glomeruliflora	T		3	
虎耳草科	溲疏属	长叶溲疏	Deutzia longifolia	T		1	
虎耳草科	溲疏属	粉红溲疏	Deutzia rubens	T		3	
虎耳草科	溲疏属	四川溲疏	Deutzia setchuenensis	T		1	
虎耳草科	茶藨子属	革叶茶藨子	Ribes davidii	T		3	
虎耳草科	茶藨子属	光萼茶藨子	Ribes glabricalycinum	T		3	

附录一 物种名录

续表

科名	属名	物种名	拉丁名	特有种	保护级别	数据来源	备注
虎耳草科	茶藨子属	矮醋栗	*Ribes humile*	T		3	
虎耳草科	茶藨子属	宝兴茶藨子	*Ribes moupinense*	T		1	
虎耳草科	茶藨子属	红萼茶藨子	*Ribes rubrisepalum*	T		3	
虎耳草科	茶藨子属	小果茶藨子	*Ribes vilmorinii*	T		3	
虎耳草科	梅花草属	鸡肫梅花草	*Parnassia wightiana*			3	
虎耳草科	亭阁草属	道孚亭阁草	*Micranthes lumpuensis*			3	
虎耳草科	亭阁草属	黑蕊亭阁草	*Micranthes melanocentra*			3	
虎耳草科	绣球属	绣球	*Hydrangea macrophylla*			1	栽培
石竹科	麦蓝菜属	麦蓝菜	*Gypsophila vaccaria*			1	
石竹科	繁缕属	繁缕	*Stellaria media*			1	
石竹科	繁缕属	伞花繁缕	*Stellaria umbellata*			3	
石竹科	繁缕属	箐姑草	*Stellaria vestita*			1	
石竹科	繁缕属	鸡肠繁缕	*Stellaria neglecta*			1	
石竹科	蝇子草属	女娄菜	*Silene aprica*			3	
石竹科	漆姑草属	漆姑草	*Sagina japonica*			1	
石竹科	孩儿参属	细叶孩儿参	*Pseudostellaria sylvatica*			3	
石竹科	白鼓钉属	白鼓钉	*Polycarpaea corymbosa*			3	
石竹科	鹅肠菜属	鹅肠菜	*Stellaria aquatica*			1	
石竹科	石竹属	瞿麦	*Dianthus superbus*			3	
石竹科	狗筋蔓属	狗筋蔓	*Silene baccifera*			1	
石竹科	卷耳属	卷耳	*Cerastium arvense* subsp. *strictum*			1	
石竹科	卷耳属	缘毛卷耳	*Cerastium furcatum*			1	
石竹科	无心菜属	无心菜	*Arenaria serpyllifolia*			1	
石竹科	蝇子草属	道孚蝇子草	*Silene dawoensis*	T		3	
石竹科	蝇子草属	无鳞蝇子草	*Silene esquamata*	T		3	
石竹科	蝇子草属	鹤草	*Silene fortunei*	T		3	
石竹科	蝇子草属	柳叶蝇子草	*Silene salicifolia*	T		3	
石竹科	无心菜属	甘肃雪灵芝	*Eremogone kansuensis*	T		3	
石竹科	齿缀草属	四齿齿缀草	*Odontostemma quadridentatum*			3	
石竹科	齿缀草属	云南齿缀草	*Odontostemma yunnanense*			3	
石竹科	荷莲豆草属	荷莲豆草	*Drymaria cordata*			3	
石竹科	石竹属	须苞石竹	*Dianthus barbatus*			1	
石竹科	卷耳属	原野卷耳	*Cerastium arvense*			1	
石竹科	石竹属	石竹	*Dianthus chinensis*			1	栽培
石竹科	卷耳属	球序卷耳	*Cerastium glomeratum*			1	
马齿苋科	马齿苋属	马齿苋	*Portulaca oleracea*			1	
马齿苋科	马齿苋属	大花马齿苋	*Portulaca grandiflora*			3	栽培
蓼科	酸模属	酸模	*Rumex acetosa*			1	

续表

科名	属名	物种名	拉丁名	特有种	保护级别	数据来源	备注
蓼科	酸模属	皱叶酸模	Rumex crispus			1	
蓼科	酸模属	齿果酸模	Rumex dentatus			1	
蓼科	酸模属	羊蹄	Rumex japonicus			3	
蓼科	酸模属	尼泊尔酸模	Rumex nepalensis			1	
蓼科	虎杖属	虎杖	Reynoutria japonica			1	
蓼科	蓼属	萹蓄	Polygonum aviculare			1	
蓼科	蓼属	头花蓼	Persicaria capitata			1	
蓼科	蓼属	火炭母	Persicaria chinensis			1	
蓼科	蓼属	稀花蓼	Persicaria dissitiflora			3	
蓼科	蓼属	水蓼	Persicaria hydropiper			1	
蓼科	蓼属	酸模叶蓼	Persicaria lapathifolia			1	
蓼科	蓼属	长鬃蓼	Persicaria longiseta			1	
蓼科	蓼属	尼泊尔蓼	Persicaria nepalensis			1	
蓼科	蓼属	羽叶蓼	Persicaria runcinata			1	
蓼科	蓼属	刺蓼	Persicaria senticosa			1	
蓼科	蓼属	细茎蓼	Koenigia filicaulis			3	
蓼科	蓼属	圆穗蓼	Bistorta macrophylla			3	
蓼科	蓼属	草血竭	Bistorta paleacea			1	
蓼科	蓼属	支柱蓼	Bistorta suffulta			3	
蓼科	蓼属	珠芽蓼	Bistorta vivipara			1	
蓼科	蓼属	洼点蓼	Polygonum glaciale var. przewalskii			1	
蓼科	山蓼属	山蓼	Oxyria digyna			1	
蓼科	何首乌属	何首乌	Pleuropterus multiflorus			1	
蓼科	荞麦属	心叶野荞麦	Fagopyrum gilesii			3	
蓼科	金线草属	金线草	Persicaria filiformis			1	
蓼科	大黄属	疏枝大黄	Rheum kialense	T		1	
蓼科	大黄属	掌叶大黄	Rheum palmatum	T		1	
蓼科	蓼属	赤胫散	Persicaria runcinata var. sinensis	T		1	
蓼科	蓼属	蓝药蓼	Koenigia cyanandra	T		3	
蓼科	蓼属	柔毛蓼	Koenigia pilosa	T		3	
蓼科	蓼属	细穗支柱蓼	Bistorta suffulta subsp. pergracilis	T		3	
蓼科	山蓼属	中华山蓼	Oxyria sinensis	T		1	
蓼科	何首乌属	木藤蓼	Fallopia aubertii	T		1	
蓼科	何首乌属	牛皮消蓼	Fallopia cynanchoides	T		1	
蓼科	荞麦属	汶川野荞麦	Fagopyrum wenchuanense	T		1	
蓼科	荞麦属	细柄野荞麦	Fagopyrum gracilipes	T		1	

附录一 物种名录

续表

科名	属名	物种名	拉丁名	特有种	保护级别	数据来源	备注
蓼科	荞麦属	长柄野荞麦	*Fagopyrum statice*	T		3	
蓼科	金线草属	短毛金线草	*Persicaria neofiliformis*	T		3	
蓼科	蓼属	扛板归	*Persicaria perfoliata*			1	
蓼科	蓼属	戟叶蓼	*Persicaria thunbergii*			1	
蓼科	荞麦属	苦荞麦	*Fagopyrum tataricum*			1	
蓼科	荞麦属	荞麦	*Fagopyrum esculentum*			1	栽培
商陆科	商陆属	商陆	*Phytolacca acinosa*			1	
商陆科	商陆属	多雄蕊商陆	*Phytolacca polyandra*			1	
商陆科	商陆属	垂序商陆	*Phytolacca americana*			1	
藜科	猪毛菜属	猪毛菜	*Salsola collina*			1	
藜科	地肤属	地肤	*Bassia scoparia*			1	
藜科	对节刺属	对节刺	*Horaninovia ulicina*			3	
藜科	藜属	尖头叶藜	*Chenopodium acuminatum*			1	
藜科	藜属	藜	*Chenopodium album*			1	
藜科	藜属	杖藜	*Chenopodium giganteum*			3	
藜科	藜属	杂配藜	*Chenopodiastrum hybridum*			1	
藜科	甜菜属	莙荙菜	*Beta vulgaris* var. *cicla*			1	
藜科	菠菜属	菠菜	*Spinacia oleracea*			3	栽培
藜科	藜属	土荆芥	*Dysphania ambrosioides*			1	
苋科	苋属	皱果苋	*Amaranthus viridis*			1	
苋科	牛膝属	土牛膝	*Achyranthes aspera*			1	
苋科	牛膝属	牛膝	*Achyranthes bidentata*			1	
苋科	苋属	老鸦谷	*Amaranthus cruentus*			1	栽培
苋科	苋属	凹头苋	*Amaranthus blitum*			1	
苋科	苋属	反枝苋	*Amaranthus retroflexus*			1	
苋科	莲子草属	喜旱莲子草	*Alternanthera philoxeroides*			1	
落葵科	落葵薯属	落葵薯	*Anredera cordifolia*			1	
亚麻科	石海椒属	石海椒	*Reinwardtia indica*			1	
亚麻科	亚麻属	野亚麻	*Linum stelleroides*			3	
蒺藜科	蒺藜属	蒺藜	*Tribulus terrestris*			1	
牻牛儿苗科	老鹳草属	长根老鹳草	*Geranium donianum*			1	
牻牛儿苗科	老鹳草属	东北老鹳草	*Geranium erianthum*			1	
牻牛儿苗科	老鹳草属	尼泊尔老鹳草	*Geranium nepalense*			1	
牻牛儿苗科	老鹳草属	毛蕊老鹳草	*Geranium platyanthum*			1	
牻牛儿苗科	老鹳草属	草地老鹳草	*Geranium pratense*			1	
牻牛儿苗科	老鹳草属	鼠掌老鹳草	*Geranium sibiricum*			1	
牻牛儿苗科	老鹳草属	灰背老鹳草	*Geranium wlassovianum*			1	
牻牛儿苗科	牻牛儿苗属	牻牛儿苗	*Erodium stephanianum*			3	

续表

科名	属名	物种名	拉丁名	特有种	保护级别	数据来源	备注
牻牛儿苗科	老鹳草属	圆柱根老鹳草	*Geranium farreri*	T		1	
牻牛儿苗科	老鹳草属	甘青老鹳草	*Geranium pylzowianum*	T		1	
牻牛儿苗科	老鹳草属	反瓣老鹳草	*Geranium refractum*	T		3	
牻牛儿苗科	老鹳草属	湖北老鹳草	*Geranium rosthornii*	T		3	
牻牛儿苗科	老鹳草属	云南老鹳草	*Geranium yunnanense*	T		3	
牻牛儿苗科	老鹳草属	粗根老鹳草	*Geranium dahuricum*			1	
牻牛儿苗科	老鹳草属	五叶老鹳草	*Geranium delavayi*			1	
牻牛儿苗科	天竺葵属	天竺葵	*Pelargonium hortorum*			3	栽培
酢浆草科	酢浆草属	山酢浆草	*Oxalis griffithii*			1	
酢浆草科	酢浆草属	酢浆草	*Oxalis corniculata*			1	栽培
酢浆草科	酢浆草属	红花酢浆草	*Oxalis corymbosa*			1	
金莲花科	旱金莲属	旱金莲	*Tropaeolum majus*			1	栽培
凤仙花科	凤仙花属	水金凤	*Impatiens noli-tangere*			1	
凤仙花科	凤仙花属	辐射凤仙花	*Impatiens radiata*			3	
凤仙花科	凤仙花属	黄麻叶凤仙花	*Impatiens corchorifolia*	T		1	
凤仙花科	凤仙花属	耳叶凤仙花	*Impatiens delavayi*	T		1	
凤仙花科	凤仙花属	齿萼凤仙花	*Impatiens dicentra*	T		1	
凤仙花科	凤仙花属	细柄凤仙花	*Impatiens leptocaulon*	T		1	
凤仙花科	凤仙花属	紫花凤仙花	*Impatiens purpurea*	T		3	
凤仙花科	凤仙花属	黄金凤	*Impatiens siculifer*	T		3	
凤仙花科	凤仙花属	康定凤仙花	*Impatiens soulieana*	T		3	
凤仙花科	凤仙花属	窄萼凤仙花	*Impatiens stenosepala*	T		3	
凤仙花科	凤仙花属	波缘凤仙花	*Impatiens undulata*	T		3	
凤仙花科	凤仙花属	条纹凤仙花	*Impatiens vittata*	T		3	
凤仙花科	凤仙花属	白花凤仙花	*Impatiens wilsonii*	T		1	
凤仙花科	凤仙花属	弯距凤仙花	*Impatiens recurvicornis*	T		1	
凤仙花科	凤仙花属	天全凤仙花	*Impatiens tienchuanensis*	T		1	
凤仙花科	凤仙花属	凤仙花	*Impatiens balsamina*			1	栽培
千屈菜科	节节菜属	节节菜	*Rotala indica*			3	
千屈菜科	节节菜属	圆叶节节菜	*Rotala rotundifolia*			3	
千屈菜科	千屈菜属	千屈菜	*Lythrum salicaria*			1	
千屈菜科	萼距花属	萼距花	*Cuphea hookeriana*			1	
千屈菜科	石榴属	石榴	*Punica granatum*			3	
千屈菜科	紫薇属	紫薇	*Lagerstroemia indica*			1	栽培
柳叶菜科	柳叶菜属	毛脉柳叶菜	*Epilobium amurense*			3	
柳叶菜科	柳叶菜属	柳叶菜	*Epilobium hirsutum*			1	
柳叶菜科	柳叶菜属	小花柳叶菜	*Epilobium parviflorum*			1	
柳叶菜科	柳叶菜属	阔柱柳叶菜	*Epilobium platystigmatosum*			3	

附录一 物种名录

续表

科名	属名	物种名	拉丁名	特有种	保护级别	数据来源	备注
柳叶菜科	柳叶菜属	长籽柳叶菜	*Epilobium pyrricholophum*			1	
柳叶菜科	柳叶菜属	鳞片柳叶菜	*Epilobium sikkimense*			3	
柳叶菜科	柳叶菜属	光籽柳叶菜	*Epilobium tibetanum*			3	
柳叶菜科	柳叶菜属	滇藏柳叶菜	*Epilobium wallichianum*			3	
柳叶菜科	柳叶菜属	柳兰	*Chamerion angustifolium*			1	
柳叶菜科	柳叶菜属	毛脉柳兰	*Chamerion angustifolium* subsp. *circumvagum*			3	
柳叶菜科	露珠草属	高山露珠草	*Circaea alpina*			1	
柳叶菜科	露珠草属	高原露珠草	*Circaea alpina* subsp. *imaicola*			3	
柳叶菜科	露珠草属	露珠草	*Circaea cordata*			1	
柳叶菜科	月见草属	粉花月见草	*Oenothera rosea*			1	
柳叶菜科	月见草属	月见草	*Oenothera biennis*			1	栽培
瑞香科	瑞香属	凹叶瑞香	*Daphne retusa*			1	
瑞香科	瑞香属	野梦花	*Daphne tangutica* var. *wilsonii*			3	
瑞香科	荛花属	河朔荛花	*Wikstroemia chamaedaphne*	T		1	
瑞香科	荛花属	轮叶荛花	*Wikstroemia stenophylla*	T		3	
瑞香科	瑞香属	尖瓣瑞香	*Daphne acutiloba*	T		3	
瑞香科	瑞香属	川西瑞香	*Daphne gemmata*	T		3	
瑞香科	瑞香属	铁牛皮	*Daphne limprichtii*	T		3	
瑞香科	瑞香属	唐古特瑞香	*Daphne tangutica*	T		3	
紫茉莉科	叶子花属	光叶子花	*Bougainvillea glabra*			3	
紫茉莉科	紫茉莉属	紫茉莉	*Mirabilis jalapa*			1	
马桑科	马桑属	马桑	*Coriaria nepalensis*			1	
海桐花科	海桐花属	光叶海桐	*Pittosporum glabratum*			1	
海桐花科	海桐花属	柄果海桐	*Pittosporum podocarpum*			3	
海桐花科	海桐花属	大叶海桐	*Pittosporum daphniphylloides* var. *adaphniphylloides*	T		3	
海桐花科	海桐花属	异叶海桐	*Pittosporum heterophyllum*	T		3	
海桐花科	海桐花属	石生海桐	*Pittosporum saxicola*	T		3	
海桐花科	海桐花属	崖花子	*Pittosporum truncatum*	T		1	
海桐花科	海桐花属	海桐	*Pittosporum tobira*			1	栽培
大风子科	柞木属	柞木	*Xylosma congesta*			3	
大风子科	山桐子属	山桐子	*Idesia polycarpa*			1	
大风子科	山桐子属	毛叶山桐子	*Idesia polycarpa* var. *vestita*			3	
大风子科	山拐枣属	山拐枣	*Poliothyrsis sinensis*	T		1	
柽柳科	柽柳属	柽柳	*Tamarix chinensis*	T		3	
柽柳科	水柏枝属	水柏枝	*Myricaria germanica*			1	
柽柳科	水柏枝属	球花水柏枝	*Myricaria laxa*			3	

续表

科名	属名	物种名	拉丁名	特有种	保护级别	数据来源	备注
葫芦科	栝楼属	栝楼	*Trichosanthes kirilowii*			1	
葫芦科	赤瓟属	赤瓟	*Thladiantha dubia*			1	
葫芦科	赤瓟属	南赤瓟	*Thladiantha nudiflora*			1	
葫芦科	绞股蓝属	绞股蓝	*Gynostemma pentaphyllum*			1	
葫芦科	绞股蓝属	毛果绞股蓝	*Gynostemma pentaphyllum* var. *dasycarpum*			3	
葫芦科	栝楼属	中华栝楼	*Trichosanthes rosthornii*	T		1	
葫芦科	赤瓟属	头花赤瓟	*Thladiantha capitata*	T		3	
葫芦科	赤瓟属	川赤瓟	*Thladiantha davidii*	T		3	
葫芦科	赤瓟属	齿叶赤瓟	*Thladiantha dentata*	T		1	
葫芦科	赤瓟属	斑赤瓟	*Thladiantha maculata*	T		3	
葫芦科	南瓜属	南瓜	*Cucurbita moschata*			3	
葫芦科	佛手瓜属	佛手瓜	*Sechium edule*			1	栽培
葫芦科	南瓜属	笋瓜	*Cucurbita maxima*			3	栽培
葫芦科	黄瓜属	黄瓜	*Cucumis sativus*			3	栽培
秋海棠科	秋海棠属	心叶秋海棠	*Begonia labordei*			3	
秋海棠科	秋海棠属	中华秋海棠	*Begonia grandis* subsp. *sinensis*			3	
秋海棠科	秋海棠属	秋海棠	*Begonia grandis*	T		1	栽培
山茶科	大头茶属	四川大头茶	*Polyspora speciosa*			1	
山茶科	柃木属	丽江柃	*Eurya handel-mazzettii*			3	
山茶科	柃木属	细齿叶柃	*Eurya nitida*			1	
山茶科	红淡比属	红淡比	*Cleyera japonica*			3	
山茶科	杨桐属	杨桐	*Adinandra millettii*			3	
山茶科	柃木属	翅柃	*Eurya alata*	T		3	
山茶科	柃木属	短柱柃	*Eurya brevistyla*	T		3	
山茶科	柃木属	细枝柃	*Eurya loquaiana*	T		1	
山茶科	柃木属	毛枝格药柃	*Eurya muricata* var. *huiana*	T		3	
山茶科	柃木属	矩圆叶柃	*Eurya oblonga*	T		1	
山茶科	杨桐属	尖叶川杨桐	*Adinandra bockiana* var. *acutifolia*	T		3	
山茶科	木荷属	中华木荷	*Schima sinensis*			3	
山茶科	柃木属	半齿柃	*Eurya semiserrulata*			3	
山茶科	山茶属	西南红山茶	*Camellia pitardii*			3	
山茶科	山茶属	茶梅	*Camellia sasanqua*			3	栽培
山茶科	山茶属	山茶	*Camellia japonica*			1	栽培
山茶科	山茶属	茶	*Camellia sinensis*			1	栽培
山茶科	山茶属	油茶	*Camellia oleifera*			3	栽培
猕猴桃科	猕猴桃属	软枣猕猴桃	*Actinidia arguta*		二级	1	
猕猴桃科	猕猴桃属	硬齿猕猴桃	*Actinidia callosa*			3	

附录一　物种名录

续表

科名	属名	物种名	拉丁名	特有种	保护级别	数据来源	备注
猕猴桃科	猕猴桃属	狗枣猕猴桃	*Actinidia kolomikta*			1	
猕猴桃科	猕猴桃属	葛枣猕猴桃	*Actinidia polygama*			1	
猕猴桃科	藤山柳属	藤山柳	*Clematoclethra scandens*	T		3	
猕猴桃科	藤山柳属	猕猴桃藤山柳	*Clematoclethra scandens* subsp. *actinidioides*	T		3	
猕猴桃科	藤山柳属	繁花藤山柳	*Clematoclethra scandens* subsp. *hemsleyi*	T		3	
猕猴桃科	猕猴桃属	中华猕猴桃	*Actinidia chinensis*	T	二级	1	
猕猴桃科	猕猴桃属	美味猕猴桃	*Actinidia chinensis* var. *deliciosa*	T		3	
猕猴桃科	猕猴桃属	黑蕊猕猴桃	*Actinidia melanandra*	T		1	
猕猴桃科	猕猴桃属	革叶猕猴桃	*Actinidia rubricaulis* var. *coriacea*	T		1	
猕猴桃科	猕猴桃属	四萼猕猴桃	*Actinidia tetramera*	T		3	
猕猴桃科	猕猴桃属	显脉猕猴桃	*Actinidia venosa*	T		3	
桃金娘科	桉属	桉	*Eucalyptus robusta*			1	栽培
桃金娘科	桉属	细叶桉	*Eucalyptus tereticornis*			3	栽培
野牡丹科	肉穗草属	肉穗草	*Sarcopyramis bodinieri*			3	
野牡丹科	肉穗草属	楮头红	*Sarcopyramis napalensis*			1	
野牡丹科	锦香草属	锦香草	*Phyllagathis cavaleriei*	T		3	
金丝桃科	金丝桃属	地耳草	*Hypericum japonicum*			3	
金丝桃科	金丝桃属	金丝桃	*Hypericum monogynum*			1	
金丝桃科	金丝桃属	金丝梅	*Hypericum patulum*			1	
金丝桃科	金丝桃属	遍地金	*Hypericum wightianum*			3	
金丝桃科	金丝桃属	岷江金丝梅	*Hypericum henryi* subsp. *uraloides*			1	
金丝桃科	金丝桃属	小连翘	*Hypericum erectum*			1	
金丝桃科	金丝桃属	贯叶连翘	*Hypericum perforatum*			1	
金丝桃科	金丝桃属	元宝草	*Hypericum sampsonii*			1	
杜英科	杜英属	杜英	*Elaeocarpus decipiens*			3	栽培
杜英科	杜英属	日本杜英	*Elaeocarpus japonicus*			3	栽培
椴树科	椴树属	椴树	*Tilia tuan*			1	
椴树科	椴树属	华椴	*Tilia chinensis*	T		3	
椴树科	椴树属	多毛椴	*Tilia chinensis* var. *intonsa*	T		3	
椴树科	扁担杆属	小花扁担杆	*Grewia biloba* var. *parviflora*	T		1	
锦葵科	锦葵属	圆叶锦葵	*Malva pusilla*			1	
锦葵科	梵天花属	中华地桃花	*Urena lobata* var. *chinensis*	T		3	
锦葵科	苘麻属	金铃花	*Abutilon pictum*			3	
锦葵科	锦葵属	锦葵	*Malva cathayensis*			1	栽培
锦葵科	蜀葵属	蜀葵	*Alcea rosea*			1	栽培
锦葵科	锦葵属	冬葵	*Malva verticillata* var. *crispa*			1	栽培

续表

科名	属名	物种名	拉丁名	特有种	保护级别	数据来源	备注
锦葵科	木槿属	木槿	Hibiscus syriacus			1	栽培
锦葵科	木槿属	木芙蓉	Hibiscus mutabilis			3	栽培
锦葵科	木槿属	野西瓜苗	Hibiscus trionum			1	
大戟科	地构叶属	地构叶	Speranskia tuberculata			3	
大戟科	叶下珠属	小果叶下珠	Phyllanthus reticulatus			1	
大戟科	野桐属	石岩枫	Mallotus repandus			1	
大戟科	雀舌木属	雀儿舌头	Leptopus chinensis			3	
大戟科	白饭树属	一叶萩	Flueggea suffruticosa			3	
大戟科	大戟属	地锦草	Euphorbia humifusa			1	
大戟科	大戟属	湖北大戟	Euphorbia hylonoma			3	
大戟科	大戟属	大戟	Euphorbia pekinensis			1	
大戟科	大戟属	钩腺大戟	Euphorbia sieboldiana			3	
大戟科	大戟属	地锦	Parthenocissus tricuspidata			1	
大戟科	铁苋菜属	铁苋菜	Acalypha australis			1	
大戟科	丹麻杆属	毛丹麻杆	Discocleidion rufescens	T		1	
大戟科	野桐属	肾叶野桐	Mallotus oreophilus var. latifolius	T		3	
大戟科	野桐属	野桐	Mallotus tenuifolius	T		1	
大戟科	铁苋菜属	尾叶铁苋菜	Acalypha acmophylla	T		3	
大戟科	山麻杆属	山麻杆	Alchornea davidii			3	
大戟科	油桐属	油桐	Vernicia fordii			1	栽培
交让木科	虎皮楠属	交让木	Daphniphyllum macropodum			1	
交让木科	虎皮楠属	脉叶虎皮楠	Daphniphyllum paxianum			3	
鼠刺科	鼠刺属	鼠刺	Itea chinensis			3	
蔷薇科	红果树属	红果树	Stranvaesia davidiana			1	
蔷薇科	绣线菊属	高山绣线菊	Spiraea alpina			3	
蔷薇科	绣线菊属	麻叶绣线菊	Spiraea cantoniensis			1	
蔷薇科	绣线菊属	绣线菊	Spiraea salicifolia			1	
蔷薇科	绣线菊属	绢毛绣线菊	Spiraea sericea			3	
蔷薇科	花楸属	水榆花楸	Sorbus alnifolia			1	
蔷薇科	花楸属	毛背花楸	Sorbus aronioides			3	
蔷薇科	花楸属	西康花楸	Sorbus prattii			3	
蔷薇科	花楸属	西南花楸	Sorbus rehderiana			3	
蔷薇科	花楸属	红毛花楸	Sorbus rufopilosa			3	
蔷薇科	花楸属	华西花楸	Sorbus wilsoniana			3	
蔷薇科	山莓草属	紫花山莓草	Sibbaldia purpurea			3	
蔷薇科	悬钩子属	西南悬钩子	Rubus assamensis			1	
蔷薇科	悬钩子属	粉枝莓	Rubus biflorus			1	
蔷薇科	悬钩子属	毛萼莓	Rubus chroosepalus			3	

附录一 物种名录

续表

科名	属名	物种名	拉丁名	特有种	保护级别	数据来源	备注
蔷薇科	悬钩子属	山莓	Rubus corchorifolius			1	
蔷薇科	悬钩子属	覆盆子	Rubus idaeus			1	
蔷薇科	悬钩子属	白花悬钩子	Rubus leucanthus			3	
蔷薇科	悬钩子属	细瘦悬钩子	Rubus macilentus			3	
蔷薇科	悬钩子属	喜阴悬钩子	Rubus mesogaeus			1	
蔷薇科	悬钩子属	茅莓	Rubus parvifolius			1	
蔷薇科	悬钩子属	掌叶悬钩子	Rubus pentagonus			3	
蔷薇科	悬钩子属	多腺悬钩子	Rubus phoenicolasius			1	
蔷薇科	悬钩子属	红腺悬钩子	Rubus sumatranus			1	
蔷薇科	悬钩子属	木莓	Rubus swinhoei			1	
蔷薇科	悬钩子属	红毛悬钩子	Rubus wallichianus			1	
蔷薇科	悬钩子属	椭圆悬钩子	Rubus ellipticus			1	
蔷薇科	蔷薇属	复伞房蔷薇	Rosa brunonii			3	
蔷薇科	蔷薇属	小果蔷薇	Rosa cymosa			1	
蔷薇科	蔷薇属	卵果蔷薇	Rosa helenae			3	
蔷薇科	蔷薇属	野蔷薇	Rosa multiflora			1	
蔷薇科	蔷薇属	缫丝花	Rosa roxburghii			3	
蔷薇科	蔷薇属	绢毛蔷薇	Rosa sericea			1	
蔷薇科	梨属	川梨	Pyrus pashia			3	
蔷薇科	梨属	沙梨	Pyrus pyrifolia			1	
蔷薇科	火棘属	细圆齿火棘	Pyracantha crenulata			3	
蔷薇科	委陵菜属	委陵菜	Potentilla chinensis			1	
蔷薇科	委陵菜属	楔叶委陵菜	Potentilla cuneata			3	
蔷薇科	委陵菜属	翻白草	Potentilla discolor			1	
蔷薇科	委陵菜属	蛇含委陵菜	Potentilla kleiniana			1	
蔷薇科	委陵菜属	钉柱委陵菜	Potentilla saundersiana			3	
蔷薇科	委陵菜属	金露梅	Dasiphora fruticosa			3	
蔷薇科	委陵菜属	白毛银露梅	Dasiphora mandshurica			1	
蔷薇科	委陵菜属	蕨麻	Argentina anserina			3	
蔷薇科	委陵菜属	高山蕨麻	Argentina contigua			3	
蔷薇科	委陵菜属	银叶蕨麻	Argentina leuconota			1	
蔷薇科	委陵菜属	西南蕨麻	Argentina lineata			3	
蔷薇科	稠李属	灰叶稠李	Prunus grayana			3	
蔷薇科	苹果属	滇池海棠	Malus yunnanensis			3	
蔷薇科	臭樱属	喜马拉雅臭樱	Prunus himalayana			3	
蔷薇科	桂樱属	大叶桂樱	Prunus zippeliana			1	
蔷薇科	路边青属	路边青	Geum aleppicum			1	
蔷薇科	路边青属	柔毛路边青	Geum japonicum var. chinense			1	

续表

科名	属名	物种名	拉丁名	特有种	保护级别	数据来源	备注
蔷薇科	草莓属	东方草莓	*Fragaria orientalis*			1	
蔷薇科	蛇莓属	蛇莓	*Duchesnea indica*			1	
蔷薇科	栒子属	尖叶栒子	*Cotoneaster acuminatus*			3	
蔷薇科	栒子属	匍匐栒子	*Cotoneaster adpressus*			1	
蔷薇科	栒子属	黄杨叶栒子	*Cotoneaster buxifolius*			1	
蔷薇科	栒子属	西南栒子	*Cotoneaster franchetii*			1	
蔷薇科	栒子属	平枝栒子	*Cotoneaster horizontalis*			1	
蔷薇科	栒子属	黑果栒子	*Cotoneaster melanocarpus*			3	
蔷薇科	栒子属	小叶栒子	*Cotoneaster microphyllus*			3	
蔷薇科	栒子属	水栒子	*Cotoneaster multiflorus*			3	
蔷薇科	栒子属	两列栒子	*Cotoneaster nitidus*			3	
蔷薇科	栒子属	圆叶栒子	*Cotoneaster rotundifolius*			3	
蔷薇科	假升麻属	假升麻	*Aruncus sylvester*			1	
蔷薇科	龙芽草属	龙芽草	*Agrimonia pilosa*			3	
蔷薇科	龙芽草属	黄龙尾	*Agrimonia pilosa* var. *nepalensis*			3	
蔷薇科	绣线菊属	中华绣线菊	*Spiraea chinensis*	T		1	
蔷薇科	绣线菊属	翠蓝绣线菊	*Spiraea henryi*	T		3	
蔷薇科	绣线菊属	疏毛绣线菊	*Spiraea hirsuta*	T		3	
蔷薇科	绣线菊属	华西绣线菊	*Spiraea laeta*	T		1	
蔷薇科	绣线菊属	蒙古绣线菊	*Spiraea lasiocarpa*	T		3	
蔷薇科	绣线菊属	毛叶绣线菊	*Spiraea mollifolia*	T		3	●
蔷薇科	绣线菊属	细枝绣线菊	*Spiraea myrtilloides*	T		3	
蔷薇科	绣线菊属	南川绣线菊	*Spiraea rosthornii*	T		1	
蔷薇科	绣线菊属	茂汶绣线菊	*Spiraea sargentiana*	T		1	
蔷薇科	绣线菊属	鄂西绣线菊	*Spiraea veitchii*	T		3	
蔷薇科	绣线菊属	陕西绣线菊	*Spiraea wilsonii*	T		3	
蔷薇科	绣线菊属	云南绣线菊	*Spiraea yunnanensis*	T		1	
蔷薇科	马蹄黄属	马蹄黄	*Spenceria ramalana*	T		3	
蔷薇科	花楸属	美脉花楸	*Sorbus caloneura*	T		3	
蔷薇科	花楸属	石灰花楸	*Sorbus folgneri*	T		3	
蔷薇科	花楸属	球穗花楸	*Sorbus glomerulata*	T		3	
蔷薇科	花楸属	江南花楸	*Sorbus hemsleyi*	T		3	
蔷薇科	花楸属	湖北花楸	*Sorbus hupehensis*	T		3	
蔷薇科	花楸属	陕甘花楸	*Sorbus koehneana*	T		3	
蔷薇科	花楸属	大果花楸	*Sorbus megalocarpa*	T		3	
蔷薇科	花楸属	多对花楸	*Sorbus multijuga*	T		3	
蔷薇科	花楸属	晚绣花楸	*Sorbus sargentiana*	T		3	
蔷薇科	花楸属	四川花楸	*Sorbus setschwanensis*	T		3	

续表

科名	属名	物种名	拉丁名	特有种	保护级别	数据来源	备注
蔷薇科	花楸属	长果花楸	*Sorbus zahlbruckneri*	T		3	
蔷薇科	珍珠梅属	高丛珍珠梅	*Sorbaria arborea*	T		1	
蔷薇科	鲜卑花属	窄叶鲜卑花	*Sibiraea angustata*	T		3	
蔷薇科	山莓草属	隐瓣山莓草	*Sibbaldia aphanopetala*	T		3	
蔷薇科	悬钩子属	秀丽莓	*Rubus amabilis*	T		1	
蔷薇科	悬钩子属	网纹悬钩子	*Rubus cinclidodictyus*	T		3	
蔷薇科	悬钩子属	弓茎悬钩子	*Rubus flosculosus*	T		1	
蔷薇科	悬钩子属	脱毛弓茎悬钩子	*Rubus flosculosus* var. *etomentosus*	T		1	
蔷薇科	悬钩子属	鸡爪茶	*Rubus henryi*	T		3	
蔷薇科	悬钩子属	宜昌悬钩子	*Rubus ichangensis*	T		1	
蔷薇科	悬钩子属	白叶莓	*Rubus innominatus*	T		1	
蔷薇科	悬钩子属	绵果悬钩子	*Rubus lasiostylus*	T		1	
蔷薇科	悬钩子属	腺梗绵果悬钩子	*Rubus lasiostylus* var. *eglandulosus*	T		3	
蔷薇科	悬钩子属	棠叶悬钩子	*Rubus malifolius*	T		1	
蔷薇科	悬钩子属	腺毛喜阴悬钩子	*Rubus mesogaeus* var. *oxycomus*	T		1	
蔷薇科	悬钩子属	梳齿悬钩子	*Rubus pectinaris*	T		3	
蔷薇科	悬钩子属	菰帽悬钩子	*Rubus pileatus*	T		1	
蔷薇科	悬钩子属	五叶鸡爪茶	*Rubus playfairianus*	T		1	
蔷薇科	悬钩子属	锈毛莓	*Rubus reflexus*	T		1	
蔷薇科	悬钩子属	川莓	*Rubus setchuenensis*	T		1	
蔷薇科	悬钩子属	西藏悬钩子	*Rubus thibetanus*	T		1	
蔷薇科	悬钩子属	三对叶悬钩子	*Rubus trijugus*	T		1	
蔷薇科	悬钩子属	黄果悬钩子	*Rubus xanthocarpus*	T		1	
蔷薇科	蔷薇属	木香花	*Rosa banksiae*	T		1	
蔷薇科	蔷薇属	单瓣木香花	*Rosa banksiae* var. *normalis*	T		3	
蔷薇科	蔷薇属	拟木香	*Rosa banksiopsis*	T		3	
蔷薇科	蔷薇属	伞房蔷薇	*Rosa corymbulosa*	T		1	
蔷薇科	蔷薇属	西北蔷薇	*Rosa davidii*	T		3	
蔷薇科	蔷薇属	腺梗蔷薇	*Rosa filipes*	T		3	
蔷薇科	蔷薇属	细梗蔷薇	*Rosa graciliflora*	T		3	
蔷薇科	蔷薇属	黄蔷薇	*Rosa hugonis*	T		3	
蔷薇科	蔷薇属	华西蔷薇	*Rosa moyesii*	T		1	
蔷薇科	蔷薇属	多苞蔷薇	*Rosa multibracteata*	T		3	
蔷薇科	蔷薇属	西南蔷薇	*Rosa murielae*	T		3	
蔷薇科	蔷薇属	峨眉蔷薇	*Rosa omeiensis*	T		1	
蔷薇科	蔷薇属	悬钩子蔷薇	*Rosa rubus*	T		1	
蔷薇科	蔷薇属	钝叶蔷薇	*Rosa sertata*	T		1	

续表

科名	属名	物种名	拉丁名	特有种	保护级别	数据来源	备注
蔷薇科	蔷薇属	川滇蔷薇	*Rosa soulieana*	T		3	
蔷薇科	蔷薇属	毛叶蔷薇	*Rosa mairei*	T		1	
蔷薇科	蔷薇属	铁杆蔷薇	*Rosa prattii*	T		1	
蔷薇科	火棘属	火棘	*Pyracantha fortuneana*	T		1	
蔷薇科	火棘属	全缘火棘	*Pyracantha loureiroi*	T		3	
蔷薇科	委陵菜属	条裂委陵菜	*Potentilla lancinata*	T		3	
蔷薇科	委陵菜属	羽叶钉柱委陵菜	*Potentilla saundersiana* var. *subpinnata*	T		3	
蔷薇科	委陵菜属	齿裂西山委陵菜	*Potentilla sischanensis* var. *peterae*	T		3	
蔷薇科	稠李属	短梗稠李	*Prunus brachypoda*	T		1	
蔷薇科	稠李属	褐毛稠李	*Prunus brunnescens*	T		1	
蔷薇科	稠李属	细齿稠李	*Prunus obtusata*	T		1	
蔷薇科	稠李属	星毛稠李	*Prunus stellipila*	T		3	
蔷薇科	稠李属	毡毛稠李	*Prunus velutina*	T		3	
蔷薇科	稠李属	绢毛稠李	*Prunus wilsonii*	T		3	
蔷薇科	小石积属	华西小石积	*Osteomeles schwerinae*	T		1	
蔷薇科	绣线梅属	毛叶绣线梅	*Neillia ribesioides*	T		3	
蔷薇科	绣线梅属	中华绣线梅	*Neillia sinensis*	T		3	
蔷薇科	绣线梅属	西康绣线梅	*Neillia thibetica*	T		3	
蔷薇科	苹果属	变叶海棠	*Malus bhutanica*	T		3	
蔷薇科	苹果属	陇东海棠	*Malus kansuensis*	T		3	
蔷薇科	苹果属	西蜀海棠	*Malus prattii*	T		3	
蔷薇科	臭樱属	臭樱	*Prunus hypoleuca*	T		3	
蔷薇科	草莓属	五叶草莓	*Fragaria pentaphylla*	T		1	
蔷薇科	栒子属	密毛灰栒子	*Cotoneaster acutifolius* var. *villosulus*	T		3	
蔷薇科	栒子属	川康栒子	*Cotoneaster ambiguus*	T		1	
蔷薇科	栒子属	细尖栒子	*Cotoneaster apiculatus*	T		3	
蔷薇科	栒子属	泡叶栒子	*Cotoneaster bullatus*	T		1	
蔷薇科	栒子属	厚叶栒子	*Cotoneaster coriaceus*	T		1	
蔷薇科	栒子属	木帚栒子	*Cotoneaster dielsianus*	T		3	
蔷薇科	栒子属	散生栒子	*Cotoneaster divaricatus*	T		1	
蔷薇科	栒子属	麻核栒子	*Cotoneaster foveolatus*	T		3	
蔷薇科	栒子属	丹巴栒子	*Cotoneaster harrysmithii*	T		3	
蔷薇科	栒子属	宝兴栒子	*Cotoneaster moupinensis*	T		3	
蔷薇科	栒子属	暗红栒子	*Cotoneaster obscurus*	T		3	
蔷薇科	栒子属	柳叶栒子	*Cotoneaster salicifolius*	T		3	
蔷薇科	栒子属	准噶尔栒子	*Cotoneaster soongoricus*	T		3	

附录一 物种名录

续表

科名	属名	物种名	拉丁名	特有种	保护级别	数据来源	备注
蔷薇科	栒子属	高山栒子	*Cotoneaster subadpressus*	T		3	
蔷薇科	无尾果属	汶川无尾果	*Coluria oligocarpa*	T		3	
蔷薇科	樱属	微毛樱桃	*Prunus clarofolia*	T		1	
蔷薇科	樱属	锥腺樱桃	*Prunus conadenia*	T		1	
蔷薇科	樱属	华中樱桃	*Prunus conradinae*	T		3	
蔷薇科	樱属	尾叶樱桃	*Prunus dielsiana*	T		1	
蔷薇科	樱属	长腺樱桃	*Prunus dolichadenia*	T		3	
蔷薇科	樱属	雕核樱桃	*Prunus pleiocerasus*	T		1	
蔷薇科	樱属	托叶樱桃	*Prunus stipulacea*	T		3	
蔷薇科	樱属	川西樱桃	*Prunus trichostoma*	T		3	
蔷薇科	桃属	山桃	*Prunus davidiana*	T		1	
蔷薇科	绣线菊属	粉花绣线菊	*Spiraea japonica*			1	
蔷薇科	绣线菊属	渐尖叶粉花绣线菊	*Spiraea japonica* var. *acuminata*			3	
蔷薇科	花楸属	泡花树叶花楸	*Sorbus meliosmifolia*			3	
蔷薇科	悬钩子属	桔红悬钩子	*Rubus aurantiacus*			3	
蔷薇科	悬钩子属	插田藨	*Rubus coreanus*			1	
蔷薇科	悬钩子属	栽秧藨	*Rubus ellipticus* var. *obcordatus*			1	
蔷薇科	悬钩子属	高粱藨	*Rubus lambertianus*			1	
蔷薇科	悬钩子属	红藨刺藤	*Rubus niveus*			1	
蔷薇科	悬钩子属	乌藨子	*Rubus parkeri*			3	
蔷薇科	悬钩子属	黄藨	*Rubus pectinellus*			1	
蔷薇科	悬钩子属	空心藨	*Rubus rosifolius*			1	
蔷薇科	蔷薇属	刺毛蔷薇	*Rosa farreri*			1	
蔷薇科	蔷薇属	单瓣缫丝花	*Rosa roxburghii* f. *normalis*			1	
蔷薇科	李属	欧洲李	*Prunus domestica*			3	
蔷薇科	石楠属	红叶石楠	*Photinia* × *fraseri*			1	
蔷薇科	苹果属	花红	*Malus asiatica*			3	
蔷薇科	桂樱属	毛背桂樱	*Prunus hypotricha*			3	
蔷薇科	棣棠花属	棣棠	*Kerria japonica*			1	
蔷薇科	莓陵菜属	毛果莓陵菜	*Fragariastrum eriocarpum*			3	
蔷薇科	山楂属	华中山楂	*Crataegus wilsonii*			3	
蔷薇科	栒子属	小叶红花栒子	*Cotoneaster rubens* var. *minimus*			3	
蔷薇科	樱属	欧洲甜樱桃	*Prunus avium*			1	
蔷薇科	李属	紫叶李	*Prunus cerasifera* cv. Atropurpurea			1	栽培
蔷薇科	木瓜属	贴梗海棠	*Chaenomeles speciosa*			1	栽培
蔷薇科	樱属	东京樱花	*Prunus* × *yedoensis*			1	栽培
蔷薇科	桃属	桃	*Prunus persica*			1	栽培

续表

科名	属名	物种名	拉丁名	特有种	保护级别	数据来源	备注
蔷薇科	梨属	麻梨	*Pyrus serrulata*	T		3	栽培
蔷薇科	苹果属	垂丝海棠	*Malus halliana*	T		3	栽培
蔷薇科	李属	李	*Prunus salicina*	T		1	栽培
蔷薇科	梨属	秋子梨	*Pyrus ussuriensis*			3	栽培
蔷薇科	石楠属	石楠	*Photinia serratifolia*			1	栽培
蔷薇科	苹果属	苹果	*Malus pumila*			1	栽培
蔷薇科	枇杷属	枇杷	*Eriobotrya japonica*			1	栽培
蔷薇科	杏属	杏	*Prunus armeniaca*			3	栽培
蔷薇科	杏属	梅	*Prunus mume*			3	栽培
蔷薇科	蔷薇属	月季花	*Rosa chinensis*			3	栽培
蔷薇科	蔷薇属	玫瑰	*Rosa rugosa*			3	栽培
蜡梅科	蜡梅属	蜡梅	*Chimonanthus praecox*	T		1	栽培
含羞草科	合欢属	山槐	*Albizia kalkora*			1	
含羞草科	金合欢属	银荆	*Acacia dealbata*			3	
苏木科	紫荆属	紫荆	*Cercis chinensis*			1	
苏木科	羊蹄甲属	羊蹄甲	*Bauhinia purpurea*			1	
苏木科	紫荆属	湖北紫荆	*Cercis glabra*	T		3	
苏木科	皂荚属	皂荚	*Gleditsia sinensis*			1	栽培
苏木科	决明属	双荚决明	*Senna bicapsularis*			1	栽培
苏木科	羊蹄甲属	宫粉羊蹄甲	*Bauhinia variegata*			3	栽培
苏木科	羊蹄甲属	红花羊蹄甲	*Bauhinia* × *blakeana*			3	栽培
苏木科	羊蹄甲属	鞍叶羊蹄甲	*Bauhinia brachycarpa*			1	栽培
蝶形花科	豇豆属	贼小豆	*Vigna minima*			3	
蝶形花科	豇豆属	野豇豆	*Vigna vexillata*			1	
蝶形花科	野豌豆属	广布野豌豆	*Vicia cracca*			1	
蝶形花科	野豌豆属	救荒野豌豆	*Vicia sativa*			3	
蝶形花科	野豌豆属	野豌豆	*Vicia sepium*			1	
蝶形花科	野豌豆属	歪头菜	*Vicia unijuga*			1	
蝶形花科	槐属	苦豆子	*Sophora alopecuroides*			1	
蝶形花科	鹿藿属	鹿藿	*Rhynchosia volubilis*			1	
蝶形花科	葛属	葛	*Pueraria montana* var. *lobata*			1	
蝶形花科	棘豆属	甘肃棘豆	*Oxytropis kansuensis*			3	
蝶形花科	草木樨属	印度草木樨	*Melilotus indicus*			1	
蝶形花科	苜蓿属	天蓝苜蓿	*Medicago lupulina*			1	
蝶形花科	百脉根属	百脉根	*Lotus corniculatus*			1	
蝶形花科	百脉根属	光叶百脉根	*Lotus corniculatus* subsp. *japonicus*			3	
蝶形花科	胡枝子属	胡枝子	*Lespedeza bicolor*			1	
蝶形花科	胡枝子属	截叶铁扫帚	*Lespedeza cuneata*			3	

附录一 物种名录

续表

科名	属名	物种名	拉丁名	特有种	保护级别	数据来源	备注
蝶形花科	胡枝子属	尖叶铁扫帚	*Lespedeza juncea*			1	
蝶形花科	胡枝子属	美丽胡枝子	*Lespedeza thunbergii* subsp. *formosa*			1	
蝶形花科	鸡眼草属	鸡眼草	*Kummerowia striata*			1	
蝶形花科	木蓝属	河北木蓝	*Indigofera bungeana*			1	
蝶形花科	黄檀属	黄檀	*Dalbergia hupeana*			3	
蝶形花科	黄檀属	狭叶黄檀	*Dalbergia stenophylla*			3	
蝶形花科	猪屎豆属	猪屎豆	*Crotalaria pallida*			3	
蝶形花科	木豆属	蔓草虫豆	*Cajanus scarabaeoides*			3	
蝶形花科	黄耆属	地八角	*Astragalus bhotanensis*			3	
蝶形花科	黄耆属	多花黄芪	*Astragalus floridulus*			3	
蝶形花科	黄耆属	广布黄芪	*Astragalus frigidus*			3	
蝶形花科	黄耆属	糙叶黄芪	*Astragalus scaberrimus*			3	
蝶形花科	紫藤属	藤萝	*Wisteria villosa*	T		3	
蝶形花科	野豌豆属	西南野豌豆	*Vicia nummularia*	T		1	
蝶形花科	槐属	龙爪槐	*Styphnolobium japonicum* cv. Pendula	T		3	
蝶形花科	槐属	白刺花	*Sophora davidii*	T		1	
蝶形花科	槐属	川西白刺花	*Sophora davidii* var. *chuansiensis*	T		1	
蝶形花科	胡枝子属	多花胡枝子	*Lespedeza floribunda*	T		1	
蝶形花科	胡枝子属	牛枝子	*Lespedeza potaninii*	T		3	
蝶形花科	木蓝属	刺序木蓝	*Indigofera silvestrii*	T		3	
蝶形花科	木蓝属	四川木蓝	*Indigofera szechuensis*	T		1	
蝶形花科	长柄山蚂蟥属	唐古特岩黄芪	*Hedysarum tanguticum*	T		3	
蝶形花科	黄檀属	藤黄檀	*Dalbergia hancei*	T		3	
蝶形花科	香槐属	小花香槐	*Cladrastis delavayi*	T		3	
蝶形花科	锦鸡儿属	扁刺锦鸡儿	*Caragana boisii*	T		3	
蝶形花科	杭子梢属	小雀花	*Campylotropis polyantha*	T		1	
蝶形花科	鸡血藤属	香花鸡血藤	*Callerya dielsiana*	T		1	
蝶形花科	黄芪属	地花黄芪	*Astragalus basiflorus*	T		3	
蝶形花科	黄耆属	卧龙黄芪	*Astragalus wolungensis*	T		1	
蝶形花科	黄耆属	金翼黄芪	*Astragalus chrysopterus*	T		3	
蝶形花科	黄耆属	川西黄芪	*Astragalus craibianus*	T		3	
蝶形花科	黄耆属	肾形子黄芪	*Astragalus skythropos*	T		3	
蝶形花科	黄耆属	四川黄芪	*Astragalus sutchuenensis*	T		3	
蝶形花科	黄耆属	东俄洛黄芪	*Astragalus tongolensis*	T		3	
蝶形花科	黄耆属	洞川黄芪	*Astragalus tungensis*	T		3	
蝶形花科	土圞儿属	云南土圞儿	*Apios delavayi*	T		3	
蝶形花科	杭子梢属	筅子梢	*Campylotropis macrocarpa*			1	

续表

科名	属名	物种名	拉丁名	特有种	保护级别	数据来源	备注
蝶形花科	胡卢巴属	胡卢巴	*Trigonella foenum-graecum*			1	
蝶形花科	锥蚂蟥属	锥蚂蟥	*Sunhangia elegans*			3	
蝶形花科	锥蚂蟥属	云南锥蚂蟥	*Sunhangia yunnanensis*			1	
蝶形花科	槐属	槐	*Styphnolobium japonicum*			3	
蝶形花科	瓦子草属	瓦子草	*Puhuaea sequax*			1	
蝶形花科	葛属	粉葛	*Pueraria montana* var. *thomsonii*			1	
蝶形花科	油麻藤属	油麻藤	*Mucuna sempervirens*			3	
蝶形花科	草木犀属	白花草木犀	*Melilotus alba*			1	
蝶形花科	苜蓿属	苜蓿	*Medicago sativa*			3	
蝶形花科	长柄山蚂蟥属	侧序长柄山蚂蟥	*Hylodesmum laterale*			1	
蝶形花科	长柄山蚂蟥属	长柄山蚂蟥	*Hylodesmum podocarpum*			3	
蝶形花科	长柄山蚂蟥属	尖叶长柄山蚂蟥	*Hylodesmum podocarpum* subsp. *oxyphyllum*			1	
蝶形花科	长柄山蚂蟥属	四川长柄山蚂蟥	*Hylodesmum podocarpum* subsp. *szechuenense*			1	
蝶形花科	长柄山蚂蟥属	大苞长柄山蚂蟥	*Hylodesmum williamsii*			3	
蝶形花科	刺桐属	龙牙花	*Erythrina corallodendron*			1	
蝶形花科	山蚂蝗属	圆锥山蚂蟥	*Desmodium elegans*			1	
蝶形花科	黄檀属	大金刚藤	*Dalbergia dyeriana*			1	
蝶形花科	首冠藤属	粉叶首冠藤	*Cheniella glauca*			1	
蝶形花科	笐子梢属	西南笐子梢	*Campylotropis delavayi*			1	
蝶形花科	笐子梢属	小叶笐子梢	*Campylotropis wilsonii*			1	
蝶形花科	紫穗槐属	紫穗槐	*Amorpha fruticosa*			3	
蝶形花科	锦鸡儿属	锦鸡儿	*Caragana sinica*	T		3	
蝶形花科	刺槐属	刺槐	*Robinia pseudoacacia*			1	栽培
蝶形花科	豌豆属	豌豆	*Pisum sativum*			3	栽培
蝶形花科	菜豆属	菜豆	*Phaseolus vulgaris*			3	栽培
蝶形花科	扁豆属	扁豆	*Lablab purpureus*			1	栽培
蝶形花科	车轴草属	白车轴草	*Trifolium repens*			1	
蝶形花科	车轴草属	杂种车轴草	*Trifolium hybridum*			1	
蝶形花科	草木樨属	白花草木樨	*Melilotus albus*			1	
蝶形花科	车轴草属	红车轴草	*Trifolium pratense*			1	
蝶形花科	草木樨属	草木樨	*Melilotus suaveolens*			1	
蝶形花科	山黧豆属	牧地山黧豆	*Lathyrus pratensis*			1	
旌节花科	旌节花属	西域旌节花	*Stachyurus himalaicus*			1	
旌节花科	旌节花属	云南旌节花	*Stachyurus yunnanensis*			3	

附录一 物种名录

续表

科名	属名	物种名	拉丁名	特有种	保护级别	数据来源	备注
旌节花科	黄芪属	蒙古黄芪	*Astragalus membranaceus* var. *mongholicus*			1	
旌节花科	旌节花属	中国旌节花	*Stachyurus chinensis*	T		1	
旌节花科	旌节花属	倒卵叶旌节花	*Stachyurus obovatus*	T		3	
旌节花科	旌节花属	凹叶旌节花	*Stachyurus retusus*	T		3	
金缕梅科	枫香树属	枫香树	*Liquidambar formosana*			3	
金缕梅科	蚊母树属	蚊母树	*Distylium racemosum*			1	
金缕梅科	枫香树属	缺萼枫香树	*Liquidambar acalycina*	T		3	
金缕梅科	蜡瓣花属	小果蜡瓣花	*Corylopsis microcarpa*	T		3	
金缕梅科	蜡瓣花属	四川蜡瓣花	*Corylopsis willmottiae*	T		3	
金缕梅科	檵木属	红花檵木	*Loropetalum chinense* var. *rubrum*	T		1	栽培
杜仲科	杜仲属	杜仲	*Eucommia ulmoides*	T		1	栽培
黄杨科	野扇花属	羽脉野扇花	*Sarcococca hookeriana*			3	
黄杨科	野扇花属	野扇花	*Sarcococca ruscifolia*	T		1	
黄杨科	黄杨属	雀舌黄杨	*Buxus bodinieri*	T		1	
黄杨科	黄杨属	黄杨	*Buxus sinica*	T		1	
黄杨科	黄杨属	尖叶黄杨	*Buxus sinica* var. *aemulans*	T		3	
悬铃木科	悬铃木属	二球悬铃木	*Platanus acerifolia*			3	栽培
杨柳科	柳属	绵穗柳	*Salix eriostachya*			3	
杨柳科	柳属	坡柳	*Salix myrtillacea*			3	
杨柳科	柳属	皂柳	*Salix wallichiana*			1	
杨柳科	杨属	山杨	*Populus davidiana*			1	
杨柳科	杨属	小叶杨	*Populus simonii*			1	
杨柳科	柳属	汶川柳	*Salix ochetophylla*	T		3	
杨柳科	柳属	银光柳	*Salix argyrophegga*	T		3	
杨柳科	柳属	奇花柳	*Salix atopantha*	T		1	
杨柳科	柳属	小垫柳	*Salix brachista*	T		3	
杨柳科	柳属	中华柳	*Salix cathayana*	T		1	
杨柳科	柳属	乌柳	*Salix cheilophila*	T		3	
杨柳科	柳属	杯腺柳	*Salix cupularis*	T		1	
杨柳科	柳属	异型柳	*Salix dissa*	T		3	
杨柳科	柳属	川鄂柳	*Salix fargesii*	T		3	
杨柳科	柳属	紫枝柳	*Salix heterochroma*	T		3	
杨柳科	柳属	川柳	*Salix hylonoma*	T		3	
杨柳科	柳属	丝毛柳	*Salix luctuosa*	T		3	
杨柳科	柳属	大叶柳	*Salix magnifica*	T		3	
杨柳科	柳属	倒卵叶大叶柳	*Salix magnifica* var. *apatela*	T		3	
杨柳科	柳属	卷毛大叶柳	*Salix magnifica* var. *ulotricha*	T		3	

科名	属名	物种名	拉丁名	特有种	保护级别	数据来源	备注
杨柳科	柳属	旱柳	*Salix matsudana*	T		1	
杨柳科	柳属	宝兴矮柳	*Salix microphyta*	T		3	
杨柳科	柳属	黑枝柳	*Salix pella*	T		3	
杨柳科	柳属	长叶柳	*Salix phanera*	T		3	
杨柳科	柳属	曲毛柳	*Salix plocotricha*	T		3	
杨柳科	柳属	川滇柳	*Salix rehderiana*	T		3	
杨柳科	柳属	秋华柳	*Salix variegata*	T		3	
杨柳科	杨属	响叶杨	*Populus adenopoda*	T		1	
杨柳科	杨属	大叶杨	*Populus lasiocarpa*	T		3	
杨柳科	杨属	长序杨	*Populus pseudoglauca*	T		3	
杨柳科	杨属	小青杨	*Populus pseudosimonii*	T		3	
杨柳科	杨属	冬瓜杨	*Populus purdomii*	T		3	
杨柳科	杨属	毛白杨	*Populus tomentosa*	T		3	
杨柳科	杨属	三脉青杨	*Populus trinervis*	T		3	
杨柳科	杨属	椅杨	*Populus wilsonii*	T		3	
杨柳科	柳属	宝兴柳	*Salix moupinensis*			1	
杨柳科	柳属	巴朗柳	*Salix sphaeronymphe*			3	
杨柳科	杨属	青杨	*Populus cathayana*	T		3	
杨柳科	杨属	加杨	*Populus × canadensis*			1	栽培
杨柳科	杨属	川杨	*Populus szechuanica*	T		3	栽培
杨柳科	柳属	垂柳	*Salix babylonica*			1	栽培
桦木科	榛属	刺榛	*Corylus ferox*			1	
桦木科	榛属	毛榛	*Corylus mandshurica*			3	
桦木科	桦木属	白桦	*Betula platyphylla*			1	
桦木科	桦木属	糙皮桦	*Betula utilis*			3	
桦木科	榛属	华榛	*Corylus chinensis*	T		3	
桦木科	榛属	藏刺榛	*Corylus ferox* var. *thibetica*	T		3	
桦木科	榛属	川榛	*Corylus heterophylla* var. *sutchuanensis*	T		3	
桦木科	榛属	滇榛	*Corylus yunnanensis*	T		1	
桦木科	桦木属	红桦	*Betula albosinensis*	T		1	
桦木科	桦木属	香桦	*Betula insignis*	T		3	
桦木科	桦木属	亮叶桦	*Betula luminifera*	T		1	
桦木科	桦木属	矮桦	*Betula potaninii*	T		3	
桦木科	桤木属	桤木	*Alnus cremastogyne*	T		1	
榛科	铁木属	铁木	*Ostrya japonica*			3	
榛科	虎榛子属	虎榛子	*Ostryopsis davidiana*	T		1	
榛科	鹅耳枥属	川陕鹅耳枥	*Carpinus fargesiana*	T		3	

附录一 物种名录

续表

科名	属名	物种名	拉丁名	特有种	保护级别	数据来源	备注
桦科	鹅耳枥属	多脉鹅耳枥	*Carpinus polyneura*	T		1	
桦科	鹅耳枥属	华千金榆	*Carpinus cordata* var. *chinensis*			3	
壳斗科	栎属	麻栎	*Quercus acutissima*			3	
壳斗科	栎属	锐齿槲栎	*Quercus aliena* var. *acutiserrata*			1	
壳斗科	栎属	川滇高山栎	*Quercus aquifolioides*			3	
壳斗科	栎属	巴东栎	*Quercus engleriana*			3	
壳斗科	栎属	白栎	*Quercus fabri*			1	
壳斗科	栎属	大叶栎	*Quercus griffithii*			3	
壳斗科	栎属	毛脉高山栎	*Quercus rehderiana*			3	
壳斗科	栎属	高山栎	*Quercus semecarpifolia*			3	
壳斗科	栎属	枹栎	*Quercus serrata*			1	
壳斗科	栎属	刺叶高山栎	*Quercus spinosa*			1	
壳斗科	柯属	柯	*Lithocarpus glaber*			3	
壳斗科	青冈属	青冈	*Quercus glauca*			1	
壳斗科	青冈属	曼青冈	*Quercus oxyodon*			3	
壳斗科	栗属	茅栗	*Castanea seguinii*			1	
壳斗科	栎属	尖叶栎	*Quercus oxyphylla*	T		1	
壳斗科	栎属	橿子栎	*Quercus baronii*	T		1	
壳斗科	栎属	铁橡栎	*Quercus cocciferoides*	T		3	
壳斗科	栎属	矮高山栎	*Quercus monimotricha*	T		3	
壳斗科	柯属	硬壳柯	*Lithocarpus hancei*	T		3	
壳斗科	水青冈属	米心水青冈	*Fagus engleriana*	T		3	
壳斗科	青冈属	细叶青冈	*Quercus shennongii*	T		1	
壳斗科	栎属	槲树	*Quercus dentata*			3	
壳斗科	栎属	长苞高山栎	*Quercus fimbriata*			3	
壳斗科	栗属	栗	*Castanea mollissima*			1	栽培
木麻黄科	木麻黄属	木麻黄	*Casuarina equisetifolia*			3	
榆科	榆属	榆树	*Ulmus pumila*			1	
榆科	朴属	紫弹树	*Celtis biondii*			1	
榆科	朴属	黑弹树	*Celtis bungeana*			1	
榆科	榆属	兴山榆	*Ulmus bergmanniana*	T		3	
榆科	榆属	蜀榆	*Ulmus bergmanniana* var. *lasiophylla*	T		3	
榆科	榆属	杭州榆	*Ulmus changii*	T		1	
榆科	榆属	红果榆	*Ulmus szechuanica*	T		3	
榆科	青檀属	青檀	*Pteroceltis tatarinowii*	T		1	
榆科	朴属	珊瑚朴	*Celtis julianae*	T		1	
榆科	朴属	西川朴	*Celtis vandervoetiana*	T		1	

续表

科名	属名	物种名	拉丁名	特有种	保护级别	数据来源	备注
桑科	桑属	桑	*Morus alba*			1	
桑科	桑属	鸡桑	*Morus australis*			1	
桑科	桑属	华桑	*Morus cathayana*			1	
桑科	桑属	蒙桑	*Morus mongolica*			3	
桑科	榕属	地果	*Ficus tikoua*			1	
桑科	柘属	柘	*Maclura tricuspidata*			3	
桑科	构属	楮	*Broussonetia monoica*			1	
桑科	榕属	珍珠莲	*Ficus sarmentosa* var. *henryi*	T		1	
桑科	榕属	爬藤榕	*Ficus sarmentosa* var. *impressa*	T		1	
桑科	构属	构	*Broussonetia papyrifera*			1	
桑科	榕属	无花果	*Ficus carica*			1	栽培
桑科	榕属	尖叶榕	*Ficus henryi*			3	栽培
桑科	榕属	异叶榕	*Ficus heteromorpha*			1	栽培
荨麻科	荨麻属	狭叶荨麻	*Urtica angustifolia*			3	
荨麻科	荨麻属	异株荨麻	*Urtica dioica*			3	
荨麻科	荨麻属	宽叶荨麻	*Urtica laetevirens*			1	
荨麻科	冷水花属	长柄冷水花	*Pilea angulata* subsp. *petiolaris*			3	
荨麻科	冷水花属	花叶冷水花	*Pilea cadierei*			3	
荨麻科	冷水花属	山冷水花	*Pilea japonica*			1	
荨麻科	冷水花属	大叶冷水花	*Pilea martini*			3	
荨麻科	冷水花属	冷水花	*Pilea notata*			1	
荨麻科	冷水花属	石筋草	*Pilea plataniflora*			1	
荨麻科	冷水花属	透茎冷水花	*Pilea pumila*			1	
荨麻科	冷水花属	粗齿冷水花	*Pilea sinofasciata*			3	
荨麻科	冷水花属	翅茎冷水花	*Pilea subcoriacea*			1	
荨麻科	赤车属	赤车	*Pellionia radicans*			1	
荨麻科	紫麻属	紫麻	*Oreocnide frutescens*			1	
荨麻科	假楼梯草属	假楼梯草	*Lecanthus peduncularis*			3	
荨麻科	艾麻属	珠芽艾麻	*Laportea bulbifera*			1	
荨麻科	艾麻属	艾麻	*Laportea cuspidata*			3	
荨麻科	糯米团属	糯米团	*Gonostegia hirta*			1	
荨麻科	蝎子草属	大蝎子草	*Girardinia diversifolia*			1	
荨麻科	蝎子草属	蝎子草	*Girardinia diversifolia* subsp. *suborbiculata*			1	
荨麻科	楼梯草属	锐齿楼梯草	*Elatostema cyrtandrifolium*			3	
荨麻科	楼梯草属	楼梯草	*Elatostema involucratum*			1	
荨麻科	楼梯草属	钝叶楼梯草	*Elatostema obtusum*			3	
荨麻科	楼梯草属	石生楼梯草	*Elatostema rupestre*			3	

附录一 物种名录

续表

科名	属名	物种名	拉丁名	特有种	保护级别	数据来源	备注
荨麻科	水麻属	长叶水麻	*Debregeasia longifolia*			1	
荨麻科	水麻属	水麻	*Debregeasia orientalis*			1	
荨麻科	微柱麻属	微柱麻	*Chamabainia cuspidata*			3	
荨麻科	苎麻属	序叶苎麻	*Boehmeria clidemioides* var. *diffusa*			1	
荨麻科	苎麻属	野线麻	*Boehmeria japonica*			3	
荨麻科	苎麻属	小赤麻	*Boehmeria spicata*			1	
荨麻科	荨麻属	甘肃异株荨麻	*Urtica dioica* subsp. *gansuensis*	T		3	
荨麻科	雾水葛属	雅致雾水葛	*Pouzolzia sanguinea* var. *elegans*	T		3	
荨麻科	冷水花属	华中冷水花	*Pilea angulata* subsp. *latiuscula*	T		3	
荨麻科	冷水花属	念珠冷水花	*Pilea monilifera*	T		3	
荨麻科	蝎子草属	红火麻	*Girardinia diversifolia* subsp. *triloba*	T		1	
荨麻科	荨麻属	裂叶荨麻	*Urtica lotabifolia*			1	
大麻科	葎草属	葎草	*Humulus scandens*			1	
大麻科	大麻属	大麻	*Cannabis sativa*			1	
冬青科	冬青属	齿叶冬青	*Ilex crenata*			1	
冬青科	冬青属	薄叶冬青	*Ilex fragilis*			1	
冬青科	冬青属	康定冬青	*Ilex franchetiana*			3	
冬青科	冬青属	小果冬青	*Ilex micrococca*			3	
冬青科	冬青属	云南冬青	*Ilex yunnanensis*			3	
冬青科	冬青属	珊瑚冬青	*Ilex corallina*	T		3	
冬青科	冬青属	狭叶冬青	*Ilex fargesii*	T		3	
冬青科	冬青属	猫儿刺	*Ilex pernyi*	T		1	
冬青科	冬青属	四川冬青	*Ilex szechwanensis*	T		1	
冬青科	冬青属	冬青	*Ilex chinensis*			1	栽培
卫矛科	卫矛属	刺果卫矛	*Euonymus acanthocarpus*			3	
卫矛科	卫矛属	岩坡卫矛	*Euonymus clivicola*			1	
卫矛科	卫矛属	角翅卫矛	*Euonymus cornutus*			1	
卫矛科	卫矛属	扶芳藤	*Euonymus fortunei*			1	
卫矛科	卫矛属	冷地卫矛	*Euonymus frigidus*			3	
卫矛科	卫矛属	西南卫矛	*Euonymus hamiltonianus*			3	
卫矛科	南蛇藤属	青江藤	*Celastrus hindsii*			1	
卫矛科	南蛇藤属	南蛇藤	*Celastrus orbiculatus*			1	
卫矛科	卫矛属	百齿卫矛	*Euonymus centidens*	T		3	
卫矛科	卫矛属	隐刺卫矛	*Euonymus chui*	T		3	
卫矛科	卫矛属	裂果卫矛	*Euonymus dielsianus*	T		1	
卫矛科	卫矛属	纤齿卫矛	*Euonymus giraldii*	T		3	

续表

科名	属名	物种名	拉丁名	特有种	保护级别	数据来源	备注
卫矛科	卫矛属	石枣子	Euonymus sanguineus	T		1	
卫矛科	卫矛属	曲脉卫矛	Euonymus venosus	T		3	
卫矛科	卫矛属	疣点卫矛	Euonymus verrucosoides	T		3	
卫矛科	南蛇藤属	苦皮藤	Celastrus angulatus	T		1	
卫矛科	南蛇藤属	大芽南蛇藤	Celastrus gemmatus	T		1	
卫矛科	南蛇藤属	灰叶南蛇藤	Celastrus glaucophyllus	T		3	
卫矛科	南蛇藤属	粉背南蛇藤	Celastrus hypoleucus	T		3	
卫矛科	南蛇藤属	短梗南蛇藤	Celastrus rosthornianus	T		1	
卫矛科	南蛇藤属	皱叶南蛇藤	Celastrus rugosus	T		3	
卫矛科	卫矛属	大花卫矛	Euonymus grandiflorus			1	
卫矛科	卫矛属	冬青卫矛	Euonymus japonicus			1	
卫矛科	卫矛属	金边黄杨	Euonymus japonicus cv. Aurea-marginatus			3	
卫矛科	卫矛属	中亚卫矛	Euonymus semenovii			3	
铁青树科	青皮木属	青皮木	Schoepfia jasminodora	T		1	
桑寄生科	槲寄生属	槲寄生	Viscum coloratum			3	
桑寄生科	栗寄生属	栗寄生	Korthalsella japonica			3	
桑寄生科	钝果寄生属	川桑寄生	Taxillus sutchuenensis			1	
檀香科	百蕊草属	百蕊草	Thesium chinense			3	
蛇菰科	蛇菰属	蛇菰	Balanophora fungosa			3	
蛇菰科	蛇菰属	筒鞘蛇菰	Balanophora involucrata			3	
蛇菰科	蛇菰属	红冬蛇菰	Balanophora harlandii			3	
蛇菰科	蛇菰属	日本蛇菰	Balanophora japonica			3	
鼠李科	枣属	无刺枣	Ziziphus jujuba var. inermis			3	
鼠李科	鼠李属	冻绿	Rhamnus utilis			3	
鼠李科	鼠李属	长叶冻绿	Frangula crenata			3	
鼠李科	枳椇属	枳椇	Hovenia acerba			3	
鼠李科	勾儿茶属	多花勾儿茶	Berchemia floribunda			1	
鼠李科	勾儿茶属	铁包金	Berchemia lineata			1	
鼠李科	雀梅藤属	少脉雀梅藤	Sageretia paucicostata	T		3	
鼠李科	雀梅藤属	尾叶雀梅藤	Sageretia subcaudata	T		3	
鼠李科	鼠李属	刺鼠李	Rhamnus dumetorum	T		1	
鼠李科	鼠李属	异叶鼠李	Rhamnus heterophylla	T		1	
鼠李科	鼠李属	薄叶鼠李	Rhamnus leptophylla	T		1	
鼠李科	鼠李属	小冻绿树	Rhamnus rosthornii	T		3	
鼠李科	鼠李属	甘青鼠李	Rhamnus tangutica	T		3	
鼠李科	勾儿茶属	黄背勾儿茶	Berchemia flavescens	T		3	
鼠李科	勾儿茶属	云南勾儿茶	Berchemia yunnanensis	T		1	

附录一 物种名录

续表

科名	属名	物种名	拉丁名	特有种	保护级别	数据来源	备注
鼠李科	雀梅藤属	梗花雀梅藤	Sageretia henryi			3	
胡颓子科	胡颓子属	长叶胡颓子	Elaeagnus bockii	T		1	
胡颓子科	胡颓子属	披针叶胡颓子	Elaeagnus lanceolata	T		3	
胡颓子科	沙棘属	沙棘	Hippophae rhamnoides			1	
胡颓子科	胡颓子属	胡颓子	Elaeagnus pungens			1	
胡颓子科	胡颓子属	牛奶子	Elaeagnus umbellata			1	
葡萄科	葡萄属	葛藟葡萄	Vitis flexuosa			1	
葡萄科	葡萄属	毛葡萄	Vitis heyneana			1	
葡萄科	崖爬藤属	崖爬藤	Tetrastigma obtectum			1	
葡萄科	地锦属	三叶地锦	Parthenocissus semicordata			1	
葡萄科	乌蔹莓属	乌蔹莓	Causonis japonica			1	
葡萄科	俞藤属	华西俞藤	Yua thomsonii var. glaucescens	T		3	
葡萄科	葡萄属	桦叶葡萄	Vitis betulifolia	T		3	
葡萄科	葡萄属	网脉葡萄	Vitis wilsoniae	T		1	
葡萄科	蛇葡萄属	乌头叶蛇葡萄	Ampelopsis aconitifolia	T		3	
葡萄科	蛇葡萄属	蓝果蛇葡萄	Ampelopsis bodinieri	T		1	
葡萄科	蛇葡萄属	灰毛蛇葡萄	Ampelopsis bodinieri var. cinerea	T		1	
葡萄科	蛇葡萄属	掌裂蛇葡萄	Ampelopsis delavayana var. glabra	T		1	
葡萄科	拟乌蔹莓属	异果拟乌蔹莓	Pseudocayratia dichromocarpa			1	
葡萄科	牛果藤属	大叶牛果藤	Nekemias megalophylla			3	
葡萄科	葡萄属	葡萄	Vitis vinifera			3	栽培
芸香科	花椒属	竹叶花椒	Zanthoxylum armatum			1	
芸香科	花椒属	异叶花椒	Zanthoxylum dimorphophyllum			3	
芸香科	花椒属	贵州花椒	Zanthoxylum esquirolii			1	
芸香科	花椒属	青花椒	Zanthoxylum schinifolium			3	
芸香科	飞龙掌血属	飞龙掌血	Toddalia asiatica			3	
芸香科	茵芋属	茵芋	Skimmia reevesiana			3	
芸香科	金橘属	金柑	Citrus japonica			3	
芸香科	吴茱萸属	楝叶吴萸	Tetradium glabrifolium			1	
芸香科	吴茱萸属	吴茱萸	Tetradium ruticarpum			3	
芸香科	柑橘属	宜昌橙	Citrus cavaleriei			3	
芸香科	石椒草属	臭节草	Boenninghausenia albiflora			1	
芸香科	花椒属	毛竹叶花椒	Zanthoxylum armatum var. ferrugineum	T		1	
芸香科	花椒属	毛叶花椒	Zanthoxylum bungeanum var. pubescens	T		3	
芸香科	花椒属	刺异叶花椒	Zanthoxylum dimorphophyllum var. spinifolium	T		3	

续表

科名	属名	物种名	拉丁名	特有种	保护级别	数据来源	备注
芸香科	花椒属	川陕花椒	*Zanthoxylum piasezkii*	T		1	
芸香科	花椒属	野花椒	*Zanthoxylum simulans*	T		1	
芸香科	花椒属	狭叶花椒	*Zanthoxylum stenophyllum*	T		3	
芸香科	黄檗属	秃叶黄檗	*Phellodendron chinense* var. *glabriusculum*	T		1	
芸香科	花椒属	蚬壳花椒	*Zanthoxylum dissitum*			1	
芸香科	花椒属	针边蚬壳花椒	*Zanthoxylum dissitum* var. *acutiserratum*			3	
芸香科	吴茱萸属	牛科吴萸	*Tetradium trichotomum*			1	
芸香科	吴茱萸属	毛牛科吴萸	*Evodia trichotoma*			3	
芸香科	柑橘属	柚	*Citrus maxima*			1	栽培
芸香科	花椒属	花椒	*Zanthoxylum bungeanum*			1	栽培
芸香科	黄檗属	黄檗	*Phellodendron amurense*			1	栽培
苦木科	苦树属	苦木	*Picrasma quassioides*			1	
苦木科	臭椿属	臭椿	*Ailanthus altissima*			1	栽培
楝科	香椿属	香椿	*Toona sinensis*			1	栽培
伯乐树科	伯乐树属	伯乐树	*Bretschneidera sinensis*			1	
七叶树科	七叶树属	长柄七叶树	*Aesculus assamica*			3	
七叶树科	七叶树属	天师栗	*Aesculus chinensis* var. *wilsonii*	T		1	
无患子科	栾树属	全缘叶栾树	*Koelreuteria bipinnata*			3	
无患子科	槭属	红枫	*Acer palmatum* cv. *Atropurpureum*			1	
无患子科	栾树属	栾	*Koelreuteria paniculata*			1	栽培
槭树科	金钱槭属	金钱槭	*Dipteronia sinensis*	T		3	
槭树科	槭属	小叶青皮槭	*Acer cappadocicum* subsp. *sinicum*	T		1	
槭树科	槭属	深灰槭	*Acer caesium*			3	
槭树科	槭属	长尾槭	*Acer caudatum*			3	
槭树科	槭属	蜡枝槭	*Acer ceriferum*			1	
槭树科	槭属	青榨槭	*Acer davidii*			1	
槭树科	槭属	葛萝槭	*Acer davidii* subsp. *grosseri*			3	
槭树科	槭属	毛花槭	*Acer erianthum*			3	
槭树科	槭属	罗浮槭	*Acer fabri*			3	
槭树科	槭属	扇叶槭	*Acer flabellatum*			3	
槭树科	槭属	黄毛槭	*Acer fulvescens*			3	
槭树科	槭属	建始槭	*Acer henryi*			1	
槭树科	槭属	光叶槭	*Acer laevigatum*			3	
槭树科	槭属	疏花槭	*Acer laxiflorum*			3	
槭树科	槭属	五尖槭	*Acer maximowiczii*			3	
槭树科	槭属	五裂槭	*Acer oliverianum*			1	

续表

科名	属名	物种名	拉丁名	特有种	保护级别	数据来源	备注
槭树科	槭属	鸡爪槭	*Acer palmatum*			1	
槭树科	槭属	色木槭	*Acer pictum*			3	
槭树科	槭属	大翅色木槭	*Acer pictum* subsp. *macropterum*			3	
槭树科	槭属	毛叶槭	*Acer stachyophyllum*			3	
槭树科	槭属	四蕊槭	*Acer stachyophyllum* subsp. *betulifolium*			3	
槭树科	槭属	房县槭	*Acer sterculiaceum* subsp. *franchetii*			3	
清风藤科	清风藤属	云南清风藤	*Sabia yunnanensis*			1	
清风藤科	泡花树属	珂楠树	*Kingsboroughia alba*			3	
清风藤科	清风藤属	四川清风藤	*Sabia schumanniana*	T		1	
清风藤科	清风藤属	阔叶清风藤	*Sabia yunnanensis* subsp. *latifolia*	T		1	
清风藤科	泡花树属	泡花树	*Meliosma cuneifolia*	T		1	
清风藤科	泡花树属	暖木	*Meliosma veitchiorum*			3	
省沽油科	野鸦椿属	野鸦椿	*Euscaphis japonica*			1	
省沽油科	省沽油属	膀胱果	*Staphylea holocarpa*	T		3	
漆树科	漆属	野漆	*Toxicodendron succedaneum*			3	
漆树科	漆属	漆	*Toxicodendron vernicifluum*			1	
漆树科	盐肤木属	盐肤木	*Rhus chinensis*			1	
漆树科	黄栌属	粉背黄栌	*Cotinus coggygria* var. *glaucophylla*			3	
漆树科	南酸枣属	南酸枣	*Choerospondias axillaris*			3	
漆树科	漆属	小漆树	*Toxicodendron delavayi*	T		3	
漆树科	盐肤木属	青麸杨	*Rhus potaninii*	T		1	
漆树科	盐肤木属	红麸杨	*Rhus punjabensis* var. *sinica*	T		3	
漆树科	黄连木属	黄连木	*Pistacia chinensis*	T		1	
漆树科	黄栌属	四川黄栌	*Cotinus szechuanensis*	T		1	
胡桃科	化香树属	化香树	*Platycarya strobilacea*			1	
胡桃科	胡桃属	胡桃楸	*Juglans mandshurica*			1	
胡桃科	枫杨属	华西枫杨	*Pterocarya macroptera* var. *insignis*	T		1	
胡桃科	青钱柳属	青钱柳	*Cyclocarya paliurus*	T		3	
胡桃科	枫杨属	枫杨	*Pterocarya stenoptera*			3	
胡桃科	胡桃属	胡桃	*Juglans regia*			1	栽培
山茱萸科	梾木属	梾木	*Cornus macrophylla*			1	
山茱萸科	梾木属	长圆叶梾木	*Cornus oblonga*			3	
山茱萸科	青荚叶属	中华青荚叶	*Helwingia chinensis*			1	
山茱萸科	青荚叶属	青荚叶	*Helwingia japonica*			1	
山茱萸科	山茱萸属	川鄂山茱萸	*Cornus chinensis*			3	
山茱萸科	山茱萸属	山茱萸	*Cornus officinalis*			3	

续表

科名	属名	物种名	拉丁名	特有种	保护级别	数据来源	备注
山茱萸科	灯台树属	灯台树	*Cornus controversa*			1	
山茱萸科	桃叶珊瑚属	桃叶珊瑚	*Aucuba chinensis*			3	
山茱萸科	桃叶珊瑚属	喜马拉雅珊瑚	*Aucuba himalaica*			3	
山茱萸科	桃叶珊瑚属	花叶青木	*Aucuba japonica* var. *variegata*			3	
山茱萸科	梾木属	红椋子	*Cornus hemsleyi*	T		1	
山茱萸科	梾木属	小梾木	*Cornus quinquenervis*	T		3	
山茱萸科	梾木属	康定梾木	*Cornus schindleri*	T		3	
山茱萸科	梾木属	灰叶梾木	*Cornus schindleri* subsp. *poliophylla*	T		3	
山茱萸科	梾木属	卷毛梾木	*Cornus ulotricha*	T		3	
山茱萸科	梾木属	毛梾	*Cornus walteri*	T		1	
山茱萸科	四照花属	尖叶四照花	*Cornus elliptica*	T		3	
山茱萸科	四照花属	四照花	*Cornus kousa* subsp. *chinensis*	T		3	
山茱萸科	喜树属	喜树	*Camptotheca acuminata*	T		1	
八角枫科	八角枫属	八角枫	*Alangium chinense*			1	
八角枫科	八角枫属	瓜木	*Alangium platanifolium*			1	
珙桐科	珙桐属	珙桐	*Davidia involucrata*	T	一级	1	
五加科	鹅掌柴属	穗序鹅掌柴	*Heptapleurum delavayi*				
五加科	鹅掌柴属	鹅掌柴	*Heptapleurum heptaphyllum*			3	
五加科	梁王茶属	异叶梁王茶	*Metapanax davidii*			3	
五加科	刺楸属	刺楸	*Kalopanax septemlobus*			1	
五加科	常春藤属	常春藤	*Hedera nepalensis* var. *sinensis*			1	
五加科	楤木属	东北土当归	*Aralia continentalis*			1	
五加科	楤木属	楤木	*Aralia elata*			1	
五加科	楤木属	羽叶参	*Aralia leschenaultii*			3	
五加科	五加属	刺五加	*Eleutherococcus senticosus*			1	
五加科	五加属	白簕	*Eleutherococcus trifoliatus*			1	
五加科	人参木属	人参木	*Chengiopanax fargesii*	T		3	
五加科	楤木属	食用土当归	*Aralia cordata*	T		3	
五加科	楤木属	龙眼独活	*Aralia fargesii*	T		3	
五加科	楤木属	柔毛龙眼独活	*Aralia henryi*	T		3	
五加科	五加属	红毛五加	*Eleutherococcus giraldii*	T		3	
五加科	五加属	糙叶五加	*Eleutherococcus henryi*	T		3	
五加科	五加属	藤五加	*Eleutherococcus leucorrhizus*	T		3	
五加科	五加属	糙叶藤五加	*Eleutherococcus leucorrhizus* var. *fulvescens*	T		3	
五加科	五加属	蜀五加	*Eleutherococcus leucorrhizus* var. *setchuenensis*	T		3	
五加科	五加属	细柱五加	*Eleutherococcus nodiflorus*	T		3	

附录一 物种名录

续表

科名	属名	物种名	拉丁名	特有种	保护级别	数据来源	备注
五加科	刺参属	刺人参	*Oplopanax elatus*			1	
五加科	常春藤属	洋常春藤	*Hedera helix*			3	
五加科	八角金盘属	八角金盘	*Fatsia japonica*			1	
五加科	楤木属	白背叶楤木	*Aralia chinensis* var. *nuda*			1	
五加科	五加属	细梗吴茱萸五加	*Acanthopanax evodiaefolius*			3	
五加科	人参属	秀丽假人参	*Panax pseudo-ginseng*			3	
五加科	人参属	大叶三七	*Panax pseudo-ginseng*			3	
五加科	人参属	羽叶三七	*Panax pseudo-ginseng*			3	
五加科	人参属	假人参	*Panax pseudoginseng*		二级	1	
伞形科	凹乳芹属	凹乳芹	*Vicatia coniifolia*			3	
伞形科	凹乳芹属	西藏凹乳芹	*Vicatia thibetica*			3	
伞形科	窃衣属	小窃衣	*Torilis japonica*			1	
伞形科	窃衣属	窃衣	*Torilis scabra*			1	
伞形科	东俄芹属	纤细东俄芹	*Tongoloa gracilis*			3	
伞形科	变豆菜属	变豆菜	*Sanicula chinensis*			1	
伞形科	变豆菜属	薄片变豆菜	*Sanicula lamelligera*			1	
伞形科	变豆菜属	直刺变豆菜	*Sanicula orthacantha*			1	
伞形科	囊瓣芹属	五匹青	*Pternopetalum vulgare*			3	
伞形科	棱子芹属	归叶棱子芹	*Pleurospermum angelicoides*			3	
伞形科	棱子芹属	宝兴棱子芹	*Pleurospermum benthamii*			3	
伞形科	茴芹属	异叶茴芹	*Pimpinella diversifolia*			3	
伞形科	香根芹属	香根芹	*Osmorhiza aristata*			1	
伞形科	香根芹属	疏叶香根芹	*Osmorhiza aristata* var. *laxa*			3	
伞形科	水芹属	水芹	*Oenanthe javanica*			1	
伞形科	水芹属	卵叶水芹	*Oenanthe javanica* subsp. *rosthornii*			1	
伞形科	水芹属	线叶水芹	*Oenanthe linearis*			3	
伞形科	天胡荽属	喜马拉雅天胡荽	*Hydrocotyle himalaica*			3	
伞形科	天胡荽属	中华天胡荽	*Hydrocotyle hookeri* subsp. *chinensis*			3	
伞形科	天胡荽属	红马蹄草	*Hydrocotyle nepalensis*			1	
伞形科	天胡荽属	天胡荽	*Hydrocotyle sibthorpioides*			1	
伞形科	独活属	白亮独活	*Heracleum candicans*			3	
伞形科	独活属	钝叶独活	*Heracleum candicans* var. *obtusifolium*			3	
伞形科	独活属	兴安独活	*Heracleum dissectum*			3	
伞形科	独活属	短毛独活	*Heracleum moellendorffii*			1	
伞形科	幌菊属	幌菊	*Ellisiophyllum pinnatum*			3	
伞形科	鸭儿芹属	鸭儿芹	*Cryptotaenia japonica*			1	
伞形科	积雪草属	积雪草	*Centella asiatica*			1	

续表

科名	属名	物种名	拉丁名	特有种	保护级别	数据来源	备注
伞形科	葛缕子属	葛缕子	*Carum carvi*			3	
伞形科	柴胡属	川滇柴胡	*Bupleurum candollei*			1	
伞形科	柴胡属	纤细柴胡	*Bupleurum gracillimum*			3	
伞形科	柴胡属	小柴胡	*Bupleurum hamiltonii*			3	
伞形科	柴胡属	竹叶柴胡	*Bupleurum marginatum*			3	
伞形科	柴胡属	窄竹叶柴胡	*Bupleurum marginatum* var. *stenophyllum*			3	
伞形科	芹属	细叶旱芹	*Cyclospermum leptophyllum*			1	
伞形科	峨参属	峨参	*Anthriscus sylvestris*			3	
伞形科	丝瓣芹属	丝瓣芹	*Acronema tenerum*			3	
伞形科	东俄芹属	宜昌东俄芹	*Tongoloa dunnii*	T		3	
伞形科	舟瓣芹属	裂苞舟瓣芹	*Sinolimprichtia alpina* var. *dissecta*	T		3	
伞形科	西风芹属	粗糙西风芹	*Seseli squarrulosum*	T		3	
伞形科	变豆菜属	川滇变豆菜	*Sanicula astrantiifolia*	T		3	
伞形科	变豆菜属	天蓝变豆菜	*Sanicula caerulescens*	T		1	
伞形科	变豆菜属	首阳变豆菜	*Sanicula giraldii*	T		3	
伞形科	变豆菜属	短刺变豆菜	*Sanicula orthacantha* var. *brevispina*	T		3	
伞形科	囊瓣芹属	囊瓣芹	*Pternopetalum davidii*	T		1	
伞形科	囊瓣芹属	异叶囊瓣芹	*Pternopetalum heterophyllum*	T		3	
伞形科	棱子芹属	松潘棱子芹	*Pleurospermum franchetianum*	T		3	
伞形科	棱子芹属	西藏棱子芹	*Pleurospermum hookeri* var. *thomsonii*	T		3	
伞形科	棱子芹属	瘤果棱子芹	*Pleurospermum wrightianum*	T		3	
伞形科	茴芹属	菱叶茴芹	*Pimpinella rhomboidea*	T		1	
伞形科	茴芹属	小菱叶茴芹	*Pimpinella rhomboidea* var. *tenuiloba*	T		3	
伞形科	茴芹属	直立茴芹	*Pimpinella smithii*	T		1	
伞形科	茴芹属	川鄂茴芹	*Pimpinella henryi*	T		1	
伞形科	前胡属	长前胡	*Peucedanum turgeniifolium*	T		1	
伞形科	羌活属	宽叶羌活	*Hansenia forbesii*	T		3	
伞形科	羌活属	羌活	*Hansenia weberbaueriana*	T		3	
伞形科	藁本属	膜苞藁本	*Ligusticum oliverianum*	T		1	
伞形科	藁本属	尖叶藁本	*Conioselinum acuminatum*	T		1	
伞形科	藁本属	藁本	*Conioselinum anthriscoides*	T		1	
伞形科	独活属	汶川独活	*Heracleum wenchuanense*	T		3	
伞形科	独活属	卧龙独活	*Heracleum wolongense*	T		3	
伞形科	独活属	城口独活	*Heracleum fargesii*	T		3	
伞形科	独活属	尖叶独活	*Heracleum franchetii*	T		3	
伞形科	独活属	独活	*Heracleum hemsleyanum*	T		1	

附录一 物种名录

续表

科名	属名	物种名	拉丁名	特有种	保护级别	数据来源	备注
伞形科	独活属	糙独活	Heracleum scabridum	T		3	
伞形科	细裂芹属	细裂芹	Harrysmithia heterophylla	T		3	
伞形科	马蹄芹属	马蹄芹	Dickinsia hydrocotyloides	T		3	
伞形科	矮泽芹属	松潘矮泽芹	Chamaesium thalictrifolium	T		3	
伞形科	柴胡属	汶川柴胡	Bupleurum wenchuanense	T		3	
伞形科	柴胡属	空心柴胡	Bupleurum longicaule var. franchetii	T		3	
伞形科	柴胡属	马尔康柴胡	Bupleurum malconense	T		3	
伞形科	柴胡属	马尾柴胡	Bupleurum microcephalum	T		3	
伞形科	当归属	阿坝当归	Angelica apaensis	T		3	
伞形科	当归属	疏叶当归	Angelica laxifoliata	T		3	
伞形科	当归属	丽江当归	Angelica likiangensis	T		3	
伞形科	当归属	茂汶当归	Angelica maowenensis	T		3	
伞形科	滇芎属	矮滇芎	Physospermopsis nana			3	
伞形科	独活属	归叶拟藁本	Ligusticopsis angelicifolia			3	
伞形科	当归属	巴朗山当归	Angelica balangshanensis			3	
伞形科	茴香属	茴香	Foeniculum vulgare			1	栽培
伞形科	芹属	旱芹	Apium graveolens			1	栽培
伞形科	当归属	当归	Angelica sinensis	T		1	栽培
伞形科	胡萝卜属	野胡萝卜	Daucus carota			1	
杜鹃花科	越橘属	越橘	Vaccinium vitis-idaea			1	
杜鹃花科	杜鹃属	短花杜鹃	Rhododendron brachyanthum			3	
杜鹃花科	杜鹃属	星毛杜鹃	Rhododendron kyawii			3	
杜鹃花科	杜鹃属	照山白	Rhododendron micranthum			3	
杜鹃花科	杜鹃属	海绵杜鹃	Rhododendron pingianum			3	
杜鹃花科	马醉木属	马醉木	Pieris japonica			3	
杜鹃花科	珍珠花属	珍珠花	Lyonia ovalifolia			1	
杜鹃花科	珍珠花属	毛叶珍珠花	Lyonia villosa			3	
杜鹃花科	白珠树属	尾叶白珠	Gaultheria griffithiana			3	
杜鹃花科	白珠树属	红粉白珠	Gaultheria hookeri			3	
杜鹃花科	白珠树属	铜钱叶白珠	Gaultheria nummularioides			3	
杜鹃花科	吊钟花属	毛叶吊钟花	Enkianthus deflexus			3	
杜鹃花科	岩须属	岩须	Cassiope selaginoides			3	
杜鹃花科	越橘属	南烛	Vaccinium bracteatum			3	
杜鹃花科	树萝卜属	灯笼花	Agapetes lacei			3	
杜鹃花科	越橘属	红花越橘	Vaccinium urceolatum	T		3	
杜鹃花科	杜鹃花属	巴朗杜鹃	Rhododendron balangense	T		3	
杜鹃花科	杜鹃属	汶川星毛杜鹃	Rhododendron asterochnoum	T		1	
杜鹃花科	杜鹃属	卧龙杜鹃	Rhododendron wolongense	T		1	

续表

科名	属名	物种名	拉丁名	特有种	保护级别	数据来源	备注
杜鹃花科	杜鹃属	雪山杜鹃	Rhododendron aganniphum	T		3	
杜鹃花科	杜鹃属	紫花杜鹃	Rhododendron amesiae	T		3	
杜鹃花科	杜鹃属	银叶杜鹃	Rhododendron argyrophyllum	T		3	
杜鹃花科	杜鹃属	毛肋杜鹃	Rhododendron augustinii	T		3	
杜鹃花科	杜鹃属	苞叶杜鹃	Rhododendron bracteatum	T		3	
杜鹃花科	杜鹃属	美容杜鹃	Rhododendron calophytum	T		3	
杜鹃花科	杜鹃属	秀雅杜鹃	Rhododendron concinnum	T		3	
杜鹃花科	杜鹃属	树生杜鹃	Rhododendron dendrocharis	T		3	
杜鹃花科	杜鹃属	喇叭杜鹃	Rhododendron discolor	T		3	
杜鹃花科	杜鹃属	大叶金顶杜鹃	Rhododendron faberi subsp. prattii	T		1	
杜鹃花科	杜鹃属	乳黄叶杜鹃	Rhododendron galactinum	T		3	
杜鹃花科	杜鹃属	岷江杜鹃	Rhododendron hunnewellianum	T		3	
杜鹃花科	杜鹃属	粉白杜鹃	Rhododendron hypoglaucum	T		3	
杜鹃花科	杜鹃属	百合花杜鹃	Rhododendron liliiflorum	T		3	
杜鹃花科	杜鹃属	长鳞杜鹃	Rhododendron longesquamatum	T		3	
杜鹃花科	杜鹃属	黄花杜鹃	Rhododendron lutescens	T		3	
杜鹃花科	杜鹃属	北方雪层杜鹃	Rhododendron nivale subsp. boreale	T		3	
杜鹃花科	杜鹃属	团叶杜鹃	Rhododendron orbiculare	T		3	
杜鹃花科	杜鹃属	山光杜鹃	Rhododendron oreodoxa	T		1	
杜鹃花科	杜鹃属	绒毛杜鹃	Rhododendron pachytrichum	T		3	
杜鹃花科	杜鹃属	凝毛杜鹃	Rhododendron phaeochrysum var. agglutinatum	T		3	
杜鹃花科	杜鹃属	多鳞杜鹃	Rhododendron polylepis	T		3	
杜鹃花科	杜鹃属	樱草杜鹃	Rhododendron primuliflorum	T		3	
杜鹃花科	杜鹃属	青海杜鹃	Rhododendron qinghaiense	T		3	
杜鹃花科	杜鹃属	长轴杜鹃	Rhododendron ramsdenianum	T		3	
杜鹃花科	杜鹃属	红背杜鹃	Rhododendron rufescens	T		3	
杜鹃花科	杜鹃属	黄毛杜鹃	Rhododendron rufum	T		3	
杜鹃花科	杜鹃属	水仙杜鹃	Rhododendron sargentianum	T		3	
杜鹃花科	杜鹃属	四川杜鹃	Rhododendron sutchuenense	T		1	
杜鹃花科	杜鹃属	反边杜鹃	Rhododendron thayerianum	T		3	
杜鹃花科	杜鹃属	长毛杜鹃	Rhododendron trichanthum	T		3	
杜鹃花科	杜鹃属	褐毛杜鹃	Rhododendron wasonii	T		3	
杜鹃花科	杜鹃属	无柄杜鹃	Rhododendron watsonii	T		1	
杜鹃花科	杜鹃属	皱皮杜鹃	Rhododendron wiltonii	T		1	
杜鹃花科	杜鹃属	栎叶杜鹃	Rhododendron phaeochrysum	T		1	
杜鹃花科	白珠树属	四川白珠	Gaultheria cuneata	T		3	
杜鹃花科	岩须属	短梗岩须	Cassiope abbreviata	T		3	

附录一 物种名录

续表

科名	属名	物种名	拉丁名	特有种	保护级别	数据来源	备注
杜鹃花科	越橘属	大叶乌鸦果	Vaccinium fragile var. mekongense	T		3	
杜鹃花科	杜鹃属	锦绣杜鹃	Rhododendron × pulchrum			3	
杜鹃花科	杜鹃属	宝兴杜鹃	Rhododendron moupinense			3	
杜鹃花科	杜鹃属	金黄杜鹃	Rhododendron rupicola var. chryseum			3	
杜鹃花科	吊钟花属	吊钟花	Enkianthus quinqueflorus			3	栽培
鹿蹄草科	鹿蹄草属	圆叶鹿蹄草	Pyrola rotundifolia			3	
鹿蹄草科	独丽花属	独丽花	Moneses uniflora			3	
鹿蹄草科	喜冬草属	喜冬草	Chimaphila japonica			1	
鹿蹄草科	鹿蹄草属	紫背鹿蹄草	Pyrola atropurpurea	T		3	
鹿蹄草科	鹿蹄草属	鹿蹄草	Pyrola calliantha	T		3	
鹿蹄草科	鹿蹄草属	皱叶鹿蹄草	Pyrola rugosa	T		3	
鹿蹄草科	鹿蹄草属	四川鹿蹄草	Pyrola szechuanica	T		3	
水晶兰科	水晶兰属	水晶兰	Monotropa uniflora			3	
水晶兰科	水晶兰属	松下兰	Hypopitys monotropa			3	
岩梅科	岩匙属	岩匙	Berneuxia thibetica	T		3	
柿树科	柿属	罗浮柿	Diospyros morrisiana			1	
柿树科	柿属	乌柿	Diospyros cathayensis	T		1	
柿树科	柿属	油柿	Diospyros oleifera	T		1	
柿树科	柿属	君迁子	Diospyros lotus			1	栽培
柿树科	柿属	柿	Diospyros kaki			1	栽培
紫金牛科	铁仔属	铁仔	Myrsine africana			3	
紫金牛科	铁仔属	针齿铁仔	Myrsine semiserrata			1	
紫金牛科	铁仔属	光叶铁仔	Myrsine stolonifera			3	
紫金牛科	杜茎山属	鲫鱼胆	Maesa perlarius			1	
紫金牛科	紫金牛属	朱砂根	Ardisia crenata			1	
紫金牛科	紫金牛属	多枝紫金牛	Ardisia sieboldii			3	
安息香科	安息香属	野茉莉	Styrax japonicus			3	
安息香科	赤杨叶属	赤杨叶	Alniphyllum fortunei			3	
安息香科	白辛树属	白辛树	Pterostyrax psilophyllus	T		3	
山矾科	山矾属	薄叶山矾	Symplocos anomala			1	
山矾科	山矾属	光亮山矾	Symplocos lucida			1	
山矾科	山矾属	山矾	Symplocos sumuntia			1	
山矾科	山矾属	白檀	Symplocos tanakana			3	
马钱科	蓬莱葛属	蓬莱葛	Gardneria multiflora			3	
马钱科	醉鱼草属	白背枫	Buddleja asiatica			1	
马钱科	醉鱼草属	皱叶醉鱼草	Buddleja crispa			1	
马钱科	醉鱼草属	大叶醉鱼草	Buddleja davidii			1	

续表

科名	属名	物种名	拉丁名	特有种	保护级别	数据来源	备注
马钱科	醉鱼草属	大序醉鱼草	*Buddleja macrostachya*			1	
马钱科	醉鱼草属	密蒙花	*Buddleja officinalis*			1	
马钱科	醉鱼草属	巴东醉鱼草	*Buddleja albiflora*	T		1	
马钱科	醉鱼草属	簇花醉鱼草	*Buddleja caryopteridifolia* var. *eremophila*	T		3	
马钱科	醉鱼草属	醉鱼草	*Buddleja lindleyana*	T		1	
马钱科	醉鱼草属	金沙江醉鱼草	*Buddleja nivea*	T		1	
木樨科	木樨属	木樨	*Osmanthus fragrans*			3	
木樨科	女贞属	扩展女贞	*Ligustrum expansum*			1	
木樨科	女贞属	小蜡	*Ligustrum sinense*			1	
木樨科	梣属	白蜡树	*Fraxinus chinensis*			1	
木樨科	梣属	象蜡树	*Fraxinus platypoda*			3	
木樨科	丁香属	毛丁香	*Syringa tomentella*	T		3	
木樨科	女贞属	紫药女贞	*Ligustrum delavayanum*	T		3	
木樨科	女贞属	宜昌女贞	*Ligustrum strongylophyllum*	T		3	
木樨科	素馨属	红素馨	*Jasminum beesianum*	T		3	
木樨科	素馨属	迎春花	*Jasminum nudiflorum*	T		1	
木樨科	素馨属	华素馨	*Jasminum sinense*	T		1	
木樨科	素馨属	川素馨	*Jasminum urophyllum*	T		3	
木樨科	素馨属	探春花	*Chrysojasminum floridum*	T		3	
木樨科	女贞属	总梗女贞	*Ligustrum pricei*			1	
木樨科	素馨属	矮探春	*Jasminum humile*			1	
木樨科	素馨属	小叶矮探春	*Jasminum humile* var. *microphyllum*			3	
木樨科	女贞属	女贞	*Ligustrum lucidum*	T		1	栽培
木樨科	女贞属	小叶女贞	*Ligustrum quihoui*	T		1	
夹竹桃科	络石属	络石	*Trachelospermum jasminoides*			3	
夹竹桃科	羊角拗属	羊角拗	*Strophanthus divaricatus*			3	
夹竹桃科	杜仲藤属	杜仲藤	*Urceola micrantha*			3	
夹竹桃科	络石属	紫花络石	*Trachelospermum axillare*	T		3	
夹竹桃科	夹竹桃属	白花夹竹桃	*Nerium oleander* cv. *Paihua*			3	
萝摩科	萝藦属	萝藦	*Cynanchum rostellatum*			1	
萝摩科	鹅绒藤属	竹灵消	*Vincetoxicum inamoenum*			3	
萝摩科	鹅绒藤属	牛皮消	*Cynanchum auriculatum*			1	
萝摩科	鹅绒藤属	地梢瓜	*Cynanchum thesioides*			3	
萝摩科	娃儿藤属	汶川娃儿藤	*Tylophora nana*	T		3	
萝摩科	萝藦属	华萝藦	*Cynanchum hemsleyanum*	T		1	
萝摩科	南山藤属	苦绳	*Dregea sinensis*	T		3	
萝摩科	南山藤属	丽子藤	*Dregea yunnanensis*	T		3	

附录一 物种名录

续表

科名	属名	物种名	拉丁名	特有种	保护级别	数据来源	备注
萝摩科	鹅绒藤属	大理白前	*Vincetoxicum forrestii*	T		3	
萝摩科	鹅绒藤属	朱砂藤	*Cynanchum officinale*	T		1	
萝摩科	吊灯花属	剑叶吊灯花	*Ceropegia dolichophylla*	T		3	
萝摩科	吊灯花属	金雀马尾参	*Ceropegia mairei*	T		3	
萝摩科	秦岭藤属	青龙藤	*Biondia henryi*	T		3	
萝摩科	秦岭藤属	黑水藤	*Biondia insignis*	T		3	
杠柳科	杠柳属	青蛇藤	*Periploca calophylla*			3	
杠柳科	杠柳属	杠柳	*Periploca sepium*	T		1	
茜草科	白马骨属	白马骨	*Serissa serissoides*			1	
茜草科	茜草属	金剑草	*Rubia alata*			1	
茜草科	茜草属	茜草	*Rubia cordifolia*			1	
茜草科	蛇根草属	日本蛇根草	*Ophiorrhiza japonica*			1	
茜草科	新耳草属	薄叶新耳草	*Neanotis hirsuta*			1	
茜草科	拉拉藤属	尖瓣拉拉藤	*Galium acutum*			3	
茜草科	拉拉藤属	小叶葎	*Galium asperifolium* var. *sikkimense*			3	
茜草科	拉拉藤属	四叶葎	*Galium bungei*			1	
茜草科	拉拉藤属	阔叶四叶葎	*Galium bungei* var. *trachyspermum*			3	
茜草科	拉拉藤属	六叶葎	*Galium hoffmeisteri*			1	
茜草科	拉拉藤属	林猪殃殃	*Galium paradoxum*			3	
茜草科	茜草属	大叶茜草	*Rubia schumanniana*	T		1	
茜草科	蛇根草属	中华蛇根草	*Ophiorrhiza chinensis*	T		3	
茜草科	野丁香属	黄杨叶野丁香	*Leptodermis buxifolia*	T		3	
茜草科	野丁香属	川滇野丁香	*Leptodermis pilosa*	T		1	
茜草科	野丁香属	野丁香	*Leptodermis potaninii*	T		3	
茜草科	拉拉藤属	毛拉拉藤	*Galium elegans* var. *velutinum*	T		3	
茜草科	鸡屎藤属	鸡屎藤	*Paederia foetida*			1	
茜草科	拉拉藤属	拉拉藤	*Galium spurium*			1	
茜草科	香果树属	香果树	*Emmenopterys henryi*	T	二级	1	栽培
茜草科	栀子属	栀子	*Gardenia jasminoides*			3	栽培
忍冬科	荚蒾属	水红木	*Viburnum cylindricum*			3	
忍冬科	荚蒾属	荚蒾	*Viburnum dilatatum*			1	
忍冬科	荚蒾属	宜昌荚蒾	*Viburnum erosum*			3	
忍冬科	荚蒾属	红荚蒾	*Viburnum erubescens*			1	
忍冬科	荚蒾属	聚花荚蒾	*Viburnum glomeratum*			3	
忍冬科	莛子藨属	穿心莛子藨	*Triosteum himalayanum*			1	
忍冬科	莛子藨属	莛子藨	*Triosteum pinnatifidum*			3	
忍冬科	接骨木属	血满草	*Sambucus adnata*			1	
忍冬科	接骨木属	接骨草	*Sambucus javanica*			1	

续表

科名	属名	物种名	拉丁名	特有种	保护级别	数据来源	备注
忍冬科	忍冬属	淡红忍冬	Lonicera acuminata			1	
忍冬科	忍冬属	越橘叶忍冬	Lonicera angustifolia var. myrtillus			3	
忍冬科	忍冬属	蓝果忍冬	Lonicera caerulea			3	
忍冬科	忍冬属	葱皮忍冬	Lonicera ferdinandi			3	
忍冬科	忍冬属	刚毛忍冬	Lonicera hispida			1	
忍冬科	忍冬属	忍冬	Lonicera japonica			1	
忍冬科	忍冬属	女贞叶忍冬	Lonicera ligustrina			1	
忍冬科	忍冬属	大花忍冬	Lonicera macrantha			3	
忍冬科	忍冬属	小叶忍冬	Lonicera microphylla			1	
忍冬科	忍冬属	黑果忍冬	Lonicera nigra			3	
忍冬科	忍冬属	岩生忍冬	Lonicera rupicola			3	
忍冬科	忍冬属	齿叶忍冬	Lonicera scabrida			3	
忍冬科	忍冬属	细毡毛忍冬	Lonicera similis			3	
忍冬科	忍冬属	唐古特忍冬	Lonicera tangutica			1	
忍冬科	鬼吹箫属	鬼吹箫	Leycesteria formosa			1	
忍冬科	荚蒾属	桦叶荚蒾	Viburnum betulifolium	T		1	
忍冬科	荚蒾属	樟叶荚蒾	Viburnum cinnamomifolium	T		3	
忍冬科	荚蒾属	巴东荚蒾	Viburnum henryi	T		1	
忍冬科	荚蒾属	甘肃荚蒾	Viburnum kansuense	T		3	
忍冬科	荚蒾属	少花荚蒾	Viburnum oliganthum	T		3	
忍冬科	荚蒾属	皱叶荚蒾	Viburnum rhytidophyllum	T		1	
忍冬科	荚蒾属	合轴荚蒾	Viburnum sympodiale	T		1	
忍冬科	荚蒾属	烟管荚蒾	Viburnum utile	T		1	
忍冬科	接骨木属	接骨木	Sambucus williamsii	T		1	
忍冬科	忍冬属	须蕊忍冬	Lonicera chrysantha var. koehneana	T		1	
忍冬科	忍冬属	郁香忍冬	Lonicera fragrantissima	T		3	
忍冬科	忍冬属	苦糖果	Lonicera fragrantissima var. lancifolia	T		1	
忍冬科	忍冬属	蕊被忍冬	Lonicera gynochlamydea	T		3	
忍冬科	忍冬属	蕊帽忍冬	Lonicera ligustrina var. pileata	T		1	
忍冬科	忍冬属	亮叶忍冬	Lonicera ligustrina var. yunnanensis	T		1	
忍冬科	忍冬属	盘叶忍冬	Lonicera tragophylla	T		3	
忍冬科	忍冬属	长叶毛花忍冬	Lonicera trichosantha var. deflexicalyx	T		3	
忍冬科	六道木属	细瘦糯米条	Abelia forrestii	T		1	
忍冬科	六道木属	蓪梗花	Abelia uniflora	T		1	
忍冬科	荚蒾属	日本珊瑚树	Viburnum awabuki			1	
忍冬科	荚蒾属	蝴蝶戏珠花	Viburnum plicatum f. tomentosum			3	栽培

附录一 物种名录

续表

科名	属名	物种名	拉丁名	特有种	保护级别	数据来源	备注
败酱科	缬草属	柔垂缬草	*Valeriana flaccidissima*			3	
败酱科	缬草属	长序缬草	*Valeriana hardwickii*			3	
败酱科	缬草属	缬草	*Valeriana officinalis*			1	
败酱科	败酱属	少蕊败酱	*Patrinia monandra*			1	
败酱科	败酱属	败酱	*Patrinia scabiosifolia*			1	
败酱科	败酱属	攀倒甑	*Patrinia villosa*			1	
川续断科	刺续断属	白花刺续断	*Acanthocalyx alba*			3	
川续断科	双参属	双参	*Triplostegia glandulifera*			1	
川续断科	川续断属	川续断	*Dipsacus asper*			1	
川续断科	川续断属	日本续断	*Dipsacus japonicus*			3	
川续断科	翼首花属	裂叶翼首花	*Pterocephalus bretschneideri*	T		3	
川续断科	刺续断属	绿花刺参	*Morina chlorantha*	T		3	
菊科	菊苣属	菊苣	*Cichorium intybus*			1	
菊科	金鸡菊属	大花金鸡菊	*Coreopsis grandiflora*			1	
菊科	金鸡菊属	剑叶金鸡菊	*Coreopsis lanceolata*			1	
菊科	金鸡菊属	两色金鸡菊	*Coreopsis tinctoria*			3	
菊科	金盏花属	金盏花	*Calendula officinalis*			3	
菊科	黄鹌菜属	黄鹌菜	*Youngia japonica*			1	
菊科	黄鹌菜属	总序黄鹌菜	*Youngia racemifera*			3	
菊科	蒲公英属	橡胶草	*Taraxacum koksaghyz*			1	
菊科	合耳菊属	红缨合耳菊	*Synotis erythropappa*			1	
菊科	细莴苣属	细莴苣	*Melanoseris graciliflora*			1	
菊科	绢毛苣属	空桶参	*Soroseris erysimoides*			1	
菊科	苦苣菜属	苣荬菜	*Sonchus wightianus*			3	
菊科	蒲儿根属	耳柄蒲儿根	*Sinosenecio euosmus*			3	
菊科	蒲儿根属	蒲儿根	*Sinosenecio oldhamianus*			1	
菊科	豨莶属	豨莶	*Sigesbeckia orientalis*			1	
菊科	豨莶属	腺梗豨莶	*Sigesbeckia pubescens*			3	
菊科	千里光属	林荫千里光	*Senecio nemorensis*			1	
菊科	千里光属	千里光	*Senecio scandens*			3	
菊科	千里光属	缺裂千里光	*Senecio scandens* var. *incisus*			3	
菊科	风毛菊属	长毛风毛菊	*Saussurea hieracioides*			3	
菊科	风毛菊属	风毛菊	*Saussurea japonica*			1	
菊科	风毛菊属	水母雪兔子	*Saussurea medusa*		二级	1	
菊科	风毛菊属	苞叶雪莲	*Saussurea obvallata*			1	
菊科	风毛菊属	弯齿风毛菊	*Saussurea przewalskii*			1	
菊科	秋分草属	秋分草	*Aster verticillatus*			1	
菊科	翅果菊属	毛脉翅果菊	*Lactuca raddeana*			3	

续表

科名	属名	物种名	拉丁名	特有种	保护级别	数据来源	备注
菊科	毛连菜属	毛连菜	*Picris hieracioides*			1	
菊科	毛连菜属	日本毛连菜	*Picris japonica*			3	
菊科	蜂斗菜属	蜂斗菜	*Petasites japonicus*			1	
菊科	蜂斗菜属	毛裂蜂斗菜	*Petasites tricholobus*			3	
菊科	黏冠草属	圆舌黏冠草	*Myriactis nepalensis*			3	
菊科	黏冠草属	黏冠草	*Myriactis wightii*			1	
菊科	橐吾属	箭叶橐吾	*Ligularia sagitta*			1	
菊科	橐吾属	黄帚橐吾	*Ligularia virgaurea*			3	
菊科	火绒草属	松毛火绒草	*Leontopodium andersonii*			1	
菊科	火绒草属	火绒草	*Leontopodium leontopodioides*			1	
菊科	火绒草属	华火绒草	*Leontopodium sinense*			1	
菊科	火绒草属	川西火绒草	*Leontopodium wilsonii*			3	
菊科	马兰属	马兰	*Aster indicus*			3	
菊科	苦荬菜属	中华苦荬菜	*Ixeris chinensis*			3	
菊科	小苦荬属	细叶小苦荬	*Ixeridium gracile*			1	
菊科	旋覆花属	欧亚旋覆花	*Inula britannica*			1	
菊科	狗娃花属	阿尔泰狗娃花	*Aster altaicus*			1	
菊科	狗娃花属	圆齿狗娃花	*Aster crenatifolius*			3	
菊科	泥胡菜属	泥胡菜	*Hemisteptia lyrata*			1	
菊科	菊三七属	菊三七	*Gynura japonica*			1	
菊科	泽兰属	多须公	*Eupatorium chinense*			1	
菊科	泽兰属	异叶泽兰	*Eupatorium heterophyllum*			3	
菊科	泽兰属	白头婆	*Eupatorium japonicum*			1	
菊科	飞蓬属	长茎飞蓬	*Erigeron acris* subsp. *politus*			1	
菊科	飞蓬属	多舌飞蓬	*Erigeron multiradiatus*			1	
菊科	重羽菊属	重羽菊	*Saussurea picridifolia*			1	
菊科	鱼眼草属	小鱼眼草	*Dichrocephala benthamii*			3	
菊科	鱼眼草属	鱼眼草	*Dichrocephala integrifolia*			3	
菊科	菊属	野菊	*Chrysanthemum indicum*			1	
菊科	假还阳参属	尖裂假还阳参	*Crepidiastrum sonchifolium*			1	
菊科	垂头菊属	喜马拉雅垂头菊	*Cremanthodium decaisnei*			1	
菊科	垂头菊属	矮垂头菊	*Cremanthodium humile*			1	
菊科	白酒草属	白酒草	*Eschenbachia japonica*			1	
菊科	蓟属	刺儿菜	*Cirsium arvense* var. *integrifolium*			3	
菊科	蓟属	蓟	*Cirsium japonicum*			3	
菊科	天名精属	天名精	*Carpesium abrotanoides*			3	
菊科	天名精属	烟管头草	*Carpesium cernuum*			3	

附录一 物种名录

续表

科名	属名	物种名	拉丁名	特有种	保护级别	数据来源	备注
菊科	天名精属	金挖耳	Carpesium divaricatum			1	
菊科	天名精属	大花金挖耳	Carpesium macrocephalum			1	
菊科	天名精属	粗齿天名精	Carpesium tracheliifolium			1	
菊科	天名精属	暗花金挖耳	Carpesium triste			1	
菊科	飞廉属	节毛飞廉	Carduus acanthoides			1	
菊科	飞廉属	丝毛飞廉	Carduus crispus			1	
菊科	飞廉属	飞廉	Carduus nutans			3	
菊科	鬼针草属	金盏银盘	Bidens biternata			3	
菊科	鬼针草属	小花鬼针草	Bidens parviflora			1	
菊科	紫菀属	三脉紫菀	Aster ageratoides			1	
菊科	紫菀属	坚叶三脉紫菀	Aster ageratoides var. firmus			3	
菊科	紫菀属	微糙三脉紫菀	Aster ageratoides var. scaberulus			3	
菊科	紫菀属	小舌紫菀	Aster albescens			1	
菊科	紫菀属	柳叶小舌紫菀	Aster albescens var. salignus			3	
菊科	紫菀属	高山紫菀	Aster alpinus			3	
菊科	紫菀属	星舌紫菀	Aster asteroides			3	
菊科	紫菀属	短毛紫菀	Aster brachytrichus			1	
菊科	紫菀属	重冠紫菀	Aster diplostephioides			1	
菊科	紫菀属	菱软紫菀	Aster flaccidus			1	
菊科	紫菀属	丽江紫菀	Aster likiangensis			1	
菊科	蒿属	艾	Artemisia argyi			1	
菊科	蒿属	茵陈蒿	Artemisia capillaris			1	
菊科	蒿属	牛尾蒿	Artemisia dubia			1	
菊科	蒿属	灰莲蒿	Artemisia gmelinii var. incana			1	
菊科	蒿属	牡蒿	Artemisia japonica			1	
菊科	蒿属	白苞蒿	Artemisia lactiflora			1	
菊科	蒿属	灰苞蒿	Artemisia roxburghiana			3	
菊科	蒿属	猪毛蒿	Artemisia scoparia			1	
菊科	蒿属	毛莲蒿	Artemisia vestita			1	
菊科	牛蒡属	牛蒡	Arctium lappa			3	
菊科	香青属	旋叶香青	Anaphalis contorta			1	
菊科	香青属	乳白香青	Anaphalis lactea			3	
菊科	香青属	珠光香青	Anaphalis margaritacea			1	
菊科	香青属	线叶珠光香青	Anaphalis margaritacea var. angustifolia			1	
菊科	香青属	尼泊尔香青	Anaphalis nepalensis			3	
菊科	和尚菜属	和尚菜	Adenocaulon himalaicum			3	
菊科	风毛菊属	巴朗山雪莲	Saussurea balangshanensis			1	

续表

科名	属名	物种名	拉丁名	特有种	保护级别	数据来源	备注
菊科	黄鹌菜属	异叶黄鹌菜	*Youngia heterophylla*	T		1	
菊科	黄鹌菜属	川西黄鹌菜	*Youngia prattii*	T		3	
菊科	黄缨菊属	黄缨菊	*Xanthopappus subacaulis*	T		1	
菊科	蒲公英属	丽花蒲公英	*Taraxacum calanthodium*	T		1	
菊科	蒲公英属	川甘蒲公英	*Taraxacum lugubre*	T		1	
菊科	蒲儿根属	单头蒲儿根	*Sinosenecio hederifolius*	T		3	
菊科	蒲儿根属	七裂蒲儿根	*Sinosenecio septilobus*	T		1	
菊科	华蟹甲属	双花华蟹甲	*Sinacalia davidii*	T		3	
菊科	华蟹甲属	华蟹甲	*Sinacalia tangutica*	T		1	
菊科	风毛菊属	川甘风毛菊	*Saussurea acroura*	T		3	
菊科	风毛菊属	川西风毛菊	*Saussurea dzeurensis*	T		3	
菊科	风毛菊属	球花雪莲	*Saussurea globosa*	T		3	
菊科	风毛菊属	禾叶风毛菊	*Saussurea graminea*	T		3	
菊科	风毛菊属	全缘叶风毛菊	*Saussurea integrifolia*	T		3	
菊科	风毛菊属	紫苞雪莲	*Saussurea iodostegia*	T		3	
菊科	风毛菊属	羽裂雪兔子	*Saussurea leucoma*	T		3	
菊科	风毛菊属	川陕风毛菊	*Saussurea licentiana*	T		3	
菊科	风毛菊属	大耳叶风毛菊	*Saussurea macrota*	T		3	
菊科	风毛菊属	耳叶风毛菊	*Saussurea neofranchetii*	T		3	
菊科	风毛菊属	钝苞雪莲	*Saussurea nigrescens*	T		3	
菊科	风毛菊属	少花风毛菊	*Saussurea oligantha*	T		3	
菊科	风毛菊属	褐花雪莲	*Saussurea phaeantha*	T		3	
菊科	风毛菊属	松林风毛菊	*Saussurea pinetorum*	T		3	
菊科	风毛菊属	羽裂风毛菊	*Saussurea pinnatidentata*	T		3	
菊科	风毛菊属	昂头风毛菊	*Saussurea sobarocephala*	T		3	
菊科	风毛菊属	喜林风毛菊	*Saussurea stricta*	T		3	
菊科	风毛菊属	唐古特雪莲	*Saussurea tangutica*	T		3	
菊科	风毛菊属	打箭风毛菊	*Saussurea tatsienensis*	T		3	
菊科	风毛菊属	毡毛雪莲	*Saussurea velutina*	T		3	
菊科	风毛菊属	牛耳风毛菊	*Saussurea woodiana*	T		3	
菊科	蚤草属	金仙草	*Pulicaria chrysantha*	T		3	
菊科	帚菊属	华帚菊	*Pertya sinensis*	T		3	
菊科	蟹甲草属	三角叶蟹甲草	*Parasenecio deltophyllus*	T		3	
菊科	蟹甲草属	蟹甲草	*Parasenecio forrestii*	T		3	
菊科	蟹甲草属	阔柄蟹甲草	*Parasenecio latipes*	T		3	
菊科	蟹甲草属	耳翼蟹甲草	*Parasenecio otopteryx*	T		1	
菊科	蟹甲草属	掌裂蟹甲草	*Parasenecio palmatisectus*	T		1	
菊科	蟹甲草属	深山蟹甲草	*Parasenecio profundorum*	T		1	

附录一　物种名录

续表

科名	属名	物种名	拉丁名	特有种	保护级别	数据来源	备注
菊科	蟹甲草属	蛛毛蟹甲草	*Parasenecio roborowskii*	T		3	
菊科	假福王草属	林生假福王草	*Paraprenanthes diversifolia*	T		1	
菊科	假福王草属	黑花假福王草	*Paraprenanthes melanantha*	T		1	
菊科	橐吾属	大黄橐吾	*Ligularia duciformis*	T		3	
菊科	橐吾属	隐舌橐吾	*Ligularia franchetiana*	T		1	
菊科	橐吾属	宽戟橐吾	*Ligularia latihastata*	T		1	
菊科	橐吾属	莲叶橐吾	*Ligularia nelumbifolia*	T		1	
菊科	橐吾属	侧茎橐吾	*Ligularia pleurocaulis*	T		1	
菊科	橐吾属	掌叶橐吾	*Ligularia przewalskii*	T		3	
菊科	橐吾属	褐毛橐吾	*Ligularia purdomii*	T		3	
菊科	橐吾属	东俄洛橐吾	*Ligularia tongolensis*	T		3	
菊科	橐吾属	离舌橐吾	*Ligularia veitchiana*	T		3	
菊科	火绒草属	美头火绒草	*Leontopodium calocephalum*	T		3	
菊科	火绒草属	香芸火绒草	*Leontopodium haplophylloides*	T		3	
菊科	火绒草属	红花火绒草	*Leontopodium roseum*	T		1	
菊科	旋覆花属	水朝阳旋覆花	*Inula helianthus-aquatilis*	T		3	
菊科	垂头菊属	戟叶垂头菊	*Cremanthodium potaninii*	T		3	
菊科	蓟属	骆骑	*Cirsium handelii*	T		3	
菊科	蓟属	魁蓟	*Cirsium leo*	T		3	
菊科	天名精属	高原天名精	*Carpesium lipskyi*	T		1	
菊科	天名精属	长叶天名精	*Carpesium longifolium*	T		3	
菊科	天名精属	绒毛天名精	*Carpesium velutinum*	T		3	
菊科	紫菀属	小花三脉紫菀	*Aster ageratoides* var. *micranthus*	T		3	
菊科	紫菀属	无毛小舌紫菀	*Aster albescens* var. *glabratus*	T		3	
菊科	紫菀属	椭叶小舌紫菀	*Aster albescens* var. *limprichtii*	T		1	
菊科	紫菀属	长毛小舌紫菀	*Aster albescens* var. *pilosus*	T		3	
菊科	紫菀属	红冠紫菀	*Aster handelii*	T		1	
菊科	紫菀属	横斜紫菀	*Aster hersileoides*	T		1	
菊科	紫菀属	灰枝紫菀	*Aster poliothamnus*	T		1	
菊科	紫菀属	东俄洛紫菀	*Aster tongolensis*	T		1	
菊科	蒿属	锈苞蒿	*Artemisia imponens*	T		3	
菊科	蒿属	甘青蒿	*Artemisia tangutica*	T		3	
菊科	香青属	黄腺香青	*Anaphalis aureopunctata*	T		3	
菊科	香青属	二色香青	*Anaphalis bicolor*	T		1	
菊科	香青属	黏毛香青	*Anaphalis bulleyana*	T		1	
菊科	香青属	灰毛香青	*Anaphalis cinerascens*	T		1	
菊科	香青属	淡黄香青	*Anaphalis flavescens*	T		3	
菊科	香青属	纤枝香青	*Anaphalis gracilis*	T		3	

续表

科名	属名	物种名	拉丁名	特有种	保护级别	数据来源	备注
菊科	香青属	宽翅香青	*Anaphalis latialata*	T		1	
菊科	香青属	蜀西香青	*Anaphalis souliei*	T		3	
菊科	亚菊属	疏齿亚菊	*Ajania remotipinna*	T		3	
菊科	亚菊属	细叶亚菊	*Ajania tenuifolia*	T		3	
菊科	兔儿风属	光叶兔儿风	*Ainsliaea glabra*	T		1	
菊科	兔儿风属	长穗兔儿风	*Ainsliaea henryi*	T		1	
菊科	兔儿风属	亚高山长穗兔儿风	*Ainsliaea henryi* var. *subalpina*	T		1	
菊科	兔儿风属	云南兔儿风	*Ainsliaea yunnanensis*	T		1	
菊科	鼠曲草属	鼠曲草	*Pseudognaphalium affine*			1	
菊科	金光菊属	黑心菊	*Rudbeckia hirta*			1	
菊科	白晶菊属	白晶菊	*Mauranthemum paludosum*			1	
菊科	蒲公英属	蒲公英	*Taraxacum mongolicum*			1	
菊科	绢毛苣属	皱叶绢毛苣	*Soroseris hookeriana*			3	
菊科	黄瓜菜属	黄瓜菜	*Crepidiastrum denticulatum*			1	
菊科	滨菊属	滨菊	*Leucanthemum vulgare*			1	
菊科	苦荬菜属	变色苦荬菜	*Ixeris chinensis* subsp. *versicolor*			3	
菊科	鼠麴草属	细叶湿鼠曲草	*Gnaphalium japonicum*			3	
菊科	天人菊属	天人菊	*Gaillardia pulchella*			1	
菊科	菊芹属	梁子菜	*Erechtites hieraciifolius*			3	
菊科	多榔菊属	多榔菊	*Doronicum pardalianches*			3	
菊科	蓟属	大蓟	*Cirsium spicatum*			1	
菊科	天名精属	莛茎天名精	*Carpesium scapiforme*			1	
菊科	亚菊属	川甘亚菊	*Ajania potaninii*			3	
菊科	兔儿风属	四川兔儿风	*Ainsliaea glabra* var. *sutchuenensis*			1	
菊科	向日葵属	向日葵	*Helianthus annuus*			3	栽培
菊科	向日葵属	菊芋	*Helianthus tuberosus*			1	栽培
菊科	大丽花属	大丽花	*Dahlia pinnata*			1	栽培
菊科	秋英属	秋英	*Cosmos bipinnatus*			1	栽培
菊科	矢车菊属	矢车菊	*Centaurea cyanus*			1	栽培
菊科	泽兰属	佩兰	*Eupatorium fortunei*			3	栽培
菊科	菊属	菊花	*Chrysanthemum morifolium*			1	栽培
菊科	苦苣菜属	苦苣菜	*Sonchus oleraceus*			1	
菊科	牛膝菊属	牛膝菊	*Galinsoga parviflora*			1	
菊科	白酒草属	小蓬草	*Erigeron canadensis*			1	
菊科	鬼针草属	三叶鬼针草	*Bidens pilosa*			1	
菊科	千里光属	欧洲千里光	*Senecio vulgaris*			1	
菊科	蒲公英属	药用蒲公英	*Taraxacum officinale*			1	

附录一 物种名录

续表

科名	属名	物种名	拉丁名	特有种	保护级别	数据来源	备注
菊科	苦苣菜属	续断菊	*Sonchus asper*			1	
菊科	鬼针草属	婆婆针	*Bidens bipinnata*			1	
菊科	飞蓬属	春飞蓬	*Erigeron philadelphicus*			1	
菊科	牛膝菊属	粗毛牛膝菊	*Galinsoga quadriradiata*			1	
菊科	野茼蒿属	野茼蒿	*Crassocephalum crepidioides*			1	
菊科	白酒草属	香丝草	*Erigeron bonariensis*			1	
菊科	飞蓬属	一年蓬	*Erigeron annuus*			1	
菊科	白酒草属	苏门白酒草	*Erigeron sumatrensis*			1	
菊科	鬼针草属	大狼耙草	*Bidens frondosa*			1	
菊科	紫菀属	钻叶紫菀	*Symphyotrichum subulatum*			1	
菊科	鬼针草属	白花鬼针草	*Bidens alba*			1	
龙胆科	獐牙菜属	獐牙菜	*Swertia bimaculata*			1	
龙胆科	獐牙菜属	红直獐牙菜	*Swertia erythrosticta*			3	
龙胆科	翼萼蔓属	翼萼蔓	*Pterygocalyx volubilis*			3	
龙胆科	扁蕾属	扁蕾	*Gentianopsis barbata*			3	
龙胆科	扁蕾属	湿生扁蕾	*Gentianopsis paludosa*			3	
龙胆科	龙胆属	蓝白龙胆	*Gentiana leucomelaena*			3	
龙胆科	龙胆属	鳞叶龙胆	*Gentiana squarrosa*			1	
龙胆科	龙胆属	西藏秦艽	*Gentiana tibetica*			3	
龙胆科	龙胆属	筒花龙胆	*Gentiana tubiflora*			3	
龙胆科	双蝴蝶属	双蝴蝶	*Tripterospermum chinense*	T		1	
龙胆科	双蝴蝶属	峨眉双蝴蝶	*Tripterospermum cordatum*	T		3	
龙胆科	獐牙菜属	西南獐牙菜	*Swertia cincta*	T		1	
龙胆科	獐牙菜属	紫红獐牙菜	*Swertia punicea*	T		3	
龙胆科	獐牙菜属	大药獐牙菜	*Swertia tibetica*	T		3	
龙胆科	獐牙菜属	华北獐牙菜	*Swertia wolfgangiana*	T		3	
龙胆科	花锚属	大花花锚	*Halenia grandiflora*	T		3	
龙胆科	龙胆属	汶川龙胆	*Gentiana winchuanensis*	T		3	
龙胆科	龙胆属	阿坝龙胆	*Gentiana abaensis*	T		3	
龙胆科	龙胆属	繁缕状龙胆	*Gentiana alsinoides*	T		3	
龙胆科	龙胆属	弯叶龙胆	*Gentiana curviphylla*	T		3	
龙胆科	龙胆属	五岭龙胆	*Gentiana davidii*	T		1	
龙胆科	龙胆属	弯茎龙胆	*Gentiana flexicaulis*	T		3	
龙胆科	龙胆属	泸定龙胆	*Gentiana ludingensis*	T		3	
龙胆科	龙胆属	小齿龙胆	*Gentiana microdonta*	T		3	
龙胆科	龙胆属	陕南龙胆	*Gentiana piasezkii*	T		3	
龙胆科	龙胆属	深红龙胆	*Gentiana rubicunda*	T		1	
龙胆科	龙胆属	管花秦艽	*Gentiana siphonantha*	T		3	

续表

科名	属名	物种名	拉丁名	特有种	保护级别	数据来源	备注
龙胆科	龙胆属	匙叶龙胆	Gentiana spathulifolia	T		3	
龙胆科	龙胆属	瓦山龙胆	Gentiana wasenensis	T		3	
龙胆科	龙胆属	川西龙胆	Gentiana wilsonii	T		3	
龙胆科	龙胆属	云南龙胆	Gentiana yunnanensis	T		3	
龙胆科	蔓龙胆属	无柄蔓龙胆	Crawfurdia sessiliflora	T		3	
龙胆科	双蝴蝶属	日本双蝴蝶	Tripterospermum japonicum			3	
龙胆科	花锚属	卵萼花锚	Halenia elliptica			1	
报春花科	报春花属	乳黄雪山报春	Primula agleniana			3	
报春花科	报春花属	滇北球花报春	Primula denticulata subsp. sinodenticulata			3	
报春花科	报春花属	石岩报春	Primula dryadifolia			3	
报春花科	报春花属	黄心球花报春	Primula erythrocarpa			3	
报春花科	报春花属	粉报春	Primula farinosa			3	
报春花科	报春花属	总苞报春	Primula munroi			3	
报春花科	报春花属	雅江报春	Primula munroi subsp. yargongensis			1	
报春花科	报春花属	雪山报春	Primula nivalis			3	
报春花科	报春花属	钟花报春	Primula sikkimensis			1	
报春花科	珍珠菜属	矮桃	Lysimachia clethroides			1	
报春花科	珍珠菜属	临时救	Lysimachia congestiflora			1	
报春花科	珍珠菜属	延叶珍珠菜	Lysimachia decurrens			3	
报春花科	点地梅属	莲叶点地梅	Androsace henryi			1	
报春花科	报春花属	糙毛报春	Primula blinii	T		3	
报春花科	报春花属	青城报春	Primula chienii	T		3	
报春花科	报春花属	紫花雪山报春	Primula chionantha	T		3	
报春花科	报春花属	穗花报春	Primula deflexa	T		3	
报春花科	报春花属	垂花报春	Primula flaccida	T		3	
报春花科	报春花属	宝兴掌叶报春	Primula heucherifolia	T		3	
报春花科	报春花属	单伞长柄报春	Primula hoi	T		3	
报春花科	报春花属	等梗报春	Primula kialensis	T		3	
报春花科	报春花属	葵叶报春	Primula malvacea	T		3	
报春花科	报春花属	宝兴报春	Primula moupinensis	T		3	
报春花科	报春花属	鄂报春	Primula obconica	T		1	
报春花科	报春花属	齿萼报春	Primula odontocalyx	T		3	
报春花科	报春花属	迎阳报春	Primula oreodoxa	T		3	
报春花科	报春花属	卵叶报春	Primula ovalifolia	T		3	
报春花科	报春花属	掌叶报春	Primula palmata	T		3	
报春花科	报春花属	羽叶穗花报春	Primula pinnatifida	T		3	

附录一 物种名录

续表

科名	属名	物种名	拉丁名	特有种	保护级别	数据来源	备注
报春花科	报春花属	多脉报春	*Primula polyneura*	T		3	
报春花科	报春花属	丽花报春	*Primula pulchella*	T		3	
报春花科	报春花属	紫罗兰报春	*Primula purdomii*	T		3	
报春花科	报春花属	狭萼报春	*Primula stenocalyx*	T		1	
报春花科	报春花属	云南报春	*Primula yunnanensis*	T		3	
报春花科	独花报春属	独花报春	*Omphalogramma vinciflorum*	T		3	
报春花科	珍珠菜属	过路黄	*Lysimachia christinae*	T		1	
报春花科	珍珠菜属	点腺过路黄	*Lysimachia hemsleyana*	T		1	
报春花科	珍珠菜属	宜昌过路黄	*Lysimachia henryi*	T		3	
报春花科	珍珠菜属	显苞过路黄	*Lysimachia rubiginosa*	T		3	
报春花科	珍珠菜属	腺药珍珠菜	*Lysimachia stenosepala*	T		3	
报春花科	珍珠菜属	狭叶落地梅	*Lysimachia paridiformis* var. *stenophylla*	T		1	
报春花科	珍珠菜属	巴东过路黄	*Lysimachia patungensis*	T		1	
报春花科	点地梅属	玉门点地梅	*Androsace brachystegia*	T		3	
报春花科	点地梅属	刺叶点地梅	*Androsace spinulifera*	T		3	
报春花科	报春花属	高穗花报春	*Primula vialii*			3	
报春花科	报春花属	香海仙报春	*Primula wilsonii*			3	
报春花科	珍珠菜属	狼尾花	*Lysimachia barystachys*			1	
报春花科	报春花属	卧龙报春	*Primula wolongensis*			12	
报春花科	报春花属	胭脂花	*Primula maximowiczii*			3	栽培
白花丹科	蓝雪花属	小蓝雪花	*Ceratostigma minus*	T		1	
白花丹科	蓝雪花属	岷江蓝雪花	*Ceratostigma willmottianum*	T		1	
桔梗科	蓝花参属	蓝花参	*Wahlenbergia marginata*			1	
桔梗科	袋果草属	袋果草	*Peracarpa carnosa*			1	
桔梗科	蓝钟花属	灰毛蓝钟花	*Cyananthus incanus*			3	
桔梗科	蓝钟花属	胀萼蓝钟花	*Cyananthus inflatus*			3	
桔梗科	党参属	珠子参	*Pseudocodon convolvulaceus* subsp. *forrestii*			3	
桔梗科	党参属	大萼党参	*Codonopsis benthamii*			3	
桔梗科	金钱豹属	金钱豹	*Campanumoea javanica*			1	
桔梗科	风铃草属	西南风铃草	*Campanula pallida*			1	
桔梗科	沙参属	长柱沙参	*Adenophora stenanthina*			3	
桔梗科	沙参属	沙参	*Adenophora stricta*			1	
桔梗科	党参属	三角叶党参	*Codonopsis deltoidea*	T		3	
桔梗科	党参属	脉花党参	*Codonopsis foetens* subsp. *nervosa*	T		3	
桔梗科	党参属	川鄂党参	*Codonopsis henryi*	T		3	
桔梗科	党参属	川党参	*Codonopsis pilosula* subsp. *tangshen*	T		3	

续表

科名	属名	物种名	拉丁名	特有种	保护级别	数据来源	备注
桔梗科	党参属	管花党参	*Codonopsis tubulosa*	T		3	
桔梗科	沙参属	丝裂沙参	*Adenophora capillaris*	T		3	
桔梗科	沙参属	细叶沙参	*Adenophora capillaris* subsp. *paniculata*	T		1	
桔梗科	沙参属	川藏沙参	*Adenophora liliifolioides*	T		3	
桔梗科	沙参属	泡沙参	*Adenophora potaninii*	T		3	
桔梗科	沙参属	川西沙参	*Adenophora stricta* subsp. *aurita*	T		3	
桔梗科	沙参属	无柄沙参	*Adenophora stricta* subsp. *sessilifolia*	T		3	
桔梗科	沙参属	聚叶沙参	*Adenophora wilsonii*	T		3	
桔梗科	轮钟草属	轮钟草	*Cyclocodon lancifolius*			3	
桔梗科	蓝钟花属	丽江黄钟花	*Cyananthus flavus*			3	
桔梗科	党参属	党参	*Codonopsis pilosula*			3	栽培
半边莲科	铜锤玉带属	铜锤玉带草	*Lobelia nummularia*			1	
半边莲科	半边莲属	西南山梗菜	*Lobelia seguinii*			1	
紫草科	附地菜属	附地菜	*Trigonotis peduncularis*			1	
紫草科	附地菜属	西藏附地菜	*Trigonotis tibetica*			3	
紫草科	盾果草属	盾果草	*Thyrocarpus sampsonii*			1	
紫草科	微孔草属	微孔草	*Microula sikkimensis*			1	
紫草科	紫草属	紫草	*Lithospermum erythrorhizon*			1	
紫草科	长柱琉璃草属	长柱琉璃草	*Lindelofia stylosa*			3	
紫草科	毛果草属	毛果草	*Lasiocaryum densiflorum*			3	
紫草科	齿缘草属	大叶假鹤虱	*Hackelia brachytuba*			3	
紫草科	蓝蓟属	蓝蓟	*Echium vulgare*			1	
紫草科	琉璃草属	倒提壶	*Cynoglossum amabile*			1	
紫草科	琉璃草属	琉璃草	*Cynoglossum furcatum*			1	
紫草科	琉璃草属	小花琉璃草	*Cynoglossum lanceolatum*			1	
紫草科	琉璃草属	大果琉璃草	*Cynoglossum divaricatum*			1	
紫草科	斑种草属	多苞斑种草	*Bothriospermum secundum*			3	
紫草科	斑种草属	柔弱斑种草	*Bothriospermum zeylanicum*			3	
紫草科	锚刺果属	锚刺果	*Actinocarya tibetica*			3	
紫草科	附地菜属	西南附地菜	*Trigonotis cavaleriei*	T		3	
紫草科	滇紫草属	小花滇紫草	*Onosma sinicum*	T		3	
紫草科	微孔草属	总苞微孔草	*Microula involucriformis*	T		3	
紫草科	微孔草属	长果微孔草	*Microula turbinata*	T		3	
紫草科	厚壳树属	光叶糙毛厚壳树	*Ehretia macrophylla* var. *glabrescens*	T		1	
紫草科	琉璃草属	甘青琉璃草	*Cynoglossum gansuense*	T		1	
茄科	茄属	白英	*Solanum lyratum*			1	

附录一 物种名录

续表

科名	属名	物种名	拉丁名	特有种	保护级别	数据来源	备注
茄科	茄属	龙葵	*Solanum nigrum*			1	
茄科	茄参属	茄参	*Mandragora caulescens*			3	
茄科	枸杞属	枸杞	*Lycium chinense*			1	
茄科	红丝线属	单花红丝线	*Lycianthes lysimachioides*			1	
茄科	天仙子属	天仙子	*Hyoscyamus niger*			3	
茄科	番茉莉属	鸳鸯茉莉	*Brunfelsia brasiliensis*			3	
茄科	茄属	珊瑚樱	*Solanum pseudocapsicum*			1	
茄科	茄属	毛龙葵	*Solanum sarrachoides*			3	
茄科	酸浆属	苦蘵	*Physalis angulata*			3	
茄科	酸浆属	短毛酸浆	*Physalis pubescens*			3	
茄科	酸浆属	酸浆	*Alkekengi officinarum*			3	
茄科	酸浆属	挂金灯	*Alkekengi officinarum* var. *franchetii*			3	
茄科	茄属	马铃薯	*Solanum tuberosum*			3	栽培
茄科	烟草属	烟草	*Nicotiana tabacum*			3	栽培
茄科	辣椒属	辣椒	*Capsicum annuum*			3	栽培
茄科	茄属	茄	*Solanum melongena*			3	栽培
茄科	假酸浆属	假酸浆	*Nicandra physalodes*			1	
茄科	曼陀罗属	曼陀罗	*Datura stramonium*			1	
旋花科	三翅藤属	大果三翅藤	*Tridynamia sinensis*			3	
旋花科	马蹄金属	马蹄金	*Dichondra micrantha*			3	
旋花科	旋花属	田旋花	*Convolvulus arvensis*			3	
旋花科	旋花属	刺旋花	*Convolvulus tragacanthoides*			3	
旋花科	打碗花属	打碗花	*Calystegia hederacea*			1	
旋花科	打碗花属	藤长苗	*Calystegia pellita*			3	
旋花科	菟丝子属	菟丝子	*Cuscuta chinensis*			1	
旋花科	牵牛属	圆叶牵牛	*Ipomoea purpurea*			1	
旋花科	菟丝子属	原野菟丝子	*Cuscuta campestris*			1	
旋花科	牵牛属	牵牛	*Ipomoea nil*			1	
玄参科	婆婆纳属	美穗草	*Veronicastrum brunonianum*			3	
玄参科	婆婆纳属	北水苦荬	*Veronica anagallis-aquatica*			3	
玄参科	婆婆纳属	长果婆婆纳	*Veronica ciliata*			1	
玄参科	婆婆纳属	疏花婆婆纳	*Veronica laxa*			3	
玄参科	毛蕊花属	毛瓣毛蕊花	*Verbascum blattaria*			3	
玄参科	阴行草属	阴行草	*Siphonostegia chinensis*			3	
玄参科	松蒿属	松蒿	*Phtheirospermum japonicum*			1	
玄参科	松蒿属	细裂叶松蒿	*Phtheirospermum tenuisectum*			1	
玄参科	马先蒿属	黄花马先蒿	*Pedicularis flava*			4	

续表

科名	属名	物种名	拉丁名	特有种	保护级别	数据来源	备注
玄参科	马先蒿属	条纹马先蒿	*Pedicularis lineata*			1	
玄参科	马先蒿属	管状长花马先蒿	*Pedicularis longiflora* var. *tubiformis*			4	
玄参科	马先蒿属	大王马先蒿	*Pedicularis rex*			1	
玄参科	马先蒿属	拟鼻花马先蒿	*Pedicularis rhinanthoides*			3	
玄参科	马先蒿属	穗花马先蒿	*Pedicularis spicata*			1	
玄参科	马先蒿属	毛盔马先蒿	*Pedicularis trichoglossa*			3	
玄参科	马先蒿属	轮叶马先蒿	*Pedicularis verticillata*			4	
玄参科	泡桐属	白花泡桐	*Paulownia fortunei*			1	
玄参科	通泉草属	通泉草	*Mazus pumilus*			1	
玄参科	母草属	长蒴母草	*Lindernia anagallis*			1	
玄参科	鞭打绣球属	鞭打绣球	*Hemiphragma heterophyllum*			1	
玄参科	小米草属	小米草	*Euphrasia pectinata*			1	
玄参科	小米草属	短腺小米草	*Euphrasia regelii*			3	
玄参科	车前属	车前	*Plantago asiatica*			1	
玄参科	车前属	平车前	*Plantago depressa*			1	
玄参科	车前属	大车前	*Plantago major*			1	
玄参科	婆婆纳属	宽叶腹水草	*Veronicastrum latifolium*	T		3	
玄参科	婆婆纳属	细穗腹水草	*Veronicastrum stenostachyum*	T		3	
玄参科	婆婆纳属	华中婆婆纳	*Veronica henryi*	T		1	
玄参科	婆婆纳属	四川婆婆纳	*Veronica szechuanica*	T		1	
玄参科	婆婆纳属	唐古拉婆婆纳	*Veronica vandellioides*	T		3	
玄参科	马先蒿属	阿洛马先蒿	*Pedicularis aloensis*	T		4	
玄参科	马先蒿属	腋花马先蒿	*Pedicularis axillaris*	T		3	
玄参科	马先蒿属	鹅首马先蒿	*Pedicularis chenocephala*	T		3	
玄参科	马先蒿属	美观马先蒿	*Pedicularis decora*	T		3	
玄参科	马先蒿属	新粗管马先蒿	*Pedicularis delavayi*	T		4	
玄参科	马先蒿属	多花马先蒿	*Pedicularis floribunda*	T		3	
玄参科	马先蒿属	地管马先蒿	*Pedicularis geosiphon*	T		3	
玄参科	马先蒿属	中国纤细马先蒿	*Pedicularis gracilis* subsp. *sinensis*	T		1	
玄参科	马先蒿属	康定马先蒿	*Pedicularis kangtingensis*	T		4	
玄参科	马先蒿属	甘肃马先蒿	*Pedicularis kansuensis*	T		4	
玄参科	马先蒿属	毛颏马先蒿	*Pedicularis lasiophrys*	T		4	
玄参科	马先蒿属	大管马先蒿	*Pedicularis macrosiphon*	T		3	
玄参科	马先蒿属	小唇马先蒿	*Pedicularis microchilae*	T		3	
玄参科	马先蒿属	穆坪马先蒿	*Pedicularis moupinensis*	T		1	
玄参科	马先蒿属	藓生马先蒿	*Pedicularis muscicola*	T		1	
玄参科	马先蒿属	蔊菜叶马先蒿	*Pedicularis nasturtiifolia*	T		3	

附录一 物种名录

续表

科名	属名	物种名	拉丁名	特有种	保护级别	数据来源	备注
玄参科	马先蒿属	峨眉马先蒿	*Pedicularis omiiana*	T		3	
玄参科	马先蒿属	多齿马先蒿	*Pedicularis polyodonta*	T		3	
玄参科	马先蒿属	高超马先蒿	*Pedicularis princeps*	T		4	
玄参科	马先蒿属	大唇拟鼻花马先蒿	*Pedicularis rhinanthoides* subsp. *labellata*	T		3	
玄参科	马先蒿属	西藏拟鼻花马先蒿	*Pedicularis rhinanthoides* subsp. *tibetica*	T		3	
玄参科	马先蒿属	红毛马先蒿	*Pedicularis rhodotricha*	T		4	
玄参科	马先蒿属	粗野马先蒿	*Pedicularis rudis*	T		4	
玄参科	马先蒿属	狭盔马先蒿	*Pedicularis stenocorys*	T		4	
玄参科	马先蒿属	扭喙马先蒿	*Pedicularis streptorhyncha*	T		3	
玄参科	马先蒿属	华丽马先蒿	*Pedicularis superba*	T		4	
玄参科	马先蒿属	四川马先蒿	*Pedicularis szetschuanica*	T		3	
玄参科	马先蒿属	扭旋马先蒿	*Pedicularis torta*	T		4	
玄参科	沟酸浆属	四川沟酸浆	*Erythranthe szechuanensis*	T		1	
玄参科	沟酸浆属	沟酸浆	*Erythranthe tenella*	T		1	
玄参科	小米草属	川藏短腺小米草	*Euphrasia regelii* subsp. *kangtienensis*	T		3	
玄参科	婆婆纳属	婆婆纳	*Veronica polita*			1	
玄参科	蝴蝶草属	长叶蝴蝶草	*Torenia asiatica*			3	
玄参科	马先蒿属	铺地马先蒿	*Pedicularis bietii*			3	
玄参科	马先蒿属	扭盔马先蒿	*Pedicularis davidii*			1	
玄参科	马先蒿属	褐毛马先蒿	*Pedicularis dunniana*			4	
玄参科	马先蒿属	华中马先蒿	*Pedicularis fargesii*			4	
玄参科	马先蒿属	毛背毛颏马先蒿	*Pedicularis lasiophrys* var. *sinica*			3	
玄参科	马先蒿属	川甘马先蒿	*Pedicularis merrilliana*			4	
玄参科	马先蒿属	卷喙马先蒿	*Pedicularis mussotii*			4	
玄参科	马先蒿属	欧亚马先蒿	*Pedicularis oederi*			4	
玄参科	马先蒿属	曲喙马先蒿	*Pedicularis petitmenginii*			4	
玄参科	马先蒿属	青藏马先蒿	*Pedicularis przewalskii*			1	
玄参科	马先蒿属	紫花大王马先蒿	*Pedicularis rex* subsp. *lipskyana*			3	
玄参科	马先蒿属	草甸马先蒿	*Pedicularis roylei*			3	
玄参科	马先蒿属	熊猫马先蒿	*Pedicularis pandania*			4	
玄参科	泡桐属	川泡桐	*Paulownia fargesii*			1	栽培
玄参科	婆婆纳属	阿拉伯婆婆纳	*Veronica persica*			1	
列当科	蘑寄生属	蘑寄生	*Gleadovia ruborum*			3	
列当科	假野菰属	假野菰	*Christisonia hookeri*			3	

续表

科名	属名	物种名	拉丁名	特有种	保护级别	数据来源	备注
列当科	草苁蓉属	丁座草	*Xylanche himalaica*			3	
列当科	列当属	大花列当	*Orobanche megalantha*	T		3	
列当科	列当属	四川列当	*Orobanche sinensis*	T		3	
列当科	藨寄生属	宝兴藨寄生	*Gleadovia mupinense*	T		3	
狸藻科	捕虫堇属	高山捕虫堇	*Pinguicula alpina*			3	
苦苣苔科	吊石苣苔属	吊石苣苔	*Lysionotus pauciflorus*			1	
苦苣苔科	半蒴苣苔属	半蒴苣苔	*Hemiboea subcapitata*			3	
苦苣苔科	珊瑚苣苔属	珊瑚苣苔	*Corallodiscus lanuginosus*			3	
苦苣苔科	马铃苣苔属	马铃苣苔	*Oreocharis amabilis*	T		3	
苦苣苔科	马铃苣苔属	川滇马铃苣苔	*Oreocharis henryana*	T		3	
苦苣苔科	金盏苣苔属	汶川金盏苣苔	*Oreocharis lancifolia* var. *mucronata*	T		3	
苦苣苔科	漏斗苣苔属	大叶锣	*Raphiocarpus sesquifolius*	T		3	
苦苣苔科	珊瑚苣苔属	小石花	*Corallodiscus conchifolius*	T		3	
苦苣苔科	金鱼草属	金鱼草	*Antirrhinum majus*			3	
紫葳科	角蒿属	两头毛	*Incarvillea arguta*			1	
紫葳科	角蒿属	角蒿	*Incarvillea sinensis*	T		1	
紫葳科	梓属	灰楸	*Catalpa fargesii*	T		1	
紫葳科	梓属	梓	*Catalpa ovata*	T		3	栽培
爵床科	爵床属	爵床	*Justicia procumbens*			3	
爵床科	狗肝菜属	狗肝菜	*Dicliptera chinensis*			1	
爵床科	马蓝属	云南马蓝	*Strobilanthes yunnanensis*	T		1	
透骨草科	透骨草属	透骨草	*Phryma leptostachya* subsp. *asiatica*			1	
马鞭草科	马鞭草属	马鞭草	*Verbena officinalis*			1	
马鞭草科	大青属	苞花大青	*Clerodendrum bracteatum*			3	
马鞭草科	大青属	臭牡丹	*Clerodendrum bungei*			1	
马鞭草科	大青属	海州常山	*Clerodendrum trichotomum*			3	
马鞭草科	莸属	兰香草	*Caryopteris incana*			1	
马鞭草科	莸属	蒙古莸	*Caryopteris mongholica*			3	
马鞭草科	紫珠属	紫珠	*Callicarpa bodinieri*			1	
马鞭草科	紫珠属	红紫珠	*Callicarpa rubella*			1	
马鞭草科	豆腐柴属	狐臭柴	*Premna puberula*	T		3	
马鞭草科	莸属	黏叶莸	*Caryopteris glutinosa*	T		3	
马鞭草科	莸属	小叶灰毛莸	*Caryopteris minor*	T		3	
马鞭草科	莸属	光果莸	*Caryopteris tangutica*	T		1	
马鞭草科	莸属	毛球莸	*Caryopteris trichosphaera*	T		3	
马鞭草科	紫珠属	老鸦糊	*Callicarpa giraldii*	T		3	
马鞭草科	紫珠属	水金花	*Callicarpa salicifolia*	T		3	
唇形科	香科科属	穗花香科科	*Teucrium japonicum*			3	

附录一 物种名录

续表

科名	属名	物种名	拉丁名	特有种	保护级别	数据来源	备注
唇形科	香科科属	血见愁	*Teucrium viscidum*			1	
唇形科	筒冠花属	筒冠花	*Siphocranion macranthum*			3	
唇形科	掌叶石蚕属	掌叶石蚕	*Rubiteucris palmata*			3	
唇形科	香茶菜属	细锥香茶菜	*Isodon coetsa*			3	
唇形科	夏枯草属	夏枯草	*Prunella vulgaris*			1	
唇形科	牛至属	牛至	*Origanum vulgare*			1	
唇形科	荆芥属	荆芥	*Nepeta cataria*			3	
唇形科	荆芥属	穗花荆芥	*Nepeta laevigata*			3	
唇形科	冠唇花属	冠唇花	*Microtoena insuavis*			3	
唇形科	薄荷属	薄荷	*Mentha canadensis*			1	
唇形科	蜜蜂花属	蜜蜂花	*Melissa axillaris*			1	
唇形科	益母草属	益母草	*Leonurus japonicus*			1	
唇形科	野芝麻属	宝盖草	*Lamium amplexicaule*			3	
唇形科	野芝麻属	野芝麻	*Lamium barbatum*			1	
唇形科	野芝麻属	紫花野芝麻	*Lamium maculatum*			3	
唇形科	夏至草属	夏至草	*Lagopsis supina*			3	
唇形科	鼬瓣花属	鼬瓣花	*Galeopsis bifida*			1	
唇形科	香薷属	香薷	*Elsholtzia ciliata*			1	
唇形科	香薷属	密花香薷	*Elsholtzia densa*			1	
唇形科	香薷属	鸡骨柴	*Elsholtzia fruticosa*			1	
唇形科	香薷属	穗状香薷	*Elsholtzia stachyodes*			3	
唇形科	香薷属	野苏子	*Pedicularis grandiflora*			3	
唇形科	风轮菜属	风轮菜	*Clinopodium chinense*			1	
唇形科	风轮菜属	细风轮菜	*Clinopodium gracile*			1	
唇形科	风轮菜属	灯笼草	*Clinopodium polycephalum*			3	
唇形科	风轮菜属	麻叶风轮菜	*Clinopodium urticifolium*			1	
唇形科	鳞果草属	西藏鳞果草	*Achyrospermum wallichianum*			3	
唇形科	香科科属	长毛香科科	*Teucrium pilosum*	T		1	
唇形科	水苏属	西南水苏	*Stachys kouyangensis*	T		1	
唇形科	黄芩属	滇黄芩	*Scutellaria amoena*	T		3	
唇形科	四棱草属	四棱草	*Schnabelia oligophylla*	T		3	
唇形科	鼠尾草属	宝兴鼠尾草	*Salvia paohsingensis*	T		1	
唇形科	鼠尾草属	戟叶鼠尾草	*Salvia bulleyana*	T		1	
唇形科	鼠尾草属	贵州鼠尾草	*Salvia cavaleriei*	T		3	
唇形科	鼠尾草属	血盆草	*Salvia cavaleriei* var. *simplicifolia*	T		1	
唇形科	鼠尾草属	犬形鼠尾草	*Salvia cynica*	T		3	
唇形科	鼠尾草属	林华鼠尾草	*Salvia hylocharis*	T		3	

续表

科名	属名	物种名	拉丁名	特有种	保护级别	数据来源	备注
唇形科	鼠尾草属	峨眉鼠尾草	*Salvia omeiana*	T		3	
唇形科	鼠尾草属	甘西鼠尾草	*Salvia przewalskii*	T		1	
唇形科	钩子木属	钩子木	*Rostrinucula dependens*	T		3	
唇形科	香茶菜属	香茶菜	*Isodon amethystoides*	T		1	
唇形科	香茶菜属	拟缺香茶菜	*Isodon excisoides*	T		3	
唇形科	香茶菜属	木里香茶菜	*Isodon muliensis*	T		3	
唇形科	香茶菜属	小叶香茶菜	*Isodon parvifolius*	T		3	
唇形科	香茶菜属	碎米桠	*Isodon rubescens*	T		1	
唇形科	荆芥属	蓝花荆芥	*Nepeta coerulescens*	T		3	
唇形科	荆芥属	康藏荆芥	*Nepeta prattii*	T		1	
唇形科	冠唇花属	长萼冠唇花	*Microtoena longisepala*	T		3	
唇形科	龙头草属	华西龙头草	*Meehania fargesii*	T		1	
唇形科	动蕊花属	动蕊花	*Teucrium ornatum*	T		3	
唇形科	四轮香属	四轮香	*Hanceola sinensis*	T		3	
唇形科	小野芝麻属	小野芝麻	*Matsumurella chinense*	T		1	
唇形科	香薷属	野拔子	*Elsholtzia rugulosa*	T		1	
唇形科	风轮菜属	寸金草	*Clinopodium megalanthum*	T		3	
唇形科	风轮菜属	峨眉风轮菜	*Clinopodium omeiense*	T		1	
唇形科	筋骨草属	筋骨草	*Ajuga ciliata*	T		3	
唇形科	筋骨草属	微毛筋骨草	*Ajuga ciliata* var. *glabrescens*	T		3	
唇形科	筋骨草属	痢止蒿	*Ajuga forrestii*	T		3	
唇形科	筋骨草属	白苞筋骨草	*Ajuga lupulina*	T		1	
唇形科	吴黄木属	吴黄木	*Vuhuangia flava*			3	
唇形科	鼠尾草属	林荫鼠尾草	*Salvia nemorosa*			1	
唇形科	糙苏属	宝兴糙苏	*Phlomoides paohsingensis*			1	
唇形科	糙苏属	大叶糙苏	*Phlomoides maximowiczii*			3	
唇形科	糙苏属	大花糙苏	*Phlomoides megalantha*			3	
唇形科	糙苏属	美观糙苏	*Phlomoides ornata*			3	
唇形科	糙苏属	糙苏	*Phlomoides umbrosa*			1	
唇形科	糙苏属	宽苞糙苏	*Phlomoides umbrosa* var. *latibracteata*			3	
唇形科	香薷属	野草香	*Elsholtzia cyprianii*			3	
唇形科	紫苏属	紫苏	*Perilla frutescens*			1	栽培
唇形科	藿香属	藿香	*Agastache rugosa*			1	栽培
泽泻科	慈姑属	慈姑	*Sagittaria trifolia* subsp. *leucopetala*			3	
鸭跖草科	竹叶子属	竹叶子	*Streptolirion volubile*			1	
鸭跖草科	鸭跖草属	鸭跖草	*Commelina communis*			1	
芭蕉科	芭蕉属	芭蕉	*Musa basjoo*			1	栽培
姜科	姜属	蘘荷	*Zingiber mioga*			1	

附录一 物种名录

续表

科名	属名	物种名	拉丁名	特有种	保护级别	数据来源	备注
百合科	藜芦属	毛穗藜芦	*Veratrum maackii*			3	
百合科	藜芦属	藜芦	*Veratrum nigrum*			1	
百合科	藜芦属	狭叶藜芦	*Veratrum stenophyllum*			3	
百合科	油点草属	油点草	*Tricyrtis macropoda*			1	
百合科	油点草属	黄花油点草	*Tricyrtis pilosa*			3	
百合科	鹿药属	管花鹿药	*Maianthemum henryi*			1	
百合科	鹿药属	鹿药	*Maianthemum japonicum*			3	
百合科	鹿药属	紫花鹿药	*Maianthemum purpureum*			3	
百合科	鹿药属	窄瓣鹿药	*Maianthemum tatsienense*			3	
百合科	吉祥草属	吉祥草	*Reineckea carnea*			1	
百合科	黄精属	卷叶黄精	*Polygonatum cirrhifolium*			1	
百合科	黄精属	滇黄精	*Polygonatum kingianum*			3	
百合科	黄精属	玉竹	*Polygonatum odoratum*			1	
百合科	黄精属	黄精	*Polygonatum sibiricum*			1	
百合科	黄精属	轮叶黄精	*Polygonatum verticillatum*			1	
百合科	沿阶草属	沿阶草	*Ophiopogon bodinieri*			1	
百合科	假百合属	假百合	*Notholirion bulbuliferum*			1	
百合科	百合属	卷丹	*Lilium lancifolium*			1	
百合科	百合属	山丹	*Lilium pumilum*			3	
百合科	萱草属	黄花菜	*Hemerocallis citrina*			1	
百合科	萱草属	萱草	*Hemerocallis fulva*			1	
百合科	万寿竹属	万寿竹	*Disporum cantoniense*			1	
百合科	万寿竹属	大花万寿竹	*Disporum megalanthum*			1	
百合科	万寿竹属	少花万寿竹	*Disporum uniflorum*			1	
百合科	大百合属	大百合	*Cardiocrinum giganteum*			1	
百合科	天门冬属	羊齿天门冬	*Asparagus filicinus*			1	
百合科	葱属	天蓝韭	*Allium cyaneum*			3	
百合科	葱属	宽叶韭	*Allium hookeri*			3	
百合科	葱属	太白山葱	*Allium prattii*			3	
百合科	葱属	高山韭	*Allium sikkimense*			3	
百合科	葱属	细叶韭	*Allium tenuissimum*			3	
百合科	丫蕊花属	丫蕊花	*Ypsilandra thibetica*	T		3	
百合科	藜芦属	毛叶藜芦	*Veratrum grandiflorum*	T		3	
百合科	开口箭属	开口箭	*Rohdea chinensis*	T		3	
百合科	岩菖蒲属	叉柱岩菖蒲	*Tofieldia divergens*	T		3	
百合科	岩菖蒲属	岩菖蒲	*Tofieldia thibetica*	T		1	
百合科	扭柄花属	扭柄花	*Streptopus obtusatus*	T		3	
百合科	扭柄花属	小花扭柄花	*Streptopus parviflorus*	T		3	

续表

科名	属名	物种名	拉丁名	特有种	保护级别	数据来源	备注
百合科	鹿药属	高大鹿药	*Maianthemum atropurpureum*	T		3	
百合科	鹿药属	少叶鹿药	*Maianthemum stenolobum*	T		3	
百合科	鹿药属	四川鹿药	*Maianthemum szechuanicum*	T		3	
百合科	黄精属	垂叶黄精	*Polygonatum curvistylum*	T		3	
百合科	黄精属	多花黄精	*Polygonatum cyrtonema*	T		3	
百合科	黄精属	节根黄精	*Polygonatum nodosum*	T		3	
百合科	黄精属	湖北黄精	*Polygonatum zanlanscianense*	T		3	
百合科	沿阶草属	长茎沿阶草	*Ophiopogon chingii*	T		1	
百合科	沿阶草属	棒叶沿阶草	*Ophiopogon clavatus*	T		3	
百合科	沿阶草属	西南沿阶草	*Ophiopogon mairei*	T		3	
百合科	沿阶草属	林生沿阶草	*Ophiopogon sylvicola*	T		3	
百合科	山麦冬属	甘肃山麦冬	*Liriope kansuensis*	T		1	
百合科	百合属	岷江百合	*Lilium regale*	T		1	
百合科	百合属	滇百合	*Lilium bakerianum*	T		3	
百合科	百合属	川百合	*Lilium davidii*	T		1	
百合科	百合属	宝兴百合	*Lilium duchartrei*	T		1	
百合科	百合属	尖被百合	*Lilium lophophorum*	T		3	
百合科	百合属	泸定百合	*Lilium sargentiae*	T		1	
百合科	玉簪属	紫萼	*Hosta ventricosa*	T		1	
百合科	贝母属	甘肃贝母	*Fritillaria przewalskii*	T	二级	3	
百合科	贝母属	华西贝母	*Fritillaria sichuanica*	T	二级	3	
百合科	贝母属	暗紫贝母	*Fritillaria unibracteata*	T	二级	3	
百合科	独尾草属	独尾草	*Eremurus chinensis*	T		3	
百合科	万寿竹属	长蕊万寿竹	*Disporum longistylum*	T		1	
百合科	天门冬属	四川天门冬	*Asparagus sichuanicus*	T		3	
百合科	葱属	蓝花韭	*Allium beesianum*	T		3	
百合科	葱属	金头韭	*Allium herderianum*	T		3	
百合科	葱属	茂汶韭	*Allium maowenense*	T		1	
百合科	葱属	卵叶山葱	*Allium ovalifolium*	T		3	
百合科	葱属	野黄韭	*Allium rude*	T		3	
百合科	葱属	西川韭	*Allium xichuanense*	T		3	
百合科	葱属	齿被韭	*Allium yuanum*	T		3	
百合科	绵枣儿属	白绿绵枣儿	*Scilla scilloides*			3	
百合科	玉簪属	紫玉簪	*Hosta albomarginata*			3	
百合科	七筋姑属	七筋姑	*Clintonia udensis*			3	
百合科	天门冬属	毛子草	*Eriospermum cooperi*			3	
百合科	粉条儿菜属	高山肺筋草	*Aletris alpestris*			1	
百合科	粉条儿菜属	无毛肺筋草	*Aletris glabra*			3	

附录一 物种名录

续表

科名	属名	物种名	拉丁名	特有种	保护级别	数据来源	备注
百合科	粉条儿菜属	疏花肺筋草	*Aletris laxiflora*			3	
百合科	粉条儿菜属	少花肺筋草	*Aletris pauciflora*			3	
百合科	粉条儿菜属	肺筋草	*Aletris spicata*			1	
百合科	粉条儿菜属	狭瓣肺筋草	*Aletris stenoloba*			3	
百合科	葱属	葱	*Allium fistulosum*			1	栽培
百合科	葱属	蒜	*Allium sativum*			1	栽培
百合科	葱属	韭	*Allium tuberosum*			3	栽培
百合科	玉簪属	玉簪	*Hosta plantaginea*	T		1	栽培
百合科	万年青属	万年青	*Rohdea japonica*			1	栽培
百合科	黄精属	独花黄精	*Polygonatum hookeri*			1	
延龄草科	重楼属	七叶一枝花	*Paris polyphylla*		二级	1	
延龄草科	重楼属	狭叶重楼	*Paris polyphylla* var. *stenophylla*			1	
延龄草科	重楼属	北重楼	*Paris verticillata*			3	
延龄草科	重楼属	巴山重楼	*Paris bashanensis*	T	二级	3	
延龄草科	延龄草属	延龄草	*Trillium tschonoskii*			1	
延龄草科	重楼属	华重楼	*Paris polyphylla* var. *chinensis*			3	
延龄草科	重楼属	长药隔重楼	*Paris polyphylla* var. *pseudothibetica*			1	
延龄草科	重楼属	四叶重楼	*Paris quadrifolia*		二级	3	
延龄草科	重楼属	宽叶重楼	*Paris polyphylla* var. *latifolia*			1	
菝葜科	菝葜属	尖叶菝葜	*Smilax arisanensis*			1	
菝葜科	菝葜属	西南菝葜	*Smilax biumbellata*			1	
菝葜科	菝葜属	菝葜	*Smilax china*			1	
菝葜科	菝葜属	长托菝葜	*Smilax ferox*			1	
菝葜科	菝葜属	粗糙菝葜	*Smilax lebrunii*			1	
菝葜科	菝葜属	防己叶菝葜	*Smilax menispermoidea*			1	
菝葜科	菝葜属	鞘柄菝葜	*Smilax stans*			1	
菝葜科	肖菝葜属	肖菝葜	*Smilax japonica*			3	
菝葜科	肖菝葜属	短柱肖菝葜	*Smilax septemnervia*			3	
菝葜科	菝葜属	小叶菝葜	*Smilax microphylla*	T		1	
菝葜科	菝葜属	红果菝葜	*Smilax polycolea*	T		1	
菝葜科	菝葜属	短梗菝葜	*Smilax scobinicaulis*	T		3	
天南星科	犁头尖属	西南犁头尖	*Sauromatum horsfieldii*			3	
天南星科	半夏属	半夏	*Pinellia ternata*			1	
天南星科	天南星属	象南星	*Arisaema elephas*			1	
天南星科	天南星属	一把伞南星	*Arisaema erubescens*			1	
天南星科	天南星属	天南星	*Arisaema heterophyllum*			1	
天南星科	犁头尖属	独角莲	*Sauromatum giganteum*	T		1	
天南星科	半夏属	虎掌	*Pinellia pedatisecta*	T		1	

续表

科名	属名	物种名	拉丁名	特有种	保护级别	数据来源	备注
天南星科	天南星属	花南星	Arisaema lobatum	T		3	
天南星科	芋属	野芋	Colocasia antiquorum			1	
天南星科	魔芋属	魔芋	Amorphophallus konjac			1	栽培
石蒜科	水仙属	水仙	Narcissus tazetta subsp. chinensis	T		3	栽培
鸢尾科	鸢尾属	西南鸢尾	Iris bulleyana			3	
鸢尾科	鸢尾属	锐果鸢尾	Iris goniocarpa			3	
鸢尾科	鸢尾属	蝴蝶花	Iris japonica			1	
鸢尾科	鸢尾属	紫苞鸢尾	Iris ruthenica			3	
鸢尾科	鸢尾属	鸢尾	Iris tectorum			1	
鸢尾科	鸢尾属	白花鸢尾	Iris tectorum f. alba			3	
鸢尾科	鸢尾属	扁竹兰	Iris confusa	T		3	
鸢尾科	鸢尾属	长葶鸢尾	Iris delavayi	T		3	
鸢尾科	鸢尾属	薄叶鸢尾	Iris leptophylla	T		3	
鸢尾科	鸢尾属	水仙花鸢尾	Iris narcissiflora	T	二级	3	
鸢尾科	鸢尾属	小鸢尾	Iris proantha	T		1	
鸢尾科	唐菖蒲属	唐菖蒲	Gladiolus gandavensis			1	栽培
百部科	百部属	大百部	Stemona tuberosa			3	
薯蓣科	薯蓣属	黏山药	Dioscorea hemsleyi			3	
薯蓣科	薯蓣属	日本薯蓣	Dioscorea japonica			1	
薯蓣科	薯蓣属	毛胶薯蓣	Dioscorea subcalva			3	
薯蓣科	薯蓣属	黄山药	Dioscorea panthaica			1	
薯蓣科	薯蓣属	高山薯蓣	Dioscorea delavayi	T		1	
薯蓣科	薯蓣属	参薯	Dioscorea alata			1	
薯蓣科	薯蓣属	甘薯	Dioscorea esculenta			3	
薯蓣科	薯蓣属	薯蓣	Dioscorea polystachya			1	栽培
棕榈科	棕榈属	棕榈	Trachycarpus fortunei			1	
兰科	金佛山兰属	金佛山兰	Cephalanthera nanchuanica			5	
兰科	绶草属	绶草	Spiranthes sinensis			1	
兰科	鸟足兰属	缘毛鸟足兰	Satyrium nepalense var. ciliatum			1	
兰科	小红门兰属	广布小红门兰	Ponerorchis chusua			1	
兰科	独蒜兰属	独蒜兰	Pleione bulbocodioides		二级	3	
兰科	舌唇兰属	舌唇兰	Platanthera japonica			1	
兰科	舌唇兰属	尾瓣舌唇兰	Platanthera mandarinorum			5	
兰科	舌唇兰属	小舌唇兰	Platanthera minor			1	
兰科	舌唇兰属	小花舌唇兰	Platanthera minutiflora			3	
兰科	山兰属	囊唇山兰	Oreorchis foliosa var. indica			5	
兰科	山兰属	山兰	Oreorchis patens			3	
兰科	鸟巢兰属	二叶兜被兰	Neottianthe cucullata			3	

附录一 物种名录

续表

科名	属名	物种名	拉丁名	特有种	保护级别	数据来源	备注
兰科	鸟巢兰属	密花兜被兰	*Neottianthe cucullata* var. *calcicola*			3	
兰科	鸟巢兰属	尖唇鸟巢兰	*Neottia acuminata*			3	
兰科	风兰属	风兰	*Neofinetia falcata*			3	
兰科	原沼兰属	原沼兰	*Malaxis monophyllos*			1	
兰科	沼兰属	云南沼兰	*Crepidium bahanense*			3	
兰科	对叶兰属	对叶兰	*Neottia puberula*			3	
兰科	羊耳蒜属	羊耳蒜	*Liparis campylostalix*			1	
兰科	羊耳蒜属	齿突羊耳蒜	*Liparis rostrata*			9	
兰科	角盘兰属	宽唇角盘兰	*Herminium josephii*			3	
兰科	角盘兰属	叉唇角盘兰	*Herminium lanceum*			3	
兰科	角盘兰属	角盘兰	*Herminium monorchis*			3	
兰科	舌喙兰属	粗距舌喙兰	*Hemipilia crassicalcarata*			3	
兰科	手参属	手参	*Gymnadenia conopsea*		二级	3	
兰科	手参属	西南手参	*Gymnadenia orchidis*		二级	1	
兰科	斑叶兰属	大花斑叶兰	*Goodyera biflora*			3	
兰科	斑叶兰属	小斑叶兰	*Goodyera repens*			1	
兰科	斑叶兰属	斑叶兰	*Goodyera schlechtendaliana*			3	
兰科	斑叶兰属	绒叶斑叶兰	*Goodyera velutina*			3	
兰科	天麻属	天麻	*Gastrodia elata*		二级	3	
兰科	盆距兰属	台湾盆距兰	*Gastrochilus formosanus*			3	
兰科	山珊瑚属	毛萼山珊瑚	*Galeola lindleyana*			5	
兰科	盔花兰属	二叶盔花兰	*Galearis spathulata*			3	
兰科	虎舌兰属	裂唇虎舌兰	*Epipogium aphyllum*			3	
兰科	虎舌兰属	虎舌兰	*Epipogium roseum*			3	
兰科	火烧兰属	火烧兰	*Epipactis helleborine*			1	
兰科	火烧兰属	大叶火烧兰	*Epipactis mairei*			3	
兰科	尖药兰属	尖药兰	*Platanthera urceolata*			3	
兰科	杓兰属	掌裂兰	*Dactylorhiza hatagirea*		二级	3	
兰科	杓兰属	对叶杓兰	*Cypripedium debile*		二级	3	
兰科	杓兰属	黄花杓兰	*Cypripedium flavum*		二级	3	
兰科	杓兰属	紫点杓兰	*Cypripedium guttatum*		二级	3	
兰科	杓兰属	大花杓兰	*Cypripedium macranthos*		二级	3	
兰科	杓兰属	离萼杓兰	*Cypripedium plectrochilum*		二级	3	
兰科	杓兰属	西藏杓兰	*Cypripedium tibeticum*		二级	1	
兰科	兰属	蕙兰	*Cymbidium faberi*		二级	3	
兰科	兰属	春兰	*Cymbidium goeringii*		二级	5	
兰科	杜鹃兰属	杜鹃兰	*Cremastra appendiculata*		二级	3	
兰科	金唇兰属	金唇兰	*Chrysoglossum ornatum*			3	

续表

科名	属名	物种名	拉丁名	特有种	保护级别	数据来源	备注
兰科	头蕊兰属	银兰	*Cephalanthera erecta*			3	
兰科	头蕊兰属	头蕊兰	*Cephalanthera longifolia*			3	
兰科	虾脊兰属	流苏虾脊兰	*Calanthe alpina*			3	
兰科	虾脊兰属	狭叶虾脊兰	*Calanthe angustifolia*			3	
兰科	虾脊兰属	弧距虾脊兰	*Calanthe arcuata*			3	
兰科	虾脊兰属	肾唇虾脊兰	*Calanthe brevicornu*			3	
兰科	虾脊兰属	剑叶虾脊兰	*Calanthe davidii*			5	
兰科	虾脊兰属	细花虾脊兰	*Calanthe mannii*			3	
兰科	虾脊兰属	反瓣虾脊兰	*Calanthe reflexa*			3	
兰科	虾脊兰属	三棱虾脊兰	*Calanthe tricarinata*			3	
兰科	白及属	小白及	*Bletilla formosana*			3	
兰科	白及属	黄花白及	*Bletilla ochracea*			3	
兰科	虾脊兰属	戟形虾脊兰	*Calanthe nipponica*			6	
兰科	鸟巢兰属	卡氏对叶兰	*Neottia karoana*			6	
兰科	蛤兰属	高山蛤兰	*Conchidium japonicum*			7	
兰科	山兰属	西南山兰	*Oreorchis angustata*	T		3	
兰科	山兰属	长叶山兰	*Oreorchis fargesii*	T		3	
兰科	山兰属	少花山兰	*Oreorchis oligantha*	T		5	
兰科	对叶兰属	大花对叶兰	*Neottia wardii*	T		3	
兰科	羊耳蒜属	小羊耳蒜	*Liparis fargesii*	T		3	
兰科	瘦房兰属	瘦房兰	*Ischnogyne mandarinorum*	T		3	
兰科	玉凤花属	卧龙玉凤花	*Habenaria wolongensis*	T		3	
兰科	玉凤花属	小花玉凤花	*Habenaria acianthoides*	T		3	
兰科	玉凤花属	落地金钱	*Habenaria aitchisonii*	T		3	
兰科	玉凤花属	长距玉凤花	*Habenaria davidii*	T		3	
兰科	玉凤花属	粉叶玉凤花	*Habenaria glaucifolia*	T		3	
兰科	斑叶兰属	卧龙斑叶兰	*Goodyera wolongensis*	T		3	
兰科	盆距兰属	中华盆距兰	*Gastrochilus sinensis*	T		8	
兰科	盔花兰属	斑唇盔花兰	*Galearis wardii*	T		3	
兰科	杓兰属	褐花杓兰	*Cypripedium calcicola*	T	二级	5	
兰科	杓兰属	毛杓兰	*Cypripedium franchetii*	T	二级	3	
兰科	杓兰属	绿花杓兰	*Cypripedium henryi*	T	二级	1	
兰科	杓兰属	斑叶杓兰	*Cypripedium margaritaceum*	T	二级	5	
兰科	杓兰属	小花杓兰	*Cypripedium micranthum*	T	二级	5	
兰科	杓兰属	四川杓兰	*Cypripedium sichuanense*	T	二级	3	
兰科	铠兰属	大理铠兰	*Corybas taliensis*	T	二级	3	
兰科	虾脊兰属	天全虾脊兰	*Calanthe ecarinata*	T		3	
兰科	鸟巢兰属	无喙兰	*Neottia gaudissartii*	T		6	

附录一 物种名录

续表

科名	属名	物种名	拉丁名	特有种	保护级别	数据来源	备注
兰科	小红门兰属	卧龙无柱兰	*Ponerorchis wolongensis*			1	
兰科	盆距兰属	卧龙盆距兰	*Gastrochilus wolongensis*			10	
兰科	盔花兰属	河北盔花兰	*Galearis tschiliensis*			3	
兰科	杓兰属	巴朗山杓兰	*Cypripedium palangshanense*		二级	3	
兰科	凹舌兰属	凹舌兰	*Dactylorhiza viridis*			3	
兰科	独花兰属	独花兰	*Changnienia amoena*		二级	3	
兰科	石豆兰属	卧龙卷瓣兰	*Bulbophyllum wolongense*			11	
兰科	盆距兰属	和民盆距兰	*Gastrochilus heminii*			5	
兰科	兰属	建兰	*Cymbidium ensifolium*		二级	1	
兰科	白及属	白及	*Bletilla striata*		二级	1	
灯芯草科	地杨梅属	散序地杨梅	*Luzula effusa*			3	
灯芯草科	地杨梅属	多花地杨梅	*Luzula multiflora*			3	
灯芯草科	地杨梅属	羽毛地杨梅	*Luzula plumosa*			3	
灯芯草科	灯芯草属	笄石菖	*Juncus prismatocarpus*			1	
灯芯草科	灯芯草属	翅茎灯芯草	*Juncus alatus*			1	
灯芯草科	灯芯草属	葱状灯芯草	*Juncus allioides*			1	
灯芯草科	灯芯草属	走茎灯芯草	*Juncus amplifolius*			3	
灯芯草科	灯芯草属	小花灯芯草	*Juncus articulatus*			3	
灯芯草科	灯芯草属	灯芯草	*Juncus effusus*			1	
灯芯草科	灯芯草属	细茎灯芯草	*Juncus gracilicaulis*			1	
灯芯草科	灯芯草属	喜马灯芯草	*Juncus himalensis*			1	
灯芯草科	灯芯草属	甘川灯芯草	*Juncus leucanthus*			3	
灯芯草科	灯芯草属	长苞灯芯草	*Juncus leucomelas*			3	
灯芯草科	灯芯草属	野灯芯草	*Juncus setchuensis*			1	
灯芯草科	灯芯草属	陕甘灯芯草	*Juncus tanguticus*			3	
灯芯草科	灯芯草属	展苞灯芯草	*Juncus thomsonii*			3	
莎草科	珍珠茅属	高秆珍珠茅	*Scleria terrestris*			3	
莎草科	砖子苗属	砖子苗	*Cyperus cyperoides*			1	
莎草科	水蜈蚣属	短叶水蜈蚣	*Kyllinga brevifolia*			1	
莎草科	嵩草属	矮生嵩草	*Carex alatauensis*			3	
莎草科	嵩草属	嵩草	*Carex myosuroides*			3	
莎草科	嵩草属	四川嵩草	*Carex setschwanensis*			3	
莎草科	飘拂草属	两歧飘拂草	*Fimbristylis dichotoma*			3	
莎草科	莎草属	香附子	*Cyperus rotundus*			1	
莎草科	薹草属	高秆薹草	*Carex alta*			1	
莎草科	薹草属	十字薹草	*Carex cruciata*			1	
莎草科	薹草属	膨囊薹草	*Carex lehmannii*			3	
莎草科	薹草属	长穗柄薹草	*Carex longipes*			3	

续表

科名	属名	物种名	拉丁名	特有种	保护级别	数据来源	备注
莎草科	薹草属	云雾薹草	Carex nubigena			3	
莎草科	薹草属	帚状薹草	Carex praelonga			1	
莎草科	薹草属	粉被薹草	Carex pruinosa			3	
莎草科	薹草属	丝叶薹草	Carex capilliformis	T		1	
莎草科	薹草属	中华薹草	Carex chinensis	T		1	
莎草科	薹草属	密生薹草	Carex crebra	T		3	
莎草科	薹草属	长安薹草	Carex heudesii	T		3	
莎草科	薹草属	宝兴薹草	Carex moupinensis	T		3	
莎草科	薹草属	紫鳞薹草	Carex purpureosquamata	T		3	
莎草科	薹草属	大理薹草	Carex rubrobrunnea var. taliensis	T		3	
莎草科	薹草属	川滇薹草	Carex schneideri	T		1	
莎草科	水蜈蚣属	水蜈蚣	Kyllinga polyphylla			1	
莎草科	薹草属	疏穗薹草	Carex divulsa			3	
禾本科	草沙蚕属	中华草沙蚕	Tripogon chinensis			1	
禾本科	锋芒草属	虱子草	Tragus berteronianus			3	
禾本科	鼠尾粟属	鼠尾粟	Sporobolus fertilis			1	
禾本科	狗尾草属	皱叶狗尾草	Setaria plicata			1	
禾本科	狗尾草属	狗尾草	Setaria viridis			1	
禾本科	细柄茅属	细柄茅	Ptilagrostis mongholica			3	
禾本科	棒头草属	棒头草	Polypogon fugax			1	
禾本科	金发草属	金丝草	Pogonatherum crinitum			1	
禾本科	早熟禾属	白顶早熟禾	Poa acroleuca			1	
禾本科	早熟禾属	林地早熟禾	Poa nemoralis			1	
禾本科	早熟禾属	草地早熟禾	Poa pratensis			1	
禾本科	早熟禾属	高原早熟禾	Poa pratensis subsp. alpigena			1	
禾本科	早熟禾属	硬质早熟禾	Poa sphondylodes			3	
禾本科	刚竹属	石绿竹	Phyllostachys arcana			1	
禾本科	显子草属	显子草	Phaenosperma globosum			1	
禾本科	狼尾草属	狼尾草	Pennisetum alopecuroides			3	
禾本科	狼尾草属	白草	Pennisetum flaccidum			1	
禾本科	雀稗属	圆果雀稗	Paspalum scrobiculatum var. orbiculare			3	
禾本科	雀稗属	雀稗	Paspalum thunbergii			1	
禾本科	落芒草属	落芒草	Piptatherum munroi			3	
禾本科	求米草属	竹叶草	Oplismenus compositus			1	
禾本科	求米草属	求米草	Oplismenus undulatifolius			1	
禾本科	乱子草属	乱子草	Muhlenbergia huegelii			3	
禾本科	芒属	五节芒	Miscanthus floridulus			1	

附录一 物种名录

续表

科名	属名	物种名	拉丁名	特有种	保护级别	数据来源	备注
禾本科	芒属	尼泊尔芒	*Miscanthus nepalensis*			3	
禾本科	芒属	芒	*Miscanthus sinensis*			1	
禾本科	粟草属	粟草	*Milium effusum*			3	
禾本科	莠竹属	竹叶茅	*Microstegium nudum*			1	
禾本科	臭草属	臭草	*Melica scabrosa*			1	
禾本科	柳叶箬属	柳叶箬	*Isachne globosa*			3	
禾本科	白茅属	白茅	*Imperata cylindrica*			1	
禾本科	黄茅属	黄茅	*Heteropogon contortus*			1	
禾本科	羊茅属	日本羊茅	*Festuca japonica*			3	
禾本科	羊茅属	弱须羊茅	*Festuca leptopogon*			3	
禾本科	羊茅属	羊茅	*Festuca ovina*			1	
禾本科	羊茅属	小颖羊茅	*Festuca parvigluma*			1	
禾本科	蔗茅属	蔗茅	*Saccharum rufipilum*			1	
禾本科	旱茅属	旱茅	*Schizachyrium delavayi*			3	
禾本科	蜈蚣草属	蜈蚣草	*Eremochloa ciliaris*			1	
禾本科	画眉草属	大画眉草	*Eragrostis cilianensis*			1	
禾本科	画眉草属	知风草	*Eragrostis ferruginea*			1	
禾本科	画眉草属	黑穗画眉草	*Eragrostis nigra*			1	
禾本科	画眉草属	画眉草	*Eragrostis pilosa*			1	
禾本科	披碱草属	披碱草	*Elymus dahuricus*			1	
禾本科	披碱草属	垂穗披碱草	*Elymus nutans*			1	
禾本科	披碱草属	老芒麦	*Elymus sibiricus*			1	
禾本科	穆属	牛筋草	*Eleusine indica*			1	
禾本科	稗属	稗	*Echinochloa crus-galli*			1	
禾本科	稗属	无芒稗	*Echinochloa crusgalli* var. *mitis*			1	
禾本科	马唐属	十字马唐	*Digitaria cruciata*			1	
禾本科	马唐属	止血马唐	*Digitaria ischaemum*			3	
禾本科	马唐属	马唐	*Digitaria sanguinalis*			1	
禾本科	马唐属	紫马唐	*Digitaria violascens*			3	
禾本科	野青茅属	微药野青茅	*Deyeuxia nivicola*			3	
禾本科	野青茅属	野青茅	*Deyeuxia pyramidalis*			1	
禾本科	野青茅属	糙野青茅	*Deyeuxia scabrescens*			3	
禾本科	发草属	发草	*Deschampsia cespitosa*			3	
禾本科	牡竹属	麻竹	*Dendrocalamus latiflorus*			3	
禾本科	鸭茅属	鸭茅	*Dactylis glomerata*			3	
禾本科	狗牙根属	狗牙根	*Cynodon dactylon*			1	
禾本科	香茅属	芸香草	*Cymbopogon distans*			3	
禾本科	香茅属	辣薄荷草	*Cymbopogon jwarancusa*			3	

续表

科名	属名	物种名	拉丁名	特有种	保护级别	数据来源	备注
禾本科	虎尾草属	虎尾草	*Chloris virgata*			3	
禾本科	拂子茅属	单蕊拂子茅	*Calamagrostis emodensis*			1	
禾本科	拂子茅属	假苇拂子茅	*Calamagrostis pseudophragmites*			1	
禾本科	雀麦属	疏花雀麦	*Bromus remotiflorus*			1	
禾本科	短柄草属	短柄草	*Brachypodium sylvaticum*			1	
禾本科	臂形草属	臂形草	*Brachiaria eruciformis*			3	
禾本科	孔颖草属	白羊草	*Bothriochloa ischaemum*			3	
禾本科	沟稃草属	沟稃草	*Aniselytron treutleri*			3	
禾本科	荩草属	光脊荩草	*Arthraxon epectinatus*			1	
禾本科	荩草属	中亚荩草	*Arthraxon hispidus* var. *centrasiaticus*			3	
禾本科	荩草属	茅叶荩草	*Arthraxon prionodes*			1	
禾本科	三芒草属	三芒草	*Aristida adscensionis*			3	
禾本科	黄花茅属	锡金黄花茅	*Anthoxanthum sikkimense*			3	
禾本科	看麦娘属	看麦娘	*Alopecurus aequalis*			1	
禾本科	剪股颖属	小花剪股颖	*Agrostis micrantha*			1	
禾本科	芨芨草属	芨芨草	*Neotrinia splendens*			1	
禾本科	芨芨草属	醉马草	*Achnatherum inebrians*			3	
禾本科	玉山竹属	短锥玉山竹	*Yushania brevipaniculata*	T		1	
禾本科	三角草属	假冠毛草	*Trikeraia pappiformis*	T		3	
禾本科	狗尾草属	金色狗尾草	*Setaria pumila*	T		3	
禾本科	早熟禾属	法氏早熟禾	*Poa faberi*	T		3	
禾本科	刚竹属	蓉城竹	*Phyllostachys bissetii*	T		3	
禾本科	狼尾草属	陕西狼尾草	*Pennisetum shaanxiense*	T		1	
禾本科	固沙草属	青海固沙草	*Orinus kokonorica*	T		3	
禾本科	箬竹属	箬叶竹	*Indocalamus longiauritus*	T		3	
禾本科	羊茅属	中华羊茅	*Festuca sinensis*	T		1	
禾本科	披碱草属	圆柱披碱草	*Elymus dahuricus* var. *cylindricus*	T		1	
禾本科	寒竹属	刺竹子	*Chimonobambusa pachystachys*	T		3	
禾本科	雀麦属	华雀麦	*Bromus sinensis*	T		1	
禾本科	剪股颖属	甘青剪股颖	*Agrostis hugoniana*	T		3	
禾本科	芨芨草属	细叶芨芨草	*Achnatherum chingii*	T		3	
禾本科	芨芨草属	异颖芨芨草	*Achnatherum inaequiglume*	T		3	
禾本科	三毛草属	穗三毛草	*Trisetum spicatum*			3	
禾本科	鹅观草属	短颖鹅观草	*Elymus burchan-buddae*			3	
禾本科	鹅观草属	长芒鹅观草	*Elymus dolichatherus*			1	
禾本科	鹅观草属	鹅观草	*Elymus kamoji*			3	
禾本科	早熟禾属	早熟禾	*Poa annua*			3	
禾本科	早熟禾属	胎生早熟禾	*Poa attenuata* var. *vivipara*			3	
禾本科	刚竹属	斑竹	*Phyllostachys reticulata* cv. *Lacrima-deae*			1	

附录一　物种名录

续表

科名	属名	物种名	拉丁名	特有种	保护级别	数据来源	备注
禾本科	黍属	稷	*Panicum miliaceum*			1	
禾本科	大麦属	裸麦	*Hordeum distichon* var. *nudum*			3	
禾本科	披碱草属	麦薲草	*Elymus tangutorum*			1	
禾本科	披碱草属	云山鹅观草	*Elymus tschimganicus*			1	
禾本科	马唐属	升马唐	*Digitaria ciliaris*			3	
禾本科	簕竹属	小琴丝竹	*Bambusa multiplex* cv. Alphonse-Karr			1	
禾本科	野古草属	野古草	*Arundinella hirta*			3	
禾本科	寒竹属	方竹	*Chimonobambusa quadrangularis*			1	
禾本科	筇竹属	筇竹	*Chimonobambusa tumidissinoda*	T		1	
禾本科	寒竹属	八月竹	*Chimonobambusa szechuanensis*	T		3	
禾本科	小麦属	小麦	*Triticum aestivum*			3	栽培
禾本科	高粱属	高粱	*Sorghum bicolor*			3	栽培
禾本科	大麦属	大麦	*Hordeum vulgare*			3	栽培
禾本科	玉蜀黍属	玉蜀黍	*Zea mays*			3	栽培
禾本科	刚竹属	刚竹	*Phyllostachys sulphurea* var. *viridis*	T		1	
禾本科	箭竹属	油竹子	*Fargesia angustissima*	T		3	
禾本科	箭竹属	丰实箭竹	*Fargesia ferax*	T		3	
禾本科	箭竹属	华西箭竹	*Fargesia nitida*	T		3	
禾本科	箭竹属	拐棍竹	*Fargesia robusta*	T		3	
禾本科	巴山木竹属	冷箭竹	*Arundinaria faberi*	T		1	
禾本科	黑麦草属	黑麦草	*Lolium perenne*			1	
禾本科	黑麦草属	多花黑麦草	*Lolium multiflorum*			1	
禾本科	雀麦属	扁穗雀麦	*Bromus catharticus*			1	
禾本科	燕麦属	野燕麦	*Avena fatua*			1	
禾本科	狗尾草属	棕叶狗尾草	*Setaria palmifolia*			1	

注：数据来源中 1 为实地调查．2 为中国数字植物标本馆．3 为四川省卧龙国家级自然保护区综合科学考察报告．4 为卧龙国家级自然保护区马先蒿属植物多样性及保护研究［J］．四川林业科技，2021，42（3）：35－40．5 为卧龙国家级自然保护区兰科植物多样性及保护研究［J］．四川林业科技，2020，41（3）：14－22．6 为四川兰科植物六个新记录种［J］．植物科学学报，2022，39（3）：223－228．7 为四川兰科植物一新记录属——蛤兰属［J］．四川林业科技，2022，43（2）：259－262．8 为四川省兰科植物一新记录种——中华盆距兰［J］．四川林业科技，2022，43（6）：232－234．9 为四川省兰科植物一新记录种——齿突羊耳蒜［J］．四川林业科技，2023，44（3）：253－255．10 为 *Gastrochilus wolongensis* (Orchidaceae): a new species from Sichuan, China, based on molecular and morphological data［J］．Ecosystem Health and Sustainability，2022，8（2）：2202546．11 为 *Bulbophyllum wolongense*, a new Orchidaceae species from Sichuan province in China, and its plastome comparative analysis［J］．Ecosystem Health and Sustainability，2023（9）：0072．12 为 A new name for Lysimachia sedoides WB Xu, CY Zou & B. Pan (Primulaceae)［J］．Taiwania，2023，68（3）：383．

2. 汶川县陆生哺乳动物名录

序号	目名	科名	种中文名	种拉丁文	特有种	保护级别	数据来源
1	劳亚食虫目	猬科	中国鼩猬	*Neotetracus sinensis*			2
2	劳亚食虫目	鼹科	长吻鼩鼹	*Uropsilus gracilis*	T		2
3	劳亚食虫目	鼹科	峨眉鼩鼹	*Uropsilus andersoni*	T		2
4	劳亚食虫目	鼹科	少齿鼩鼹	*Uropsilus soricipes*	T		1
5	劳亚食虫目	鼹科	长尾鼹	*Scaptonyx fusicaudus*			2
6	劳亚食虫目	鼹科	长吻鼹	*Euroscaptor longirostris*			2
7	劳亚食虫目	鼩鼱科	陕西鼩鼱	*Sorex sinalis*	T		2
8	劳亚食虫目	鼩鼱科	云南鼩鼱	*Sorex excelsus*	T		2
9	劳亚食虫目	鼩鼱科	纹背鼩鼱	*Sorex cylindricauda*	T		1
10	劳亚食虫目	鼩鼱科	小纹背鼩鼱	*Sorex bedfordiae*			1
11	劳亚食虫目	鼩鼱科	川鼩	*Blarinella quadraticauda*	T		1
12	劳亚食虫目	鼩鼱科	灰腹长尾鼩鼱	*Episoriculus sacratus*	T		1
13	劳亚食虫目	鼩鼱科	小长尾鼩鼱	*Episoriculus macrurus*			2
14	劳亚食虫目	鼩鼱科	斯氏缺齿鼩	*Chodsigoa smithii*	T		2
15	劳亚食虫目	鼩鼱科	川西缺齿鼩	*Chodsigoa hypsibia*	T		2
16	劳亚食虫目	鼩鼱科	四川短尾鼩	*Anourosorex squamipes*			1
17	劳亚食虫目	鼩鼱科	灰腹水鼩	*Chimarrogale styani*			2
18	劳亚食虫目	鼩鼱科	蹼足鼩	*Nectogale elegans*			1
19	劳亚食虫目	鼩鼱科	灰麝鼩	*Crocidura attenuata*			2
20	劳亚食虫目	鼩鼱科	白尾梢大麝鼩	*Crocidura dracula*			2
21	翼手目	菊头蝠科	日本马铁菊头蝠	*Rhinolophus nippon*			2
22	翼手目	菊头蝠科	中菊头蝠	*Rhinolophus affinis*			2
23	翼手目	菊头蝠科	小菊头蝠	*Rhinolophus pusillus*			2
24	翼手目	菊头蝠科	皮氏菊头蝠	*Rhinolophus pearsoni*			1
25	翼手目	菊头蝠科	北绒大菊头蝠	*Rhinolophus perniger*			2
26	翼手目	菊头蝠科	中华菊头蝠	*Rhinolophus sinicus*			2
27	翼手目	蹄蝠科	大蹄蝠	*Hipposideros armiger*			2
28	翼手目	蹄蝠科	普氏蹄蝠	*Hipposideros pratti*			2
29	翼手目	蝙蝠科	长尾鼠耳蝠	*Myotis frater*			2
30	翼手目	蝙蝠科	中华鼠耳蝠	*Myotis chinensis*			2
31	翼手目	蝙蝠科	普通伏翼	*Pipistrellus pipistrellus*			1
32	翼手目	蝙蝠科	灰伏翼	*Hypsugo pulveratus*			2
33	翼手目	蝙蝠科	东方蝙蝠	*Vespertilio sinensis*			2
34	翼手目	蝙蝠科	灰长耳蝠	*Plecotus austriacus*			2
35	翼手目	蝙蝠科	东方宽耳蝠	*Barbastella darjelingensis*			2
36	翼手目	蝙蝠科	金毛管鼻蝠	*Murina chrysochaetes*	T		3

附录一 物种名录

续表

序号	目名	科名	种中文名	种拉丁文	特有种	保护级别	数据来源
37	翼手目	蝙蝠科	锦矗管鼻蝠	*Murina jinchui*	T		4
38	翼手目	蝙蝠科	宝兴宽吻蝠	*Submyotodon moupinensis*			2
39	翼手目	蝙蝠科	华南水鼠耳蝠	*Motis laniger*			2
40	翼手目	蝙蝠科	金管鼻蝠	*Murina aurata*			2
41	灵长目	猴科	猕猴	*Macaca mulatta*		II	1
42	灵长目	猴科	藏酋猴	*Macaca thibetana*	T	II	1
43	灵长目	猴科	川金丝猴	*Rhinopithecus roxellana*	T	I	2
44	食肉目	犬科	狼	*Canis lupus*		II	1
45	食肉目	犬科	赤狐	*Vulpes vulpes*		II	1
46	食肉目	犬科	藏狐	*Vulpes ferrilata*		II	2
47	食肉目	犬科	貉	*Nyctereutes procyonoides*		II	2
48	食肉目	犬科	豺	*Cuon alpinus*		I	2
49	食肉目	熊科	黑熊	*Ursus thibetanus*		II	1
50	食肉目	熊科	大熊猫	*Ailuropoda melanoleuca*	T	I	1
51	食肉目	小熊猫科	中华小熊猫	*Ailurus styani*		II	1
52	食肉目	鼬科	石貂	*Martes foina*		II	2
53	食肉目	鼬科	黄喉貂	*Martes flavigula*		II	1
54	食肉目	鼬科	伶鼬	*Mustela nivalis*			2
55	食肉目	鼬科	香鼬	*Mustela altaica*			1
56	食肉目	鼬科	黄鼬	*Mustela sibirica*			1
57	食肉目	鼬科	鼬獾	*Melogale moschata*			1
58	食肉目	鼬科	亚洲狗獾	*Meles leucurus*			1
59	食肉目	鼬科	猪獾	*Arctonyx collaris*			1
60	食肉目	鼬科	欧亚水獭	*Lutra lutra*		II	2
61	食肉目	灵猫科	大灵猫	*Viverra zibetha*		I	2
62	食肉目	灵猫科	小灵猫	*Viverricula indica*		I	2
63	食肉目	灵猫科	斑林狸	*Prionodon pardicolor*		II	2
64	食肉目	灵猫科	花面狸	*Paguma larvata*			1
65	食肉目	猫科	兔狲	*Otocolobus manul*		II	2
66	食肉目	猫科	金猫	*Catopuma temminckii*		I	2
67	食肉目	猫科	豹猫	*Prionailurus bengalensis*		II	1
68	食肉目	猫科	猞猁	*Lynx lynx*		II	2
69	食肉目	猫科	豹	*Panthera pardus*		I	1
70	食肉目	猫科	雪豹	*Panthera uncia*		I	1
71	鲸偶蹄目	猪科	野猪	*Sus scrofa*			1
72	鲸偶蹄目	麝科	林麝	*Moschus berezovskii*		I	1
73	鲸偶蹄目	麝科	马麝	*Moschus chrysogaster*		I	2
74	鲸偶蹄目	鹿科	毛冠鹿	*Elaphodus cephalophus*		II	1

续表

序号	目名	科名	种中文名	种拉丁文	特有种	保护级别	数据来源
75	鲸偶蹄目	鹿科	小麂	*Muntiacus reevesi*	T		1
76	鲸偶蹄目	鹿科	赤麂	*Muntiacus vaginalis*			2
77	鲸偶蹄目	鹿科	水鹿	*Rusa unicolor*		Ⅱ	1
78	鲸偶蹄目	鹿科	西藏马鹿	*Cervus wallichii*		Ⅰ	2
79	鲸偶蹄目	鹿科	白唇鹿	*Przewalskium albirostris*	T	Ⅰ	2
80	鲸偶蹄目	牛科	扭角羚	*Budorcas taxicolor*		Ⅰ	1
81	鲸偶蹄目	牛科	中华斑羚	*Naemorhedus griseus*		Ⅱ	1
82	鲸偶蹄目	牛科	中华鬣羚	*Capricornis milneedwardsii*		Ⅱ	1
83	鲸偶蹄目	牛科	岩羊	*Pseudois nayaur*		Ⅱ	2
84	啮齿目	松鼠科	赤腹松鼠	*Callosciurus erythraeus*			1
85	啮齿目	松鼠科	隐纹花松鼠	*Tamiops swinhoei*			1
86	啮齿目	松鼠科	珀氏长吻松鼠	*Dremomys pernyi*			1
87	啮齿目	松鼠科	岩松鼠	*Sciurotamias davidianus*	T		1
88	啮齿目	松鼠科	喜马拉雅旱獭	*Marmota himalayana*			1
89	啮齿目	鼯鼠科	复齿鼯鼠	*Trogopterus xanthipes*	T		2
90	啮齿目	鼯鼠科	灰头鼯鼠	*Petaurista caniceps*			2
91	啮齿目	鼯鼠科	红白鼯鼠	*Petaurista alborufus*	T		2
92	啮齿目	鼯鼠科	灰鼯鼠	*Petaurista xanthotis*	T		2
93	啮齿目	鼹形鼠科	高原鼢鼠	*Eospalax baileyi*			2
94	啮齿目	鼹形鼠科	中华竹鼠	*Rhizomys sinensis*			2
95	啮齿目	仓鼠科	长尾仓鼠	*Cricetulus longicaudatus*			2
96	啮齿目	仓鼠科	黑腹绒鼠	*Eothenomys melanogaster*			1
97	啮齿目	仓鼠科	中华绒鼠	*Eothenomys chinensis*	T		2
98	啮齿目	仓鼠科	康定绒鼠	*Eothenomys hintoni*	T		2
99	啮齿目	仓鼠科	甘肃绒鼠	*Caryomys eva*	T		2
100	啮齿目	仓鼠科	高原松田鼠	*Neodon irene*	T		2
101	啮齿目	仓鼠科	柴达木根田鼠	*Alexandromys limnophilus*			2
102	啮齿目	仓鼠科	四川田鼠	*Volemys millicens*	T		2
103	啮齿目	鼠科	红耳巢鼠	*Micromys erythrotis*			2
104	啮齿目	鼠科	大林姬鼠	*Apodemus peninsulae*			2
105	啮齿目	鼠科	大耳姬鼠	*Apodemus latronum*			2
106	啮齿目	鼠科	中华姬鼠	*Apodemus draco*			1
107	啮齿目	鼠科	高山姬鼠	*Apodemus chevrieri*	T		1
108	啮齿目	鼠科	青毛巨鼠	*Berylmys bowersi*			2
109	啮齿目	鼠科	小泡巨鼠	*Leopoldamys edwardsi*			2
110	啮齿目	鼠科	黄胸鼠	*Rattus tanezumi*			1
111	啮齿目	鼠科	大足鼠	*Rattus nitidus*			2
112	啮齿目	鼠科	褐家鼠	*Rattus norvegicus*			1

续表

序号	目名	科名	种中文名	种拉丁文	特有种	保护级别	数据来源
113	啮齿目	鼠科	北社鼠	*Niviventer confucianus*			1
114	啮齿目	鼠科	川西白腹鼠	*Niviventer excelsior*	T		1
115	啮齿目	鼠科	安氏白腹鼠	*Niviventer andersoni*	T		2
116	啮齿目	鼠科	华南针毛鼠	*Niviventer huang*			1
117	啮齿目	鼠科	小家鼠	*Mus musculus*			1
118	啮齿目	跳鼠科	中国蹶鼠	*Sicista concolor*			2
119	啮齿目	跳鼠科	四川林跳鼠	*Eozapus setchuanus*	T		2
120	啮齿目	豪猪科	中国豪猪	*Hystrix hodgsoni*			1
121	兔形目	鼠兔科	秦岭鼠兔	*Ochotona syrinx*			2
122	兔形目	鼠兔科	藏鼠兔	*Ochotona thibetana*			1
123	兔形目	鼠兔科	间颅鼠兔	*Ochotona cansus*	T		2
124	兔形目	鼠兔科	红耳鼠兔	*Ochotona erythrotis*	T		2
125	兔形目	兔科	蒙古兔	*Lepus tolai*			1
126	兔形目	兔科	高原兔	*Lepus oiostolus*			1

注：数据来源中 1 为实地数据（含红外相机）. 2 为卧龙和草坡自然保护区科考报告记录. 3 为金毛管鼻蝠在我国模式产地外的再发现——广东、云南和四川新记录［J］. 四川动物，2021（6）：702－709. 4 为 Tube-nosed variations-a new species of the genus *Murina*（Chiroptera：Vespertilionidae）from China［J］. Zoological Research，2020（1）.

3. 汶川县鸟类名录

序号	目名	科名	物种名	拉丁名	特有种	保护级别	数据来源
1	鸡形目	雉科	斑尾榛鸡	*Tetrastes sewerzowi*	T	I	2
2	鸡形目	雉科	雪鹑	*Lerwa lerwa*			1
3	鸡形目	雉科	红喉雉鹑	*Tetraophasis obscurus*	T	I	1
4	鸡形目	雉科	藏雪鸡	*Tetraogallus tibetanus*		II	1
5	鸡形目	雉科	高原山鹑	*Perdix hodgsoniae*			1
6	鸡形目	雉科	灰胸竹鸡	*Bambusicola thoracicus*	T		1
7	鸡形目	雉科	血雉	*Ithaginis cruentus*		II	1
8	鸡形目	雉科	红腹角雉	*Tragopan temminckii*		II	1
9	鸡形目	雉科	勺鸡	*Pucrasia macrolopha*		II	1
10	鸡形目	雉科	绿尾虹雉	*Lophophorus lhuysii*	T	I	1
11	鸡形目	雉科	白马鸡	*Crossoptilon crossoptilon*	T	II	2
12	鸡形目	雉科	环颈雉	*Phasianus colchicus*			1
13	鸡形目	雉科	红腹锦鸡	*Chrysolophus pictus*	T	II	1
14	鸡形目	雉科	白腹锦鸡	*Chrysolophus amherstiae*		II	1
15	雁形目	鸭科	斑头雁	*Anser indicus*			2
16	雁形目	鸭科	赤麻鸭	*Tadorna ferruginea*			2

续表

序号	目名	科名	物种名	拉丁名	特有种	保护级别	数据来源
17	雁形目	鸭科	鸳鸯	*Aix galericulata*		II	1
18	雁形目	鸭科	赤膀鸭	*Mareca strepera*			1
19	雁形目	鸭科	赤颈鸭	*Mareca penelope*			2
20	雁形目	鸭科	绿头鸭	*Anas platyrhynchos*			1
21	雁形目	鸭科	斑嘴鸭	*Anas zonorhyncha*			2
22	雁形目	鸭科	针尾鸭	*Anas acuta*			1
23	雁形目	鸭科	绿翅鸭	*Anas crecca*			1
24	雁形目	鸭科	琵嘴鸭	*Spatula clypeata*			1
25	雁形目	鸭科	白眼潜鸭	*Aythya nyroca*			1
26	雁形目	鸭科	鹊鸭	*Bucephala clangula*			1
27	雁形目	鸭科	普通秋沙鸭	*Mergus merganser*			1
28	䴙䴘目	䴙䴘科	小䴙䴘	*Tachybaptus ruficollis*			1
29	䴙䴘目	䴙䴘科	凤头䴙䴘	*Podiceps cristatus*			1
30	䴙䴘目	䴙䴘科	黑颈䴙䴘	*Podiceps nigricollis*		II	2
31	䴙䴘目	䴙䴘科	赤颈䴙䴘	*Podiceps grisegena*		II	1
32	鸽形目	鸠鸽科	岩鸽	*Columba rupestris*			2
33	鸽形目	鸠鸽科	雪鸽	*Columba leuconota*			1
34	鸽形目	鸠鸽科	斑林鸽	*Columba hodgsonii*			2
35	鸽形目	鸠鸽科	山斑鸠	*Streptopelia orientalis*			1
36	鸽形目	鸠鸽科	火斑鸠	*Streptopelia tranquebarica*			2
37	鸽形目	鸠鸽科	珠颈斑鸠	*Streptopelia chinensis*			1
38	夜鹰目	夜鹰科	普通夜鹰	*Caprimulgus indicus*			1
39	夜鹰目	雨燕科	短嘴金丝燕	*Aerodramus brevirostris*			2
40	夜鹰目	雨燕科	白腰雨燕	*Apus pacificus*			1
41	夜鹰目	雨燕科	小白腰雨燕	*Apus nipalensis*			1
42	夜鹰目	雨燕科	白喉针尾雨燕	*Hirundapus caudacutus*			2
43	鹃形目	杜鹃科	小鸦鹃	*Centropus bengalensis*		II	2
44	鹃形目	杜鹃科	红翅凤头鹃	*Clamator coromandus*			2
45	鹃形目	杜鹃科	噪鹃	*Eudynamys scolopacea*			1
46	鹃形目	杜鹃科	大鹰鹃	*Hierococcyx sparverioides*			1
47	鹃形目	杜鹃科	小杜鹃	*Cuculus poliocephalus*			2
48	鹃形目	杜鹃科	四声杜鹃	*Cuculus micropterus*			1
49	鹃形目	杜鹃科	中杜鹃	*Cuculus saturatus*			2
50	鹃形目	杜鹃科	大杜鹃	*Cuculus canorus*			2
51	鹃形目	杜鹃科	翠金鹃	*Chrysococcyx maculatus*			2
52	鹃形目	杜鹃科	乌鹃	*Surniculus lugubris*			2
53	鹤形目	秧鸡科	白胸苦恶鸟	*Amaurornis phoenicurus*			1
54	鹤形目	秧鸡科	董鸡	*Gallicrex cinerea*			2

附录一 物种名录

续表

序号	目名	科名	物种名	拉丁名	特有种	保护级别	数据来源
55	鹤形目	秧鸡科	普通秧鸡	*Rallus indicus*			2
56	鹤形目	秧鸡科	黑水鸡	*Gallinula chloropus*			1
57	鹤形目	秧鸡科	白骨顶	*Fulica atra*			1
58	鹤形目	鹤科	灰鹤	*Grus grus*		Ⅱ	2
59	鸻形目	鹮嘴鹬科	鹮嘴鹬	*Ibidorhyncha struthersii*		Ⅱ	1
60	鸻形目	反嘴鹬科	黑翅长脚鹬	*Himantopus himantopus*			2
61	鸻形目	反嘴鹬科	反嘴鹬	*Recurvirostra avosetta*			2
62	鸻形目	鸻科	凤头麦鸡	*Vanellus vanellus*			2
63	鸻形目	鸻科	长嘴剑鸻	*Charadrius placidus*			1
64	鸻形目	鸻科	金眶鸻	*Charadrius dubius*			2
65	鸻形目	鹬科	丘鹬	*Scolopax rusticola*			1
66	鸻形目	鹬科	孤沙锥	*Gallinago solitaria*			2
67	鸻形目	鹬科	林沙锥	*Gallinago nemoricola*		Ⅱ	2
68	鸻形目	鹬科	针尾沙锥	*Gallinago stenura*			2
69	鸻形目	鹬科	扇尾沙锥	*Gallinago gallinago*			2
70	鸻形目	鹬科	鹤鹬	*Tringa erythropus*			2
71	鸻形目	鹬科	红脚鹬	*Tringa totanus*			1
72	鸻形目	鹬科	泽鹬	*Tringa stagnatilis*			2
73	鸻形目	鹬科	青脚鹬	*Tringa nebularia*			2
74	鸻形目	鹬科	白腰草鹬	*Tringa ochropus*			1
75	鸻形目	鹬科	林鹬	*Tringa glareola*			2
76	鸻形目	鹬科	矶鹬	*Actitis hypoleucos*			1
77	鸻形目	鹬科	青脚滨鹬	*Calidris temminckii*			2
78	鸻形目	鹬科	长趾滨鹬	*Calidris subminuta*			2
79	鸻形目	三趾鹑科	黄脚三趾鹑	*Turnix tanki*			2
80	鸻形目	燕鸻科	普通燕鸻	*Glareola maldivarum*			2
81	鸻形目	鸥科	红嘴鸥	*Chroicocephalus ridibundus*			2
82	鸻形目	鸥科	白额燕鸥	*Sternula albifrons*			2
83	鸻形目	鸥科	普通燕鸥	*Sterna hirundo*			2
84	鹳形目	鹳科	黑鹳	*Ciconia nigra*		Ⅰ	2
85	鲣鸟目	鸬鹚科	普通鸬鹚	*Phalacrocorax carbo*			1
86	鹈形目	鹭科	牛背鹭	*Bubulcus ibis*			1
87	鹈形目	鹭科	栗苇鳽	*Ixobrychus cinnamomeus*			2
88	鹈形目	鹭科	夜鹭	*Nycticorax nycticorax*			1
89	鹈形目	鹭科	池鹭	*Ardeola bacchus*			1
90	鹈形目	鹭科	苍鹭	*Ardea cinerea*			2
91	鹈形目	鹭科	大白鹭	*Ardea alba*			1
92	鹈形目	鹭科	白鹭	*Egretta garzetta*			1

续表

序号	目名	科名	物种名	拉丁名	特有种	保护级别	数据来源
93	鹰形目	鹰科	胡兀鹫	*Gypaetus barbatus*		Ⅰ	1
94	鹰形目	鹰科	凤头蜂鹰	*Pernis ptilorhynchus*		Ⅱ	2
95	鹰形目	鹰科	高山兀鹫	*Gyps himalayensis*		Ⅱ	1
96	鹰形目	鹰科	秃鹫	*Aegypius monachus*		Ⅰ	2
97	鹰形目	鹰科	乌雕	*Clanga clanga*		Ⅰ	2
98	鹰形目	鹰科	草原雕	*Aquila nipalensis*		Ⅰ	2
99	鹰形目	鹰科	金雕	*Aquila chrysaetos*		Ⅰ	1
100	鹰形目	鹰科	凤头鹰	*Accipiter trivirgatus*		Ⅱ	1
101	鹰形目	鹰科	赤腹鹰	*Accipiter soloensis*		Ⅱ	2
102	鹰形目	鹰科	日本松雀鹰	*Accipiter gularis*		Ⅱ	2
103	鹰形目	鹰科	松雀鹰	*Accipiter virgatus*		Ⅱ	1
104	鹰形目	鹰科	雀鹰	*Accipiter nisus*		Ⅱ	1
105	鹰形目	鹰科	苍鹰	*Accipiter gentilis*		Ⅱ	2
106	鹰形目	鹰科	白尾鹞	*Circus cyaneus*		Ⅱ	2
107	鹰形目	鹰科	鹊鹞	*Circus melanoleucos*		Ⅱ	2
108	鹰形目	鹰科	黑鸢	*Milvus migrans*		Ⅱ	1
109	鹰形目	鹰科	普通鵟	*Buteo japonicus*		Ⅱ	1
110	鹰形目	鹰科	大鵟	*Buteo hemilasius*		Ⅱ	1
111	鸮形目	鸱鸮科	领角鸮	*Otus lettia*		Ⅱ	1
112	鸮形目	鸱鸮科	红角鸮	*Otus sunia*		Ⅱ	1
113	鸮形目	鸱鸮科	雕鸮	*Bubo bubo*		Ⅱ	1
114	鸮形目	鸱鸮科	黄腿渔鸮	*Ketupa flavipes*		Ⅱ	2
115	鸮形目	鸱鸮科	灰林鸮	*Strix aluco*		Ⅱ	2
116	鸮形目	鸱鸮科	四川林鸮	*Strix davidi*	T	Ⅰ	2
117	鸮形目	鸱鸮科	领鸺鹠	*Glaucidium brodiei*		Ⅱ	2
118	鸮形目	鸱鸮科	斑头鸺鹠	*Glaucidium cuculoides*		Ⅱ	2
119	鸮形目	鸱鸮科	纵纹腹小鸮	*Athene noctua*		Ⅱ	2
120	鸮形目	鸱鸮科	长耳鸮	*Asio otus*		Ⅱ	2
121	鸮形目	鸱鸮科	短耳鸮	*Asio flammeus*		Ⅱ	2
122	犀鸟目	戴胜科	戴胜	*Upupa epops*			1
123	佛法僧目	翠鸟科	蓝翡翠	*Halcyon pileata*			1
124	佛法僧目	翠鸟科	普通翠鸟	*Alcedo atthis*			1
125	佛法僧目	翠鸟科	冠鱼狗	*Megaceryle lugubris*			2
126	啄木鸟目	拟啄木鸟科	大拟啄木鸟	*Psilopogon virens*			1
127	啄木鸟目	啄木鸟科	蚁䴕	*Jynx torquilla*			1
128	啄木鸟目	啄木鸟科	斑姬啄木鸟	*Picumnus innominatus*			1
129	啄木鸟目	啄木鸟科	棕腹啄木鸟	*Dendrocopos hyperythrus*			1
130	啄木鸟目	啄木鸟科	星头啄木鸟	*Dendrocopos canicapillus*			2

附录一 物种名录

续表

序号	目名	科名	物种名	拉丁名	特有种	保护级别	数据来源
131	啄木鸟目	啄木鸟科	赤胸啄木鸟	*Dendrocopos cathpharius*			1
132	啄木鸟目	啄木鸟科	黄颈啄木鸟	*Dendrocopos darjellensis*			1
133	啄木鸟目	啄木鸟科	白背啄木鸟	*Dendrocopos leucotos*			2
134	啄木鸟目	啄木鸟科	大斑啄木鸟	*Dendrocopos major*			1
135	啄木鸟目	啄木鸟科	三趾啄木鸟	*Picoides tridactylus*		II	2
136	啄木鸟目	啄木鸟科	黑啄木鸟	*Dryocopus martius*		II	1
137	啄木鸟目	啄木鸟科	灰头绿啄木鸟	*Picus canus*			1
138	啄木鸟目	啄木鸟科	黄嘴栗啄木鸟	*Blythipicus pyrrhotis*			2
139	隼形目	隼科	红隼	*Falco tinnunculus*		II	1
140	隼形目	隼科	灰背隼	*Falco columbarius*		II	2
141	隼形目	隼科	燕隼	*Falco subbuteo*		II	2
142	隼形目	隼科	猎隼	*Falco cherrug*		I	2
143	隼形目	隼科	游隼	*Falco peregrinus*		II	1
144	雀形目	黄鹂科	黑枕黄鹂	*Oriolus chinensis*			2
145	雀形目	莺雀科	淡绿鵙鹛	*Pteruthius xanthochlorus*			2
146	雀形目	山椒鸟科	暗灰鹃鵙	*Lalage melaschistos*			2
147	雀形目	山椒鸟科	长尾山椒鸟	*Pericrocotus ethologus*			1
148	雀形目	山椒鸟科	短嘴山椒鸟	*Pericrocotus brevirostris*			2
149	雀形目	扇尾鹟科	白喉扇尾鹟	*Rhipidura albicollis*			2
150	雀形目	卷尾科	黑卷尾	*Dicrurus macrocercus*			1
151	雀形目	卷尾科	灰卷尾	*Dicrurus leucophaeus*			2
152	雀形目	卷尾科	发冠卷尾	*Dicrurus hottentottus*			2
153	雀形目	伯劳科	牛头伯劳	*Lanius bucephalus*			1
154	雀形目	伯劳科	红尾伯劳	*Lanius cristatus*			2
155	雀形目	伯劳科	棕背伯劳	*Lanius schach*			1
156	雀形目	伯劳科	虎纹伯劳	*Lanius tigrinus*			2
157	雀形目	伯劳科	灰背伯劳	*Lanius tephronotus*			1
158	雀形目	伯劳科	楔尾伯劳	*Lanius sphenocercus*			2
159	雀形目	鸦科	松鸦	*Garrulus glandarius*			1
160	雀形目	鸦科	灰喜鹊	*Cyanopica cyanus*			1
161	雀形目	鸦科	红嘴蓝鹊	*Urocissa erythroryncha*			1
162	雀形目	鸦科	喜鹊	*Pica pica*			1
163	雀形目	鸦科	星鸦	*Nucifraga caryocatactes*			1
164	雀形目	鸦科	红嘴山鸦	*Pyrrhocorax pyrrhocorax*			1
165	雀形目	鸦科	黄嘴山鸦	*Pyrrhocorax graculus*			2
166	雀形目	鸦科	达乌里寒鸦	*Corvus dauuricus*			1
167	雀形目	鸦科	秃鼻乌鸦	*Corvus frugilegus*			2
168	雀形目	鸦科	白颈鸦	*Corvus pectoralis*			2

续表

序号	目名	科名	物种名	拉丁名	特有种	保护级别	数据来源
169	雀形目	鸦科	小嘴乌鸦	*Corvus corone*			1
170	雀形目	鸦科	大嘴乌鸦	*Corvus macrorhynchos*			1
171	雀形目	玉鹟科	方尾鹟	*Culicicapa ceylonensis*			1
172	雀形目	山雀科	火冠雀	*Cephalopyrus flammiceps*			1
173	雀形目	山雀科	黄眉林雀	*Sylviparus modestus*			1
174	雀形目	山雀科	黑冠山雀	*Perirarus rubidiventris*			1
175	雀形目	山雀科	煤山雀	*Perirarus ater*			1
176	雀形目	山雀科	黄腹山雀	*Pardaliparus venustulus*	T		1
177	雀形目	山雀科	褐冠山雀	*Lophophanes dichrous*			1
178	雀形目	山雀科	红腹山雀	*Poecile davidi*	T	Ⅱ	2
179	雀形目	山雀科	沼泽山雀	*Poecile palustris*			1
180	雀形目	山雀科	四川褐头山雀	*Poecile weigoldicus*			2
181	雀形目	山雀科	大山雀	*Parus cinereus*			1
182	雀形目	山雀科	绿背山雀	*Parus monticolus*			1
183	雀形目	百灵科	细嘴短趾百灵	*Calandrella acutirostris*			2
184	雀形目	百灵科	短趾百灵	*Alaudala cheleensis*			2
185	雀形目	百灵科	凤头百灵	*Galerida cristata*			2
186	雀形目	百灵科	小云雀	*Alauda gulgula*			1
187	雀形目	百灵科	角百灵	*Eremophila alpestris*			1
188	雀形目	扇尾莺科	棕扇尾莺	*Cisticola juncidis*			2
189	雀形目	扇尾莺科	山鹪莺	*Prinia crinigera*			1
190	雀形目	扇尾莺科	纯色山鹪莺	*Prinia inornata*			1
191	雀形目	鳞胸鹪鹛科	鳞胸鹪鹛	*Pnoepyga albiventer*			1
192	雀形目	鳞胸鹪鹛科	小鳞胸鹪鹛	*Pnoepyga pusilla*			1
193	雀形目	蝗莺科	斑胸短翅蝗莺	*Locustella thoracica*			2
194	雀形目	蝗莺科	棕褐短翅蝗莺	*Locustella luteoventris*			2
195	雀形目	燕科	崖沙燕	*Riparia riparia*			2
196	雀形目	燕科	金腰燕	*Cecropis daurica*			1
197	雀形目	燕科	家燕	*Hirundo rustica*			1
198	雀形目	燕科	岩燕	*Ptyonoprogne rupestris*			1
199	雀形目	燕科	毛脚燕	*Delichon urbicum*			2
200	雀形目	燕科	烟腹毛脚燕	*Delichon dasypus*			1
201	雀形目	鹎科	领雀嘴鹎	*Spizixos semitorques*			1
202	雀形目	鹎科	黄臀鹎	*Pycnonotus xanthorrhous*			1
203	雀形目	鹎科	白头鹎	*Pycnonotus sinensis*			1
204	雀形目	鹎科	绿翅短脚鹎	*Ixos mcclellandii*			2
205	雀形目	柳莺科	褐柳莺	*Phylloscopus fuscatus*			2
206	雀形目	柳莺科	极北柳莺	*Phylloscopus borealis*			2

附录一 物种名录

序号	目名	科名	物种名	拉丁名	特有种	保护级别	数据来源
207	雀形目	柳莺科	华西柳莺	*Phylloscopus occisinensis*			2
208	雀形目	柳莺科	棕腹柳莺	*Phylloscopus subaffinis*			2
209	雀形目	柳莺科	棕眉柳莺	*Phylloscopus armandii*			2
210	雀形目	柳莺科	淡眉柳莺	*Phylloscopus humei*			1
211	雀形目	柳莺科	橙斑翅柳莺	*Phylloscopus pulcher*			1
212	雀形目	柳莺科	灰喉柳莺	*Phylloscopus maculipennis*			1
213	雀形目	柳莺科	黄腰柳莺	*Phylloscopus proregulus*			1
214	雀形目	柳莺科	四川柳莺	*Phylloscopus forresti*			1
215	雀形目	柳莺科	黄眉柳莺	*Phylloscopus inornatus*			2
216	雀形目	柳莺科	暗绿柳莺	*Phylloscopus trochiloides*			1
217	雀形目	柳莺科	乌嘴柳莺	*Phylloscopus magnirostris*			2
218	雀形目	柳莺科	冠纹柳莺	*Phylloscopus claudiae*			1
219	雀形目	柳莺科	灰冠鹟莺	*Seicercus tephrocephalus*			2
220	雀形目	柳莺科	比氏鹟莺	*Seicercus valentini*			2
221	雀形目	柳莺科	栗头鹟莺	*Seicercus castaniceps*			2
222	雀形目	树莺科	棕脸鹟莺	*Abroscopus albogularis*			1
223	雀形目	树莺科	远东树莺	*Horornis canturians*			2
224	雀形目	树莺科	强脚树莺	*Horornis fortipes*			1
225	雀形目	树莺科	黄腹树莺	*Horornis acanthizoides*			1
226	雀形目	树莺科	大树莺	*Cettia major*			2
227	雀形目	树莺科	棕顶树莺	*Cettia brunnifrons*			2
228	雀形目	树莺科	栗头树莺	*Cettia castaneocoronata*			2
229	雀形目	长尾山雀科	红头长尾山雀	*Aegithalos concinnus*			1
230	雀形目	长尾山雀科	黑眉长尾山雀	*Aegithalos bonvaloti*			1
231	雀形目	长尾山雀科	银脸长尾山雀	*Aegithalos fuliginosus*	T		1
232	雀形目	长尾山雀科	花彩雀莺	*Leptopoecile sophiae*			1
233	雀形目	长尾山雀科	凤头雀莺	*Leptopoecile elegans*	T		1
234	雀形目	莺鹛科	金胸雀鹛	*Lioparus chrysotis*		Ⅱ	1
235	雀形目	莺鹛科	宝兴鹛雀	*Moupinia poecilotis*	T	Ⅱ	2
236	雀形目	莺鹛科	中华雀鹛	*Fulvetta striaticollis*	T	Ⅱ	2
237	雀形目	莺鹛科	棕头雀鹛	*Fulvetta ruficapilla*			1
238	雀形目	莺鹛科	褐头雀鹛	*Fulvetta cinereiceps*			1
239	雀形目	莺鹛科	红嘴鸦雀	*Conostoma aemodium*			2
240	雀形目	莺鹛科	三趾鸦雀	*Cholornis paradoxus*	T	Ⅱ	2
241	雀形目	莺鹛科	白眶鸦雀	*Sinosuthora conspicillata*	T	Ⅱ	1
242	雀形目	莺鹛科	棕头鸦雀	*Sinosuthora webbiana*			1
243	雀形目	莺鹛科	灰头鸦雀	*Psittiparus gularis*			2
244	雀形目	莺鹛科	灰喉鸦雀	*Sinosuthora alphonsiana*			1

续表

序号	目名	科名	物种名	拉丁名	特有种	保护级别	数据来源
245	雀形目	莺鹛科	黄额鸦雀	Suthora fulvifrons			2
246	雀形目	莺鹛科	金色鸦雀	Suthora verreauxi			2
247	雀形目	莺鹛科	点胸鸦雀	Paradoxornis guttaticollis			1
248	雀形目	绣眼鸟科	纹喉凤鹛	Yuhina gularis			2
249	雀形目	绣眼鸟科	白领凤鹛	Yuhina diademata			1
250	雀形目	绣眼鸟科	黑颏凤鹛	Yuhina nigrimenta			1
251	雀形目	绣眼鸟科	红胁绣眼鸟	Zosterops erythropleurus		Ⅱ	1
252	雀形目	绣眼鸟科	暗绿绣眼鸟	Zosterops japonicus			1
253	雀形目	绣眼鸟科	灰腹绣眼鸟	Zosterops palpebrosus			1
254	雀形目	林鹛科	斑胸钩嘴鹛	Erythrogenys gravivox			1
255	雀形目	林鹛科	棕颈钩嘴鹛	Pomatorhinus ruficollis			1
256	雀形目	林鹛科	红头穗鹛	Cyanoderma ruficeps			1
257	雀形目	幽鹛科	褐顶雀鹛	Schoeniparus brunneus			2
258	雀形目	幽鹛科	灰眶雀鹛	Alcippe morrisonia			1
259	雀形目	噪鹛科	矛纹草鹛	Babax lanceolatus			1
260	雀形目	噪鹛科	画眉	Garrulax canorus		Ⅱ	1
261	雀形目	噪鹛科	灰翅噪鹛	Garrulax cineraceus			2
262	雀形目	噪鹛科	斑背噪鹛	Garrulax lunulatus	T	Ⅱ	2
263	雀形目	噪鹛科	大噪鹛	Garrulax maximus	T	Ⅱ	1
264	雀形目	噪鹛科	眼纹噪鹛	Garrulax ocellatus		Ⅱ	1
265	雀形目	噪鹛科	黑脸噪鹛	Garrulax perspicillatus			1
266	雀形目	噪鹛科	白喉噪鹛	Garrulax albogularis			2
267	雀形目	噪鹛科	山噪鹛	Garrulax davidi	T		2
268	雀形目	噪鹛科	白颊噪鹛	Garrulax sannio			1
269	雀形目	噪鹛科	橙翅噪鹛	Trochalopteron elliotii	T	Ⅱ	1
270	雀形目	噪鹛科	黑顶噪鹛	Trochalopteron affine			1
271	雀形目	噪鹛科	红翅噪鹛	Trochalopteron formosum		Ⅱ	2
272	雀形目	噪鹛科	红嘴相思鸟	Leiothrix lutea		Ⅱ	1
273	雀形目	噪鹛科	黑头奇鹛	Heterophasia desgodinsi			1
274	雀形目	旋木雀科	霍氏旋木雀	Certhia hodgsoni			1
275	雀形目	旋木雀科	高山旋木雀	Certhia himalayana			1
276	雀形目	旋木雀科	四川旋木雀	Certhia tianquanensis	T	Ⅱ	2
277	雀形目	䴓科	普通䴓	Sitta europaea			2
278	雀形目	䴓科	栗臀䴓	Sitta nagaensis			1
279	雀形目	䴓科	红翅旋壁雀	Tichodroma muraria			1
280	雀形目	鹪鹩科	鹪鹩	Troglodytes troglodytes			1
281	雀形目	河乌科	河乌	Cinclus cinclus			1
282	雀形目	河乌科	褐河乌	Cinclus pallasii			1

附录一 物种名录

续表

序号	目名	科名	物种名	拉丁名	特有种	保护级别	数据来源
283	雀形目	椋鸟科	八哥	*Acridotheres cristatellus*			2
284	雀形目	椋鸟科	灰椋鸟	*Spodiopsar cineraceus*			1
285	雀形目	鸫科	淡背地鸫	*Zoothera mollissima*			2
286	雀形目	鸫科	长尾地鸫	*Zoothera dixoni*			1
287	雀形目	鸫科	虎斑地鸫	*Zoothera aurea*			1
288	雀形目	鸫科	乌鸫	*Turdus mandarinus*			1
289	雀形目	鸫科	灰头鸫	*Turdus rubrocanus*			1
290	雀形目	鸫科	棕背黑头鸫	*Turdus kessleri*			2
291	雀形目	鸫科	白腹鸫	*Turdus pallidus*			2
292	雀形目	鸫科	赤颈鸫	*Turdus ruficollis*			2
293	雀形目	鸫科	红尾斑鸫	*Turdus naumanni*			1
294	雀形目	鸫科	斑鸫	*Turdus eunomus*			1
295	雀形目	鸫科	栗腹歌鸲	*Larvivora brunnea*			2
296	雀形目	鸫科	宝兴歌鸫	*Turdus mupinensis*	T		1
297	雀形目	鸫科	蓝歌鸲	*Larvivora cyane*			2
298	雀形目	鸫科	红喉歌鸲	*Calliope calliope*		Ⅱ	1
299	雀形目	鸫科	白须黑胸歌鸲	*Calliope tschebaiewi*			2
300	雀形目	鸫科	黑喉歌鸲	*Calliope obscura*		Ⅱ	2
301	雀形目	鸫科	金胸歌鸲	*Calliope pectardens*		Ⅱ	2
302	雀形目	鸫科	白腹短翅鸲	*Luscinia phaenicuroides*			2
303	雀形目	鸫科	蓝短翅鸫	*Brachypteryx montana*			2
304	雀形目	鸫科	蓝喉歌鸲	*Luscinia svecica*		Ⅱ	2
305	雀形目	鸫科	红胁蓝尾鸲	*Tarsiger cyanurus*			1
306	雀形目	鸫科	白眉林鸲	*Tarsiger indicus*			1
307	雀形目	鸫科	金色林鸲	*Tarsiger chrysaeus*			1
308	雀形目	鸫科	鹊鸲	*Copsychus saularis*			1
309	雀形目	鸫科	白喉红尾鸲	*Phoenicuropsis schisticeps*			1
310	雀形目	鸫科	蓝额红尾鸲	*Phoenicuropsis frontalis*			1
311	雀形目	鸫科	赭红尾鸲	*Phoenicurus ochruros*			1
312	雀形目	鸫科	黑喉红尾鸲	*Phoenicurus hodgsoni*			1
313	雀形目	鸫科	红腹红尾鸲	*Phoenicurus erythrogastrus*			2
314	雀形目	鸫科	蓝眉林鸲	*Tarsiger rufilatus*			1
315	雀形目	鸫科	北红尾鸲	*Phoenicurus auroreus*			1
316	雀形目	鸫科	红尾水鸲	*Rhyacornis fuliginosa*			1
317	雀形目	鸫科	白顶溪鸲	*Chaimarrornis leucocephalus*			1
318	雀形目	鸫科	白尾蓝地鸲	*Myiomela leucurum*			2
319	雀形目	鸫科	紫啸鸫	*Myophonus caeruleus*			2
320	雀形目	鸫科	蓝大翅鸲	*Grandala coelicolor*			1

续表

序号	目名	科名	物种名	拉丁名	特有种	保护级别	数据来源
321	雀形目	鹟科	小燕尾	*Enicurus scouleri*			1
322	雀形目	鹟科	灰背燕尾	*Enicurus schistaceus*			2
323	雀形目	鹟科	白额燕尾	*Enicurus leschenaulti*			1
324	雀形目	鹟科	黑喉石?䳭	*Saxicola maurus*			2
325	雀形目	鹟科	灰林?䳭	*Saxicola ferreus*			2
326	雀形目	鹟科	白顶?䳭	*Oenanthe pleschanka*			2
327	雀形目	鹟科	白眉鸫	*Turdus obscurus*			2
328	雀形目	鹟科	蓝矶鸫	*Monticola solitarius*			2
329	雀形目	鹟科	栗腹矶鸫	*Monticola rufiventris*			1
330	雀形目	鹟科	乌鹟	*Muscicapa sibirica*			2
331	雀形目	鹟科	棕尾褐鹟	*Muscicapa ferruginea*			2
332	雀形目	鹟科	白眉姬鹟	*Ficedula zanthopygia*			2
333	雀形目	鹟科	锈胸蓝姬鹟	*Ficedula sordida*			1
334	雀形目	鹟科	橙胸姬鹟	*Ficedula strophiata*			1
335	雀形目	鹟科	红喉姬鹟	*Ficedula albicilla*			2
336	雀形目	鹟科	棕胸蓝姬鹟	*Ficedula hyperythra*			2
337	雀形目	鹟科	灰蓝姬鹟	*Ficedula tricolor*			2
338	雀形目	鹟科	铜蓝鹟	*Eumyias thalassinus*			1
339	雀形目	鹟科	中华仙鹟	*Cyornis glaucicomans*			2
340	雀形目	鹟科	棕腹大仙鹟	*Niltava davidi*		II	2
341	雀形目	鹟科	棕腹仙鹟	*Niltava sundara*			2
342	雀形目	戴菊科	戴菊	*Regulus regulus*			1
343	雀形目	太平鸟科	太平鸟	*Bombycilla garrulus*			2
344	雀形目	太平鸟科	小太平鸟	*Bombycilla japonica*			2
345	雀形目	花蜜鸟科	蓝喉太阳鸟	*Aethopyga gouldiae*			1
346	雀形目	岩鹨科	领岩鹨	*Prunella collaris*			1
347	雀形目	岩鹨科	鸲岩鹨	*Prunella rubeculoides*			1
348	雀形目	岩鹨科	棕胸岩鹨	*Prunella strophiata*			1
349	雀形目	岩鹨科	栗背岩鹨	*Prunella immaculata*			1
350	雀形目	岩鹨科	褐岩鹨	*Prunella fulvescens*			2
351	雀形目	梅花雀科	白腰文鸟	*Lonchura striata*			1
352	雀形目	梅花雀科	斑文鸟	*Lonchura punctulata*			2
353	雀形目	雀科	家麻雀	*Passer domesticus*			2
354	雀形目	雀科	黑胸麻雀	*Passer hispaniolensis*			2
355	雀形目	雀科	山麻雀	*Passer cinnamomeus*			1
356	雀形目	雀科	麻雀	*Passer montanus*			1
357	雀形目	鹡鸰科	山鹡鸰	*Dendronanthus indicus*			2
358	雀形目	鹡鸰科	黄头鹡鸰	*Motacilla citreola*			1

附录一 物种名录

续表

序号	目名	科名	物种名	拉丁名	特有种	保护级别	数据来源
359	雀形目	鹡鸰科	黄鹡鸰	*Motacilla tschutschensis*			2
360	雀形目	鹡鸰科	灰鹡鸰	*Motacilla cinerea*			1
361	雀形目	鹡鸰科	白鹡鸰	*Motacilla alba*			1
362	雀形目	鹡鸰科	田鹨	*Anthus richardi*			2
363	雀形目	鹡鸰科	树鹨	*Anthus hodgsoni*			1
364	雀形目	鹡鸰科	粉红胸鹨	*Anthus roseatus*			2
365	雀形目	鹡鸰科	黄腹鹨	*Anthus rubescens*			1
366	雀形目	鹡鸰科	山鹨	*Anthus sylvanus*			2
367	雀形目	鹡鸰科	水鹨	*Anthus spinoletta*			1
368	雀形目	燕雀科	燕雀	*Fringilla montifringilla*			1
369	雀形目	燕雀科	黄颈拟蜡嘴雀	*Mycerobas affinis*			2
370	雀形目	燕雀科	白点翅拟蜡嘴雀	*Mycerobas melanozanthos*			2
371	雀形目	燕雀科	白斑翅拟蜡嘴雀	*Mycerobas carnipes*			2
372	雀形目	燕雀科	锡嘴雀	*Coccothraustes coccothraustes*			2
373	雀形目	燕雀科	黑尾蜡嘴雀	*Eophona migratoria*			1
374	雀形目	燕雀科	灰头灰雀	*Pyrrhula erythaca*			1
375	雀形目	燕雀科	暗胸朱雀	*Procarduelis nipalensis*			2
376	雀形目	燕雀科	林岭雀	*Leucosticte nemoricola*			1
377	雀形目	燕雀科	高山岭雀	*Leucosticte brandti*			2
378	雀形目	燕雀科	普通朱雀	*Carpodacus erythrinus*			1
379	雀形目	燕雀科	拟大朱雀	*Carpodacus rubicilloides*			2
380	雀形目	燕雀科	红眉朱雀	*Carpodacus pulcherrimus*			2
381	雀形目	燕雀科	曙红朱雀	*Carpodacus waltoni*			1
382	雀形目	燕雀科	棕朱雀	*Carpodacus edwardsii*			2
383	雀形目	燕雀科	淡腹点翅朱雀	*Carpodacus verreauxii*			1
384	雀形目	燕雀科	酒红朱雀	*Carpodacus vinaceus*			1
385	雀形目	燕雀科	长尾雀	*Carpodacus sibiricus*			1
386	雀形目	燕雀科	斑翅朱雀	*Carpodacus trifasciatus*			1
387	雀形目	燕雀科	白眉朱雀	*Carpodacus dubius*			1
388	雀形目	燕雀科	红胸朱雀	*Carpodacus puniceus*			2
389	雀形目	燕雀科	红眉松雀	*Carpodacus subhimachala*			2
390	雀形目	燕雀科	金翅雀	*Chloris sinica*			1
391	雀形目	燕雀科	红交嘴雀	*Loxia curvirostra*		Ⅱ	2
392	雀形目	燕雀科	黄雀	*Spinus spinus*			2
393	雀形目	鹀科	凤头鹀	*Melophus lathami*			2
394	雀形目	鹀科	蓝鹀	*Emberiza siemsseni*	T	Ⅱ	2
395	雀形目	鹀科	灰眉岩鹀	*Emberiza godlewskii*			1
396	雀形目	鹀科	三道眉草鹀	*Emberiza cioides*			2

续表

序号	目名	科名	物种名	拉丁名	特有种	保护级别	数据来源
397	雀形目	鹀科	小鹀	*Emberiza pusilla*			1
398	雀形目	鹀科	黄眉鹀	*Emberiza chrysophrys*			2
399	雀形目	鹀科	黄喉鹀	*Emberiza elegans*			1
400	雀形目	鹀科	灰头鹀	*Emberiza spodocephala*			2

注：数据来源中调查为实地 1 数据（含红外相机）；2 为卧龙和草坡自然保护区科考报告记录。

4. 汶川县两栖类名录

序号	目名	科名	物种名	拉丁名	特有种	保护级别	数据来源
1	有尾目	小鲵科	山溪鲵	*Batrachuperus pinchonii*	T	II	1
2	有尾目	小鲵科	西藏山溪鲵	*Batrachuperus tibetanusi*	T	II	1
3	无尾目	角蟾科	大齿蟾	*Oreolalax major*	T		2
4	无尾目	角蟾科	宝兴齿蟾	*Oreolalax popei*	T		1
5	无尾目	角蟾科	无蹼齿蟾	*Oreolalax schmidti*	T		2
6	无尾目	角蟾科	西藏齿突蟾	*Scutiger boulengeri*			1
7	无尾目	角蟾科	金顶齿突蟾	*Scutiger chintingensis*	T	II	2
8	无尾目	角蟾科	小角蟾	*Megophrys minor*			2
9	无尾目	角蟾科	沙坪角蟾	*Megophrys shapingensis*	T		1
10	无尾目	蟾蜍科	中华蟾蜍	*Bufo gargarizans andrewsi*			1
11	无尾目	蛙科	昭觉林蛙	*Rana chaochiaoensis*	T		1
12	无尾目	蛙科	峨眉林蛙	*Rana omeimontis*	T		1
13	无尾目	蛙科	黑斑侧褶蛙	*Pelophylax nigromaculatus*			1
14	无尾目	蛙科	沼蛙	*Boulengerana guentheri*			1
15	无尾目	蛙科	绿臭蛙	*Odorrana margaretae*			1
16	无尾目	蛙科	花臭蛙	*Odorrana schmackeri*			1
17	无尾目	蛙科	理县湍蛙	*Amolops lifanensis*	T		1
18	无尾目	蛙科	四川湍蛙	*Amolops mantzorum*			1
19	无尾目	叉舌蛙科	棘腹蛙	*Quasipaa boulengeri*			1
20	无尾目	树蛙科	洪佛树蛙	*Rhacophorus hungfuensis*	T	II	1
21	无尾目	树蛙科	峨眉树蛙	*Rhacophorus omeimontis*			1

注：数据来源中 1 为实地调查数据；2 为卧龙和草坡自然保护区科考报告记录。

5. 汶川县爬行类名录

序号	目名	科名	物种名	拉丁名	特有种	保护级别	数据来源
1	有鳞目	鬣蜥科	汶川攀蜥	*Japalura zhaoermii*	T		1
2	有鳞目	蜥蜴科	白条草蜥	*Takydromus wolteri*	T		2

续表

序号	目名	科名	物种名	拉丁名	特有种	保护级别	数据来源
3	有鳞目	石龙子科	长肢滑蜥	*Scincella doriae*			2
4	有鳞目	石龙子科	康定滑蜥	*Scincella potanini*	T		1
5	有鳞目	石龙子科	汶川滑蜥	*Scincella wangyuezhaoi*	T		3
6	有鳞目	石龙子科	铜蜓蜥	*Sphenomorphus indicus*			1
7	有鳞目	闪皮蛇科	美姑脊蛇	*Achalinus meiguensis*	T		2
8	有鳞目	闪皮蛇科	黑脊蛇	*Achalinus spinalis*			2
9	有鳞目	游蛇科	锈链腹链蛇	*Amphiesma craspedogaster*	T		1
10	有鳞目	游蛇科	翠青蛇	*Cyclophiops major*			1
11	有鳞目	游蛇科	赤链蛇	*Dinodon rufozonatum*			1
12	有鳞目	游蛇科	王锦蛇	*Elaphe carinata*			1
13	有鳞目	游蛇科	横纹玉斑蛇	*Euprepiophis perlacea*	T	II	2
14	有鳞目	游蛇科	紫灰锦蛇	*Oreocryptophis porphyracea*			1
15	有鳞目	游蛇科	黑眉晨蛇	*Orthriophis taeniura*			1
16	有鳞目	游蛇科	福建颈斑蛇	*Plagiopholis stanleyi*			2
17	有鳞目	游蛇科	大眼斜鳞蛇	*Pseudoxenodon macrops*			1
18	有鳞目	游蛇科	颈槽蛇	*Rhabdophis nuchalis*			1
19	有鳞目	游蛇科	虎斑颈槽蛇	*Rhabdophis tigrinus*			1
20	有鳞目	游蛇科	乌梢蛇	*Ptyas dhumnades*			1
21	有鳞目	眼镜蛇科	中华珊瑚蛇	*Sinomicrurus macclellandi*			2
22	有鳞目	蝰科	高原蝮	*Gloydius strauchi*	T		1
23	有鳞目	蝰科	山烙铁头蛇	*Ovophis monticola*			1
24	有鳞目	蝰科	菜花原矛头蝮	*Protobothrops jerdonii*			1

注：数据来源中 1 为实地调查数据，2 为卧龙和草坡自然保护区科考报告记录，3 为 A new species of the genus *Scincella Mittleman*，1950 (Squamata：Scincidae) from Sichuan Province，Southwest China，with a diagnostic key of *Scincella* species in China [J]. Asian Herpetological Research，2023（1）.

6. 汶川县昆虫名录（不含蝶类）

序号	目	科	种	拉丁名	数据来源
1	半翅目	蝉科	草蝉	*Mogannia hebes*	调查
2	半翅目	蝉科	蟪蛄	*Platypleura kaempferi*	调查
3	半翅目	蝉科	斑透翅蝉	*Hyalessa maculaticollis*	调查
4	半翅目	蝉科	蚱蝉	*Cryptotympana atrata*	调查
5	半翅目	蝽科	硕蝽	*Eurostus validus*	调查
6	半翅目	蝽科	稻绿蝽	*Nezara viridula*	调查
7	半翅目	蝽科	黑背同蝽	*Acanthosoma nigrodorsum*	调查
8	半翅目	蝽科	麻皮蝽	*Erthesina fullo*	调查

续表

序号	目	科	种	拉丁名	数据来源
9	半翅目	蝽科	菜蝽	*Eurydema dominulus*	调查
10	半翅目	蝽科	蝽	Pentatomidae sp.	调查
11	半翅目	红蝽科	突背斑红蝽	*Physopelta gutt*	调查
12	半翅目	蜡蝉科	透明疏广翅蜡蝉	*Euricania clara*	调查
13	半翅目	蜡蝉科	斑衣蜡蝉	*Lycorma delicatula*	调查
14	半翅目	猎蝽科	猎蝽	Reduviidae sp.	调查
15	半翅目	猎蝽科	家居猎蝽	*Reduvius personatus*	调查
16	半翅目	猎蝽科	茶褐盗猎蝽	*Pirates fulvescens*	调查
17	半翅目	沫蝉科	东方丽沫蝉	*Cosmoscarta heros*	调查
18	半翅目	沫蝉科	斑带丽沫蝉	*Cosmoscanta bispecularis*	调查
19	半翅目	沫蝉科	黑斑丽沫蝉	*Cosmoscarta dorsimacula*	调查
20	半翅目	叶蝉科	叶蝉	Cicadellidae sp.	调查
21	半翅目	叶蝉科	菱纹叶蝉	*Hishmonus sellatus*	调查
22	半翅目	叶蝉科	黑缘条大叶蝉	*Atkinsoniella heiyuana*	调查
23	半翅目	缘蝽科	褐莫缘蝽	*Molipteryx fuliginosa*	调查
24	鳞翅目	蚕蛾科	钩翅赭蚕	*Comparmustilia sphingiformis*	调查
25	鳞翅目	蚕蛾科	毛带蚕蛾	*Penicillifera lactea*	调查
26	鳞翅目	蚕蛾科	蚕蛾	Bombycidae sp.	调查
27	鳞翅目	蚕蛾科	樗蚕蛾	*Philosamia cynthia*	调查
28	鳞翅目	草螟科	黄尖角野螟	*Aristebulea principis*	调查
29	鳞翅目	草螟科	稻纵卷叶螟	*Cnaphalocrocis medinalis*	调查
30	鳞翅目	草螟科	桃蛀野螟	*Conogethes punctiferalis*	调查
31	鳞翅目	草螟科	亚洲玉米螟	*Ostrinia furnacalis*	调查
32	鳞翅目	草螟科	白蜡绢须野螟	*Palpita nigropunctalis*	调查
33	鳞翅目	草螟科	窗斑扇野螟	*Pleuroptya mundalis*	调查
34	鳞翅目	草螟科	甜菜白带野螟	*Spoladea recurvalis*	调查
35	鳞翅目	尺蛾科	平眼尺蛾	*Problepsis vulgaris*	调查
36	鳞翅目	尺蛾科	东方净突围尺蛾	*Jodis putata*	调查
37	鳞翅目	尺蛾科	尺蛾	Geometridae sp.	调查
38	鳞翅目	尺蛾科	豹纹尺蛾	*Vindusara moorei*	调查
39	鳞翅目	尺蛾科	丰青艳尺蛾	*Agathia quinaria*	调查
40	鳞翅目	尺蛾科	异序尺蛾	*Agnibesa pictaria*	调查
41	鳞翅目	尺蛾科	淡灰大尺蛾	*Amraica superans*	调查
42	鳞翅目	尺蛾科	娴尺蛾	*Auaxa cesadaria*	调查
43	鳞翅目	尺蛾科	四黑斑尾尺蛾	*Chiasmia intermediaria*	调查

续表

序号	目	科	种	拉丁名	数据来源
44	鳞翅目	尺蛾科	褐枯尺蛾	*Chorodna creataria*	调查
45	鳞翅目	尺蛾科	紫斑绿尺蛾	*Comibaena nigromacularia*	调查
46	鳞翅目	尺蛾科	毛穿孔尺蛾	*Corymica arnearia*	调查
47	鳞翅目	尺蛾科	八角尺蠖	*Dilophodes elegans*	调查
48	鳞翅目	尺蛾科	刺槐外斑尺蠖	*Ectropis excellens*	调查
49	鳞翅目	尺蛾科	五彩枯斑翠尺蛾	*Eucyclodes gavissima*	调查
50	鳞翅目	尺蛾科	污雪尺蛾	*Lassaba parvalbidaria*	调查
51	鳞翅目	尺蛾科	中国巨青尺蛾	*Limbatochlamys rosthorni*	调查
52	鳞翅目	尺蛾科	青辐射尺蛾	*Iotaphora admirabilis*	调查
53	鳞翅目	尺蛾科	核桃星尺蛾	*Ophthalmitis albosignaria*	调查
54	鳞翅目	尺蛾科	狭翅豹纹尺蛾	*Parobeidia gigantearia*	调查
55	鳞翅目	刺蛾科	刺蛾	*Limacodidae* sp.	调查
56	鳞翅目	刺蛾科	灰双线刺蛾	*Cania robusta*	调查
57	鳞翅目	刺蛾科	中国绿刺蛾	*Parasa sinica*	调查
58	鳞翅目	刺蛾科	窄黄缘绿刺蛾	*Parasa consocia*	调查
59	鳞翅目	刺蛾科	窄斑褐刺蛾	*Setora baibarana*	调查
60	鳞翅目	大蚕蛾科	长尾大蚕蛾	*Actias dubernardi*	调查
61	鳞翅目	灯蛾科	大丽灯蛾	*Aglaomorpha histrio*	调查
62	鳞翅目	灯蛾科	乳白斑灯蛾	*Areas galactina*	调查
63	鳞翅目	灯蛾科	米艳苔蛾	*Asura megala*	调查
64	鳞翅目	灯蛾科	白雪灯蛾	*Chionarctia nivea*	调查
65	鳞翅目	灯蛾科	绿斑金苔蛾	*Chrysorabdia bivitta*	调查
66	鳞翅目	灯蛾科	优美苔蛾	*Miltochrista striata*	调查
67	鳞翅目	灯蛾科	后凸蝶灯蛾	*Nyctemera formosana*	调查
68	鳞翅目	灯蛾科	净污灯蛾	*Spilarctia alba*	调查
69	鳞翅目	灯蛾科	白黑瓦苔蛾	*Vamuna remelana*	调查
70	鳞翅目	灯蛾科	灯蛾	*Arctiidae* sp.	调查
71	鳞翅目	毒蛾科	毒蛾	*Lymantriidae* sp.	调查
72	鳞翅目	毒蛾科	白毒蛾	*Arctornis lnigrum*	调查
73	鳞翅目	毒蛾科	雀丽毒蛾	*Calliteara melli*	调查
74	鳞翅目	毒蛾科	火丽毒蛾	*Calliteara complicata*	调查
75	鳞翅目	毒蛾科	线茸毒蛾	*Calliteara grotei*	调查
76	鳞翅目	毒蛾科	露毒蛾	*Daplasa irrorata*	调查
77	鳞翅目	毒蛾科	豆盗毒蛾	*Euproctis piperita*	调查
78	鳞翅目	毒蛾科	波斑毒蛾	*Lymantria mathura*	调查

续表

序号	目	科	种	拉丁名	数据来源
79	鳞翅目	凤蛾科	浅翅凤蛾	*Epicopeia hainesii*	调查
80	鳞翅目	钩蛾科	中国豆斑钩蛾	*Auzata chinensis*	调查
81	鳞翅目	钩蛾科	美钩蛾	*Callicilix abraxata*	调查
82	鳞翅目	钩蛾科	洋麻圆钩蛾	*Cyclidia substigmaria*	调查
83	鳞翅目	钩蛾科	浓白钩蛾	*Ditrigona conflexaria*	调查
84	鳞翅目	钩蛾科	黑点双带钩蛾	*Nordstromia semililacina*	调查
85	鳞翅目	鹿蛾科	鹿蛾	*Amatidae* sp.	调查
86	鳞翅目	箩纹蛾科	青球箩纹蛾	*Brahmaea hearseyi*	调查
87	鳞翅目	木蠹蛾科	六星黑点豹蠹蛾	*Zeuzera leuconotum*	调查
88	鳞翅目	天蚕蛾科	豹天蚕蛾	*Loepa oberthuri*	调查
89	鳞翅目	天蚕蛾科	粤豹天蚕蛾	*Loepa kuangtungensis*	调查
90	鳞翅目	天蚕蛾科	目豹大蚕蛾	*Loepa damartis*	调查
91	鳞翅目	天蚕蛾科	猫目大蚕蛾	*Salassa thespis*	调查
92	鳞翅目	天蛾科	背线天蛾	*Elibia dolichus*	调查
93	鳞翅目	天蛾科	豆天蛾	*Clanis bilineata*	调查
94	鳞翅目	天蛾科	红天蛾	*Deilephila elpenor*	调查
95	鳞翅目	天蛾科	大星天蛾	*Dolbina inexactalker*	调查
96	鳞翅目	天蛾科	长喙天蛾	*Macroglossum saga*	调查
97	鳞翅目	天蛾科	葡萄缺角天蛾	*Acosmeryx naga*	调查
98	鳞翅目	天蛾科	缺角天蛾	*Acosmeryx castanea*	调查
99	鳞翅目	天蛾科	白薯天蛾	*Agrius convolvuli*	调查
100	鳞翅目	天蛾科	鹰翅天蛾	*Ambulyx ochracea*	调查
101	鳞翅目	夜蛾科	夜蛾	*Noctuidae* sp.	调查
102	鳞翅目	夜蛾科	桑剑纹夜蛾	*Acronicta major*	调查
103	鳞翅目	夜蛾科	小地老虎	*Agrotis ipsilon*	调查
104	鳞翅目	夜蛾科	苎麻夜蛾	*Arcte coerula*	调查
105	鳞翅目	夜蛾科	落叶夜蛾	*Eudocima phalonia*	调查
106	鳞翅目	夜蛾科	枯艳叶夜蛾	*Eudocima tyrannus*	调查
107	鳞翅目	夜蛾科	棉铃虫	*Helicoverpa armigera*	调查
108	鳞翅目	夜蛾科	钩翅夜蛾	*Hypospila bolinoides*	调查
109	鳞翅目	夜蛾科	粘虫	*Mythimna separata*	调查
110	鳞翅目	夜蛾科	甜菜夜蛾	*Spodoptera exigua*	调查
111	鳞翅目	夜蛾科	斜纹夜蛾	*Spodoptera litura*	调查
112	鳞翅目	夜蛾科	金掌夜蛾	*Tiracola aureata*	调查
113	鳞翅目	舟蛾科	黑蕊尾舟蛾	*Dudusa sphingiformis*	调查

续表

序号	目	科	种	拉丁名	数据来源
114	鳞翅目	舟蛾科	黄二星舟蛾	*Euhampsonia cristata*	调查
115	鳞翅目	舟蛾科	三线雪舟蛾	*Gazalina chrysolopha*	调查
116	鳞翅目	舟蛾科	白颈尖舟蛾	*Hexafrenum leucodera*	调查
117	鳞翅目	舟蛾科	扇内斑舟蛾	*Peridea grahami*	调查
118	鳞翅目	舟蛾科	核桃美舟蛾	*Uropyia meticulodina*	调查
119	脉翅目	螳蛉科	黄蜂螳蛉	*Climaciella brunnea*	调查
120	脉翅目	草蛉科	草蛉	*Chrysopidae* sp.	调查
121	膜翅目	蜜蜂科	二色熊峰	*Bombus bicoloratus*	调查
122	膜翅目	蜜蜂科	火红熊峰	*Bombus pyrosoma*	调查
123	膜翅目	蜜蜂科	中华蜜蜂	*Apis cerana*	调查
124	膜翅目	蚁科	黑蚁	*Polyrhachis dives*	调查
125	鞘翅目	步甲科	步甲	*Carabidae* sp.	调查
126	鞘翅目	吉丁科	日本脊几丁	*Chalcophora japonica*	调查
127	鞘翅目	金龟甲科	蜣螂	*Geotrupidae* sp.	调查
128	鞘翅目	金龟科	铜绿丽金龟	*Anomala corpulenta*	调查
129	鞘翅目	金龟科	丽金龟	*Scarabaeidae* sp.	调查
130	鞘翅目	叩甲科	叩甲	*Elateridae* sp.	调查
131	鞘翅目	瓢甲科	瓢虫	*Coccinellidae* sp.	调查
132	鞘翅目	瓢甲科	四斑裸瓢虫	*Calvia muiri*	调查
133	鞘翅目	瓢甲科	异色瓢虫	*Harmonia axyridis*	调查
134	鞘翅目	瓢甲科	奇斑瓢虫	*Harmonia eucharis*	调查
135	鞘翅目	瓢甲科	十斑大瓢虫	*Megalocaria dilatata*	调查
136	鞘翅目	瓢甲科	茄二十八星瓢虫	*Henosepilachna vigintioctopunctata*	调查
137	鞘翅目	锹甲科	中华大扁锹	*Dorcus titanus*	调查
138	鞘翅目	天牛科	云斑白条天牛	*Batocera lineolata*	调查
139	鞘翅目	天牛科	天牛	*Cerambycidae* sp.	调查
140	鞘翅目	天牛科	拟蜡天牛	*Stenygrinum quadrinotatum*	调查
141	鞘翅目	芫菁科	豆芫菁	*Epicauta gorhami*	调查
142	鞘翅目	叶甲科	大绿肖叶甲	*Chrysochares asiaticus*	调查
143	鞘翅目	葬甲科	黄角尸葬甲	*Necrodes littoralis*	调查
144	蜻蜓目	蜻科	异色灰蜻	*Orthetrum melania*	调查
145	蜻蜓目	蜻科	红蜻	*Crocothemis servilia*	调查
146	蜻蜓目	蜻科	黄蜻	*Pantala flavescens*	调查
147	螳螂目	螳螂科	中华螳螂	*Paratenodera sinensi*	调查
148	直翅目	蝼蛄科	东方蝼蛄	*Gryllotalpa orientalis*	调查

续表

序号	目	科	种	拉丁名	数据来源
149	直翅目	蟋蟀科	梨片蟋	*Truljalia hibinonis*	调查
150	直翅目	蟋蟀科	迷卡斗蟋	*Velarifictorus micado*	调查
151	直翅目	蟋蟀科	灶马蟋	*Gryllodes Sigillatus*	调查
152	直翅目	蟋蟀科	北京油葫芦	*Teleogryllus mitratus*	调查
153	直翅目	螽斯科	巨拟叶螽	*Pseudophyllus titan*	调查
154	直翅目	螽斯科	纺织娘	*Mecopoda elongata*	调查
155	直翅目	蝗科	拟稻蝗	*Gesonula punctifrons*	调查
156	直翅目	斑腿蝗科	中华稻蝗	*Oxya chinensis*	调查
157	直翅目	剑角蝗科	中华剑角蝗	*Acrida cinerea*	调查
158	双翅目	大蚊科	大蚊	*Tipulidae* sp.	调查
159	双翅目	大蚊科	棍棒巨大蚊	*Holorusia clavipes*	调查
160	双翅目	蜂虻科	蜂虻	*Bombyliidae* sp.	调查
161	双翅目	蠓科	库蠓	*Culicoides* sp.	调查
162	双翅目	蝇科	家蝇	*Musca domestica*	调查
163	双翅目	蝇科	市蝇	*Musca sorbens*	调查
164	双翅目	蝇科	大头金蝇	*Chrysomya megacephala*	调查
165	双翅目	蝇科	丝光绿蝇	*Lucilia sericata*	调查
166	双翅目	蝇科	夏厕蝇	*Fannia canicularis*	调查
167	双翅目	蝇科	黑尾黑麻蝇	*Helicophagella melanura*	调查
168	广翅目	齿蛉科	普通齿蛉	*Neoneuromus ignobilis*	调查
169	蜉蝣目	蜉蝣科	蜉蝣	*Ephemeroptera* sp.	调查
170	蜚蠊目	蜚蠊科	蟑螂	*Blattodea* sp.	调查

7. 汶川县蝶类名录

序号	科	种	拉丁名	特有种	保护级别	数据来源
1	弄蝶科	绿弄蝶	*Choaspes benjaminii*			调查
2	弄蝶科	半黄绿弄蝶	*Choaspes hemixanthus*			调查
3	弄蝶科	西方珠弄蝶	*Erynnis tages*			调查
4	弄蝶科	白弄蝶	*Abraximorpha davidii*			调查
5	弄蝶科	黄射纹星弄蝶	*Celaenorrhinus oscula*			调查
6	弄蝶科	斑星弄蝶	*Celaenorrhinus maculosus*			调查
7	弄蝶科	西藏星弄蝶	*Celaenorrhinus tibera*			调查
8	弄蝶科	黑弄蝶	*Daimio tethys*			调查
9	弄蝶科	珞弄蝶	*Lotongus saralus*			调查

附录一 物种名录

续表

序号	科	种	拉丁名	特有种	保护级别	数据来源
10	弄蝶科	似小赭弄蝶	*Ochlodes similis*			调查
11	弄蝶科	菩提赭弄蝶	*Ochlodes bouddha*			调查
12	弄蝶科	白斑赭弄蝶	*Ochlodes subhyalina*			调查
13	弄蝶科	黑豹弄蝶	*Thymelicus syvaticus*			调查
14	弄蝶科	豹弄蝶	*Thymelicus leoninus*			调查
15	弄蝶科	曲纹黄室弄蝶	*Poranthus favus*			调查
16	弄蝶科	孔子黄室弄蝶	*Potanthus confucius*			调查
17	弄蝶科	刺纹孔弄蝶	*Polytremis zina*			调查
18	弄蝶科	华西孔弄蝶	*Polytremis nascens*			调查
19	弄蝶科	珂弄蝶	*Caltoris cahira*			调查
20	弄蝶科	双带弄蝶	*Lobocla bifasciata*			调查
21	弄蝶科	蛱型飒弄蝶	*Satarupa nymphalis*			调查
22	弄蝶科	错缘飕弄蝶	*Sovia separata*			调查
23	凤蝶科	金裳凤蝶	*Troides aeacus*		Ⅱ	调查
24	凤蝶科	中华麝凤蝶	*Byasa confusus*			调查
25	凤蝶科	突缘麝凤蝶	*Byasa plutonius*			调查
26	凤蝶科	多姿麝凤蝶	*Byasa polyeuctes*			调查
27	凤蝶科	窄斑翠凤蝶	*Papilio arcturus*			调查
28	凤蝶科	小黑斑凤蝶	*Papilio epycides*			调查
29	凤蝶科	牛郎凤蝶	*Papilio bootes*			调查
30	凤蝶科	绿带翠凤蝶	*Papilio maackii*			调查
31	凤蝶科	蓝凤蝶	*Papilio protenor*			调查
32	凤蝶科	金凤蝶	*Papilio machaon*			调查
33	凤蝶科	柑橘凤蝶	*Papilo xuthus*			调查
34	凤蝶科	红基美凤蝶	*Papilio alcmenor*			调查
35	凤蝶科	碧凤蝶	*Papilio bianor*			调查
36	凤蝶科	巴黎翠凤蝶	*Papilio paris*			调查
37	凤蝶科	玉带凤蝶	*Papilio polytes*			调查
38	凤蝶科	青凤蝶	*Graphium sarpedon*			调查
39	凤蝶科	宽带青凤蝶	*Graphium cloanthus*			调查
40	凤蝶科	乌克兰剑凤蝶	*Pazala tamerlanus*			调查
41	凤蝶科	四川剑凤蝶	*Pazala sichuanica*			调查
42	凤蝶科	升天剑凤蝶	*Pazala eurous*			调查
43	凤蝶科	褐钩凤蝶	*Meandrusa sciron*			调查
44	凤蝶科	三尾褐凤蝶	*Bhutanitis thaidina*		Ⅱ	调查

续表

序号	科	种	拉丁名	特有种	保护级别	数据来源
45	粉蝶科	淡色钩粉蝶	Gonepterys aspasia			调查
46	粉蝶科	圆翅钩粉蝶	Gonepteryr amintha			调查
47	粉蝶科	东亚豆粉蝶	Colias poliographus			调查
48	粉蝶科	橙黄豆粉蝶	Colias fieldii			调查
49	粉蝶科	黄尖襟粉蝶	Anthocharis scolymus			调查
50	粉蝶科	红襟粉蝶	Anthocharis cardamines			调查
51	粉蝶科	维纳粉蝶	Pieris venata			调查
52	粉蝶科	斯托粉蝶	Pieris stotzneri			调查
53	粉蝶科	华西黑纹粉蝶	Pieris erutae			调查
54	粉蝶科	东方菜粉蝶	Pieris canidia			调查
55	粉蝶科	大展粉蝶	Pieris extensa			调查
56	粉蝶科	大卫粉蝶	Pieris davidis			调查
57	粉蝶科	菜粉蝶	Pieris rapae			调查
58	粉蝶科	卧龙绢粉蝶	Aporia wolongensis			调查
59	粉蝶科	三黄绢粉蝶	Aporia larraldei			调查
60	粉蝶科	普通绢粉蝶	Aporia genestieri			调查
61	粉蝶科	锯纹绢粉蝶	Aporia goutellei			调查
62	粉蝶科	巨翅绢粉蝶	Aporia gigantea			调查
63	粉蝶科	金子绢粉蝶	Aporia kanekoi			调查
64	粉蝶科	大翅绢粉蝶	Aporia largeteaui			调查
65	粉蝶科	暗色绢粉蝶	Aporia bieti			调查
66	粉蝶科	黑边绢粉蝶	Aporia acraea			调查
67	粉蝶科	丫纹绢粉蝶	Aporia delavayi			调查
68	粉蝶科	艳妇斑粉蝶	Delias belladonna			调查
69	灰蝶科	蚜灰蝶	Taraka hamada			调查
70	灰蝶科	尖翅银灰蝶	Curetis acuta			调查
71	灰蝶科	生灰蝶	Sinthusa chandrana			调查
72	灰蝶科	霓纱燕灰蝶	Rapala nissa			调查
73	灰蝶科	优秀洒灰蝶	Satyrium eximia			调查
74	灰蝶科	丽罕莱灰蝶	Helleia li			调查
75	灰蝶科	莎菲彩灰蝶	Heliophorus saphir			调查
76	灰蝶科	古铜彩灰蝶	Heliophorus brahma			调查
77	灰蝶科	黑灰蝶	Niphanda fusca			调查
78	灰蝶科	雅灰蝶	Jamides bochus			调查
79	灰蝶科	亮灰蝶	Lampides boeticus			调查

附录一 物种名录

续表

序号	科	种	拉丁名	特有种	保护级别	数据来源
80	灰蝶科	蓝灰蝶	*Everes argiades*			调查
81	灰蝶科	点玄灰蝶	*Tongeia filicaudis*			调查
82	灰蝶科	淡纹玄灰蝶	*Tongeia ion*			调查
83	灰蝶科	靛灰蝶	*Caerulea coeligena*			调查
84	灰蝶科	琉璃灰蝶	*Celastrina argiolus*			调查
85	灰蝶科	大紫琉璃灰蝶	*Celastrina oreas*			调查
86	灰蝶科	白灰蝶	*Phengaris atroguttata*			调查
87	灰蝶科	多眼灰蝶	*Polyommatus eros*			调查
88	灰蝶科	爱慕眼灰蝶	*Polyommatus amorata*			调查
89	灰蝶科	曲纹紫灰蝶	*Chilades pandava*			调查
90	灰蝶科	酢酱灰蝶	*Zizeeria maha*			调查
91	灰蝶科	毛眼灰蝶	*Zizina otis*			调查
92	灰蝶科	毕磐灰蝶	*Iwaseozephyrus bieti*			调查
93	灰蝶科	白带褐蚬蝶	*Abisara fylloides*			调查
94	灰蝶科	波蚬蝶	*Zemeros flegyas*			调查
95	灰蝶科	彩斑尾蚬蝶	*Dodona maculosa*			调查
96	蛱蝶科	大绢斑蝶	*Parantica sita*			调查
97	蛱蝶科	苎麻珍蝶	*Acraea issoria*			调查
98	蛱蝶科	绿豹蛱蝶	*Argynnis paphia*			调查
99	蛱蝶科	斐豹蛱蝶	*Argyreus hyperbius*			调查
100	蛱蝶科	老豹蛱蝶	*Argyronome laodice*			调查
101	蛱蝶科	青豹蛱蝶	*Damora sagana*			调查
102	蛱蝶科	华福蛱蝶	*Fabriciana vorax*			调查
103	蛱蝶科	银斑豹蛱蝶	*Speyeria aglaja*			调查
104	蛱蝶科	东亚福蛱蝶	*Fabriciana xipe*			调查
105	蛱蝶科	珍蛱蝶	*Clossiana gong*			调查
106	蛱蝶科	孔雀蛱蝶	*Inachis io*			调查
107	蛱蝶科	中华荨麻蛱蝶	*Aglais chinensis*			调查
108	蛱蝶科	琉璃蛱蝶	*Kaniska canace*			调查
109	蛱蝶科	黄钩蛱蝶	*Polygonia c-aureum*			调查
110	蛱蝶科	小红蛱蝶	*Vanessa cardui*			调查
111	蛱蝶科	大红蛱蝶	*Vanessa indica*			调查
112	蛱蝶科	翠蓝眼蛱蝶	*Junonia orithya*			调查
113	蛱蝶科	云豹盛蛱蝶	*Symbrenthia sinoides*			调查
114	蛱蝶科	黄豹盛蛱蝶	*Symbrenthia brabira*			调查

续表

序号	科	种	拉丁名	特有种	保护级别	数据来源
115	蛱蝶科	散纹盛蛱蝶	*Symbrenthia lilaea*			调查
116	蛱蝶科	直纹蜘蛱蝶	*Araschnia prorsoides*			调查
117	蛱蝶科	曲纹蜘蛱蝶	*Araschnia doris*			调查
118	蛱蝶科	大卫蜘蛱蝶	*Araschnia davidis*			调查
119	蛱蝶科	锯带翠蛱蝶	*Euthalia alpherakyi*			调查
120	蛱蝶科	嘉翠蛱蝶	*Euthalia kardama*			调查
121	蛱蝶科	芒翠蛱蝶	*Euthalia aristides*			调查
122	蛱蝶科	扬眉线蛱蝶	*Limenitis helmanni*			调查
123	蛱蝶科	愁眉线蛱蝶	*Limenitis disjucta*			调查
124	蛱蝶科	断眉线蛱蝶	*Limenitis doerriesi*			调查
125	蛱蝶科	残锷线蛱蝶	*Limenitis sulpitia*			调查
126	蛱蝶科	巧克力线蛱蝶	*Limenitis ciocolatina*			调查
127	蛱蝶科	拟戟眉线蛱蝶	*Limenitis misuji*			调查
128	蛱蝶科	中华葩蛱蝶	*Patsuia sinensis*			调查
129	蛱蝶科	白斑俳蛱蝶	*Parasarpa albomaculata*			调查
130	蛱蝶科	虬眉带蛱蝶	*Athyma opalina*			调查
131	蛱蝶科	倒钩带蛱蝶	*Athyma recurva*			调查
132	蛱蝶科	离斑带蛱蝶	*Athyma ranga*			调查
133	蛱蝶科	玉杵带蛱蝶	*Athyma jina*			调查
134	蛱蝶科	耶环蛱蝶	*Neptis yerburii*			调查
135	蛱蝶科	小环蛱蝶	*Neptis sappho*			调查
136	蛱蝶科	细带链环蛱蝶	*Neptis andetria*			调查
137	蛱蝶科	娑环蛱蝶	*Neptis soma*			调查
138	蛱蝶科	娜巴环蛱蝶	*Neptis namba*			调查
139	蛱蝶科	弥环蛱蝶	*Neptis miah*			调查
140	蛱蝶科	矛环蛱蝶	*Neptis armandia*			调查
141	蛱蝶科	链环蛱蝶	*Neptis pryeri*			调查
142	蛱蝶科	珂环蛱蝶	*Neptis clinia*			调查
143	蛱蝶科	断环蛱蝶	*Neptis sankara*			调查
144	蛱蝶科	阿环蛱蝶	*Neptis ananta*			调查
145	蛱蝶科	单环蛱蝶	*Neptis rivularis*			调查
146	蛱蝶科	重环蛱蝶	*Neptis alwina*			调查
147	蛱蝶科	提环蛱蝶	*Neptis thisbe*			调查
148	蛱蝶科	茂环蛱蝶	*Neptis nemorosa*			调查
149	蛱蝶科	羚环蛱蝶	*Neptis antilope*			调查

续表

序号	科	种	拉丁名	特有种	保护级别	数据来源
150	蛱蝶科	黄环蛱蝶	*Neptis themis*			调查
151	蛱蝶科	黄重环蛱蝶	*Neptis cydippe*			调查
152	蛱蝶科	蛛环蛱蝶	*Neptis arachne*			调查
153	蛱蝶科	秀蛱蝶	*Pseudergolis wedah*			调查
154	蛱蝶科	素饰蛱蝶	*Stibochiona nicea*			调查
155	蛱蝶科	网丝蛱蝶	*Cyrestis thyodamas*			调查
156	蛱蝶科	大卫绢蛱蝶	*Calinaga davidis*			调查
157	蛱蝶科	紫闪蛱蝶	*Apatura iris*			调查
158	蛱蝶科	滇藏闪蛱蝶	*Apatura bieti*			调查
159	蛱蝶科	柳紫闪蛱蝶	*Apatura ilia*			调查
160	蛱蝶科	拟斑脉蛱蝶	*Hestina persimilis*			调查
161	蛱蝶科	黑脉蛱蝶	*Hestina assimilis*			调查
162	蛱蝶科	猫蛱蝶	*Timelaea maculata*			调查
163	蛱蝶科	针尾蛱蝶	*Polyura dolon*			调查
164	蛱蝶科	二尾蛱蝶	*Polyura narcaea*			调查
165	蛱蝶科	大二尾蛱蝶	*Polyura cudamippus*			调查
166	蛱蝶科	双星箭环蝶	*Stichophthalma neumogeni*			调查
167	蛱蝶科	华西箭环蝶	*Stichophthalma suffusa*			调查
168	蛱蝶科	灰翅串珠环蝶	*Faunis aerope*			调查
169	蛱蝶科	白斑眼蝶	*Penthema adelma*			调查
170	蛱蝶科	凤眼蝶	*Neorina patria*			调查
171	蛱蝶科	棕褐黛眼蝶	*Lethe christophi*			调查
172	蛱蝶科	重瞳黛眼蝶	*Lethe trimacula*			调查
173	蛱蝶科	直带黛眼蝶	*Lethe lanaris*			调查
174	蛱蝶科	小圈黛眼蝶	*Lethe ocellata*			调查
175	蛱蝶科	黛眼蝶	*Lethe dura*			调查
176	蛱蝶科	华西黛眼蝶	*Lethe baucis*			调查
177	蛱蝶科	斯斯黛眼蝶	*Lethe sisii*			调查
178	蛱蝶科	比目黛眼蝶	*Lethe proxima*			调查
179	蛱蝶科	细黑黛眼蝶	*Lethe liyufeii*			调查
180	蛱蝶科	彩斑黛眼蝶	*Lethe procne*			调查
181	蛱蝶科	线纹黛眼蝶	*Lethe hecate*			调查
182	蛱蝶科	白条黛眼蝶	*Lethe albolineata*			调查
183	蛱蝶科	蟠纹黛眼蝶	*Lethe labyrinthea*			调查
184	蛱蝶科	普里黛眼蝶	*Lethe privigna*			调查

续表

序号	科	种	拉丁名	特有种	保护级别	数据来源
185	蛱蝶科	曲纹黛眼蝶	*Lethe chandica*			调查
186	蛱蝶科	黑带黛眼蝶	*Lethe nigrifascia*			调查
187	蛱蝶科	蒙链荫眼蝶	*Neope muirheadii*			调查
188	蛱蝶科	黄斑荫眼蝶	*Neope pulaha*			调查
189	蛱蝶科	黑翅荫眼蝶	*Neope serica*			调查
190	蛱蝶科	奥荫眼蝶	*Neope oberthueri*			调查
191	蛱蝶科	黑斑荫眼蝶	*Neope pulahoides*			调查
192	蛱蝶科	宁眼蝶	*Ninguta schrenkii*			调查
193	蛱蝶科	网眼蝶	*Rhaphicera dumicola*			调查
194	蛱蝶科	藏眼蝶	*Tatinga tibetana*			调查
195	蛱蝶科	卡特链眼蝶	*Lopinga catena*			调查
196	蛱蝶科	淡色多眼蝶	*Kirinia epimenides*			调查
197	蛱蝶科	拟稻眉眼蝶	*Mycalesis francisca*			调查
198	蛱蝶科	稻眉眼蝶	*Mycalesis gotama*			调查
199	蛱蝶科	箭纹粉眼蝶	*Callarge sagitta*			调查
200	蛱蝶科	亚洲白眼蝶	*Melanargia asiatica*			调查
201	蛱蝶科	高山蛇眼蝶	*Minois aurata*	T		调查
202	蛱蝶科	幽矍眼蝶	*Ypthima conjuncta*			调查
203	蛱蝶科	矍眼蝶	*Ypthima baldus*			调查
204	蛱蝶科	普氏矍眼蝶	*Ypthima pratti*			调查
205	蛱蝶科	密纹矍眼蝶	*Ypthima mulrisriata*			调查
206	蛱蝶科	完璧矍眼蝶	*Ypthima perfecta*			调查
207	蛱蝶科	阿矍眼蝶	*Ypthima argus*			调查
208	蛱蝶科	多型艳眼蝶	*Callerebia polyphemus*			调查
209	蛱蝶科	十目舜眼蝶	*Loxerebia carola*	T		调查
210	蛱蝶科	大斑阿芬眼蝶	*Aphantopus arvensis*			调查
211	蛱蝶科	枯叶蛱蝶	*Kallima inachus*			调查

8. 汶川县大型真菌名录

序号	科拉丁名	属中文名	种中文名	种拉丁名	数据来源
1	Agaricaceae	蘑菇属	群生蘑菇近似种	*Agaricus* aff. *gregariomyces*	调查
2	Agaricaceae	蘑菇属	近紫红蘑菇	*Agaricus parasubrutilescens* Callac & R. L. Zhao	调查
3	Agaricaceae	蘑菇属	—	*Agaricus* sp. 1	调查
4	Agaricaceae	刺皮菇属	刺皮菇	*Echinoderma asperum*（Pers.）Bon	调查

附录一 物种名录

续表

序号	科拉丁名	属中文名	种中文名	种拉丁名	数据来源
5	Agaricaceae	环柄菇属	紫褐鳞环柄菇	*Lepiota brunneolilacea* Bon & Boiffard	调查
6	Agaricaceae	环柄菇属	冠状环柄菇	*Lepiota cristata*（Bolton）P. Kumm.	调查
7	Agaricaceae	白环菇属	西方平盖白环菇近似种	*Leucoagaricus* aff. *meleagris*	调查
8	Agaricaceae	白环菇属	—	*Leucoagaricus* sp. 1	调查
9	Amanitaceae	鹅膏菌属	艾哈迈迪鹅膏菌	*Amanita ahmadii* Jabeen, I. Ahmad, M. Kiran, J. Khan & Khalid	调查
10	Amanitaceae	鹅膏菌属		*Amanita arctica* Bas, Knudsen & T. Borgen	调查
11	Amanitaceae	鹅膏菌属		*Amanita citrinoindusiata* Zhu L. Yang, Y. Y. Cui & Q. Cai	调查
12	Amanitaceae	鹅膏菌属	黄柄鹅膏菌	*Amanita flavipes* S. Imai	调查
13	Amanitaceae	鹅膏菌属	短棱鹅膏菌	*Amanita imazekii* T. Oda, C. Tanaka & Tsuda	调查
14	Amanitaceae	鹅膏菌属	球基鹅膏菌	*Amanita subglobosa* Zhu L. Yang	调查
15	Amanitaceae	鹅膏菌属	褐黄鹅膏菌	*Amanita umbrinolutea*（Secr. ex Gillet）Bataille	调查
16	Amanitaceae	鹅膏菌属	—	*Amanita* sp. 1	调查
17	Bolbitiaceae	环鳞伞属	栎环鳞伞	*Descolea quercina* J. Khan & Naseer	调查
18	Clavariaceae	珊瑚菌属	脆珊瑚菌	*Clavaria fragilis* Holmsk.	调查
19	Clavariaceae	珊瑚菌属	堇紫珊瑚菌	*Clavaria zollingeri* Lév.	调查
20	Clavariaceae	拟枝瑚菌属	孔策拟枝瑚菌	*Ramariopsis kunzei*（Fr.）Corner	调查
21	Cortinariaceae	丝膜菌属	白蓝丝膜菌	*Cortinarius albocyaneus* Fr.	调查
22	Cortinariaceae	丝膜菌属	掷丝膜菌	*Cortinarius bolaris*（Pers.）Zawadzki	调查
23	Cortinariaceae	丝膜菌属	棕绿丝膜菌	*Cortinarius cotoneus* Fr.	调查
24	Cortinariaceae	丝膜菌属	喜山丝膜菌	*Cortinarius emodensis* Berk.	调查
25	Cortinariaceae	丝膜菌属	光滑丝膜菌	*Cortinarius glabrellus* Kauffman	调查
26	Cortinariaceae	丝膜菌属	长囊体丝膜菌	*Cortinarius longicystidiatus* S. Y. Zhou, P. Long & Z. L. Yang	调查
27	Cortinariaceae	丝膜菌属		*Cortinarius* aff. *triangulus*	调查
28	Cortinariaceae	丝膜菌属	常见丝膜菌	*Cortinarius trivialis* J. E. Lange	调查
29	Cortinariaceae	丝膜菌属	—	*Cortinarius* sp. 1	调查
30	Cortinariaceae	丝膜菌属	—	*Cortinarius* sp. 2	调查
31	Cortinariaceae	丝膜菌属	—	*Cortinarius* sp. 3	调查
32	Cortinariaceae	丝膜菌属	—	*Cortinarius* sp. 4	调查
33	Cortinariaceae	丝膜菌属	—	*Cortinarius* sp. 5	调查
34	Cortinariaceae			*Thaxterogaster chalybeus*（Soop）Niskanen & Liimat.	调查
35	Cortinariaceae			*Thaxterogaster melleicarneus*（Kytöv., Liimat., Niskanen & Brandrud）Niskanen & Liimat.	调查
36	Crepidotaceae	靴耳属	褐毛靴耳	*Crepidotus badiofloccosus* S. Imai	调查
37	Crepidotaceae	靴耳属	—	*Crepidotus* sp. 1	调查

续表

序号	科拉丁名	属中文名	种中文名	种拉丁名	数据来源
38	Entolomataceae	灰红褶菌	洁灰红褶菌	*Clitocella mundula*（Lasch）Kluting, T. J. Baroni & Bergemann	调查
39	Entolomataceae	斜盖伞属		*Clitopilus abprunulus* S. P. Jian, M. Karadelev & Zhu L. Yang	调查
40	Entolomataceae	斜盖伞属	云南斜盖伞	*Clitopilus yunnanensis* S. P. Jian & Zhu L. Yang	调查
41	Entolomataceae	粉褶蕈属	屑鳞粉褶蕈	*Entoloma furfuraceum* T. H. Li & Xiao L. He	调查
42	Entolomataceae	粉褶蕈属		*Entoloma* aff. *noordeloosii*	调查
43	Entolomataceae	粉褶蕈属		*Entoloma sericatum*（Britzelm.）Sacc.	调查
44	Entolomataceae	粉褶蕈属	—	*Entoloma* sp. 1	调查
45	Entolomataceae	粉褶蕈属	—	*Entoloma* sp. 2	调查
46	Entolomataceae	粉褶蕈属	—	*Entoloma* sp. 3	调查
47	Entolomataceae	粉褶蕈属	—	*Entoloma* sp. 4	调查
48	Entolomataceae	粉褶蕈属	—	*Entoloma* sp. 5	调查
49	Entolomataceae	粉褶蕈属	—	*Entoloma* sp. 6	调查
50	Galeropsidaceae	斑褶菇属	钟形斑褶菇	*Panaeolus campanulatus*（L.）Quél.	调查
51	Hydnangiaceae	蜡蘑属	橙黄蜡蘑	*Laccaria aurantia* Popa, Rexer, Donges, Zhu L. Yang & G. Kost	调查
52	Hydnangiaceae	蜡蘑属	黄灰蜡蘑近似种	*Laccaria* aff. *fulvogrisea*	调查
53	Hydnangiaceae	蜡蘑属	喜马拉雅蜡蘑	*Laccaria himalayensis* A. W. Wilson & G. M. Muell.	调查
54	Hydnangiaceae	蜡蘑属	—	*Laccaria* sp. 1	调查
55	Hygrophoraceae	粘滑菇属	假脆柄粘滑菇	*Hebeloma pseudofragilipes* Beker, Vesterh. & U. Eberh.	调查
56	Hygrophoraceae	粘滑菇属	褪色粘滑菇	*Hebeloma sordescens* Vesterh.	调查
57	Hygrophoraceae	粘滑菇属	—	*Hebeloma* sp. 1	调查
58	Hygrophoraceae	湿伞属	硫黄湿伞	*Hygrocybe chlorophana*（Fr.）Wünsche	调查
59	Hygrophoraceae	湿伞属	变黑湿伞	*Hygrocybe conica*（Schaeff.）P. Kumm.	调查
60	Hygrophoraceae	湿伞属	小红湿伞	*Hygrocybe miniata*（Fr.）P. Kumm.	调查
61	Hygrophoraceae	湿伞属	—	*Hygrocybe* sp. 1	调查
62	Hygrophoraceae	蜡伞属	棕盖蜡伞	*Hygrophorus brunneodiscus* C. Q. Wang & T. H. Li	调查
63	Hygrophoraceae	蜡伞属		*Hygrophorus murinidiscus* C. Q. Wang & T. H. Li	调查
64	Hygrophoraceae	蜡伞属	东方红菇蜡伞	*Hygrophorus orientalis* H. Y. Huang & L. P. Tang	调查
65	Hygrophoraceae	蜡伞属	粉红蜡伞	*Hygrophorus pudorinus*（Fr.）Fr.	调查
66	Hygrophoraceae	灰盖杯伞属	双孢灰盖杯伞	*Spodocybe bispora* Z. M. He & Zhu L. Yang	调查
67	Hygrophoraceae	灰盖杯伞属	—	*Spodocybe* sp. 1	调查
68	Hymenogastraceae	暗金钱菌属	詹尼暗金钱菌	*Phaeocollybia jennyae*（P. Karst.）R. Heim	调查

附录一 物种名录

续表

序号	科拉丁名	属中文名	种中文名	种拉丁名	数据来源
69	Inocybaceae	丝盖伞属	粗鳞丝盖伞	*Inocybe calamistrata*（Fr.）Gillet	调查
70	Inocybaceae	丝盖伞属	甜苦丝盖伞近缘种	*Inocybe* cf. *dulcamara*	调查
71	Inocybaceae	丝盖伞属	土味丝盖伞	*Inocybe geophylla* P. Kumm.	调查
72	Inocybaceae	丝盖伞属	棉毛丝盖伞	*Inocybe lanuginosa*（Bull.）Kalchbr.	调查
73	Inocybaceae	凹孢丝盖伞属		*Inosperma lanatodiscum*（Kauffman）Matheny & Esteve-Rav.	调查
74	Inocybaceae	假丝盖伞属	黄假丝盖伞	*Pseudosperma rimosum*（Bull.）Matheny & Esteve-Rav.	调查
75	Lycoperdaceae	马勃属	褐皮马勃	*Lycoperdon fuscum* Bonord.	调查
76	Lycoperdaceae	马勃属	网纹马勃	*Lycoperdon perlatum* Pers.	调查
77	Lyophyllaceae	灰顶伞属	扁柄灰顶伞近似种	*Tephrocybe* aff. *platypus*（Kühner）M. M. Moser	调查
78	Lyophyllaceae	灰顶伞属	—	*Tephrocybe* sp. 1	调查
79	Lyophyllaceae	灰顶伞属	—	*Tephrocybe* sp. 2	调查
80	Marasmiaceae	毛皮伞属	—	*Crinipellis* sp. 1	调查
81	Marasmiaceae	微皮伞属	纯白微皮伞	*Marasmiellus candidus*（Fr.）Singer	调查
82	Marasmiaceae	小皮伞属	蜜黄小皮伞	*Marasmius helvolus* Berk.	调查
83	Marasmiaceae	小皮伞属	淡赭色小皮伞	*Marasmius ochroleucus* Desjardin & E. Horak	调查
84	Marasmiaceae	小皮伞属	干小皮伞	*Marasmius siccus*（Schwein.）Fr.	调查
85	Mycenaceae	湿柄伞属		*Hydropus* cf. *praedecurrens*	调查
86	Mycenaceae	小菇属	黄柄小菇	*Mycena epipterygia*（Scop.）Gray	调查
87	Mycenaceae	小菇属	血红小菇	*Mycena haematopus*（Pers.）P. Kumm.	调查
88	Mycenaceae	小菇属	洁小菇	*Mycena pura*（Pers.）P. Kumm.	调查
89	Mycenaceae	小菇属	棕红小菇近缘种	*Mycena* cf. *rufobrunnea*	调查
90	Mycenaceae	小菇属	绿缘小菇	*Mycena viridimarginata* P. Karst.	调查
91	Mycenaceae	干脐菇属	黄干脐菇	*Xeromphalina campanella*（Batsch）Kühner & Maire	调查
92	Omphalotaceae	拟金钱菌属	群生拟金钱菌	*Collybiopsis confluens*（Pers.）R. H. Petersen	调查
93	Omphalotaceae	拟金钱菌属	木生毛脚拟金钱菌	*Collybiopsis peronata*（Bolton）R. H. Petersen	调查
94	Omphalotaceae	拟金钱菌属	—	*Collybiopsis* sp. 1	调查
95	Omphalotaceae	裸脚菇属	群生裸脚菇	*Gymnopus confluens*（Pers.）Antonín, Halling & Noordel.	调查
96	Omphalotaceae	裸脚菇属	密褶裸脚菇	*Gymnopus densilamellatus* Antonín, Ryoo & Ka	调查
97	Omphalotaceae	裸脚菇属	多褶裸脚伞	*Gymnopus polyphyllus*（Peck）Halling	调查
98	Omphalotaceae	裸脚菇属	近密褶裸脚菇	*Gymnopus subdensilamellatus* J. J. Hu, Y. L. Tuo, B. Zhang & Yu Li	调查
99	Omphalotaceae	裸脚菇属	五台山裸脚菇	*Gymnopus wutaishanensis* L. Fan & N. Mao	调查
100	Physalacriaceae	蜜环菌属	蜜环菌	*Armillaria mellea*（Vahl）P. Kumm.	调查

续表

序号	科拉丁名	属中文名	种中文名	种拉丁名	数据来源
101	Physalacriaceae	无环蜜环菌属	易逝无环蜜环菌	*Desarmillaria tabescens* (Scop.) R. A. Koch & Aime	调查
102	Physalacriaceae	冬菇属	金针菇	*Flammulina filiformis* (Z. W. Ge, X. B. Liu & Zhu L. Yang) P. M. Wang, Y. C. Dai, E. Horak & Zhu L. Yang	调查
103	Physalacriaceae	小奥德蘑属	卵孢小奥德蘑	*Oudemansiella raphanipes* (Berk.) Pegler & T. W. K. Young	调查
104	Pleurotaceae	亚侧耳属	花瓣状亚侧耳	*Hohenbuehelia petaloides* (Bull.) Schulzer	调查
105	Pleurotaceae	侧耳属	肺形侧耳	*Pleurotus pulmonarius* (Fr.) Quél.	调查
106	Pluteaceae	光柄菇属	黄光柄菇	*Pluteus admirabilis* (Peck) Peck	调查
107	Pluteaceae	光柄菇属	灰光柄菇	*Pluteus cervinus* (Schaeff.) P. Kumm.	调查
108	Pluteaceae	光柄菇属	罗梅尔光柄菇	*Pluteus romelli* (Britzelm.) Lapl.	调查
109	Pluteaceae	光柄菇属	柳光柄菇	*Pluteus salicinus* (Pers.) P. Kumm.	调查
110	Pluteaceae	光柄菇属	淡黑光柄菇	*Pluteus sepiicolor* E. F. Malysheva	调查
111	Pluteaceae	光柄菇属	鹿光柄菇近缘种	*Pluteus* cf. *shikae*	调查
112	Pluteaceae	光柄菇属	网盖光柄菇	*Pluteus thomsonii* (Berk. & Broome) Dennis	调查
113	Pluteaceae	光柄菇属	—	*Pluteus* sp. 1	调查
114	Psathyrellaceae	黄白脆柄菇属	黄白脆柄菇	*Candolleomyces candolleanus* (Fr.) D. Wächt. & A. Melzer	调查
115	Psathyrellaceae	小鬼伞属	白小鬼伞	*Coprinellus disseminatus* (Pers.) J. E. Lange	调查
116	Psathyrellaceae	小鬼伞属	晶粒小鬼伞	*Coprinellus micaceus* (Bull.) Vilgalys, Hopple & Jacq. Johnson	调查
117	Psathyrellaceae	小鬼伞属	辐毛小鬼伞	*Coprinellus radians* (Desm.) Vilgalys, Hopple & Jacq. Johnson	调查
118	Psathyrellaceae	拟鬼伞属	墨汁拟鬼伞	*Coprinopsis atramentaria* (Bull.) Redhead, Vilgalys & Moncalvo	调查
119	Psathyrellaceae	小脆柄菇属	—	*Psathyrella* sp. 1	调查
120	Sarcomyxaceae	美味扇菇属	美味扇菇	*Sarcomyxa edulis* (Y. C. Dai, Niemelä & G. F. Qin) T. Saito, Tonouchi & T. Harada	调查
121	Schizophyllaceae	裂褶菌属	裂褶菌	*Schizophyllum commune* Fr.	调查
122	Strophariaceae	黄囊菇属	叶生黄囊菇	*Deconica phyllogena* (Sacc.) Noordel.	调查
123	Strophariaceae	垂幕菇属	丛生垂幕菇	*Hypholoma fasciculare* (Huds.) P. Kumm.	调查
124	Strophariaceae	库恩菇属	毛柄库恩库	*Kuehneromyces mutabilis* (Schaeff.) Singer & A. H. Sm.	调查
125	Strophariaceae	库恩菇属	—	*Kuehneromyces* sp. 1	调查
126	Strophariaceae	鳞伞属	黏环鳞伞	*Pholiota lenta* (Pers.) Singer	调查
127	Strophariaceae	鳞伞属	柠檬鳞伞	*Pholiota limonella* (Peck) Sacc.	调查
128	Strophariaceae	鳞伞属	黏皮鳞伞	*Pholiota lubrica* (Pers.) Singer	调查
129	Strophariaceae	鳞伞属	尖鳞伞	*Pholiota squarrosoides* (Peck) Sacc.	调查
130	Strophariaceae	球盖菇属	含糊球盖菇	*Stropharia ambigua* (Peck) Zeller	调查
131	Strophariaceae	球盖菇属	酒红球盖菇	*Stropharia rugosoannulata* Farl. ex Murrill	调查

附录一 物种名录

续表

序号	科拉丁名	属中文名	种中文名	种拉丁名	数据来源
132	Strophariaceae	球盖菇属	—	*Stropharia* sp. 1	调查
133	Tricholomataceae	口蘑属	银盖口蘑	*Tricholoma argyraceum*（Bull.）Gillet	调查
134	Tricholomataceae	口蘑属	黑鳞口蘑	*Tricholoma atrosquamosum* Sacc.	调查
135	Tricholomataceae	口蘑属	拟毒蝇口蘑	*Tricholoma muscarioides* Reschke, Popa, Zhu L. Yang & G. Kost	调查
136	Tricholomataceae	口蘑属	棕灰口蘑	*Tricholoma terreum*（Schaeff.）P. Kumm.	调查
137	Tricholomataceae	口蘑属	褐黑口蘑	*Tricholoma ustale*（Fr.）P. Kumm.	调查
138	Tricholomataceae	拟口蘑属	黄拟口蘑	*Tricholomopsis decora*（Fr.）Singer	调查
139	—	小孢伞属	松球小孢伞近似种	*Baeospora* aff. *myosura*	调查
140	—	杯伞属	冰川杯伞近缘种	*Clitocybe* cf. *glacialis*	调查
141	—	杯伞属	落叶杯伞	*Clitocybe phyllophila*（Pers.）P. Kumm.	调查
142	—	杯伞属	—	*Clitocybe* sp. 1	调查
143	—	杯伞属	—	*Clitocybe* sp. 2	调查
144	—	漏斗伞属	深凹漏斗伞	*Infundibulicybe gibba*（Pers.）Harmaja	调查
145	—	大金钱菌属		*Megacollybia marginata* R. H. Petersen, O. V. Morozova & J. L. Mata	调查
146	—	近香蘑属	空柄近香蘑	*Notholepista fistulosa* Z. M. He & Zhu L. Yang	调查
147	—	褐伞属	金盖褐伞	*Phaeolepiota aurea*（Bull.）R. Maire ex Konrad & Maubl.	调查
148	—	毛缘菇属	毛缘菇	*Ripartites tricholoma*（Alb. & Schwein.）P. Karst.	调查
149	Auriculariaceae	木耳属	毛木耳	*Auricularia cornea* Ehrenb.	调查
150	Auriculariaceae	木耳属	西藏木耳	*Auricularia tibetica* Y. C. Dai & F. Wu	调查
151	—	焰耳属	焰耳	*Guepinia helvelloides*（DC.）Fr.	调查
152	—	刺银耳属	胶质假齿菌	*Pseudohydnum gelatinosum*（Scop.）P. Karst.	调查
153	Boletaceae	金牛肝菌属	栎生金牛肝菌	*Aureoboletus quercus-spinosae* Ming Zhang & T. H. Li	调查
154	Boletaceae	金牛肝菌属	西藏金牛肝菌	*Aureoboletus thibetanus*（Pat.）Hongo & Nagas.	调查
155	Boletaceae	牛肝菌属	网盖牛肝菌	*Boletus reticuloceps*（M. Zang, M. S. Yuan & M. Q. Gong）Q. B. Wang & Y. J. Yao	调查
156	Boletaceae	黄肉牛肝菌属	亚桃红黄肉牛肝菌	*Butyriboletus subregius* Yang Wang, Bo Zhang & Yu Li	调查
157	Boletaceae	黄肉牛肝菌属		*Butyriboletus yicibus* D. Arora & J. L. Frank	调查
158	Boletaceae	美柄牛肝菌属	毡盖美柄牛肝菌	*Caloboletus panniformis*（Taneyama & Har. Takah.）Vizzini	调查
159	Boletaceae	疣柄牛肝菌属	橙黄疣柄牛肝菌	*Leccinum aurantiacum*（Bull.）Gray	调查
160	Boletaceae	疣柄牛肝菌属	红疣柄牛肝菌	*Leccinum rubrum* M. Zang	调查
161	Boletaceae	疣柄牛肝菌属	褐疣柄牛肝菌	*Leccinum scabrum*（Bull.）Gray	调查

续表

序号	科拉丁名	属中文名	种中文名	种拉丁名	数据来源
162	Boletaceae	松塔牛肝菌属	高山松塔牛肝菌	*Strobilomyces alpinus* M. Zang, Y. Xuan & K. K. Cheng	调查
163	Boletaceae	松塔牛肝菌属	刺头松塔牛肝菌	*Strobilomyces echinocephalus* Gelardi & Vizzini	调查
164	Boletaceae	小乳牛肝菌属	褐黄小乳牛肝菌	*Suillellus luridus* (Schaeff.) Murrill	调查
165	Boletaceae	乳牛肝菌属	高山乳牛肝菌	*Suillus alpinus* X. F. Shi & P. G. Liu	调查
166	Boletaceae	乳牛肝菌属	厚环乳牛肝菌	*Suillus grevillei* (Klotzsch) Singer	调查
167	Boletaceae	乳牛肝菌属	喜马拉雅乳牛肝菌	*Suillus himalayensis* B. Verma & M. S. Reddy	调查
168	Boletaceae	乳牛肝菌属	灰环乳牛肝菌	*Suillus laricinus* (Berk.) Kuntze	调查
169	Boletaceae	乳牛肝菌属	灰乳牛肝菌	*Suillus viscidus* (L.) Roussel	调查
170	Boletaceae	小绒盖牛肝菌属	柯氏红绒盖牛肝菌	*Xerocomellus corneri* Xue T. Zhu & Zhu L. Yang	调查
171	Boletaceae	绒盖牛肝菌属	云南绒盖牛肝菌	*Xerocomus yunnanensis* (W. F. Chiu) F. L. Tai	调查
172	Gomphidiaceae	色钉菇属	假绒盖色钉菇	*Chroogomphus pseudotomentosus* O. K. Mill. & Aime	调查
173	Hygrophoropsidaceae	拟蜡伞属	橙黄拟蜡伞	*Hygrophoropsis aurantiaca* (Wulfen) Maire ex Martin-Sans	调查
174	Paxillaceae	桩菇属	卷边桩菇	*Paxillus involutus* (Batsch) Fr.	调查
175	Paxillaceae	桩菇属	东方桩菇	*Paxillus orientalis* Gelardi, Vizzini, E. Horak & G. Wu	调查
176	Hydnaceae	鸡油菌属	鸡油菌	*Cantharellus cibarius* Fr.	调查
177	Hydnaceae	鸡油菌属	疣孢鸡油菌	*Cantharellus tuberculosporus* M. Zang	调查
178	Hydnaceae	锁瑚菌属	雷氏锁瑚菌	*Clavulina reae* Olariaga	调查
179	Hydnaceae	锁瑚菌属	皱锁瑚菌	*Clavulina rugosa* (Bull.) J. Schröt.	调查
180	Hydnaceae	喇叭菌属	小灰喇叭菌	*Craterellus parvogriseus* U. Singh, K. Das & Buyck	调查
181	Hydnaceae	齿菌属	东方白齿菌	*Hydnum orientalbidum* R. Sugaw. & N. Endo	调查
182	Hydnaceae	齿菌属	韦氏齿菌	*Hydnum vesterholtii* Olariaga, Grebenc, Salcedo & M. P. Martín	调查
183	Geastraceae	地星属	—	*Geastrum* sp. 1	调查
184	Gloeophyllaceae	粘褶菇属	—	*Gloeophyllum* sp. 1	调查
185	Clavariadelphaceae	棒瑚菌属	云南棒瑚菌	*Clavariadelphus yunnanensis* Methven	调查
186	Gomphaceae	钉菇属	毛钉菇	*Gomphus floccosus* (Schwein.) Singer	调查
187	Gomphaceae	枝瑚菌属	离生枝瑚菌	*Ramaria distinctissima* R. H. Petersen & M. Zang	调查
188	Gomphaceae	枝瑚菌属	淡紫枝瑚菌	*Ramaria pallidolilacina* P. Zhang & Z. W. Ge	调查
189	Hymenochaetaceae	集毛菌属	冷杉集毛菌	*Coltricia abieticola* Y. C. Dai	调查
190	Hymenochaetaceae	锈革菌属	缠结锈革菌	*Hymenochaete intricata* (Lloyd) S. Ito	调查
191	Hymenochaetaceae	木层孔菌属	发火木层孔菌	*Phellinus igniarius* (L.) Quél.	调查

续表

序号	科拉丁名	属中文名	种中文名	种拉丁名	数据来源
192	Hymenochaetaceae	桑黄菌属	高山桑黄	*Sanghuangporus alpinus*（Y. C. Dai & X. M. Tian）L. W. Zhou & Y. C. Dai	调查
193	Rickenellaceae	杯革菌	纤维杯革菌	*Cotylidia fibrae* L. Fan & C. Yang	调查
194	—	附毛菌属	冷杉附毛菌	*Trichaptum abietinum*（Pers. ex J. F. Gmel.）Ryvarden	调查
195	Fomitopsidaceae	迷孔菌属	肉色迷孔菌	*Daedalea dickinsii* Yasuda	调查
196	Fomitopsidaceae	拟层孔菌属	红缘拟层孔菌	*Fomitopsis pinicola*（Sw.）P. Karst.	调查
197	Laetiporaceae	硫磺菌属	环纹硫磺菌	*Laetiporus zonatus* B. K. Cui & J. Song	调查
198	Laetiporaceae	暗孔菌属	—	*Phaeolus* sp. 1	调查
199	Phanerochaetaceae	烟管菌属	烟管菌	*Bjerkandera adusta*（Willd.）P. Karst.	调查
200	Polyporaceae	拟迷孔菌属	粗糙拟迷孔菌	*Daedaleopsis confragosa*（Bolton）J. Schröt.	调查
201	Polyporaceae	层孔菌属	木蹄层孔菌	*Fomes fomentarius*（L.）Fr.	调查
202	Polyporaceae	粗盖孔菌属	硬毛粗盖孔菌	*Funalia trogii*（Berk.）Bondartsev & Singer	调查
203	Polyporaceae	灵芝属	树舌灵芝	*Ganoderma applanatum*（Pers.）Pat.	调查
204	Polyporaceae	灵芝属	白肉灵芝	*Ganoderma leucocontextum* T. H. Li, W. Q. Deng, Sheng H. Wu, Dong M. Wang & H. P. Hu	调查
205	Polyporaceae	香菇属	硬毛香菇	*Lentinus strigosus* Fr.	调查
206	Polyporaceae	革裥菌属	桦革裥菌	*Lenzites betulinus*（L.）Fr.	调查
207	Polyporaceae	黑斑根孔菌属	褐黑斑根孔菌	*Picipes badius*（Pers.）Zmitr. & Kovalenko	调查
208	Polyporaceae	多孔菌属	漏斗多孔菌	*Polyporus arcularius*（Batsch）Fr.	调查
209	Polyporaceae	多孔菌属	宽鳞多孔菌	*Polyporus squamosus*（Huds.）Fr.	调查
210	Polyporaceae	多孔菌属	猪苓	*Polyporus umbellatus*（Pers.）Fr.	调查
211	Polyporaceae	多孔菌属	—	*Polyporus* sp. 1	调查
212	Polyporaceae	波斯特孔菌属	灰蓝波斯特孔菌	*Postia caesia*（Schrad.）P. Karst.	调查
213	Polyporaceae	栓菌属	粗毛栓菌	*Trametes hirsuta*（Wulfen）Lloyd	调查
214	Polyporaceae	栓菌属	东方栓菌	*Trametes orientalis*（Yasuda）Imazeki	调查
215	Polyporaceae	栓菌属	云芝	*Trametes versicolor*（L.）Lloyd	调查
216	—	残孔菌属	二年残孔菌	*Abortiporus borealis*（Fr.）Singer	调查
217	—	密孔菌属	血红密孔菌	*Pycnoporus sanguineus*（L.）Murrill	调查
218	Auriscalpiaceae	小香菇属	北方小香菇	*Lentinellus ursinus*（Fr.）Kühner	调查
219	Russulaceae	乳菇属	冷杉乳菇	*Lactarius abieticola* X. H. Wang	调查
220	Russulaceae	乳菇属	模糊乳菇	*Lactarius ambiguus* X. H. Wang	调查
221	Russulaceae	乳菇属		*Lactarius aurantiacopallens* H. Lee, Wisitr. & Y. W. Lim	调查
222	Russulaceae	乳菇属	鸡足山乳菇	*Lactarius chichuensis* W. F. Chiu	调查
223	Russulaceae	乳菇属	香乳菇	*Lactarius glyciosmus*（Fr.）Fr.	调查
224	Russulaceae	乳菇属	翘鳞乳菇	*Lactarius imbricatus* M. X. Zhou & H. A. Wen	调查
225	Russulaceae	乳菇属	李玉乳菇近似种	*Lactarius* aff. *liyuanus*	调查

续表

序号	科拉丁名	属中文名	种中文名	种拉丁名	数据来源
226	Russulaceae	乳菇属	褐黄乳菇	*Lactarius luridus* (Pers.) Gray	调查
227	Russulaceae	乳菇属		*Lactarius olivaceoumbrinus* Hesler & A. H. Sm.	调查
228	Russulaceae	乳菇属	棘乳菇	*Lactarius spinosulus* Quél. & Le Bret.	调查
229	Russulaceae	乳菇属	毛头乳菇	*Lactarius torminosus* (Schaeff.) Pers.	调查
230	Russulaceae	乳菇属	常见乳菇	*Lactarius trivialis* (Fr.) Fr.	调查
231	Russulaceae	乳菇属		*Lactarius yumthangensis* K. Das & Verbeken	调查
232	Russulaceae	乳菇属	—	*Lactarius* sp. 1	调查
233	Russulaceae	乳菇属	—	*Lactarius* sp. 2	调查
234	Russulaceae	多汁乳菇属	稀褶茸多汁乳菇	*Lactifluus gerardii* (Peck) Kuntze	调查
235	Russulaceae	多汁乳菇属	辣味多汁乳菇	*Lactifluus piperatus* (L.) Roussel	调查
236	Russulaceae	多汁乳菇属	多汁乳菇	*Lactifluus volemus* (Fr.) Fr.	调查
237	Russulaceae	红菇属	蓝黄红菇	*Russula cyanoxantha* (Schaeff.) Fr.	调查
238	Russulaceae	红菇属	诱吐红菇	*Russula emetica* (Schaeff.) Pers.	调查
239	Russulaceae	红菇属	拉坎帕尔红菇	*Russula lakhanpalii* A. Ghosh, K. Das & R. P. Bhatt	调查
240	Russulaceae	红菇属	桂樱红菇	*Russula laurocerasi* Melzer	调查
241	Russulaceae	红菇属	假拟莸形红菇	*Russula pseudopectinatoides* G. J. Li & H. A. Wen	调查
242	Russulaceae	红菇属	血红菇	*Russula sanguinea* Fr.	调查
243	Russulaceae	红菇属	亚短柄红菇	*Russula subbrevipes* J. F. Liang & J. Song	调查
244	Russulaceae	红菇属	辛迪红菇	*Russula thindii* K. Das & S. L. Mill.	调查
245	Russulaceae	红菇属	—	*Russula* sp. 1	调查
246	Russulaceae	红菇属	—	*Russula* sp. 2	调查
247	Stereopsidaceae	拟韧革菌属	伯特拟韧革菌	*Stereopsis burtiana* (Peck) D. A. Reid	调查
248	Bankeraceae	亚齿菌属	红棕亚齿菌	*Hydnellum rubidofuscum* Y. H. Mu & H. S. Yuan	调查
249	Thelephoraceae	栓齿菌属	黑白栓齿菌	*Phellodon melaleucus* (Sw. ex Fr.) P. Karst.	调查
250	Thelephoraceae	栓齿菌属	—	*Phellodon* sp. 1	调查
251	Tremellaceae	茶耳属	云南茶耳	*Phaeotremella yunnanensis* L. F. Fan, F. Wu & Y. C. Dai	调查
252	Helotiaceae	小孢盘菌属	橘色小双孢盘菌	*Bisporella citrina* (Batsch) Korf & S. E. Carp.	调查
253	Leotiaceae	锤舌菌属	润滑锤舌菌	*Leotia lubrica* (Scop.) Pers.	调查
254	Cudoniaceae	地勺菌属	黄地勺菌	*Spathularia flavida* Pers.	调查
255	Helvellaceae	马鞍菌属	伞形马鞍菌	*Helvella galeriformis* B. Liu & J. Z. Cao	调查
256	Helvellaceae	马鞍菌属	粗柄马鞍菌	*Helvella macropus* (Pers.) P. Karst.	调查
257	Helvellaceae	马鞍菌属	—	*Helvella* sp. 1	调查
258	Morchellaceae	羊肚菌属	梯棱羊肚菌	*Morchella importuna* M. Kuo, O'Donnell & T. J. Volk	调查

续表

序号	科拉丁名	属中文名	种中文名	种拉丁名	数据来源
259	Morchellaceae	羊肚菌属	紫色羊肚菌	Morchella purpurascens (Krombh. ex Boud.) Jacquet.	调查
260	Morchellaceae	羊肚菌属	六妹羊肚菌	Morchella sextelata M. Kuo	调查
261	Otideaceae	侧盘菌属	褐侧盘菌	Otidea bufonia (Pers.) Boud.	调查
262	Otideaceae	盘菌属	耳状盘菌	Peziza saniosa J. F. Gmel.	调查
263	Pyronemataceae	土盘菌属	半球土盘菌	Humaria hemisphaerica (F. H. Wigg.) Fuckel	调查
264	Hypoxylaceae	环纹碳团菌属	—	Annulohypoxylon sp. 1	调查
265	Xylariaceae	炭角菌属	古巴炭角菌	Xylaria cubensis (Mont.) Fr.	调查
266	Clavicipitaceae	亚肉座菌属	竹红菌	Hypocrella bambusae (Berk. & Broome) Sacc.	调查

9. 汶川县鱼类名录

物种	调查结果	2来源	保护级别	长江上游特有鱼类
一、鲑形目 SALMONIFORMES				
(一)鲑科 Salmonidae				
1. 川陕哲罗鲑鱼 Hucho bleekeri		1,2,3,4,5,6,7	I	
二、鲤形目 CYPRINIFORMES				
(二)鲤科 Cyprinidae				
鱼丹亚科 Danioninae				
2. 宽鳍鱲 Zacco platypus	采集	1,2,6,7		
3. 马口鱼 Opsariichthys bidens	访问	1,2,6,7		
雅罗鱼亚科 Leuciscinae				
4. 草鱼 Ctenopharyngodon idellus	采集	2,6,7		
鲢亚科 Hypophthalmichthyinae				
5. 鳙 Aristichthys nobilis	采集	2,6,7		
6. 鲢 Hypophthalmichthys molitrix	采集	2,6,7		
鮈亚科 Gobioninae				
7. 麦穗鱼 Pseudorasbora parva	访问	2,5,6,7		
8. 唇鱨 Hemibarbus labeo	访问	1,6,7		
9. 花鱨 Hemibarbus maculatus	采集	1,7		
10. 黑鳍鳈 Sarcocheilichlhys nigripinnis		2,6		
鲃亚科 Barbinae				
11. 白甲鱼 Onychostom simus	访问	1,2,5,6,7		
12. 中华倒刺鲃 Spinibarbus sinensis	访问	6,7		
13. 云南光唇鱼 Acrossocheilus yunnanensis		6,7		

续表

物种	调查结果	2来源	保护级别	长江上游特有鱼类
裂腹鱼亚科 Schizothoracinae				
14. 齐口裂腹鱼 Schizothorax (Schizothorax) prenanti	采集	1,2,3,4,5,6,7		+
15. 重口裂腹鱼 Schizothorax (Racoma) davidi	采集	1,2,3,4,5,6,7	Ⅱ	
16. 厚唇裸重唇鱼 Gymondiptychus pachycheilus		1,2,3,4,5,6,7	Ⅱ	
17. 松潘裸鲤 Gymnocypris potanini ptanini		1,2,3,4,5,6,7		
鲤亚科 Cyprininae				
18. 鲤 Cyprinus carpio	采集	2,6,7		
19. 鲫 Carassius auratus	采集	2,6,7		
鲌亚科 Culterinae				
20. 半䱗 Hemiculterella sauvagei	采集	2		+
（三）鳅科 Cobitidae				
条鳅亚科 Nemacheilinae				
21. 红尾副鳅 Paracobitis variegatus	采集	1,2,3,4,5,6,7		
22. 短体副鳅 Paracobitis potanini		1,2,3,4,5,6,7		
23. 戴氏南鳅 Schistura dabryi	采集	1,2,3,4,5,6		+
24. 东方高原鳅 Triplophysa orientalis		1,2,3,4,5,6		
25. 斯氏高原鳅 Triplophysa stoliczkae		1,2,3,4,5,6		
26. 短尾高原鳅 Triplophysa brevicauda		1,2,3,4,5,6		
27. 粗唇高原鳅 Triplophysa crassilabris		1,2,3,4,5,6		
花鳅亚科 Cobitinae				
28. 泥鳅 Misgurnus anguillicaudatus		1,2,6,7		
（四）平鳍鳅科 Homalopteridae				
平鳍鳅亚科 Homalopterinae				
29. 犁头鳅 Lepturichthys fimbriata		2,6		
30. 西昌华吸鳅 Sinogastromyzon scichangensis		1,2,3,4,5,6		+
三、鲇形目 SILURIFORMES				
（五）鲇科 Silurdae				
31. 鲇 Silurus asotus		2,3,5,6		
（六）钝头鮠科 Amblycipitidae				
32. 白缘䱀 Liobagrus marginatus		1,2,3,4,5,6,7		
33. 拟缘䱀 Liobagrus marginatoides		1,2,3,4,5,6,7		+
（七）鮡科 Sisoridae				
34. 福建纹胸鮡 Glyptothorax fukianensis		1,2,3,4,5,6		
35. 青石爬鮡 Euchiloglanis davidi		1,2,3,4,5,6,7	Ⅱ	+

续表

物种	调查结果	2来源	保护级别	长江上游特有鱼类
36. 黄石爬鮡 *Euchiloglanis kishinouyei*		1,2,3,4,5,6,7		+
37. 中华鮡 *Pareuchiloglanis sinensis*		1,2,3,4,5,6		+
38. 前臀鮡 *Pareuchiloglanis anteanalis*		1,2,3,4,5,6		+
四、合鳃鱼目 Synbranchiformes				
(八) 合鳃鱼科 Synbranchidae				
39. 黄鳝 *Monopterus albus*	访问	6,7		
五、鲈形目 PERCIFORMES				
(九) 鳢科 Channidae				
40. 乌鳢 *Channa argus*	访问	2,6,7		

资料来源：1. 丁瑞华，1994，四川鱼类志；2. 中国电建集团成都勘测设计研究院有限公司，2018，四川岷江紫坪铺水利枢纽工程竣工环境保护验收调查报告；3. 中国水利水电科学研究院，2000，四川岷江紫坪铺水利枢纽工程环境影响报告书；4. 丁瑞华，2006，岷江上游鱼类及保护问题；5. 邓其祥，2001，岷江上游的鱼类；6. 蒋红，2014，岷江上游鱼类完整性指标现状调查评价；7. 四川省水产研究所，2017—2020，岷江流域鱼类资源调查。

10. 汶川县浮游植物名录

序号	门	属	种	种/变种/变型	拉丁名	数据来源
1	蓝藻门	颤藻	拟短形颤藻	拟短形颤藻小型变型	*Oscillatoria subbrevis* f. *minor*	调查
2	蓝藻门	颤藻	包氏颤藻	原变种	*O. boryana*	调查
3	蓝藻门	颤藻	狭细颤藻	原变种	*O. angustissima*	调查
4	蓝藻门	鞘丝藻	鞘丝藻1	未定种	*Lyngbya* sp1.	调查
5	蓝藻门	鞘丝藻	鞘丝藻2	未定种	*Lyngbya* sp2.	调查
6	蓝藻门	鱼腥藻	鱼腥藻	未定种	*Anabaena* sp.	调查
7	蓝藻门	鱼腥藻	类颤鱼腥藻	类颤鱼腥藻小型变种	*A. oscillarioides* var. *minor*	调查
8	蓝藻门	色球藻	色球藻	未定种	*Chroococcus* sp.	调查
9	蓝藻门	微囊藻	微囊藻	未定种	*Microcystis* sp.	调查
10	蓝藻门	假鱼腥藻	假鱼腥藻	未定种	*Pseudanabaena* sp.	调查
11	蓝藻门	细鞘丝藻	细鞘丝藻	未定种	*Leptolyngbya* sp.	调查
12	硅藻门	直链藻	变异直链藻	原变种	*Melosira varians*	调查
13	硅藻门	小环藻	梅尼小环藻	原变种	*Cyclotella meneghiniana*	调查
14	硅藻门	四环藻	岩生四环藻	原变种	*Tetracyclus rupestris*	调查
15	硅藻门	等片藻	延长等片藻	延长等片藻细弱变种	*Diatoma elongatum* var. *tenuis*	调查
16	硅藻门	等片藻	中型等片藻	原变种	*D. mesodon*	调查

续表

序号	门	属	种	种/变种/变型	拉丁名	数据来源
17	硅藻门	等片藻	普通等片藻	原变种	*D. vulgare*	调查
18	硅藻门	等片藻	双头等片藻	原变种	*D. anceps*	调查
19	硅藻门	等片藻	冬生等片藻	原变种	*D. hiemale*	调查
20	硅藻门	脆杆藻	钝脆杆藻	原变种	*Fragilaria capucina*	调查
21	硅藻门	脆杆藻	短线脆杆藻	原变种	*F. brevistriata*	调查
22	硅藻门	脆杆藻	中型脆杆藻	原变种	*F. intermedia*	调查
23	硅藻门	脆杆藻	海地脆杆藻	原变种	*F. heidenii*	调查
24	硅藻门	脆杆藻	沃切里脆杆藻	原变种	*F. vaucheriae*	调查
25	硅藻门	脆杆藻	变绿脆杆藻	原变种	*F. virescens*	调查
26	硅藻门	针杆藻	肘状针杆藻	原变种	*Synedra ulna*	调查
27	硅藻门	针杆藻	肘状针杆藻缢缩变种	肘状针杆藻缢缩变种	*S. ulna* var. *contracta*	调查
28	硅藻门	针杆藻	柔嫩针杆藻	原变种	*S. tenera*	调查
29	硅藻门	针杆藻	两头针杆藻	原变种	*S. amphicephala*	调查
30	硅藻门	蛾眉藻	弧形蛾眉藻	原变种	*Ceratoneis arcus*	调查
31	硅藻门	蛾眉藻	弧形蛾眉藻	弧形蛾眉藻双头变种	*C. arcus* var. *amphioxys*	调查
32	硅藻门	曲壳藻	短小曲壳藻	原变种	*Achnanthes exigua*	调查
33	硅藻门	曲壳藻	驼峰曲壳藻	原变种	*A. grimei*	调查
34	硅藻门	曲壳藻	披针形曲壳藻	原变种	*A. lanceolata*	调查
35	硅藻门	曲壳藻	小头曲壳藻	原变种	*A. microcephala*	调查
36	硅藻门	曲壳藻	瘦曲壳藻	原变种	*A. gibberula*	调查
37	硅藻门	卵形藻	扁圆卵形藻	原变种	*Cocconeis placentula*	调查
38	硅藻门	卵形藻	虱形卵形藻	原变种	*C. pediculus*	调查
39	硅藻门	卵形藻	盘状卵形藻	原变种	*C. disculus*	调查
40	硅藻门	异极藻	短纹异极藻	原变种	*Gomphonema abbreniatum*	调查
41	硅藻门	异极藻	小型异极藻	原变种	*G. parvulum*	调查
42	硅藻门	异极藻	纤细异极藻	原变种	*G. gracile*	调查
43	硅藻门	异极藻	橄榄绿异极藻	原变种	*G. olivaceum*	调查
44	硅藻门	异极藻	卡兹那科夫异极藻	原变种	*G. kaznakowii*	调查
45	硅藻门	异极藻	赫迪异极藻	原变种	*G. hedinii*	调查
46	硅藻门	桥弯藻	微细桥弯藻	原变种	*Cymbella parva*	调查
47	硅藻门	桥弯藻	切断桥弯藻	原变种	*C. excisa*	调查
48	硅藻门	桥弯藻	近缘桥弯藻	原变种	*C. affinis*	调查
49	硅藻门	桥弯藻	新月形桥弯藻	原变种	*C. parua*	调查

附录一　物种名录

续表

序号	门	属	种	种/变种/变型	拉丁名	数据来源
50	硅藻门	弯肋藻	近相等弯肋藻	原变种	*Cymbopleura subaequalis*	调查
51	硅藻门	双眉藻	极小双眉藻	原变种	*Amphora minina*	调查
52	硅藻门	双眉藻	简单双眉藻	原变种	*A. exsecta*	调查
53	硅藻门	内丝藻	微小内丝藻	原变种	*Encyonema minutum*	调查
54	硅藻门	内丝藻	极小内丝藻	原变种	*E. perpusillum*	调查
55	硅藻门	内丝藻	簇生内丝藻	原变种	*E. cespitosum*	调查
56	硅藻门	内丝藻	偏肿内丝藻	原变种	*E. ventricosum*	调查
57	硅藻门	舟形藻	隐头舟形藻	原变种	*Navicula cryptocephala*	调查
58	硅藻门	舟形藻	微小型舟形藻	原变种	*N. minima*	调查
59	硅藻门	舟形藻	披针形舟形藻	原变种	*N. lanceolata*	调查
60	硅藻门	舟形藻	淡绿舟形藻	淡绿舟形藻头端变型	*N. viridula* f. *capitata*	调查
61	硅藻门	短缝藻	弧形短缝藻	原变种	*Eunotia arcus*	调查
62	硅藻门	菱板藻	两尖菱板藻	原变种	*Hantzschia amphioxys*	调查
63	硅藻门	菱形藻	细端菱形藻	原变种	*Nitzschia dissipata*	调查
64	硅藻门	菱形藻	谷皮菱形藻	原变种	*N. palea*	调查
65	硅藻门	菱形藻	罗曼菱形藻	未定种	*N. romana*	调查
66	硅藻门	双壁藻	卵圆双壁藻	原变种	*Diploneis ovalis*	调查
67	硅藻门	辐节藻	辐节藻	未定种	*Stauroneis* sp.	调查
68	绿藻门	衣藻	衣藻	未定种	*Chlamydomonas* sp.	调查
69	绿藻门	栅藻	栅藻	未定种	*Scenedesmus* sp.	调查
70	绿藻门	丝藻	近缢丝藻	原变种	*U. subconstricta*	调查
71	绿藻门	丝藻	近微细丝藻	原变种	*U. subtillissima*	调查
72	绿藻门	四鞭藻	四鞭藻	未定种	*Carteria* sp.	调查
73	绿藻门	卵囊藻	卵囊藻	未定种	*Oocystia* sp.	调查
74	绿藻门	小球藻	小球藻	未定种	*Chlorella* sp.	调查
75	绿藻门	胶囊藻	胶囊藻	未定种	*Gloeocystis* sp.	调查
76	绿藻门	盘星藻	单角盘星藻	原变种	*Pediastrum simplex*	调查
77	绿藻门	盘星藻	盘星藻	原变种	*P. biradiatum*	调查
78	绿藻门	盘星藻	二角盘星藻	二角盘星藻纤细变种	*Pediastrum duples* var. *gracillimum*	调查
79	绿藻门	顶棘藻	四刺顶棘藻	原变种	*Chodatella quadriseta*	调查
80	绿藻门	纤维藻	螺旋纤维藻	原变种	*Ankistrodesmus spiralis*	调查
81	绿藻门	纤维藻	针形纤维藻	原变种	*Ankistrodesmus acicularis*	调查
82	绿藻门	小桩藻	小桩藻	未定种	*Characium* sp.	调查
83	绿藻门	空星藻	小空星藻	原变种	*Coelastrum microporum*	调查

续表

序号	门	属	种	种/变种/变型	拉丁名	数据来源
84	绿藻门	塔胞藻	短小塔胞藻	原变种	*Pyramidomonas nanella*	调查
85	绿藻门	绿球藻	绿球藻	未定种	*Chlorococcum* sp.	调查
86	隐藻门	蓝隐藻	尖尾蓝隐藻	原变种	*Chroomona acuta*	调查
87	隐藻门	隐藻	卵形隐藻	原变种	*Cryptomonas ovata*	调查
88	金藻门	金粒藻	金粒藻	未定种	*Chrysococcus* sp.	调查
89	定鞭藻门	金色藻	小金色藻	原变种	*Chrysochromulina parva*	调查

11. 汶川县浮游动物名录

序号	门/类	属/目	拉丁名	数据来源
1	原生动物	砂壳虫属	*Tintinnid* sp.	调查
2	原生动物	侠盗虫属	*Strobilidium* sp.	调查
3	原生动物	中缢虫属	*Mesodinium* sp.	调查
4	原生动物	匣壳虫属	*Centropyxis* spp.	调查
5	原生动物	无棘匣壳虫	*Centropyxis ecormis*	调查
6	原生动物	累枝虫属	*Epistylis* sp.	调查
7	原生动物	表壳虫属	*Arcella* sp.	调查
8	原生动物	急游虫属	*Strombidium* sp.	调查
9	轮虫	新月腔轮虫	*Lecane lunaris*	调查
10	轮虫	旋轮虫属	*Philodina* sp.	调查
11	轮虫	水轮虫属	*Epiphanes* sp.	调查
12	轮虫	臂尾轮虫属	*Brachionus* sp.	调查
13	轮虫	方形臂尾轮虫	*Brachionus quadridentatus*	调查
14	轮虫	须足轮虫属	*Euchlanis* sp.	调查
15	轮虫	泡轮虫属	*Pompholyx* sp.	调查
16	轮虫	轮虫属	*Rotaria* spp.	调查
17	轮虫	裂足轮虫属	*Schizocerca* sp.	调查
18	轮虫	单趾轮虫属	*Monostyla* sp.	调查
19	轮虫	螺形龟甲轮虫	*Keratella cochlearis*	调查
20	轮虫	鞍甲轮虫属	*Lepadella* sp.	调查
21	枝角类	船卵溞属	*Scapholeberis* sp.	调查
22	枝角类	低额溞属	*Simocephalus* sp.	调查
23	枝角类	尖额溞属	*Alona* sp.	调查
24	枝角类	裸腹溞属	*Moina* sp.	调查
25	枝角类	盘肠溞属	*Chydorus* sp.	调查
26	枝角类	溞属	*Daphnia* spp.	调查

续表

序号	门/类	属/目	拉丁名	数据来源
27	枝角类	象鼻溞属	*Bosmina* spp.	调查
28	桡足类	华哲水蚤属	*Sinocalanus* sp.	调查
29	桡足类	小剑水蚤属	*Microcyclops* sp.	调查
30	桡足类	真剑水蚤属	*Eucyclops* sp.	调查
31	桡足类	温剑水蚤属	*Thermocyclops* spp.	调查
32	桡足类	大剑水蚤	*Macrocyclops* sp.	调查
33	桡足类	猛水蚤目	Harpacticoida	调查

12. 大型底栖无脊椎动物名录

序号	门	纲	目	科	物种中文名	拉丁名	数据来源
1	节肢动物门	昆虫纲	蜉蝣目	扁蜉科	扁蜉	*Ecdyrus* sp.	调查
2	节肢动物门	昆虫纲	蜉蝣目	二尾蜉科	二尾蜉	*siphlonurus* sp.	调查
3	节肢动物门	昆虫纲	蜉蝣目	四节蜉科	二翼蜉	*Siphlonurus*	调查
4	节肢动物门	昆虫纲	双翅目	摇蚊科	摇蚊幼虫	*Tendipes* sp.	调查
5	节肢动物门	昆虫纲	双翅目	大蚊科	大蚊幼虫	*Tiplua* sp.	调查
6	节肢动物门	昆虫纲	蜻蜓目	春蜓科	马奇异春蜓	*Anisogomphus maacki*	调查
7	节肢动物门	昆虫纲	毛翅目	纹石蚕科	纹石蚕	*Hydropsyche* sp.	调查
8	节肢动物门	软甲纲	端足目	钩虾科	钩虾	*gammarid*	调查
9	软体动物门	腹足纲	基眼目	椎实螺科	截口土蜗	*Galba truncatula*	调查
10	软体动物门	腹足纲	基眼目	椎实螺科	小土蜗	*Galba jervia*	调查
11	软体动物门	腹足纲	基眼目	膀胱螺科	泉膀胱螺	*Physa fontinalis*	调查
12	软体动物门	腹足纲	中腹足目	瓶螺科	大瓶螺	*Pomacea canaliculata*	调查
13	软体动物门	腹足纲	中腹足目	田螺科	铜锈环棱螺	*Bellamya aeruginosa*	调查
14	软体动物门	腹足纲	中腹足目	田螺科	梨形环棱螺	*Bellamya purificata*	调查
15	软体动物门	瓣鳃纲	蚌目	蚌科	背角无齿蚌	*Anodonta woodiana*	调查
16	环节动物门	寡毛纲	近孔目	颤蚓科	水丝蚓	*Limnodrilus*	调查
17	环节动物门	寡毛纲	近孔目	颤蚓科	颤蚓	*tubificid* sp.	调查

13. 汶川县周丛藻类名录

	属编号	属	种	种编号	变种/变型	拉丁名
蓝藻门			拟短形颤藻	1	原变种	*O. subbrevis* f. *minor*
蓝藻门	1	颤藻	小颤藻	2	原变种	*O. tenuis*
蓝藻门			包氏颤藻	3	原变种	*O. boryana*

续表

	属编号	属	种	种编号	变种/变型	拉丁名
蓝藻门	2	鞘丝藻	阿氏鞘丝藻	4	原变种	*L. allorgei*
蓝藻门			顾氏鞘丝藻	5	原变种	*L. kuetzingil*
蓝藻门			马氏鞘丝藻	6	原变种	*L. martensiana*
蓝藻门			鞘丝藻	7	未定种	*Lyngbya* sp.
蓝藻门	3	眉藻	眉藻	8	未定种	*Calothrix* sp.
蓝藻门	4	色球藻	色球藻	9	未定种	*Chroococcus* sp.
蓝藻门			惠氏色球藻	10	原变种	*Chroococcus westii*
蓝藻门			粘连色球藻	11	原变种	*Chroococcus cohaerens*
蓝藻门	5	微囊藻	微囊藻	12	未定种	*Microcystis* sp.
蓝藻门	6	粘球藻	粘球藻	13	未定种	*Gloeocapsa* sp.
蓝藻门	7	隐杆藻	隐杆藻	14	未定种	*Aphanothece* sp.
蓝藻门	8	鱼腥藻	鱼腥藻	15	未定种	*Anabaena* sp.
蓝藻门			极细鱼腥藻	16	原变种	*A. minutissima*
蓝藻门	9	隐球藻	隐球藻	17	未定种	*Aphanocapsa* sp.
蓝藻门	10	拟鱼腥藻	拟鱼腥藻	18	未定种	*Anabaenopsis* sp.
硅藻门	11	直链藻	变异直链藻	19	原变种	*Melosira varians*
硅藻门			芬兰直链藻	20	原变种	*M. fennoscandica*
硅藻门	12	等片藻	普通等片藻	21	原变种	*D. vulgare*
硅藻门			双头等片藻	22	原变种	*D. anceps*
硅藻门			延长等片藻	23	延长等片藻细弱变种	*D. elongatum* var. *tenuis*
硅藻门			冬生等片藻	24	原变种	*D. hiemale*
硅藻门	13	脆杆藻	短线脆杆藻	25	原变种	*F. brevistriata*
硅藻门			中型脆杆藻	26	原变种	*F. intermedia*
硅藻门			变绿脆杆藻	27	原变种	*F. virescens* var. *mesolepta*
硅藻门			拉普兰脆杆藻	28	变绿脆杆藻中狭变种	*F. virescens* var.
硅藻门				29	原变种	*F. lapponica*
硅藻门	14	针杆藻	肘状针杆藻	30	原变种	*Synedra ulna*
硅藻门			柔嫩针杆藻	31	原变种	*S. tenera*
硅藻门			两头针杆藻	32	原变种	*S. aamphicephala*
硅藻门	15	蛾眉藻	弧形蛾眉藻	33	原变种	*Ceratoneis arcus*
硅藻门				34	弧形蛾眉藻双头变种	*C. arcus* var. *amphioxys*
硅藻门	16	弯楔藻	弯形弯楔藻	35	原变种	*Rhoicosphenia*

附录一 物种名录

续表

门	属编号	属	种	种编号	变种/变型	拉丁名
硅藻门	17	曲壳藻	短小曲壳藻	36	原变种	*Achnanthes exigua*
硅藻门			驼峰曲壳藻	37	原变种	*A. grimei*
硅藻门			披针形曲壳藻	38	原变种	*A. lanceolata*
硅藻门			曲壳藻	39	未定种	*Achnanthes* sp.
硅藻门			小头曲壳藻	40	原变种	*A. microcephala*
硅藻门	18	卵形藻	扁圆卵形藻	41	原变种	*Cocconeis placentula*
硅藻门			盘状卵形藻	42	原变种	*Cocconeis disculus*
硅藻门			虱形卵形藻	43	原变种	*C. pediculus*
硅藻门	19	异极藻	纤细异极藻	44	原变种	*G. gracile*
硅藻门			小型异极藻	45	原变种	*Gomphonema parvulum*
硅藻门			橄榄绿异极藻	46	原变种	*G. olivaceum*
硅藻门			赫迪异极藻	47	原变种	*G. hedinii*
硅藻门			异极藻	48	未定种	*Gomphonema* sp.
硅藻门	20	桥弯藻	新月形桥弯藻	49	原变种	*C. cymbiformis*
硅藻门			膨胀桥弯藻	50	原变种	*C. pusilla*
硅藻门			新箱形桥弯藻	51	原变种	*C. neocistula*
硅藻门			新月形桥弯藻	52	原变种	*Cymbella parua*
硅藻门			暗淡桥弯藻	53	原变种	*C. hebetata*
硅藻门			桥弯藻	54	未定种	*Cymbella* sp.
硅藻门	21	弯肋藻	弯肋藻	55	未定种	*Cymbopleura* sp.
硅藻门			近相等弯肋藻	56	原变种	*Cymbopleura subaequalis*
硅藻门	22	双眉藻	极小双眉藻	57	原变种	*Amphora minina*
硅藻门			简单双眉藻	58	原变种	*A. exsecta*
硅藻门	23	小环藻	梅尼小环藻	59	原变种	*Cyclotella meneghiniana*
硅藻门	24	瑞氏藻	波状瑞氏藻	60	原变种	*Reimeria sinuata*
硅藻门	25	舟形藻	隐头舟形藻	61	原变种	*Navicula cryptocephala*
硅藻门			瞳孔舟形藻	62	原变种	*N. pupula*
硅藻门			细长舟形藻	63	原变种	*Navicula gracilis*
硅藻门			披针形舟形藻	64	原变种	*N. lanceolata*
硅藻门			舟形藻	65	未定种	*Navicula* sp.
硅藻门	26	羽纹藻	羽纹藻	66	未定种	*Pinnularia* sp.
硅藻门	27	菱板藻	两尖菱板藻	67	原变种	*Hantzschia amphioxys*
硅藻门	28	菱形藻	谷皮菱形藻	68	原变种	*N. palea*
硅藻门			类S状菱形藻	69	原变种	*N. sigmoidea*
硅藻门			菱形藻	70	未定种	*Nitzschia* sp.

续表

门	属编号	属	种	种编号	变种/变型	拉丁名
绿藻门	29	衣藻	衣藻	71	未定种	*Chlamydomonas* sp.
绿藻门	30	栅藻	斜生栅藻	72	未定种	*Scenedesmus obliquus*
绿藻门	31	丝藻	近微细丝藻	73	原变种	*U. subtillissima*
绿藻门			丝藻	74	未定种	*Ulothrix* sp.
绿藻门	32	四角藻	三叶四角藻	75	原变种	*Tetraedron trigonum*
绿藻门	33	卵囊藻	卵囊藻	76	未定种	*Oocystia* sp.
绿藻门	34	小球藻	小球藻	77	未定种	*Chlorella* sp.
绿藻门	35	胶囊藻	胶囊藻	78	未定种	*Gloeocystis* sp.
绿藻门	36	鼓藻	鼓藻	79	未定种	*Gloeocystis* sp.
绿藻门	37	韦斯藻	韦斯藻	80	未定种	*Westella* sp.
绿藻门	38	单针藻	单针藻	81	未定种	*Monoraphidium* sp.
甲藻门	39	角甲藻	拟二叉角甲藻	82	原变种	*Ceratium furcoides*
金藻门	40	金杯藻	金杯藻	83	未定种	*Kephyrion* sp.
隐藻门	41	蓝隐藻	尖尾蓝隐藻	84	原变种	*Chroomona acuta*

14. 生物多样性相关传统知识名录

序号	名称	生物基源	传统知识编号	分布区域	传统知识持有者	传统利用方式	科研/经济价值	社会文化价值	受威胁因素	保护管理现状
1	大熊猫	大熊猫	513221TK0001 大熊猫	四川、陕西、甘肃	个人、地方社区	无	极高的科研价值，独特的"熊猫经济"	中国的国宝，具有极其丰富的精神文化内涵	栖息地破坏、人类活动	《世界自然保护联盟濒危物种红色名录》（IUCN）—易危（VU）国家一级保护野生动物，建立了自然保护区
2	藏猕猴	藏猕猴	513221TK0002 藏猕猴	中国西南山区	个人、地方社区	无	具有较高的科研价值	在藏传统文化中有着丰富内涵，在许多藏区史书中都有关于它的神话故事，被藏族视为族群的祖先	栖息地破坏、人类活动、捕杀	国家二级保护野生动物
3	林麝	林麝	513221TK0003 林麝	四川、云南、甘肃	个人、地方社区	猎杀食肉，麝香入药	麝香在医药、香料工业方面有广泛运用，具有极高的经济价值。人工林麝养殖是致富的重要手段	麝香在羌药和中药中都被广泛运用，具有深重的文化历史底蕴	栖息地破坏、人类活动、捕杀	《濒临绝种野生动植物国际贸易公约》《世界自然保护联盟濒危物种红色名录》—濒危（EN）国家二级保护野生动物
4	西藏盘羊	盘羊	513221TK0004 西藏盘羊	中国西南山区	个人、地方社区	猎杀食肉	经济价值较低	盘羊角的装饰，社会文化价值较高	栖息地破坏、人类活动、捕杀	《世界自然保护联盟濒危物种红色名录》（IUCN）—近危（NT）国家一级保护野生动物
5	花面狸	花面狸	513221TK0005 花面狸	中国西南山区	个人、地方社区	猎杀食肉，皮革制衣等	骨骼、脂肪、肉都可入药，具有极高的药用价值。皮毛也是上等的皮革材料	社会文化价值较低	栖息地破坏、人类活动、捕杀	《濒危野生动植物种国际贸易公约》（CITES）《中国生物多样性红色名录（哺乳类）—近危（NT）
6	棘胸蛙	棘胸蛙	513221TK0006 棘胸蛙	中国南部大部分地区	个人、地方社区	无	具有极高的药用、科研价值	社会文化价值较低	栖息地破坏、人类活动、捕杀	《世界自然保护联盟濒危物种红色名录》（IUCN）—易危（VU）《中国生物多样性红色名录—脊椎动物卷》（两栖类）（2015年）—易危（VU）
7	麂子	麂鹿	513221TK0007 麂子	中国西南山区	个人、地方社区	猎杀食肉，皮革制衣等	皮革价值极高	在民间，麂子是不详的象征，有一句俗语"麂子进门，连走三人"	栖息地破坏、人类活动、捕杀	《中国生物多样性红色名录—脊椎动物卷》—濒危（EN）

续表

序号	名称	生物基源	传统知识编号	分布区域	传统知识持有者	传统利用方式	科研/经济价值	社会文化价值	受威胁因素	保护管理现状
8	雪豹	雪豹	513221TK0008 雪豹	中国西部山区	个人、地方社区	无	极高的科研价值和生态价值	一种重要的文化象征，许多地人把雪豹视为神圣的动物	栖息地破坏、人类活动、捕杀	国家一级保护野生动物
9	阿坝川蜂	蜜蜂	513221TK0009 阿坝川蜂	中国西南地区	个人、地方社区	饲养采蜜	蜂蜜是四川的优质蜂蜜之一，养蜂也成为了村民致富的重要手段	当地养蜂的历史悠久，形成了独特的养蜂文化	栖息地破坏、人类活动	多为人工养殖
10	金雕	金雕	513221TK0010 金雕	中国大部分地区	个人、地方社区	捕猎、饲养	具有极高的科研和生态价值	过去是重要的捕猎对象，在物资匮乏的年代为山区人民提供了肉类食物	栖息地破坏、人类活动、捕杀	国家一级保护野生动物
11	岩羊	岩羊	513221TK0011 岩羊	青藏高原及其周边地区	个人、地方社区	猎杀食肉	重要的生物资源	过去是山区人民重要的捕猎对象，肉类食物、皮毛是制衣材料	栖息地破坏、人类活动、捕杀	国家二级保护野生动物
12	红腹角雉	红腹角雉	513221TK0012 红腹角雉	中国西南山区	个人、地方社区	猎杀食肉	具有很高的观赏价值和经济价值	过去是山区人民重要的捕猎对象；重要的肉类资源	栖息地破坏、人类活动、捕杀	国家二级保护野生动物
13	红腹锦鸡	红腹锦鸡	513221TK0013 红腹锦鸡	中国西南山区	个人、地方社区	猎杀食肉	具有很高的观赏价值和经济价值	过去是山区人民重要的捕猎对象；重要的肉类资源	栖息地破坏、人类活动、捕杀	国家二级保护野生动物
14	四川羚牛	羚牛	513221TK0014 四川羚牛	中国西部地区	个人、地方社区	猎杀食肉	是一种古老的动物，具有颇高的观赏价值，经济价值和科研价值。	过去是山区人民重要的捕猎对象，肉类食物、皮毛是制衣材料	栖息地破坏、人类活动、捕杀	《世界自然保护联盟濒危物种红色名录》（IUCN）—易危（VU）《濒危野生动植物种国际贸易公约》国家二级保护野生动物
15	川金丝猴	金丝猴	513221TK0015 川金丝猴	中国西部地区	个人、地方社区	无	具有很高的科研价值，属珍贵的展览动物	中国特有的珍贵动物，也是世界上最漂亮、最珍贵的猴子之一。并且《西游记》中美猴王的原型就是川金丝猴。过去羌族的猴皮帽等特色服饰也取材于它	栖息地破坏、人类活动、捕杀	《世界自然保护联盟濒危物种红色名录》（IUCN）—濒危（EN）国家一级保护野生动物

附录一 物种名录

续表

序号	名称	生物基源	传统知识编号	分布区域	传统知识持有者	传统利用方式	科研/经济价值	社会文化价值	受威胁因素	保护管理现状
16	香叶子树	油樟	513221TK0016 香叶子树	中国南部地区	个人、地方社区	入药	被广泛运用于医药、家具制造、船舶制造、香精提取等领域，具有极高经济价值	当地百姓把其叶称为"金钱叶"，把树称为"摇钱树"，运用油樟的历史悠久	生态破坏、人类活动、过度砍伐	《世界自然保护联盟濒危物种红色名录》（IUCN）—近危（NT）国家二级保护植物
17	红豆杉	红豆杉	513221TK0017 红豆杉	中国南部地区	个人、地方社区	入药、建材、薪柴	天然珍稀抗癌植物，有极高的药用价值，最古老的树种之一，有极高的科研价值，同时还在园林、环保、建筑方面广泛运用，具有极高的经济价值	优良的建筑材料，在当地建筑文化中扮演重要角色，同时在其各个民族医药文化中都被广泛运用	生态破坏、人类活动、过度砍伐	现人工种植较多，列入《世界自然保护联盟濒危物种红色名录》（IUCN）—濒危（EN）国家二级保护野生植物
18	四川杜鹃	杜鹃	513221TK0018 四川杜鹃	中国西南山区	个人、地方社区	观赏	优良的园林、盆景植物。同时在医药方面具有极高价值	作药用的历史悠久，《本草纲目》等都有关于它的记载，在各民族医药文化中都被广泛运用	生态破坏、人类活动、过度砍伐	《世界自然保护联盟濒危物种红色名录》（IUCN）—近危（NT）《中国生物多样性红色名录——高等植物卷》（近危）
19	拐棍竹	拐棍竹	513221TK0019 拐棍竹	四川特有	个人、地方社区	薪柴、建材、竹编	竹笋可食用；竹竿可供生活编织；大熊猫主要采食的竹种之一	当地人把其竹秆用来编制生产生活工具，形成了独特的竹编文化	生态破坏、人类活动、过度砍伐	保护较好
20	短锥玉山竹	短锥玉山竹	513221TK0020 短锥玉山竹	四川特有	个人、地方社区	薪柴、建材、竹编	竹笋可食用；竹竿可供生活编织；大熊猫主要采食的竹种之一	当地人把其竹秆用来编制生产生活工具，形成了独特的竹编文化	生态破坏、人类活动、过度砍伐	保护较好
21	大叶柳	大叶柳	513221TK0021 大叶柳	四川特有	个人、地方社区	建材、薪柴	在建筑、家具制作方面被广泛运用，具有极高的经济、科研价值	社会文化价值较低	生态破坏、人类活动、过度砍伐	《世界自然保护联盟濒危物种红色名录》（EN）濒危《中国生物多样性红色名录——高等植物卷》（EN）
22	灰楸	灰楸	513221TK0022 灰楸	中国季风区	个人、地方社区	观赏、建材、薪柴	城市景观、园林观赏、家具制造、建材方面大量运用，具有颇高的经济价值	社会文化价值较低	生态破坏、人类活动、过度砍伐	地方特产

281

续表

序号	名称	生物基源	传统知识编号	分布区域	传统知识持有者	传统利用方式	科研/经济价值	社会文化价值	受威胁因素	保护管理现状
23	天全钓樟	天全钓樟	513221TK0023 天全钓樟	四川特有	个人、地方社区	驱蚊、建材、薪柴	种子和种仁中含有大量的油脂,是最常见的油脂植物;是很好的建筑木材来源,经济价值颇高	树叶被当地人民用来驱蚊	生态破坏、人类活动、过度砍伐	《世界自然保护联盟濒危物种红色名录》(IUCN)—近危(NT)
24	罂粟	罂粟	513221TK0025 罂粟	中国南部大部分地区	个人、地方社区	吸食、人药	具有极高的药用价值	在当地历史上曾有过种植罂粟的历史,用来人药和吸食	无	国家管控药材
25	金果榄	金果榄	513221TK0026 金果榄	中国南部大部分地区	个人、地方社区	人药	一种药材,经济价值较高	在中医药文化中被广泛运用	生态破坏、人类活动、过度砍伐	保护较好
26	岩匙	岩匙	513221TK0027 岩匙	四川、云南、贵州	个人、地方社区	无	具有较高的科研价值	科研价值较高	生态破坏、人类活动	保护较好
27	润楠	润楠	513221TK0028 润楠	中国南部大部分地区	个人、地方社区	建材、薪柴	建筑、家具方面运用广泛,经济价值高	社会文化价值较低	生态破坏、人类活动、过度砍伐	《世界自然保护联盟濒危物种红色名录》(IUCN)—濒危(EN) 国家二级保护野生植物
28	红毛五加	红毛五加	513221TK0029 红毛五加	中国部分地区	个人、地方社区	人药	羌医里著名的一种药材	是羌医文化中骨伤的重要配药	生态破坏、人类活动、过度砍伐	保护较好
29	青檀	青檀	513221TK0030 青檀	中国季风区	个人、地方社区	造纸、建材、薪柴	中国特有品种,著名宣纸制作原料,还可人药	其造纸历史悠久,具有丰富的历史文化底蕴	生态破坏、人类活动、过度砍伐	保护较好
30	水仙花鸢尾	水仙花鸢尾	513221TK0031 水仙花鸢尾	四川特有	个人、地方社区	观赏	四川特有品种	社会文化价值较低	生态破坏、人类活动	保护较好
31	苦丁茶	苦丁茶	513221TK0032 苦丁茶	中国西南及华南地区	个人、地方社区	人药	具有较高的药用价值	在中医药文化中被广泛运用,当地居民通常采取其泡水饮用	生态破坏、人类活动、过度砍伐	保护较好
32	珙桐	珙桐	513221TK0033 珙桐	中国南部地区	个人、地方社区	建材、薪柴	科研和观赏价值	具有丰富的历史传说,有丰富的社会文化价值	生态破坏、人类活动、过度砍伐	国家一级保护野生植物 在县域内三江镇现有一个万亩野生珙桐林
33	崖柏	崖柏	513221TK0034 崖柏	四川、重庆	个人、地方社区	建材、薪柴	在根雕、盆景、家居、饰品方面也颇受欢迎,具有颇高的经济价值;在医药方面也具有其独特价值	崖柏是稀有植物,是世界"活化石"物种之一,具有极高的科研价值	生态破坏、人类活动、过度砍伐	《世界自然保护联盟濒危物种红色名录》(IUCN)—濒危(EN) 国家一级保护野生植物

附录一 物种名录

续表

序号	名称	生物基源	传统知识编号	分布区域	传统知识持有者	传统利用方式	科研/经济价值	社会文化价值	受威胁因素	保护管理现状
34	神树文化	岷江柏木	513221TK0077 神树文化	汶川县特有	个人、地方社区	祭祀、信仰、建材、薪柴	固土作用很强，改善生态，绿化、园林、建材等方面。果、根等部位有药用价值	神树林是羌寨十月初一、一年一度还天愿（有称还寨愿）祭祀活动的地方。"神树林"羌话为"色波岩"，是一般在羌寨的上方。"神树林"羌民神圣精神信仰崇拜至高无上的圣地。神树林包涵了大量羌族的历史、文化、民俗等信息，具有较高的文学价值和多学科研究价值	生态破坏，人类活动，过度砍伐	县级非遗项目
35	金裹银	玉米、水稻等	513221TK0078 金裹银	羌族社区、村寨	个人、地方社区	食用	经济价值较低	是汶川特有的食品，从农耕文明时期传承到现在，是当地饮食文化的代表	无	依旧为当地百姓的日常食物
36	猪膘	猪	513221TK0079 猪膘	羌族社区、村寨	个人、地方社区	信仰、食用	经济价值较低	是羌族特有的食品，在羌族地区，猪膘通常被认为是家庭富裕的象征	无	羌族山区百姓家中依旧存在
37	羌族转山会	无	513221TK0080 羌族转山会	羌族社区、村寨	个人、地方社区	祭祀、信仰	羌族转山会吸引了大量游客观礼，创造了独特的旅游经济	转山会是羌族人民重要的传统习俗，其敬畏自然的观念可以使人们形成保护环境的观念	民族融合	州级非遗项目
38	羌活	羌活	513221TK0035 羌活	中国西部地区	个人、地方社区	入药	羌活具有极高的药用价值	羌医中的重要药材，在羌医中被称为"胡王使者"	人类活动，生态破坏，过度采摘	由于人类大量采摘，野生数量已较少，近年来得益于封山育林等一系列保护生态环境的手段，野生数量得以增长
39	独角莲	独角莲	513221TK0036 独角莲	中国季风气候区	个人、地方社区	入药	有极高的经济价值，在医药、美容、酿酒等方面有广泛运用	是中医、羌医文化中的常用药材，在民间偏方中，对治疗癌症、跌打损伤、蛇毒等都有独特作用	人类活动，生态破坏，过度采摘	由于人类大量采摘，野生数量已较少，近年来得益于封山育林等一系列保护生态环境的手段，野生数量得以增长
40	黄芪	黄芪	513221TK0037 黄芪	中国大部分地区	个人、地方社区	入药	名贵药材，具有极高的经济价值	在中医中被广泛运用，在《名医》《神农本草经》《药性论》等书中都有相关记载	人类活动，生态破坏，过度采摘	由于前些年的过度采摘，现多为人工种植

续表

序号	名称	生物基源	传统知识编号	分布区域	传统知识持有者	传统利用方式	科研/经济价值	社会文化价值	受威胁因素	保护管理现状
41	土马兜铃	马兜铃	513221TK0038 土马兜铃	中国南方各地	个人、地方社区	入药	马兜铃具有极其广泛的作用具有极高的医药价值	在传统中医药文化中被广泛运用,据《本草正义》记载,其使用历史悠久	人类活动、生态破坏、过度采摘	由于前些年的过度采摘,野生数量已较少,现多为人工种植
42	卧龙杜鹃	杜鹃	513221TK0039 卧龙杜鹃	中国西南山区	个人、地方社区	入药	具有极高的药用价值,在中医和西医临床方面都有广泛运用,同时也具有极高的观赏价值	在中医药文化中被广泛运用,当地居民常把它取来制作清热解暑的凉茶	人类活动、生态破坏、过度采摘	近年来得益于一系列保护生态环境的措施,目前保护状况较好,在野外可以看见成片的杜鹃林
43	鞭打绣球	鞭打绣球	513221TK0040 鞭打绣球	中国中部南部地区	个人、地方社区	入药	在中医用药中被广泛运用,具有极高的药用作用	在各民族医药文化中被广泛运用,《新华本草纲要》《贵州草药》《西藏常用中草药》等书中都有记载	人类活动、生态破坏、过度采摘	近年来得益于一系列保护生态环境的措施,目前保护状况较好,现也有很多人工作观赏植物种植
44	糯米团	糯米团	513221TK0041 糯米团	中国南方各地	个人、地方社区	入药	一种重要的中药材,药用价值颇高,同时还是人造棉的原料之一,经济价值较高	在中医药文化中被广泛运用,食欲不振时通常会服用它来消化不良,在民间被称为消食草	人类活动、生态破坏、过度采摘	种群保护状况良好
45	楮头红	楮头红	513221TK0042 楮头红	中国南方各地	个人、地方社区	入药	具有极高的药用价值,对于肝肺疾病治疗有独到作用	在各民族医药文化中被广泛运用,被称为"东方肝草"	人类活动、生态破坏、过度采摘	目前野生数量较少,多为人工种植
46	倒提壶	倒提壶	513221TK0043 倒提壶	中国西南地区	个人、地方社区	入药	具有极高的药用价值,经济价值较高	在各民族医药文化中是重要的药材	人类活动、生态破坏、过度采摘	种群保护状况良好
47	通脱木	通草	513221TK0044 通草	中国南方各地	个人、地方社区	入药	可用来造纸、入药,具有极高的药用、经济价值	在很多民族医药文化中都被广泛运用	人类活动、生态破坏、过度采摘	种群保护状况良好,人工种植数量较大
48	石松	石松	513221TK0045 石松	中国南方各地	个人、地方社区	入药	在医药、工业、园林方面都被广泛运用	在中医药文化中被广泛运用,当地称之为"伸筋草",老年人多用来泡水或泡酒饮用	人类活动、生态破坏、过度采摘	目前野生数量较少,人工种植种植数量较大

附录一 物种名录

续表

序号	名称	生物基源	传统知识编号	分布区域	传统知识持有者	传统利用方式	科研/经济价值	社会文化价值	受威胁因素	保护管理现状
49	黄精	黄精	513221TK0046	中国广泛分布	个人、地方社区	入药	一种重要的中药材,药用价值颇高	在各民族医药文化中都是重要的药材,《名医别录》中记载一千多年前就有人药用法,另外在《神农本草经》《抱朴子》等书中有相关记载	人类活动、生态破坏、过度采摘	野生极为少见,人工种植数量较大
50	平车前	车前草	513221TK0047	中国广泛分布	个人、地方社区	入药	一种重要的中药材,经济价值较高	在各民族医药文化中都是重要的药材	人类活动、生态破坏、过度采摘	种群保护状况良好
51	天麻	天麻	513221TK0048	中国广泛分布	个人、地方社区	入药	天麻是名贵中药,用以治疗头目眩、肢体麻木、小儿惊风等症	在很多民族医药文化中被广泛运用	人类活动、生态破坏、过度采摘	由于人类的大量采摘,野生数量较少,现人工种植面积较大
52	夏枯草	夏枯草	513221TK0049	中国广泛分布	个人、地方社区	入药	名贵的中药材,广泛运用于多方面理、临床等	在中医药文化中被广泛运用,历史悠久,在民间流传着许多关于夏枯草的传说故事	人类活动、生态破坏、过度采摘	种群保护状况良好
53	葛根	葛根	513221TK0050	中国大部分地区	个人、地方社区	入药	一种重要的中药材,经济价值较高	在中医药文化中被广泛运用,历史悠久,在《本草纲目》等书中都有相关记载	人类活动、生态破坏、过度采摘	种群保护状况良好,人工种植数量也较大
54	白首乌	白首乌	513221TK0051	中国东部、四川	个人、地方社区	入药	一种重要的中药材,经济价值较高	在中医药文化中被广泛运用	人类活动、生态破坏、过度采摘	种群保护状况良好
55	八角莲	八角莲	513221TK0052	中国大部分地区	个人、地方社区	入药	名贵的中药材,同时也被用来做观赏植物	在中医药文化中被广泛运用	人类活动、生态破坏、过度采摘	《世界自然保护联盟濒危物种红色名录》(IUCN)—易危(VU) 国家二级保护野生植物
56	马蹄根	马蹄根	513221TK0053	中国南方各地	个人、地方社区	入药	重要的中药材,经济价值较高	在中药文化中被广泛运用	人类活动、生态破坏、过度采摘	保护较好
57	地肤子	地肤子	513221TK0054	中国大部分地区	个人、地方社区	入药	名贵的中药材,经济价值极高	在中医药文化中被广泛运用	人类活动、生态破坏、过度采摘	保护较好
58	竹根七	竹根七	513221TK0055	中国南方大部分地区	个人、地方社区	入药	一种重要的中药材,经济价值较高	在中药文化中被广泛运用	人类活动、生态破坏、过度采摘	保护较好

续表

序号	名称	生物基源	传统知识编号	分布区域	传统知识持有者	传统利用方式	科研/经济价值	社会文化价值	受威胁因素	保护管理现状
59	千里光	千里光	513221TK0056千里光	中国南方大部分地区	个人、地方社区	入药	一种重要的中药材，经济价值较高	在中医药文化中被广泛运用	人类活动、过度采摘	保护较好
60	山慈菇	山慈菇	513221TK0057山慈菇	中国西南地区	个人、地方社区	入药	一种重要的中药材，经济价值较高	在中医药文化中被广泛运用	人类活动、过度采摘	保护较好
61	党参	党参	513221TK0058党参	中国大部分地区	个人、地方社区	入药	名贵的药材，经济价值颇高	在中药、藏药、傈僳医药等民族医药文化中广泛应用	人类活动、过度采摘	保护较好，人工种植面积较大
62	桃儿七	桃儿七	513221TK0059桃儿七	中国西南山区	个人、地方社区	入药	一种重要的药材，经济价值较高	在中医药文化中被广泛运用	人类活动、过度采摘	国家二级保护野生植物
63	茂汶淫羊藿	茂汶淫羊藿	513221TK0060茂汶淫羊藿	四川特有（汶川、茂县）	个人、地方社区	入药	神经类疾病有独到作用	在中医药文化中被广泛运用	人类活动、过度采摘	《世界自然保护联盟红色名录》（IUCN）—濒危（EN）
64	半夏	半夏	513221TK0061半夏	中国大部分地区	个人、地方社区	入药	药用价值极高	在中医药文化中被广泛运用	人类活动、过度采摘	保护较好
65	秀丽假人参	秀丽假人参	513221TK0062秀丽假人参	中国西南山区	个人、地方社区	入药	藏区一种重要药材	藏医文化中被广泛运用	人类活动、过度采摘	保护较好
66	毛蕨	毛蕨	513221TK0063毛蕨	中国大部分地区	个人、地方社区	入药	一种重要药材	在中医药文化中被广泛运用	人类活动、过度采摘	保护较好
67	凤尾草	井栏边草	513221TK0064凤尾草	中国大部分地区	个人、地方社区	入药	一种重要药材	在中医药文化中被广泛运用	人类活动、过度采摘	保护较好
68	川泡桐	川泡桐	513221TK0065川泡桐	中国南方部分地区	个人、地方社区	入药	名贵的药材	在中医药文化中被广泛运用	人类活动、过度采摘	保护较好
69	红毛三七	红毛三七	513221TK0066红毛三七	中国	个人、地方社区	入药	红毛三七具有活血化瘀行气止痛的功效，重要用价值。	在很多民族医药文化中都被广泛运用	人类活动、过度采摘	保护较好
70	川西雪莲	雪莲	513221TK0067川西雪莲	中国西南山区	个人、地方社区	入药	名贵的中药材，具有极高的药用价值。	在各民族医药文化中都是重要的药材。在山区中雪莲被认为是吉祥的征兆，被牧民认为是至洁之物	人类活动、过度采摘	国家二级保护野生植物
71	汶川独活	独活	513221TK0068汶川独活	汶川县特有	个人、地方社区	入药	一种重要的中药材，羌医中的常用药材	在各民族医药文化中都是重要的药材	人类活动、过度采摘	野生较为少见，多为人工种植

附录一 物种名录

续表

序号	名称	生物基源	传统知识编号	分布区域	传统知识持有者	传统利用方式	科研/经济价值	社会文化价值	受威胁因素	保护管理现状
72	猪苓	猪苓多孔菌	513221TK0069猪苓	中国季风气候区	个人、地方社区	入药	是一种重要的中药材	在中医药文化中被广泛运用	人类活动、生态破坏、过度采摘	保护较好
73	川贝	贝母	513221TK0070川贝	中国西南山区	个人、地方社区	入药	名贵的中药材，在传统中医、藏医、羌医中都有独特运用，药用价值、经济价值极高	在很多民族医药文化中都被广泛运用	人类活动、生态破坏、过度采摘	由于过度采摘，野生数量稀少，人工大面积种植
74	红景天	红景天	513221TK0071红景天	中国	个人、地方社区	入药	是一种重要的中药材，具有极高的药用价值，羌医中的重要药材	在中医药文化中被广泛运用	人类活动、生态破坏、过度采摘	国家二级保护野生植物
75	雪茶	地茶	513221TK0072雪茶	中国西南山区	个人、地方社区	入药	具有极高的药用价值	在中医药文化中都被广泛运用	人类活动、生态破坏、过度采摘	保护较好
76	重楼	重楼	513221TK0073重楼	中国南部地区	个人、地方社区	入药	一种名贵的中药材，具有极高的医药、观赏、经济价值，羌医中的重要药材	在很多民族医药文化中都被广泛运用	人类活动、生态破坏、过度采摘	保护较好，人工种植面积较大
77	接骨丹	角叶鞘柄木	513221TK0074接骨丹	四川、湖北	个人、地方社区	入药	中医传统正骨技术中的一味重要药材	在中医药文化中被广泛运用	人类活动、生态破坏、过度采摘	保护较好
78	见肿消	菊三七	513221TK0075见肿消	中国西南部	个人、地方社区	入药	中医传统正骨技术中的一味重要药材	在中医药文化中被广泛运用	人类活动、生态破坏、过度采摘	保护较好
79	野海椒	刺天茄	513221TK0076野海椒	四川西南部	个人、地方社区	入药	中医传统正骨技术中的一味重要药材，羌医	在中医药文化中被广泛运用	人类活动、生态破坏、过度采摘	保护较好
80	汶川甜樱桃	樱桃	513221TK0081汶川甜樱桃	汶川县特有	个人、地方社区	食用	极受市场喜爱，汶川甜樱桃已成为汶川县助农致富的支柱产业之一	社会文化价值较低	病虫害	国家农产品地理标志
81	三江牛	牛	513221TK0089三江牛	汶川县特有	个人、地方社区	耕作、食用	优良的牛种，体型大，宰杀净肉率高，近年来牛已经成为村民致富的重要手段	三江有养牛的传统习惯，历史悠久，历史以来主要是以养殖劳役耕牛为主	病虫害	汶川县地理标志产品

续表

序号	名称	生物基源	传统知识编号	分布区域	传统知识持有者	传统利用方式	科研/经济价值	社会文化价值	受威胁因素	保护管理现状
82	铜羊	羊	513221TK0090铜羊	四川西部山地丘陵地区	个人、地方社区	食用	皮、肉、乳兼用的优良山羊品种。皮张经济价值高，为石油、航空、衣料等工业的高贵原料，又是重要的出口物资	铜羊在汶川约有百余年的饲喂历史，具有耐粗饲、抗病害、适应性强的特点	病虫害	汶川县地理标志产品
83	脆李	李木	513221TK0082脆李	汶川县特有	个人、地方社区	食用	汶川县特有的李果品种，是县域重要的经济作物，是汶川县助农致富的重要作物之一	社会文化价值较低	病虫害	人工种植面积较大，保护良好
84	牦牛养殖	牦牛	513221TK0083牦牛养殖	中国西南高海拔地区	个人、地方社区	食用	高山高原牧区的优势畜种之一，具有极高的经济价值	它们与当地牧民的生产生活有着紧密联系，形成了独特的牦牛文化	病虫害	人工饲养数量较大，保护良好
85	卧龙莲白种植	甘蓝	513221TK0084卧龙莲白种植	汶川县特有	个人、地方社区	食用	卧龙莲白是汶川县特有的莲花白品种，其口感好、味道佳，深受市场欢迎	社会文化价值较低	病虫害	人工种植面积较大，保护良好
86	卧龙半头红萝卜种植	半头红萝卜	513221TK0085卧龙半头红萝卜种植	中国南部部分地区	个人、地方社区	食用	半头红萝卜是汶川山区的重要作物，有悠久的种植历史，通常和牦牛肉搭配食用	社会文化价值较低	病虫害	人工种植面积较大，保护良好
87	莞根种植	萝卜	513221TK0086莞根种植	青藏高原及其周边地区	个人、地方社区	食用	一种药食两用植物，在藏药中有其独特的药用作用	社会文化价值较低	病虫害	人工种植面积较大，保护良好
88	掌叶大黄种植	掌叶大黄	513221TK0087掌叶大黄种植	中国西南山区	个人、地方社区	入药	是一种重要的中药材，具有极高的药用价值	在中医药文化中被广泛运用	病虫害	人工种植面积较大，保护良好
89	树灵芝	多孔菌	513221TK0088树灵芝	中国部分山区	个人、地方社区	入药	是一种重要的中药材，具有极高的药用价值	在中医药文化中被广泛运用	病虫害	人工种植面积较大，保护良好

附录一 物种名录

续表

序号	名称	生物基源	传统知识编号	分布区域	传统知识持有者	传统利用方式	科研/经济价值	社会文化价值	受威胁因素	保护管理现状
90	魔芋	魔芋	513221TK0091 魔芋	中国	个人、地方社区	食用	经济价值较低	汶川魔芋种植历史悠久，在一些地区保留着大年三十吃魔芋的传统	病虫害	保护较好
91	花椒种植	花椒	513221TK0092 花椒种植	汶川县、茂县	个人、地方社区	食用	优良的花椒品种，经济价值较高	当地特色品种，从二十世纪六七十年代开始种植，种植历史悠久，品质优良	病虫害	保护较好
92	兰花烟种植	兰花烟	513221TK0093 兰花烟种植	汶川、理县、茂县	个人、地方社区	吸食	是一种地方品种的烟草，经济价值较低	地方特色品种，种植历史悠久，长期伴随在人们的生产生活当中	工业发展	随着社会和科技发展，工业产品的替代，现吸食人数较少，种植面积较少
93	羊皮疗法	羊	513221TK0094 羊皮疗法	羌族村寨、社区	个人、地方社区	羌医医疗	羌医中的一种医疗手法，对相关症状具有独到的治疗效果	是羌医最主要的治疗手法之一，具有悠久的历史	无人传承	随着社会、医疗技术不断发展和民族融合，传承者不断减少，技术已快流失
94	放病血	无	513221TK0095 放病血	羌族村寨、社区	个人、地方社区	羌医医疗	经济价值较低	历史悠久，是羌医中独特的疗法，是羌医文化的代表	无人传承	随着社会、医疗技术不断发展和民族融合，传承者不断减少，技术已快流失
95	砸酒酿制工艺	小麦	513221TK0096 砸酒酿制工艺	四川羌族聚居地	个人、地方社区	饮用	被广泛运用到康养领域，具有较高的经济价值	是当地的独特产品，体现当地独特的饮食文化	工业发展	随着社会和工业化发展，传承者不断减少，技术已快流失
96	羌药熏香	无	513221TK0097 羌药熏香	羌族村寨、社区	个人、地方社区	羌医医疗	其味道独特深受客商领居民和游客喜爱，具有较高的经济价值	是羌医中的独特疗法，历史悠久，具有厚重的文化底蕴	无人传承	随着社会、医疗技术不断发展和民族融合，传承者不断减少，技术已快流失
97	映秀豆干制作	大豆	513221TK0098 映秀豆干制作	汶川县特有	个人、地方社区	食用	其口感良好深受当地居民和游客喜爱，具有较高的经济价值	是当地饮食干历史悠久，是当地饮食文化的重要组成	工业发展	保存较好
98	绵虒豆腐制作工艺	大豆	513221TK0099 绵虒豆腐制作工艺	汶川县特有	个人、地方社区	食用	其口感良好深受当地居民和游客喜爱，具有较高的经济价值	制作传承历史悠久，是当地饮食文化的代表之一	工业发展	保存较好
99	羌族麻布制作工艺	苎麻	513221TK0100 羌族麻布制作工艺	羌族村寨、社区	个人、地方社区	纺织、制衣	纯手工工艺品，经济价值较高	其历史悠久，在过去是当地百姓最主要的制衣材料	无人传承	随着社会和工业化发展，工业产品的替代和现代审美观念的变化，传承者不断减少，技术已快流失，现已列入县级和省级非遗保护项目

续表

序号	名称	生物基源	传统知识编号	分布区域	传统知识持有者	传统利用方式	科研/经济价值	社会文化价值	受威胁因素	保护管理现状
100	西路边茶（藏茶）传统手工制作技艺	茶	513221TK0101西路边茶（藏茶）传统手工制作技艺	汶川县特有	个人、地方社区	饮用	经济价值较高	当地制茶历史悠久，同时也是茶马古道的一部分，拥有丰富的茶文化	无人传承	随着社会和工业化发展，传承者不断减少，技术已快流失，现已列入县级非遗保护项目
101	巴朗山烧烤	土豆等	513221TK0102巴朗山烧烤	汶川县特有	个人、地方社区	食用	经济价值较高，是当地居民的主要手段	历史较短，但是当地居民重要的致富手段	无	现有大量当地人从事烧烤行业
102	打酥油茶	茶	513221TK0103打酥油茶	藏族社区、村寨	个人、地方社区	饮用	传统的饮食方式，现受游客的喜爱，经济价值较高	是藏族饮食文化的代表，具有厚重的历史文化底蕴	无人传承	随着社会发展和民族融合传承者不断减少，技术已快流失
103	水稻种植	水稻	513221TK0104水稻种植	中国季风气候区	个人、地方社区	食用	受技术和品种等因素限制，苗产较低，经济价值较低	在因随着产量同题逐步淘汰	品种代替	现已淘汰
104	羊皮褂子制作	羊	513221TK0105羊皮褂子制作	汶川、理县、茂县羌族聚居地	个人、地方社区	制衣	受一些羌学爱好者和学术研究者的喜爱，具有较高的经济价值	是羌族服饰文化的代表之一，具有厚重的历史文化底蕴	无人传承	随着社会发展和民族融合传承者不断减少，现已列人县级非遗保护项目
105	羊皮鼓制作技艺	羊	513221TK0106羊皮鼓制作技艺	四川羌族社区	个人、地方社区	祭祀、信仰	受一些羌学爱好者和学术研究者的喜爱，具有较高的经济价值	是羌族文化的重要组成，婚丧嫁娶等重要场合都会使用	无人传承	随着社会发展和民族融合传承者不断减少，现已列人县级非遗保护项目
106	竹编	竹	513221TK0107竹编	中国大部分地区	个人、地方社区	生产生活工具	传统的生产方式，现一些竹编工艺品受游客喜爱，具有一定经济价值	竹编工艺历史悠久，是古代人民劳动智慧的结晶，是过去重要的生产生活工具	无人传承	随着社会发展传承者不断减少，技术已快流失
107	中医正骨	无	513221TK0108中医正骨	中国	个人、地方社区	中医医疗	中医中独特的医疗手法	是中医文化的重要组成部分	无人传承	随着社会、医疗技术不断发展、传承者不断减少，已快流失
108	打通杆	魔芋	513221TK0109打通杆	羌族村寨、社区	个人、地方社区	羌医医疗	羌医中的重要疗法	是羌医中的传统手法，在羌医中具有重要意义	无人传承	随着社会发展和民族融合，传承者不断减少，技术已快流失
109	割漆技术	漆树	513221TK0020割漆技术	中国大部分地区	个人、地方社区	防腐、防虫	经济价值较低	当地割漆历史悠久，在过去是家具等防腐的主要方法，现随着科技的发展已逐步被淘汰	生态破坏，人类活动，过度欣伐，科技发展	随着社会和科技发展，工业产品的替代，传承者不断减少，技术已流失

附录二 物种红色名录

1. 高等植物红色名录

序号	科名	属名	中文名	拉丁名	红色植物名录
1	杜鹃花科	杜鹃花属	巴朗杜鹃	*Rhododendron balangense*	CR
2	杜鹃花科	杜鹃属	紫花杜鹃	*Rhododendron amesiae*	CR
3	兰科	玉凤花属	卧龙玉凤花	*Habenaria wolongensis*	CR
4	兰科	盆距兰属	中华盆距兰	*Gastrochilus sinensis*	CR
5	白齿藓科	白齿藓属	札幌白齿藓	*Leucodon sapporensis*	EN
6	紫萼藓科	矮齿藓属	长毛矮齿藓	*Bucklandiella albipilifera*	EN
7	樟科	润楠属	润楠	*Machilus nanmu*	EN
8	樟科	楠属	楠木	*Phoebe zhennan*	EN
9	毛茛科	菟葵属	浅裂菟葵	*Eranthis lobulata*	EN
10	毛茛科	乌头属	短柄乌头	*Aconitum brachypodum*	EN
11	小檗科	淫羊藿属	少花淫羊藿	*Epimedium pauciflorum*	EN
12	景天科	红景天属	大花红景天	*Rhodiola crenulata*	EN
13	景天科	景天属	汶川景天	*Sedum wenchuanense*	EN
14	金缕梅科	蜡瓣花属	小果蜡瓣花	*Corylopsis microcarpa*	EN
15	杨柳科	柳属	大叶柳	*Salix magnifica*	EN
16	壳斗科	栎属	尖叶栎	*Quercus oxyphylla*	EN
17	芸香科	金橘属	金柑	*Citrus japonica*	EN
18	伞形科	当归属	丽江当归	*Angelica likiangensis*	EN
19	杜鹃花科	杜鹃属	苞叶杜鹃	*Rhododendron bracteatum*	EN
20	杜鹃花科	杜鹃属	树生杜鹃	*Rhododendron dendrocharis*	EN
21	杜鹃花科	杜鹃属	乳黄叶杜鹃	*Rhododendron galactinum*	EN
22	杜鹃花科	杜鹃属	反边杜鹃	*Rhododendron thayerianum*	EN
23	鹿蹄草科	鹿蹄草属	皱叶鹿蹄草	*Pyrola rugosa*	EN
24	菊科	风毛菊属	巴朗山雪莲	*Saussurea balangshanensis*	EN
25	列当科	藨寄生属	宝兴藨寄生	*Gleadovia mupinense*	EN
26	百合科	假百合属	假百合	*Notholirion bulbuliferum*	EN

续表

序号	科名	属名	中文名	拉丁名	红色植物名录
27	百合科	贝母属	暗紫贝母	*Fritillaria unibracteata*	EN
28	鸢尾科	鸢尾属	水仙花鸢尾	*Iris narcissiflora*	EN
29	薯蓣科	薯蓣属	毛胶薯蓣	*Dioscorea subcalva*	EN
30	薯蓣科	薯蓣属	黄山药	*Dioscorea panthaica*	EN
31	兰科	金佛山兰属	金佛山兰	*Cephalanthera nanchuanica*	EN
32	兰科	风兰属	风兰	*Neofinetia falcata*	EN
33	兰科	手参属	手参	*Gymnadenia conopsea*	EN
34	兰科	虎舌兰属	裂唇虎舌兰	*Epipogium aphyllum*	EN
35	兰科	杓兰属	紫点杓兰	*Cypripedium guttatum*	EN
36	兰科	杓兰属	大花杓兰	*Cypripedium macranthos*	EN
37	兰科	白及属	小白及	*Bletilla formosana*	EN
38	兰科	白及属	黄花白及	*Bletilla ochracea*	EN
39	兰科	虾脊兰属	戟形虾脊兰	*Calanthe nipponica*	EN
40	兰科	杓兰属	褐花杓兰	*Cypripedium calcicola*	EN
41	兰科	杓兰属	斑叶杓兰	*Cypripedium margaritaceum*	EN
42	兰科	杓兰属	小花杓兰	*Cypripedium micranthum*	EN
43	兰科	杓兰属	四川杓兰	*Cypripedium sichuanense*	EN
44	兰科	铠兰属	大理铠兰	*Corybas taliensis*	EN
45	兰科	虾脊兰属	天全虾脊兰	*Calanthe ecarinata*	EN
46	兰科	鸟巢兰属	无喙兰	*Neottia gaudissartii*	EN
47	隐蒴藓科	隐蒴藓属	披针叶隐蒴藓	*Cryphaea lanceolata*	VU
48	松科	云杉属	黄果云杉	*Picea likiangensis* var. *hirtella*	VU
49	松科	落叶松属	四川红杉	*Larix mastersiana*	VU
50	红豆杉科	红豆杉属	红豆杉	*Taxus wallichiana* var. *chinensis*	VU
51	木兰科	天女花属	圆叶天女花	*Oyama sinensis*	VU
52	毛茛科	星果草属	星果草	*Asteropyrum peltatum*	VU
53	毛茛科	侧金盏花属	夏侧金盏花	*Adonis aestivalis*	VU
54	毛茛科	唐松草属	峨眉唐松草	*Thalictrum omeiense*	VU
55	毛茛科	独叶草属	独叶草	*Kingdonia uniflora*	VU
56	毛茛科	铁筷子属	铁筷子	*Helleborus thibetanus*	VU
57	毛茛科	乌头属	丽江乌头	*Aconitum forrestii*	VU
58	毛茛科	乌头属	螺瓣乌头	*Aconitum spiripetalum*	VU
59	毛茛科	乌头属	康定乌头	*Aconitum tatsienense*	VU
60	小檗科	淫羊藿属	淫羊藿	*Epimedium brevicornu*	VU
61	小檗科	鬼臼属	八角莲	*Dysosma versipellis*	VU

附录二 物种红色名录

续表

序号	科名	属名	中文名	拉丁名	红色植物名录
62	马兜铃科	细辛属	单叶细辛	*Asarum himalaicum*	VU
63	罂粟科	绿绒蒿属	红花绿绒蒿	*Meconopsis punicea*	VU
64	景天科	红景天属	长鞭红景天	*Rhodiola fastigiata*	VU
65	瑞香科	瑞香属	川西瑞香	*Daphne gemmata*	VU
66	猕猴桃科	猕猴桃属	黑蕊猕猴桃	*Actinidia melanandra*	VU
67	蔷薇科	稠李属	褐毛稠李	*Prunus brunnescens*	VU
68	蔷薇科	栒子属	准噶尔栒子	*Cotoneaster soongoricus*	VU
69	蔷薇科	无尾果属	汶川无尾果	*Coluria oligocarpa*	VU
70	旌节花科	旌节花属	云南旌节花	*Stachyurus yunnanensis*	VU
71	旌节花科	黄芪属	蒙古黄芪	*Astragalus membranaceus* var. *mongholicus*	VU
72	蛇菰科	蛇菰属	蛇菰	*Balanophora fungosa*	VU
73	五加科	楤木属	东北土当归	*Aralia continentalis*	VU
74	杜鹃花科	杜鹃属	短花杜鹃	*Rhododendron brachyanthum*	VU
75	杜鹃花科	杜鹃属	汶川星毛杜鹃	*Rhododendron asterochnoum*	VU
76	杜鹃花科	杜鹃属	长毛杜鹃	*Rhododendron trichanthum*	VU
77	杜鹃花科	杜鹃属	褐毛杜鹃	*Rhododendron wasonii*	VU
78	忍冬科	荚蒾属	甘肃荚蒾	*Viburnum kansuense*	VU
79	忍冬科	六道木属	细瘦糯米条	*Abelia forrestii*	VU
80	菊科	风毛菊属	水母雪兔子	*Saussurea medusa*	VU
81	龙胆科	龙胆属	汶川龙胆	*Gentiana winchuanensis*	VU
82	龙胆科	龙胆属	云南龙胆	*Gentiana yunnanensis*	VU
83	玄参科	马先蒿属	阿洛马先蒿	*Pedicularis aloensis*	VU
84	列当科	蘑寄生属	蘑寄生	*Gleadovia ruborum*	VU
85	列当科	草苁蓉属	丁座草	*Xylanche himalaica*	VU
86	列当科	列当属	大花列当	*Orobanche megalantha*	VU
87	马鞭草科	莸属	黏叶莸	*Caryopteris glutinosa*	VU
88	百合科	黄精属	滇黄精	*Polygonatum kingianum*	VU
89	百合科	贝母属	甘肃贝母	*Fritillaria przewalskii*	VU
90	百合科	贝母属	华西贝母	*Fritillaria sichuanica*	VU
91	延龄草科	重楼属	七叶一枝花	*Paris polyphylla*	VU
92	延龄草科	重楼属	狭叶重楼	*Paris polyphylla* var. *stenophylla*	VU
93	延龄草科	重楼属	巴山重楼	*Paris bashanensis*	VU
94	天南星科	犁头尖属	西南犁头尖	*Sauromatum horsfieldii*	VU
95	薯蓣科	薯蓣属	高山薯蓣	*Dioscorea delavayi*	VU

续表

序号	科名	属名	中文名	拉丁名	红色植物名录
96	兰科	沼兰属	云南沼兰	*Crepidium bahanense*	VU
97	兰科	手参属	西南手参	*Gymnadenia orchidis*	VU
98	兰科	杓兰属	黄花杓兰	*Cypripedium flavum*	VU
99	兰科	兰属	春兰	*Cymbidium goeringii*	VU
100	兰科	杜鹃兰属	杜鹃兰	*Cremastra appendiculata*	VU
101	兰科	虾脊兰属	弧距虾脊兰	*Calanthe arcuata*	VU
102	兰科	斑叶兰属	卧龙斑叶兰	*Goodyera wolongensis*	VU
103	兰科	盔花兰属	斑唇盔花兰	*Galearis wardii*	VU
104	兰科	杓兰属	毛杓兰	*Cypripedium franchetii*	VU
105	松叶蕨科	松叶蕨属	松叶蕨	*Psilotum nudum*	VU
106	鳞毛蕨科	贯众属	全缘贯众	*Cyrtomium falcatum*	VU
107	槲蕨科	槲蕨属	川滇槲蕨	*Drynaria delavayi*	VU
108	黑藓科	黑藓属	王氏黑藓	*Andreaea wangiana*	NT
109	薄罗藓科	异齿藓属	齿边异齿藓	*Regmatodon serrulatus*	NT
110	灰藓科	粗枝藓属	长蒴粗枝藓	*Gollania cylindricarpa*	NT
111	灰藓科	梳藓属	斯里兰卡梳藓	*Ctenidium ceylanicum*	NT
112	扭叶藓科	绿锯藓属	斜枝绿锯藓	*Duthiella declinata*	NT
113	平藓科	平藓属	四川平藓	*Neckera setschwanica*	NT
114	曲尾藓科	石毛藓属	四川石毛藓	*Oreoweisia setschwanica*	NT
115	提灯藓科	毛灯藓属	圆叶毛灯藓	*Rhizomnium nudum*	NT
116	真藓科	真藓属	纤茎真藓	*Bryum leptocaulon*	NT
117	珠藓科	珠藓属	单齿珠藓	*Bartramia leptodenta*	NT
118	青藓科	青藓属	脆枝青藓	*Brachythecium thraustum*	NT
119	青藓科	青藓属	绿枝青藓	*Brachythecium viridefactum*	NT
120	耳叶苔科	耳叶苔属	全缘耳叶苔	*Frullania jackii*	NT
121	红豆杉科	红豆杉属	南方红豆杉	*Taxus wallichiana* var. *mairei*	NT
122	木兰科	木莲属	川滇木莲	*Manglietia duclouxii*	NT
123	水青树科	水青树属	水青树	*Tetracentron sinense*	NT
124	樟科	樟属	油樟	*Camphora longepaniculata*	NT
125	毛茛科	芍药属	美丽芍药	*Paeonia mairei*	NT
126	毛茛科	鸦跖花属	脱萼鸦跖花	*Oxygraphis delavayi*	NT
127	毛茛科	翠雀属	宝兴翠雀花	*Delphinium smithianum*	NT
128	毛茛科	罂粟莲花属	罂粟莲花	*Anemoclema glaucifolium*	NT
129	小檗科	桃儿七属	桃儿七	*Sinopodophyllum hexandrum*	NT
130	小檗科	淫羊藿属	茂汶淫羊藿	*Epimedium platypetalum*	NT

附录二 物种红色名录

续表

序号	科名	属名	中文名	拉丁名	红色植物名录
131	木通科	大血藤属	大血藤	*Sargentodoxa cuneata*	NT
132	罂粟科	绿绒蒿属	多刺绿绒蒿	*Meconopsis horridula*	NT
133	景天科	红景天属	异色红景天	*Rhodiola discolor*	NT
134	景天科	红景天属	四裂红景天	*Rhodiola quadrifida*	NT
135	景天科	红景天属	云南红景天	*Rhodiola yunnanensis*	NT
136	虎耳草科	茶藨子属	矮醋栗	*Ribes humile*	NT
137	秋海棠科	秋海棠属	心叶秋海棠	*Begonia labordei*	NT
138	猕猴桃科	猕猴桃属	软枣猕猴桃	*Actinidia arguta*	NT
139	猕猴桃科	猕猴桃属	硬齿猕猴桃	*Actinidia callosa*	NT
140	猕猴桃科	猕猴桃属	美味猕猴桃	*Actinidia chinensis* var. *deliciosa*	NT
141	猕猴桃科	猕猴桃属	四萼猕猴桃	*Actinidia tetramera*	NT
142	蔷薇科	绣线菊属	麻叶绣线菊	*Spiraea cantoniensis*	NT
143	蔷薇科	苹果属	滇池海棠	*Malus yunnanensis*	NT
144	蝶形花科	黄檀属	黄檀	*Dalbergia hupeana*	NT
145	蝶形花科	黄芪属	地花黄芪	*Astragalus basiflorus*	NT
146	蝶形花科	土圞儿属	云南土圞儿	*Apios delavayi*	NT
147	芸香科	柑橘属	宜昌橙	*Citrus cavaleriei*	NT
148	伯乐树科	伯乐树属	伯乐树	*Bretschneidera sinensis*	NT
149	山茱萸科	山茱萸属	山茱萸	*Cornus officinalis*	NT
150	伞形科	变豆菜属	天蓝变豆菜	*Sanicula caerulescens*	NT
151	伞形科	变豆菜属	短刺变豆菜	*Sanicula orthacantha* var. *brevispina*	NT
152	伞形科	羌活属	羌活	*Hansenia weberbaueriana*	NT
153	伞形科	当归属	阿坝当归	*Angelica apaensis*	NT
154	伞形科	当归属	茂汶当归	*Angelica maowenensis*	NT
155	杜鹃花科	岩须属	岩须	*Cassiope selaginoides*	NT
156	杜鹃花科	树萝卜属	灯笼花	*Agapetes lacei*	NT
157	杜鹃花科	杜鹃属	红背杜鹃	*Rhododendron rufescens*	NT
158	水晶兰科	水晶兰属	水晶兰	*Monotropa uniflora*	NT
159	安息香科	白辛树属	白辛树	*Pterostyrax psilophyllus*	NT
160	木樨科	女贞属	扩展女贞	*Ligustrum expansum*	NT
161	菊科	风毛菊属	苞叶雪莲	*Saussurea obvallata*	NT
162	龙胆科	龙胆属	弯叶龙胆	*Gentiana curviphylla*	NT
163	龙胆科	龙胆属	管花秦艽	*Gentiana siphonantha*	NT
164	龙胆科	蔓龙胆属	无柄蔓龙胆	*Crawfurdia sessiliflora*	NT
165	报春花科	报春花属	宝兴掌叶报春	*Primula heucherifolia*	NT

续表

序号	科名	属名	中文名	拉丁名	红色植物名录
166	报春花科	报春花属	等梗报春	*Primula kialensis*	NT
167	报春花科	报春花属	齿萼报春	*Primula odontocalyx*	NT
168	报春花科	报春花属	卵叶报春	*Primula ovalifolia*	NT
169	报春花科	报春花属	掌叶报春	*Primula palmata*	NT
170	报春花科	报春花属	紫罗兰报春	*Primula purdomii*	NT
171	报春花科	报春花属	狭萼报春	*Primula stenocalyx*	NT
172	桔梗科	党参属	三角叶党参	*Codonopsis deltoidea*	NT
173	玄参科	马先蒿属	康定马先蒿	*Pedicularis kangtingensis*	NT
174	列当科	假野菰属	假野菰	*Christisonia hookeri*	NT
175	列当科	列当属	四川列当	*Orobanche sinensis*	NT
176	唇形科	鼠尾草属	宝兴鼠尾草	*Salvia paohsingensis*	NT
177	唇形科	冠唇花属	长萼冠唇花	*Microtoena longisepala*	NT
178	百合科	黄精属	卷叶黄精	*Polygonatum cirrhifolium*	NT
179	百合科	黄精属	轮叶黄精	*Polygonatum verticillatum*	NT
180	百合科	鹿药属	高大鹿药	*Maianthemum atropurpureum*	NT
181	百合科	鹿药属	少叶鹿药	*Maianthemum stenolobum*	NT
182	百合科	黄精属	多花黄精	*Polygonatum cyrtonema*	NT
183	百合科	沿阶草属	林生沿阶草	*Ophiopogon sylvicola*	NT
184	百部科	百部属	大百部	*Stemona tuberosa*	NT
185	薯蓣科	薯蓣属	黏山药	*Dioscorea hemsleyi*	NT
186	兰科	舌唇兰属	小花舌唇兰	*Platanthera minutiflora*	NT
187	兰科	山兰属	囊唇山兰	*Oreorchis foliosa* var. *indica*	NT
188	兰科	山兰属	山兰	*Oreorchis patens*	NT
189	兰科	鸟巢兰属	二叶兜被兰	*Neottianthe cucullata*	NT
190	兰科	鸟巢兰属	密花兜被兰	*Neottianthe cucullata* var. *calcicola*	NT
191	兰科	角盘兰属	角盘兰	*Herminium monorchis*	NT
192	兰科	舌喙兰属	粗距舌喙兰	*Hemipilia crassicalcarata*	NT
193	兰科	斑叶兰属	大花斑叶兰	*Goodyera biflora*	NT
194	兰科	斑叶兰属	斑叶兰	*Goodyera schlechtendaliana*	NT
195	兰科	火烧兰属	大叶火烧兰	*Epipactis mairei*	NT
196	兰科	尖药兰属	尖药兰	*Platanthera urceolata*	NT
197	兰科	杓兰属	离萼杓兰	*Cypripedium plectrochilum*	NT
198	兰科	虾脊兰属	狭叶虾脊兰	*Calanthe angustifolia*	NT
199	兰科	鸟巢兰属	卡氏对叶兰	*Neottia karoana*	NT
200	兰科	山兰属	西南山兰	*Oreorchis angustata*	NT

续表

序号	科名	属名	中文名	拉丁名	红色植物名录
201	兰科	山兰属	长叶山兰	*Oreorchis fargesii*	NT
202	兰科	山兰属	少花山兰	*Oreorchis olightha*	NT
203	兰科	对叶兰属	大花对叶兰	*Neottia wardii*	NT
204	兰科	羊耳蒜属	小羊耳蒜	*Liparis fargesii*	NT
205	兰科	玉凤花属	长距玉凤花	*Habenaria davidii*	NT
206	兰科	杓兰属	绿花杓兰	*Cypripedium henryi*	NT
207	莎草科	薹草属	紫鳞薹草	*Carex purpureosquamata*	NT
208	禾本科	固沙草属	青海固沙草	*Orinus kokonorica*	NT
209	阴地蕨科	阴地蕨属	绒毛阴地蕨	*Japanobotrychum lanuginosum*	NT
210	瓶尔小草科	瓶尔小草属	心叶瓶尔小草	*Ophioglossum reticulatum*	NT
211	乌毛蕨科	荚囊蕨属	荚囊蕨	*Cleistoblechnum eburneum*	NT

注：红色名录等级缩写分别为：EW－野外灭绝，CR－极危，EN－濒危，VU－易危，NT－近危。

2．哺乳动物红色名录

序号	目名	科名	种中文名	种拉丁文	中国生物多样性红色名录濒危等级
1	食肉目	灵猫科	大灵猫	*Viverra zibetha*	CR
2	鲸偶蹄目	麝科	林麝	*Moschus berezovskii*	CR
3	鲸偶蹄目	麝科	马麝	*Moschus chrysogaster*	CR
4	食肉目	犬科	豺	*Cuon alpinus*	EN
5	食肉目	鼬科	石貂	*Martes foina*	EN
6	食肉目	鼬科	欧亚水獭	*Lutra lutra*	EN
7	食肉目	猫科	兔狲	*Otocolobus manul*	EN
8	食肉目	猫科	金猫	*Catopuma temminckii*	EN
9	食肉目	猫科	猞猁	*Lynx lynx*	EN
10	食肉目	猫科	豹	*Panthera pardus*	EN
11	食肉目	猫科	雪豹	*Panthera uncia*	EN
12	鲸偶蹄目	鹿科	西藏马鹿	*Cervus wallichii*	EN
13	鲸偶蹄目	鹿科	白唇鹿	*Przewalskium albirostris*	EN
14	劳亚食虫目	鼩鼱科	陕西鼩鼱	*Sorex sinalis*	NT
15	劳亚食虫目	鼩鼱科	纹背鼩鼱	*Sorex cylindricauda*	NT
16	翼手目	蹄蝠科	普氏蹄蝠	*Hipposideros pratti*	NT
17	翼手目	蝙蝠科	中华鼠耳蝠	*Myotis chinensis*	NT
18	翼手目	蝙蝠科	灰伏翼	*Hypsugo pulveratus*	NT
19	翼手目	蝙蝠科	灰长耳蝠	*Plecotus austriacus*	NT

续表

序号	目名	科名	种中文名	种拉丁文	中国生物多样性红色名录濒危等级
20	翼手目	蝙蝠科	金管鼻蝠	*Murina aurata*	NT
21	灵长目	猴科	川金丝猴	*Rhinopithecus roxellana*	NT
22	食肉目	犬科	狼	*Canis lupus*	NT
23	食肉目	犬科	赤狐	*Vulpes vulpes*	NT
24	食肉目	犬科	藏狐	*Vulpes ferrilata*	NT
25	食肉目	犬科	貉	*Nyctereutes procyonoides*	NT
26	食肉目	鼬科	香鼬	*Mustela altaica*	NT
27	食肉目	鼬科	鼬獾	*Melogale moschata*	NT
28	食肉目	鼬科	亚洲狗獾	*Meles leucurus*	NT
29	食肉目	鼬科	猪獾	*Arctonyx collaris*	NT
30	食肉目	灵猫科	小灵猫	*Viverricula indica*	NT
31	食肉目	灵猫科	花面狸	*Paguma larvata*	NT
32	鲸偶蹄目	鹿科	毛冠鹿	*Elaphodus cephalophus*	NT
33	鲸偶蹄目	鹿科	小麂	*Muntiacus reevesi*	NT
34	鲸偶蹄目	鹿科	赤麂	*Muntiacus vaginalis*	NT
35	啮齿目	仓鼠科	中华绒鼠	*Eothenomys chinensis*	NT
36	啮齿目	仓鼠科	康定绒鼠	*Eothenomys hintoni*	NT
37	啮齿目	仓鼠科	四川田鼠	*Volemys millicens*	NT
38	劳亚食虫目	鼹科	峨眉鼩鼹	*Uropsilus andersoni*	VU
39	劳亚食虫目	鼩鼱科	灰腹水鼩	*Chimarrogale styani*	VU
40	灵长目	猴科	藏酋猴	*Macaca thibetana*	VU
41	食肉目	熊科	黑熊	*Ursus thibetanus*	VU
42	食肉目	熊科	大熊猫	*Ailuropoda melanoleuca*	VU
43	食肉目	小熊猫科	中华小熊猫	*Ailurus styani*	VU
44	食肉目	鼬科	黄喉貂	*Martes flavigula*	VU
45	食肉目	鼬科	伶鼬	*Mustela nivalis*	VU
46	食肉目	灵猫科	斑林狸	*Prionodon pardicolor*	VU
47	食肉目	猫科	豹猫	*Prionailurus bengalensis*	VU
48	鲸偶蹄目	牛科	扭角羚	*Budorcas taxicolor*	VU
49	鲸偶蹄目	牛科	中华斑羚	*Naemorhedus griseus*	VU
50	鲸偶蹄目	牛科	中华鬣羚	*Capricornis milneedwardsii*	VU
51	啮齿目	鼯鼠科	复齿鼯鼠	*Trogopterus xanthipes*	VU

注：红色名录等级缩写分别为：CR-极危，EN-濒危，VU-易危，NT-近危。

3. 鸟类红色名录

序号	目名	科名	物种名	拉丁名	中国生物多样性红色名录濒危等级
1	鸡形目	雉科	斑尾榛鸡	*Tetrastes sewerzowi*	VU
2	鸡形目	雉科	绿尾虹雉	*Lophophorus lhuysii*	EN
3	鹰形目	鹰科	乌雕	*Clanga clanga*	EN
4	鹰形目	鹰科	草原雕	*Aquila nipalensis*	EN
5	鸮形目	鸱鸮科	黄腿渔鸮	*Ketupa flavipes*	EN
6	隼形目	隼科	猎隼	*Falco cherrug*	EN
7	雀形目	鹟科	黑喉歌鸲	*Calliope obscura*	EN
8	鸡形目	雉科	雪鹑	*Lerwa lerwa*	NT
9	鸡形目	雉科	藏雪鸡	*Tetraogallus tibetanus*	NT
10	鸡形目	雉科	血雉	*Ithaginis cruentus*	NT
11	鸡形目	雉科	红腹角雉	*Tragopan temminckii*	NT
12	鸡形目	雉科	白马鸡	*Crossoptilon crossoptilon*	NT
13	鸡形目	雉科	红腹锦鸡	*Chrysolophus pictus*	NT
14	鸡形目	雉科	白腹锦鸡	*Chrysolophus amherstiae*	NT
15	雁形目	鸭科	鸳鸯	*Aix galericulata*	NT
16	雁形目	鸭科	白眼潜鸭	*Aythya nyroca*	NT
17	䴙䴘目	䴙䴘科	黑颈䴙䴘	*Podiceps nigricollis*	NT
18	䴙䴘目	䴙䴘科	赤颈䴙䴘	*Podiceps grisegena*	NT
19	夜鹰目	雨燕科	短嘴金丝燕	*Aerodramus brevirostris*	NT
20	鹃形目	杜鹃科	翠金鹃	*Chrysococcyx maculatus*	NT
21	鹤形目	秧鸡科	董鸡	*Gallicrex cinerea*	NT
22	鹤形目	鹤科	灰鹤	*Grus grus*	NT
23	鸻形目	鹮嘴鹬科	鹮嘴鹬	*Ibidorhyncha struthersii*	NT
24	鸻形目	鸻科	长嘴剑鸻	*Charadrius placidus*	NT
25	鹰形目	鹰科	胡兀鹫	*Gypaetus barbatus*	NT
26	鹰形目	鹰科	凤头蜂鹰	*Pernis ptilorhynchus*	NT
27	鹰形目	鹰科	高山兀鹫	*Gyps himalayensis*	NT
28	鹰形目	鹰科	凤头鹰	*Accipiter trivirgatus*	NT
29	鹰形目	鹰科	苍鹰	*Accipiter gentilis*	NT
30	鹰形目	鹰科	白尾鹞	*Circus cyaneus*	NT
31	鹰形目	鹰科	鹊鹞	*Circus melanoleucos*	NT
32	鸮形目	鸱鸮科	雕鸮	*Bubo bubo*	NT

续表

序号	目名	科名	物种名	拉丁名	中国生物多样性红色名录濒危等级
33	鸮形目	鸱鸮科	灰林鸮	*Strix aluco*	NT
34	鸮形目	鸱鸮科	短耳鸮	*Asio flammeus*	NT
35	佛法僧目	翠鸟科	冠鱼狗	*Megaceryle lugubris*	NT
36	隼形目	隼科	灰背隼	*Falco columbarius*	NT
37	隼形目	隼科	游隼	*Falco peregrinus*	NT
38	雀形目	莺雀科	淡绿鵙鹛	*Pteruthius xanthochlorus*	NT
39	雀形目	鸦科	白颈鸦	*Corvus pectoralis*	NT
40	雀形目	长尾山雀科	凤头雀莺	*Leptopoecile elegans*	NT
41	雀形目	莺鹛科	三趾鸦雀	*Cholornis paradoxus*	NT
42	雀形目	莺鹛科	白眶鸦雀	*Sinosuthora conspicillata*	NT
43	雀形目	莺鹛科	金色鸦雀	*Suthora verreauxi*	NT
44	雀形目	噪鹛科	画眉	*Garrulax canorus*	NT
45	雀形目	噪鹛科	眼纹噪鹛	*Garrulax ocellatus*	NT
46	雀形目	鸫科	宝兴歌鸫	*Turdus mupinensis*	NT
47	雀形目	鹟科	白须黑胸歌鸲	*Calliope tschebaiewi*	NT
48	雀形目	燕雀科	拟大朱雀	*Carpodacus rubicilloides*	NT
49	雀形目	鹀科	蓝鹀	*Emberiza siemsseni*	NT
50	鸡形目	雉科	红喉雉鹑	*Tetraophasis obscurus*	VU
51	鸻形目	鹬科	林沙锥	*Gallinago nemoricola*	VU
52	鹳形目	鹳科	黑鹳	*Ciconia nigra*	VU
53	鹰形目	鹰科	秃鹫	*Aegypius monachus*	VU
54	鹰形目	鹰科	金雕	*Aquila chrysaetos*	VU
55	鹰形目	鹰科	大鵟	*Buteo hemilasius*	VU
56	鸮形目	鸱鸮科	四川林鸮	*Strix davidi*	VU
57	雀形目	旋木雀科	四川旋木雀	*Certhia tianquanensis*	VU
58	雀形目	鹟科	金胸歌鸲	*Calliope pectardens*	VU

注：红色名录等级缩写分别为：CR－极危，EN－濒危，VU－易危，NT－近危。

4. 两栖类红色名录

序号	目名	科名	物种名	拉丁名	中国生物多样性红色名录级别
1	有尾目	小鲵科	山溪鲵	*Batrachuperus pinchonii*	VU
2	有尾目	小鲵科	西藏山溪鲵	*Batrachuperus tibetanusi*	VU

续表

序号	目名	科名	物种名	拉丁名	中国生物多样性红色名录级别
3	无尾目	角蟾科	大齿蟾	*Oreolalax major*	VU
4	无尾目	角蟾科	宝兴齿蟾	*Oreolalax popei*	VU
5	无尾目	角蟾科	无蹼齿蟾	*Oreolalax schmidti*	NT
6	无尾目	角蟾科	金顶齿突蟾	*Scutiger chintingensis*	EN
7	无尾目	蛙科	黑斑侧褶蛙	*Pelophylax nigromaculatus*	NT
8	无尾目	叉舌蛙科	棘腹蛙	*Quasipaa boulengeri*	VU
9	无尾目	树蛙科	洪佛树蛙	*Rhacophorus hungfuensis*	EN

注：红色名录等级缩写分别为：CR—极危，EN—濒危，VU—易危，NT—近危。

5. 爬行类红色名录

序号	目名	科名	物种名	拉丁名	中国生物多样性红色名录级别
1	有鳞目	游蛇科	横纹玉斑蛇	*Euprepiophis perlacea*	EN
2	有鳞目	眼镜蛇科	中华珊瑚蛇	*Sinomicrurus macclellandi*	NT
3	有鳞目	蝰科	山烙铁头蛇	*Ovophis monticola*	NT
4	有鳞目	游蛇科	王锦蛇	*Elaphe carinata*	VU
5	有鳞目	游蛇科	黑眉晨蛇	*Orthriophis taeniura*	VU
6	有鳞目	游蛇科	乌梢蛇	*Ptyas dhumnades*	VU

注：红色名录等级缩写分别为：CR—极危，EN—濒危，VU—易危，NT—近危。

6. 大型真菌红色名录

序号	中文名	拉丁名	中国生物多样性红色名录级别	分布	食药用价值
1	皱盖球盖菇	*Stropharia rugosoannulata* Farl. ex Murrill	NT	绵虒镇龙潭沟	食用
2	疣孢鸡油菌	*Cantharellus tuberculosporus* M. Zang	NT	灞州镇阿尔村	食用
3	离生枝瑚菌	*Ramaria distinctissima* R. H. Petersen & M. Zang	NT	灞州镇阿尔村	食用
4	树舌灵芝	*Ganoderma applanatum* (Pers.) Pat.	NT	灞州镇阿尔村	药用

注：红色名录等级缩写分别为：CR—极危，EN—濒危，VU—易危，NT—近危。

7. 鱼类红色名录

序号	目	科	属	中文名	拉丁名	中国生物多样性红色名录级别
1	鲇形目	鮡科	石爬鮡属	青石爬鮡	*Euchiloglanis davidi*	CR
2	鲇形目	鮡科	石爬鮡	黄石爬鮡	*Euchiloglanis kishinouyei*	EN
3	鲇形目	鮡科	鮡属	中华鮡	*Pareuchiloglanis sinensis*	EN
4	鲇形目	钝头鮠科	鮡属	白缘鮡	*Liobagrus marginatus*	VU

注：红色名录等级缩写分别为：CR－极危，EN－濒危，VU－易危，NT－近危。

附录三　外来入侵物种名录

序号	科名	物种名	拉丁名	原产地	入侵等级
1	菊科	白花鬼针草	*Bidens alba*	热带美洲	1级
2	商陆科	垂序商陆	*Phytolacca americana*	北美洲	1级
3	菊科	大狼耙草	*Bidens frondosa*	北美洲	1级
4	苋科	反枝苋	*Amaranthus retroflexus*	北美洲	1级
5	落葵科	落葵薯	*Anredera cordifolia*	南美洲	1级
6	菊科	三叶鬼针草	*Bidens pilosa*	南美洲	1级
7	菊科	苏门白酒草	*Erigeron sumatrensis*	南美洲	1级
8	藜科	土荆芥	*Dysphania ambrosioides*	南美洲、北美洲	1级
9	苋科	喜旱莲子草	*Alternanthera philoxeroides*	南美洲	1级
10	菊科	小蓬草	*Erigeron canadensis*	北美洲	1级
11	菊科	一年蓬	*Erigeron annuus*	北美洲	1级
12	旋花科	圆叶牵牛	*Ipomoea purpurea*	美洲	1级
13	禾本科	棕叶狗尾草	*Setaria palmifolia*	非洲	1级
14	菊科	钻叶紫菀	*Symphyotrichum subulatum*	北美洲	1级
15	玄参科	阿拉伯婆婆纳	*Veronica persica*	西亚和欧洲	2级
16	苋科	凹头苋	*Amaranthus blitum*	地中海、欧亚和北非	2级
17	豆科	白车轴草	*Trifolium repens*	北非、中亚、西亚和欧洲	2级
18	十字花科	北美独行菜	*Lepidium virginicum*	北美洲	2级
19	禾本科	扁穗雀麦	*Bromus catharticus*	南美洲	2级
20	菊科	粗毛牛膝菊	*Galinsoga quadriradiata*	墨西哥	2级
21	茄科	曼陀罗	*Datura stramonium*	墨西哥	2级
22	菊科	牛膝菊	*Galinsoga parviflora*	南美洲	2级
23	旋花科	牵牛	*Ipomoea nil*	美洲	2级
24	菊科	香丝草	*Erigeron bonariensis*	南美洲	2级
25	伞形科	野胡萝卜	*Daucus carota*	欧洲	2级
26	菊科	野茼蒿	*Crassocephalum crepidioides*	非洲	2级
27	禾本科	野燕麦	*Avena fatua*	欧洲、中亚及亚洲西南部	2级
28	菊科	春飞蓬	*Erigeron philadelphicus*	北美洲	3级
29	茄科	假酸浆	*Nicandra physalodes*	秘鲁	3级

续表

序号	科名	物种名	拉丁名	原产地	入侵等级
30	菊科	婆婆针	*Bidens bipinnata*	美洲	3级
31	豆科	白花草木樨	*Melilotus albus*	西亚至南欧	4级
32	豆科	草木樨	*Melilotus suaveolens*	西亚至南欧	4级
33	桑科	大麻	*Cannabis sativa*	中亚	4级
34	禾本科	多花黑麦草	*Lolium multiflorum*	欧洲、非洲及亚洲	4级
35	禾本科	黑麦草	*Lolium perenne*	欧洲、非洲、中东和亚洲	4级
36	豆科	红车轴草	*Trifolium pratense*	北非、中亚和欧洲	4级
37	酢浆草科	红花酢浆草	*Oxalis corymbosa*	南美洲	4级
38	菊科	苦苣菜	*Sonchus oleraceus*	欧洲和地中海沿岸	4级
39	菊科	欧洲千里光	*Senecio vulgaris*	欧洲	4级
40	石竹科	球序卷耳	*Cerastium glomeratum*	非洲、亚洲和欧洲	4级
41	菊科	续断菊	*Sonchus asper*	欧洲地中海	4级
42	菊科	药用蒲公英	*Taraxacum officinale*	墨西哥及毗邻地区	4级
43	锦葵科	野西瓜苗	*Hibiscus trionum*	非洲	4级
44	旋花科	原野菟丝子	*Cuscuta campestris*	北美洲	4级
45	紫茉莉科	紫茉莉	*Mirabilis jalapa*	美洲热带	4级
46	豆科	杂种车轴草	*Trifolium hybridum*	西亚和欧洲	5级

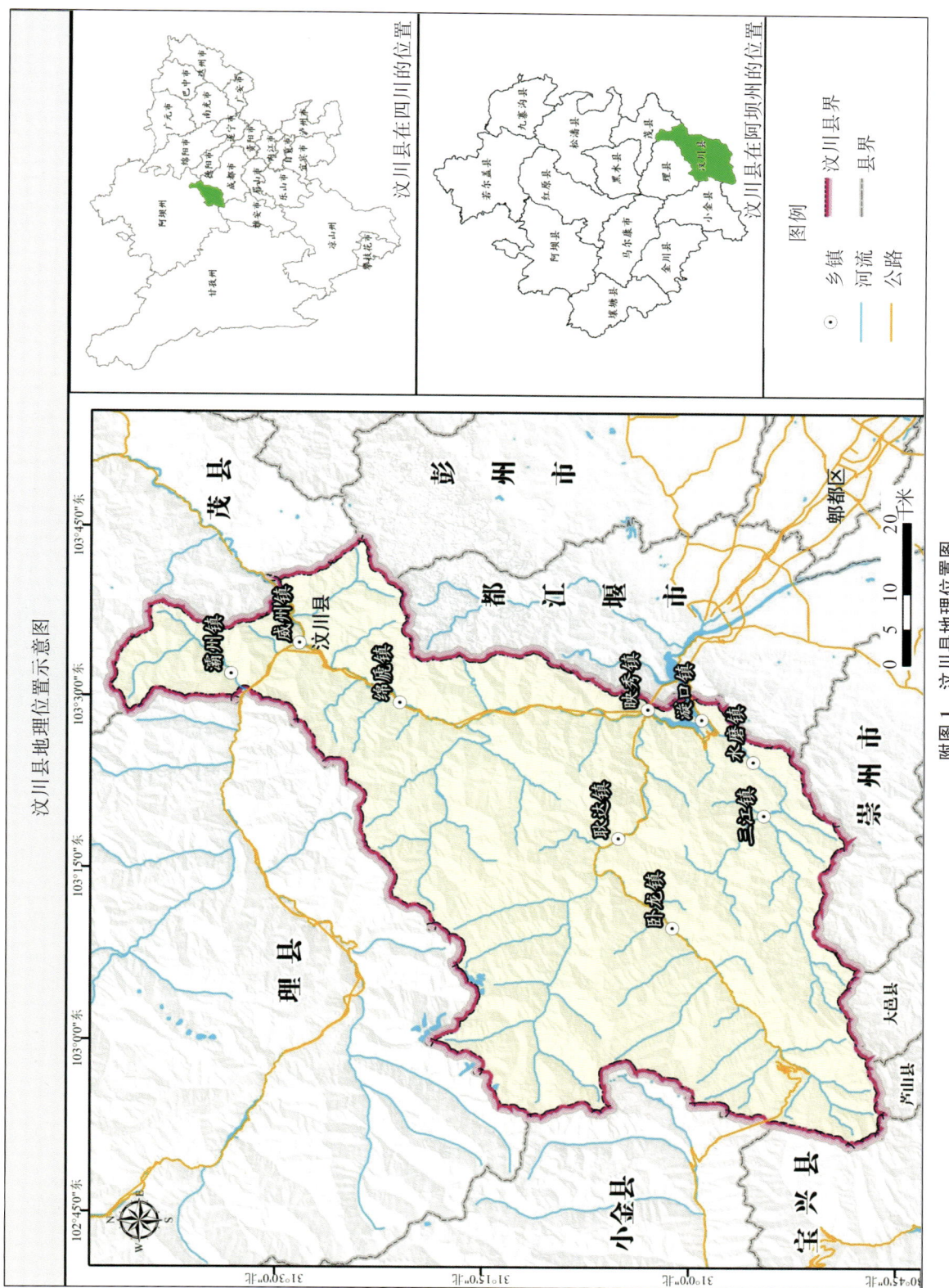

附图1 汶川县地理位置图

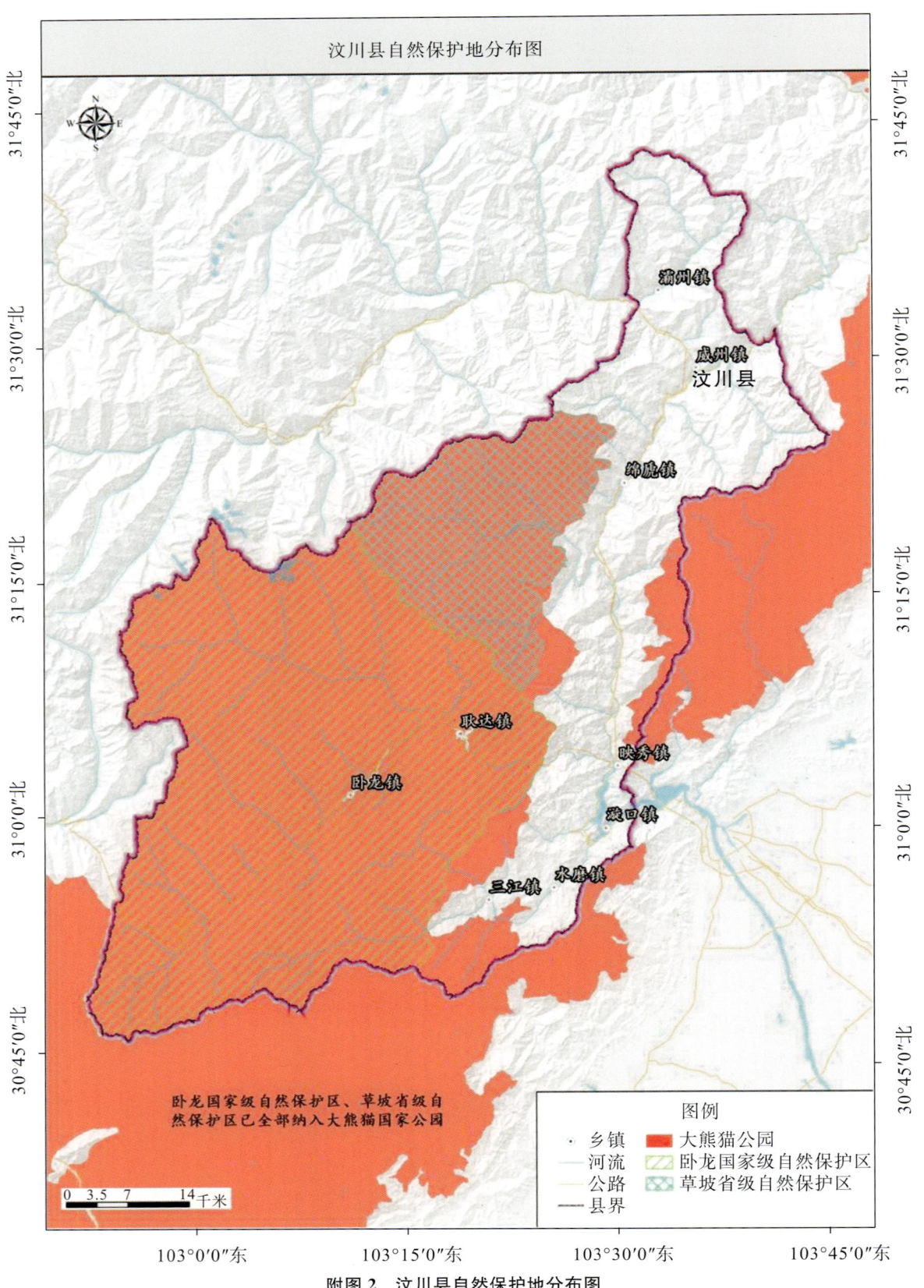

附图 2　汶川县自然保护地分布图

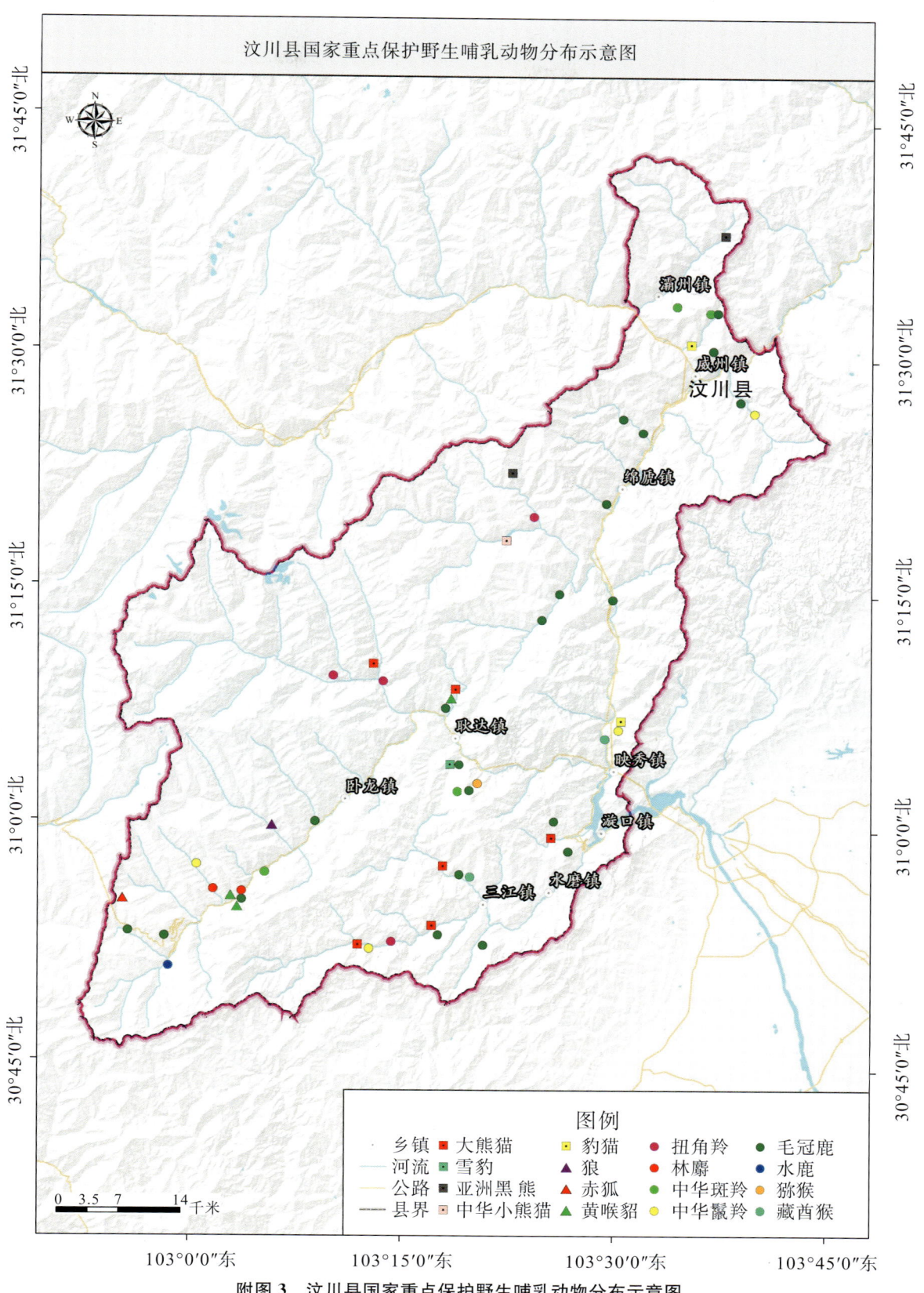

附图3 汶川县国家重点保护野生哺乳动物分布示意图

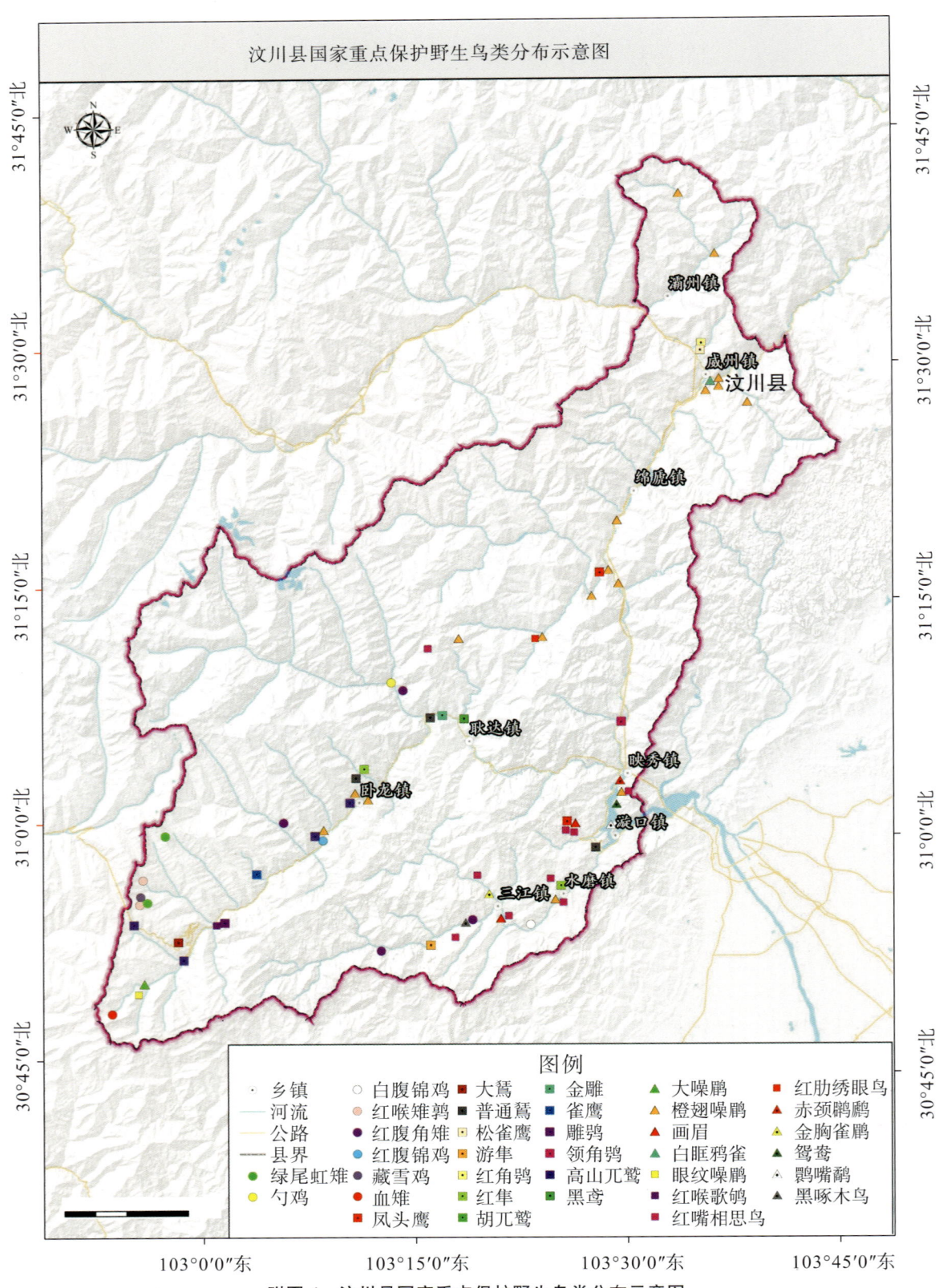

附图 4 汶川县国家重点保护野生鸟类分布示意图

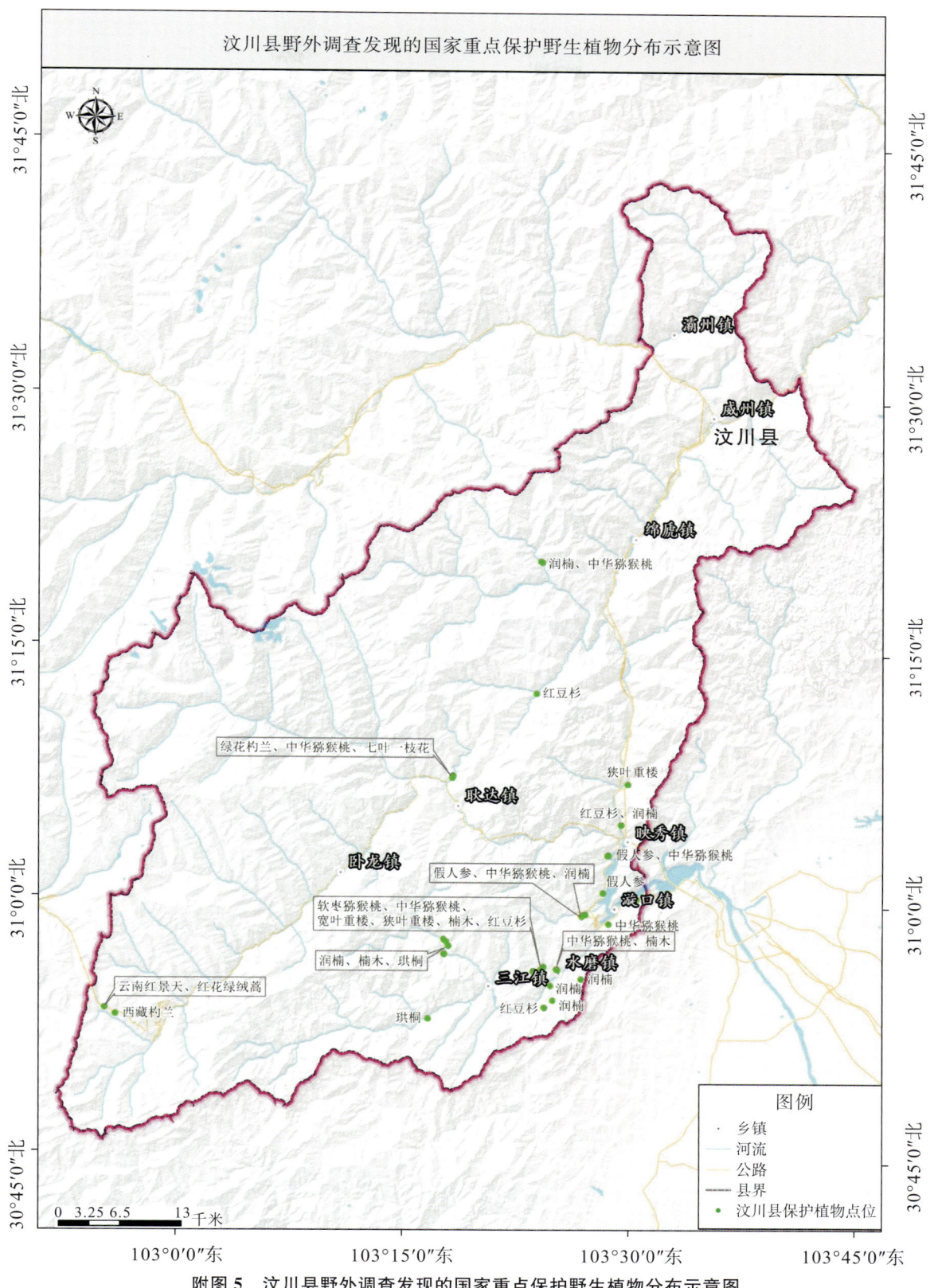

附图5 汶川县野外调查发现的国家重点保护野生植物分布示意图

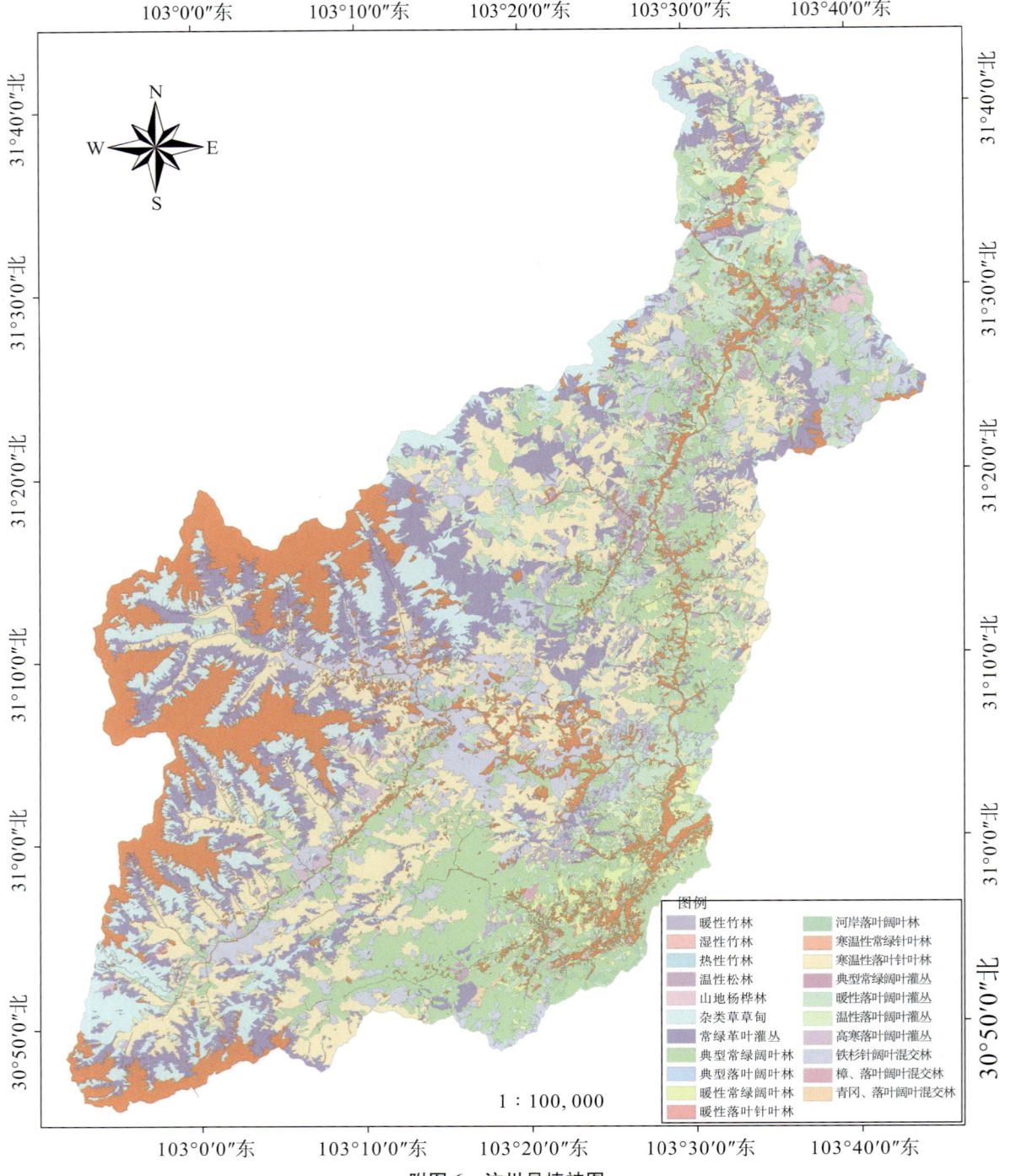

附图 6　汶川县植被图